SI단위 적용

재료역학

MECHANICS of MATERIALS

김봉각 · 정영만 공저

도서출판 명진

머/릿/말

기계산업이 대형화 및 첨단화되면서 주요 핵심기술을 바탕으로 한 국가경쟁력이 모든 분야에 요구되는 오늘날 정보화의 전쟁 속에서 살아 남기위한 기술경쟁은 더욱 치열하다.

이러한 기계공학분야에서 가장기본적인 기계설계를 수행할 수 있도록 하는 기초적 학문 영역이 재료역학이다.

최첨단 기계산업이 날로 발전하는데 중추적인 책무를 분담하고 있으며 앞으로 더 많은 기술 인력이 우수한 기술자로 역할분담을 한다면 세계 기계산업의 중심에 우리 모두가 함께하게 될 것이다.

이 책은 기계, 기계설계, 기계 설비, 자동차, 건축 공학 등을 전공하는 대학생이나 기술자들이 현장에서 일어나는 재료역학적 문제를 해결하기 위하여 집필하였다. 각 장의 내용 중 전반부는 응력과 변형률에 대한 개념을, 후반부는 보와 기둥에 대한 개념을 각각 파악하도록 하였다.

저자는 오랫동안 대학에서 역학 분야의 과목을 강의하여 온 경험과 지식을 바탕으로 하여 처음 배우는 학생들이나 현장의 실무자들이 어렵게 생각하고 있는 재료역학을 알기 쉽게 명확한 개념을 파악하고 응용력을 기를 수 있도록 그 내용을 더욱 쉽게 하려고 하였다.

특히 각 장마다 상세한 설명과 그에 따른 유도된 공식을 가지고 적절한 예제를 다루어 내용을 더욱 쉽게 이해하도록 노력했으며, 각 장의 끝에는 객관식 문제를 다루어 줌으로써 국가기술자격검정 기사 2급 시험 대비서 및 현장 기술자들에게도 좋은 참고서가 되리라 확신한다.

이 책의 분량은 15주의 교육과정을 기초로 제작되었으며 단위는 SI 단위만 사용하였다.

이상의 목적으로 필자는 나름대로 열심히 꾸몄으나, 혹 미비한 점이 발견된다면 기탄없는 충고를 바란다. 추후 미비한 점은 꾸준히 내용을 보완하고 개정하는 일에 노력할 것을 약속드린다.

끝으로, 어려운 여건 속에서도 이 책을 출판하는데 아낌없이 협조 하여 준 도서출판 명진 사장님과 편집에 심혈을 기울여 주신 편집부 여러분께 감사드린다.

저자 씀

CONTENTS

차/례

chapter 1 재료역학의 개요

1.1 재료역학의 정의

외력에 의한 재료내부의 영향, 즉 물체내부에 발생하는 변형이나 응력의 상태를 문제로 하여 고찰하는 학문이며, 재료의 강도(strength), 다시 말하면 파괴에 대한 저항을 고찰하는 학문이라 할 수도 있다.

다시 말해서, 물체가 외부로부터 힘을 받아 발생하는 외적 및 내적 변화 중에 내적변화를 취급하는 학문이다. 내적변화로서는 **변형**(deformation)과 힘에 대한 저항(resisting force) 등이 있다. 저항을 나타내는 척도로서는 **응력**(stress)을 사용하고, 변형에 대한 척도로서는 **변형률**(strain)을 사용하고 있다.

기계장치를 구성하고 있는 각종 요소가 적절한 구속운동을 하여 외부적으로 일을 하기 위해서는 각 요소가 충분한 강도(strength)와 강성도(stiffness)를 가져야 하는데, 이러한 요구조건을 충족시키는 기계요소의 치수를 결정하는 것을 **기계요소의 설계**라고 한다. 기계요소의 설계에서는 강도(strength)측면과 변위(deformation)측면에서 이루어져야 한다. 이 때 작용하중에 대한 물체의 강도와 변위에 대한 정량적인 정보가 필요하다. 이러한 정보를 사용하여 어떻게 기계요소를 설계할 것인가를 다루는 학문이 재료역학이고 기계요소의 설계에 필요한 기초지식을 제공한다.

1.2 탄성과 소성

1. 탄성 [elasticity]

외부 힘에 의하여 변형을 일으킨 물체가 힘이 제거되었을 때 원래의 모양으로 되돌아가려는 성질로 일상생활에서는 고무나 스프링 등에서 쉽게 볼 수 있다.

탄성은 크게 부피 변화에 대해 일어나는 체적탄성과 모양 변화에 대해 일어나는 형상탄성으로 나눌 수 있다. 고무공에 힘을 빼면 원상태로 되돌아가는 것은 기체의 체적탄성에 의한 것이다. 이에 대해 스프링의 탄력 등은 주로 형상탄성에 의해서 일어난다. 기체나 액체는 일정한 모양이 없으므로 형상탄성이 나타나지 않지만 고체의 경우, 형상탄성과 체적탄성이 함께 일어나며, 양쪽이 함께 나타나는 경우가 많다.

예를 들면 고무 밴드를 당겼다 놓았을 때 고무 밴드가 원래의 모습으로 돌아가는 것, 또는 활을 당겼을 때 활이 제 모습으로 돌아가기 위해 화살을 세게 밀어내는 것 등등이 탄성이란 성질을 나타내는 것이다.

2. 소성 (plasticity)

탄성한계를 가지면 변형을 받아 원래의 상태로 돌아오지 않는다. 일반적으로 고체는 적당한 조건에 놓이면 외력에 대하여 이상적인 탄성체로 행동하지 않고 소성변형을 일으켜서 연속적으로 변형한다. 이 성질을 **소성**이라고 한다. 이것이 결여된 성질이 취성이다. 연성 전성 및 인성의 일부분은 소성에 속한다.

그림 1-1 소성 변형 (점토)

소성변형은 응력이 탄성한계를 넘을 때 일어나며 항복점 이후에서 뚜렷하게 나타나는데, 이것을 소성변형의 시작으로 보는 경우가 많다. 결정질 재료의 소성변형은 전위의 발생과 증식에 의한 것이 보통이고, 고온에서는 원자의 확산운동이나 결정 입자 사이의 미끄럼에 의한 것도 있다.유리나 점토와 같은 유동적인 변형을 소성변형이라고 부르기도 한다.

1.3 재료역학에서의 단위 (unit)

재료역학에서 다루는 단위는 과거에는 미터계 공학단위였으나 현재 모든 국가고시 및 자격시험에서는 SI단위만을 사용한다. SI란 국제단위계 (Le Systeme Internationald'Unites(佛) : SI)에서 온 약어이며, 현재 세계 대부분의 국가에서 채택하여 국제 공동으로 사용하고 있는 단위계 로서 1960년 제 11차 국제도량형총회(CGPM)에서 "**국제단위계**"라는 명칭과 그 약칭 "SI"를 채택 되어, 현재 주요 공업국가마다 국가 정책으로 사용하고 있는 단위계이다. 우리나라에서도 SI 규격을 정식으로 채택하였고 한국공업규격(Korean Industrial Standard : KS)의 단위도 SI로 되어 있다.

표 1-1 공학단위와 SI 단위 비교

	공학단위	SI 단위
힘, 하중	$1kg_f$	9.80665 N
응력 및 압력	kg_f/mm^2	파스칼 Pa (N/m^2) 메가 파스칼 MPa($\times 10^6\ Pa$) (N/mm^2) 기가 파스칼 GPa $(\times 10^9\ Pa)$
단위길이당 하중	kg_f/m	N/m
동력	$kg_f \cdot m/s$ $(PV/102)$	kW $(PV/1000)$
에너지	$kg_f \cdot m$	$J\ (N \cdot m)$

1.4 하중 (load)

물체나 구조물에 작용하는 외부에서의 힘 (외력)을 **하중**이라 한다. 하중은 하중의 작용방식. 작용시간, 하중의 분포 상태에 따라 다음과 같이 분류한다.

예 의자에 사람이 앉아있는 상태라면 의자에 앉아 있는 사람의 체중과 같은 힘을 가해지고 있다는것과 동등합니다. 즉 의자에 대하여 작용하는 외부력 (사람의 체중)을 하중이라 표현 합니다.

1. 하중의 작용 상태에 의한 분류

(1) **축방향 하중**(Axial load) = 수직하중 (normal load)
인장 하중 (tensile load): 재료를 축방향으로 잡아당기도록 작용하는 하중 압축 하중(compressive load) : 재료를 축방향으로 누르도록 작용하는 하중

(2) **전단 하중**(shearing load) : 재료를 가로 방향으로 자르도록 작용하는 하중

(3) **굽힘 하중** (휨하중) (bending load): 재료를 구부려서 휘어지도록 작용하는 하중

(4) **비틀림 하중**(torsional & twisting load) : 재료가 비틀어지도록 작용하는 하중

(5) **좌굴 하중**(buckling load)

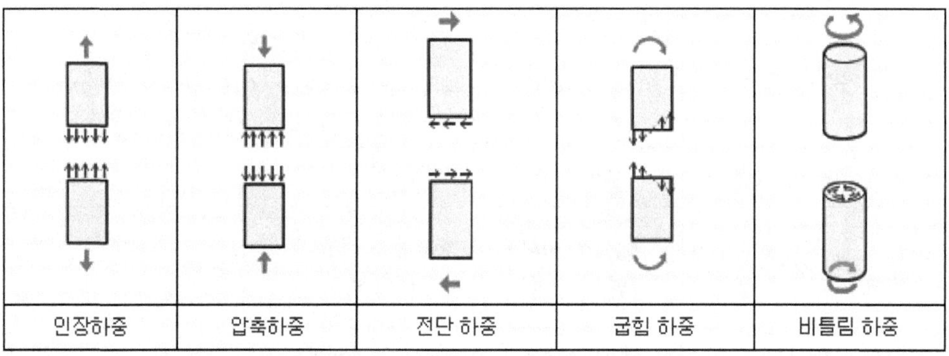

그림 1-2 하중의 종류

2. 하중의 작용시간에 따라

(1) 정 하중(static load) 사하중

시간과 더불어 크기와 방향이 변화하지 않거나 또는 변화하더라도 무시할 수 있을 정도로 아주 작은 하중(물체 위에 정지된 추와 같이 움직이지 않는 하중)

예 재료시험기에 의한 인장시험)

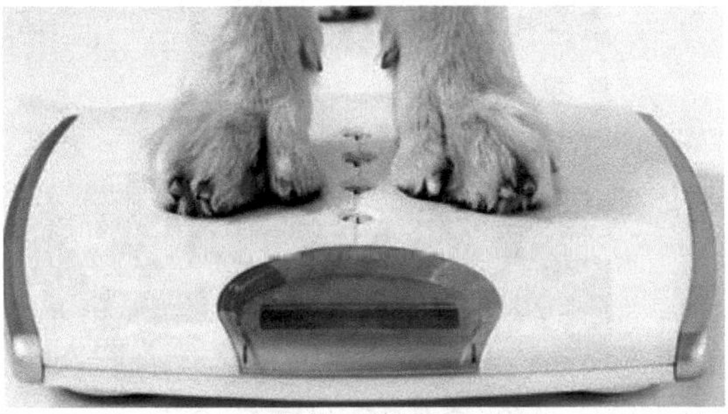

그림 1-3 변하지 않는 개의 몸무게

(2) 동하중 (dynamic load)

하중의 크기나 작용하는 방향이 시간과 함께 변화하는 하중

예 바람, 지진, 파도, 운동물체 등등

① **반복하중** : 내연기관의 크랭크축등은 회전함에 따라 연속적으로 크기가 다른 힘이 반복해서 작용 하는 하중

- 편진하중 : 하중이 0에서 일정크기사이를 주기적으로 작용
- 양진하중 : 크기 뿐만아니라 방향도 +, - 로 같게 변화하는 하중

② **교번하중** : 크기와 방향이 변하는 하중으로 진동현상이 발생하므로 중첩현상이 발생할시 가장 위험한 하중이 된다.

③ **충격하중** : 순간적으로 작용하여 충격을 주는 하중

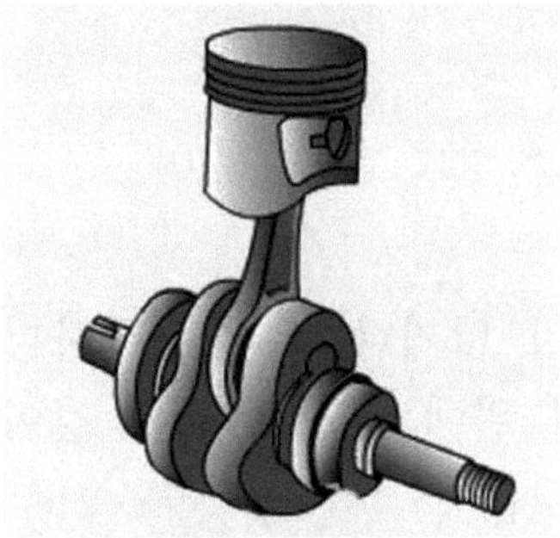

ⓐ 반복하중 (크랭크축)

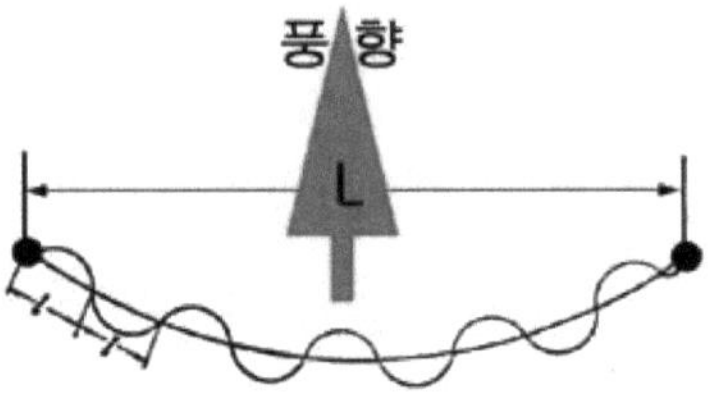

ⓑ 교번하중 (바람에 의한 전선의 진동)

ⓒ 충격하중 (자동차 충돌)

그림 1-4 동하중의 종류

(3) 하중의 분포 상태에 따라

① 집중하중

변화상태에서는 정하중, 분포상태에서 집중하중, 작용부위에서는 표면하중이나 일반적으로 집중하중이 작용하는 단순보라고 한다.

② 분포하중

하중이 일정한 길이 또는 면적에 분포되어 작용하는 하중
예) 집안의 천정, 건물이 2층 이상일때 건물 바닥

③ 이동하중

물체 위를 이동해서 작용하는 하중.
예) 철교를 열차가 통과할 때 철교가 받는 하중

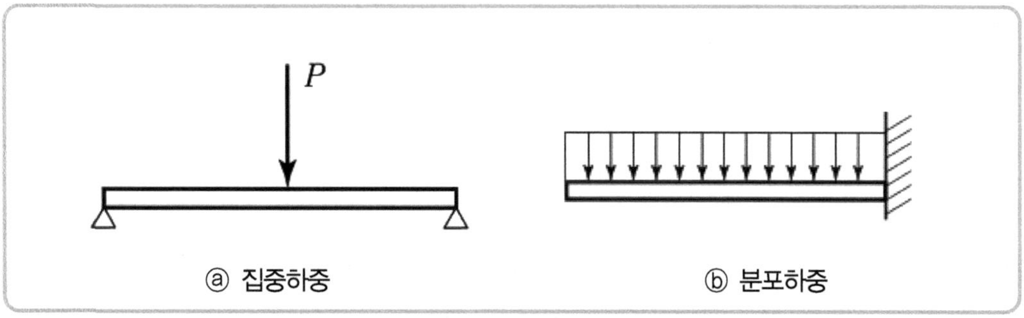

그림 1-5 분포상태에 따른 하중의 분류

※ 중요
실제로 하중의 대부분은 동적하중과 분포하중 입니다.그러나 정적하중 또는 집중하중으로 생각하는것이 현상을 단순하게 처리 할 수 있습니다.

chapter 2 응력 과 변형률 (stress & strain)

2.1. 응력(stress)의 정의

그림2-1 (a), (b)와 같이 같은 재질로 단면적이 다른 두 자루의 막대기 하단에 같은 크기의 끌어당기는 하중을 작용시킨 경우를 생각해보자.

두 자루의 막대기에 작용하는 하중이 동등함으로 막대기에 생기는 내력도 동등한다.

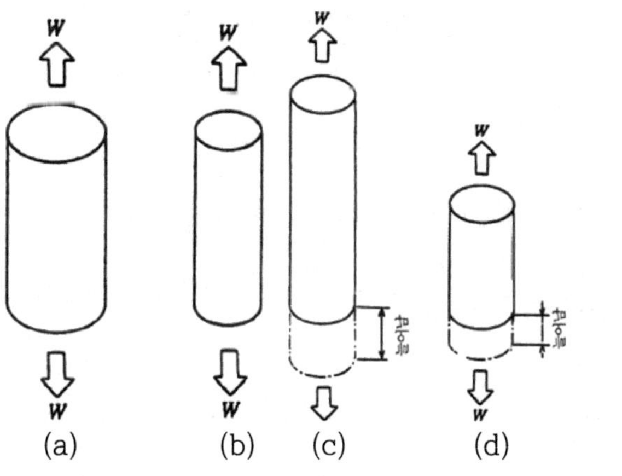

ⓐ 끌어 당기는 하중과 내력

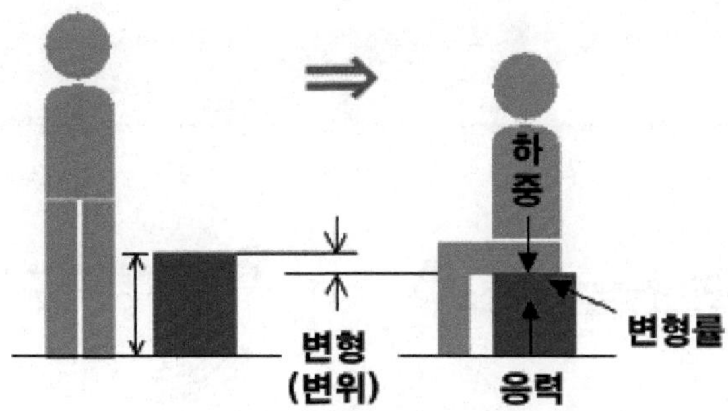

ⓑ 끌어 당기는 하중과 늘어남

그림 2-1 응력의 정의

① 물체에 외력이 작용하였을 때, 그 외력에 저항하여 물체의 형태를 그대로 유지 하려고 물체내에 생기는 **내력. 변형력**이라고도 한다.
② 물체에 하중이 작용하면 그 물체를 구성하고 있는 분자 사이에 이동이 생겨서 하중에 대한 저항력이 발생하는데, 이와 같이 물체 내부에 발생하는 **저항력**을 말한다.
③ 물체에 외력이 가해지면 변형이 일어나는 동시에 저항력이 생겨 외력과 평행을 이룬다. 이 저항력을 내력이라 하며, 단위면적당의 내력의 크기를 보통 **응력** 이라한다,

※ 용어
내력 : 물체의 외부에서 힘을 작용시키면 그 내부에 외력에 저항하는 힘 외력의 크기와 같고 반대 방향으로 작용

2.2 응력의 종류

1. 수직 응력 또는 축응력 (axial stress)

재료면에 수직으로 작용하는 응력으로 σ (sigma)로 표시한다.

$$\sigma = \frac{하중}{단면적} = \frac{내력}{단면적} = \frac{외력}{단면적} = \frac{W}{A}\,[Pa\,(N/m^2),\ MPa\ (N/mm^2)\ ] \quad (2\text{-}1)$$

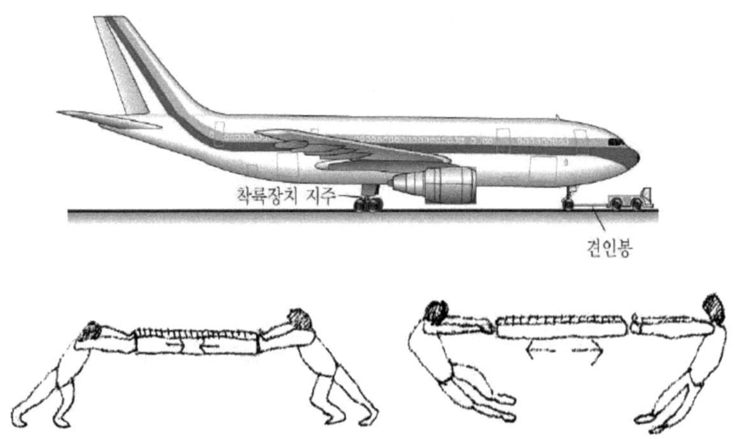

ⓐ 압축응력 ⓑ 인장응력

그림 2-2 수직응력의 종류

단, 인장응력 (σ_t) 봉이 늘어 나는 경우 : + 표시
입축응력 (σ_c) 봉이 줄어 드는 경우 : - 표시

2. 전단응력 (shear stress)

볼트 등에 전단력이 작용할 때 생기는 응력. 이것은 단면에 따라서 접선 방향으로 발생하므로 응력 이다.

$$\text{타우 (tau) } \tau = \frac{P}{A} \quad [Pa\,(N/m^2),\ MPa\,(N/mm^2)\,] \tag{2-2}$$

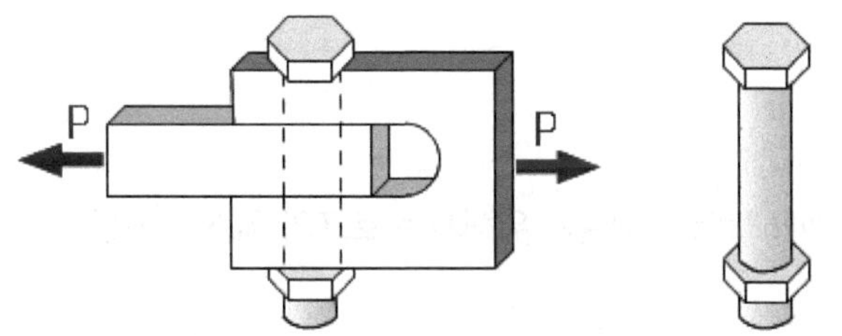

그림 2-3 전단응력

예제 1

정사각형의 봉에 10kN의 인장 하중이 작용 할 때 이사각봉의 한변의 길이(mm)는? (단, 인장응력 $\sigma = 100\,MPa$)

해설)

$$\sigma = \frac{P}{A} = \frac{10 \times 1000}{a^2} = 100$$

$$a = 10\,mm$$

예제 2

전단강도가 4,000 Pa인 연강판에 직경 2cm의 구멍을 펀치로 뚫고자 한다. 펀치의 압축강도를 12,000 Pa이라 하면 구멍을 뚫을 수 있는 판의 두께는 얼마인가?

해설)

$$\sigma = \frac{4W}{\pi d^2} \qquad \tau = \frac{W}{\pi dt}$$

$\sigma = 3\tau$ 이므로

$$\frac{4W}{\pi d^2} = 3\frac{W}{\pi dt}$$

$$t = \frac{3}{4}d = \frac{3}{4} \times 2 = 1.5\text{cm}$$

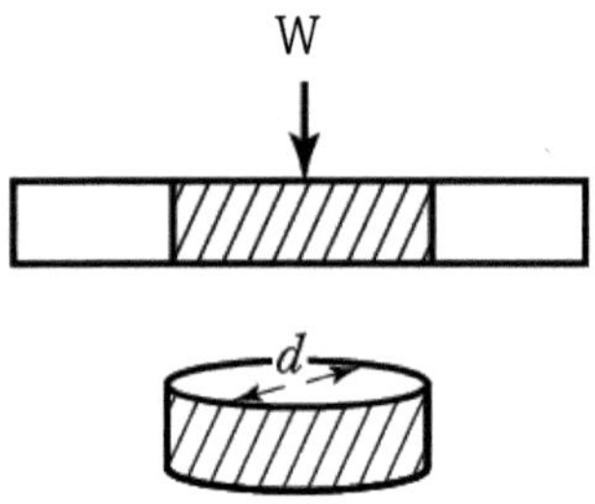

예제 3

와이어 로프에 120kN 물체를 메달기 위해서는 로프의 최소의 지름은? (단 로프 인장강도 120MPa)

해설)

$$\sigma = \frac{P}{A} = \frac{120 \times 1000}{\frac{\pi}{4}d^2} = 120$$

$$d = 35.7\,mm$$

예제 4

축하중을 받는 볼트의 머리 높이h는 지름d의 몇 배로 설계하여야 하는가? (단, 볼트의 허용전단응력은 허용인장응력의 1/2이다)?

해설)

$$\sigma = \frac{P}{A} = \frac{4P}{\pi d^2} \qquad \tau = \frac{P}{A} = \frac{P}{\pi dh}$$

$\tau = \frac{\sigma}{2}$ 에서 $\frac{P}{\pi dh} = \frac{4P}{2\pi d^2}$

$$\frac{1}{h} = \frac{2}{d} \qquad h = \frac{d}{2}$$

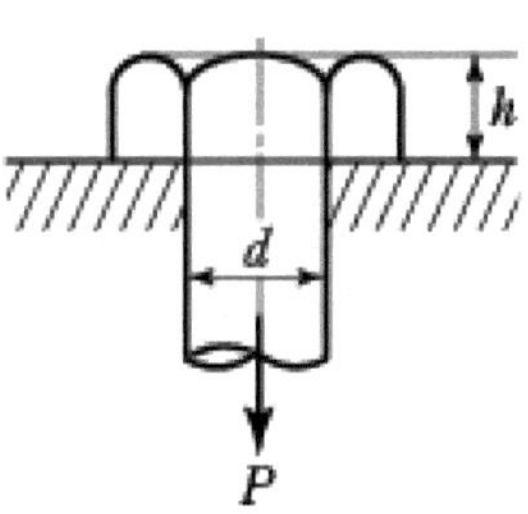

예제 5

바깥지름20cm, 안지름12cm의 중공 원형축에 축인장력 P가 작용하여 생긴 응력이 2.5MPa이었다. 작용한 인장력 P 의 크기는 약 몇 kN 인가?

해설)

인장응력 $\sigma_t = \dfrac{P}{A} = \dfrac{P}{\dfrac{\pi}{4}(d_2^2 - d_1^2)} = \dfrac{P}{\dfrac{\pi}{4}(200^2 - 120^2)} = 2.5\,Mpa(N/mm^2)$

인장력 $P = 50265.48\,N = 50.2\,kN$

2.3 변형률 (strain)

하중에 의해 재료가 변형된 비율을 말한다.

물체에 하중이 작용하여 응력이 발생 하였을 때 재료를 구성하고 있는 입자와 입자사이에 미끄럼짐이 일어나 재료의 형상이 변화하여 어떤 변형된 모양을 나타냅니다.

이때 변형된 양의 원래 길이에 대한 비율을 **변형률**이라고 합니다.

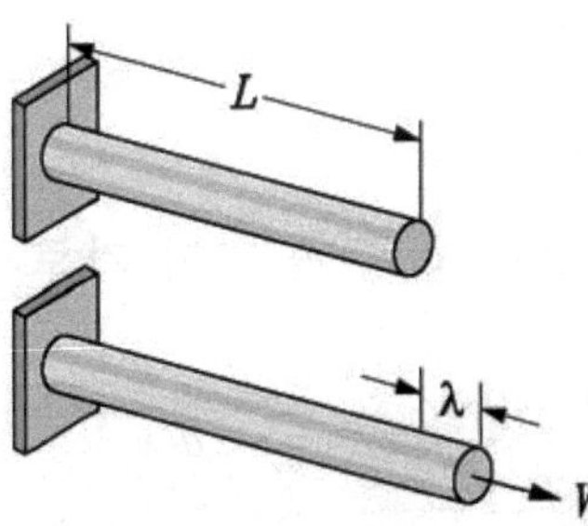

그림 2-4 변형률

1. 종변형률 (세로 변형률)

인장 하중 W가 작용하면 늘어나서 변형이 생긴다.

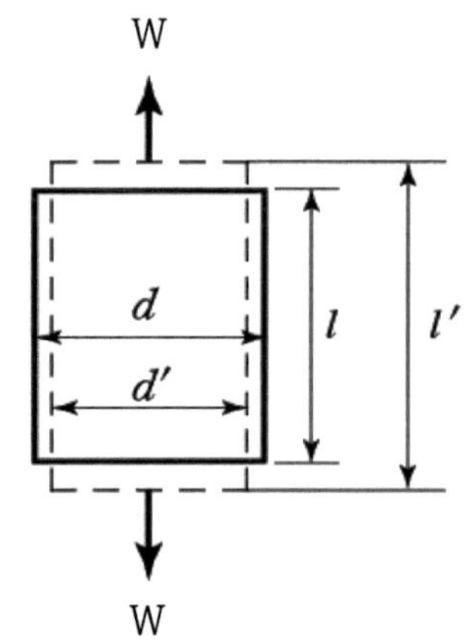

그림 2-5 종변형률과 횡변형률

종변형률 (인장 변형률) 입실론 (epsilon) $\varepsilon = \frac{l' - l}{l} = \frac{\lambda}{l}$ (2-3)

여기서 l'은 늘어난 길이 (mm)
l 은 처음 길이 (mm)
λ 은 변형량 (mm)

2. 횡변형률(가로 변형률)

그림 2-5과 같이 길이 방향의 하중에 의해 가로 방향으로 생기는 변형률

횡변형률 (압축 변형률) epsilon-Prime $\varepsilon' = \frac{d' - d}{d} = -\frac{\delta}{d}$ (2-4)

여기서 d'은 수축의 길이 (mm)
d 은 가로 방향의 길이 (mm)

단 압축하중시에

$$\varepsilon' = \frac{d' - d}{d} = \frac{\delta}{d} \quad (2\text{-}5)$$

3. 전단변형률 (γ)

물체에 전단 응력이 가해져 물체가 변형되었을 경우 변형각을 라디안으로 나타낸 것.

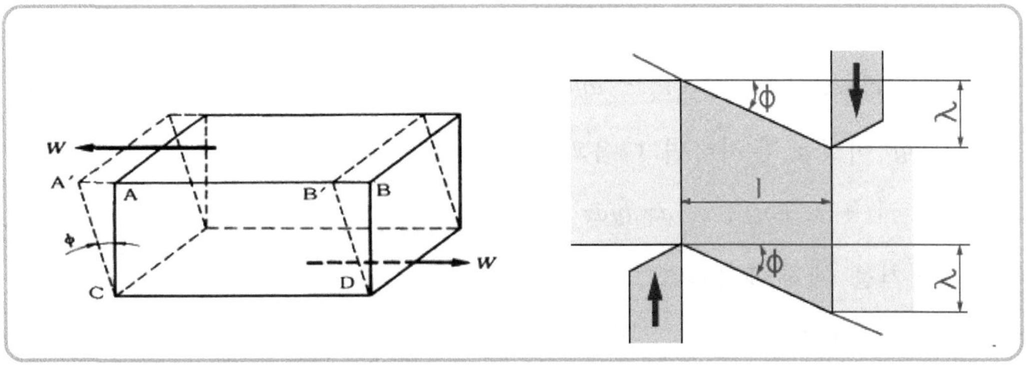

그림 2-6 전단 변형률

$$\text{전단변형률} = \frac{\text{전단변형량}(A'A)}{\text{전단 칼날 사이의 거리}(A'C)}$$

$$\tan\phi \approx \phi = \gamma = \frac{\lambda}{\ell} \tag{2-6}$$

여기서 γ 는 전단각 (radian으로 표시)

4. 체적변형율(ϵ_V)

물체가 물속 또는 진공탱크속에 있으면 모든방향으로부터 압축 또는 인장을 받게 되어 물체에 수축 또는 팽창이 생기고 따라서 체적이 변하게 된다.

이때 체적의 변화량 ΔV를 처음의 체적 V로 나눈값을 **체적 변형률**이라고 한다.

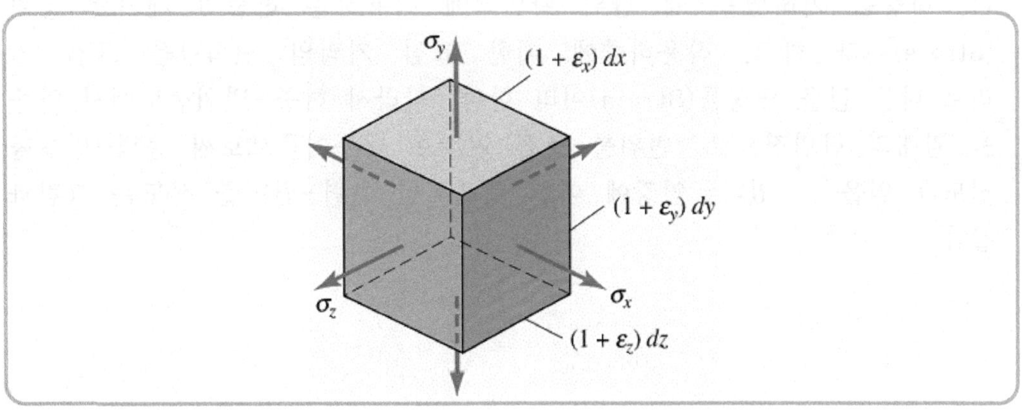

그림 2-7 체적 변형률

변화된 체적 V 는

$$V = (1+\varepsilon_x)(1+\varepsilon_y)(1+\varepsilon_z)dx\,dy\,dz \tag{a}$$

2차항 이상을 무시하면 다음과 같다.

$$V \approx [1+\varepsilon_x+\varepsilon_y+\varepsilon_z]dx\,dy\,dz \tag{b}$$

처음 체적 V_o는

$$V_o = dx\,dy\,dz \tag{c}$$

체적의 변화량 $\triangle V$는

$$\Delta V = V - V_o = (\varepsilon_x+\varepsilon_y+\varepsilon_z)dx\,dy\,dz \tag{d}$$

체적 변형률은 다음과 같다.

$$\varepsilon_V = \frac{V - V_O}{V_o} = \frac{\Delta V}{V_o} = \varepsilon_x + \varepsilon_y + \varepsilon_z \tag{2-7}$$

즉 체적변형률은 각 방향의 세로 변형률을 합한것과 같다. 만일 물체가 물속 또는 진공속에 있어 각방향의 변형률이 같다고 하면 $\varepsilon_V = 3\varepsilon$ (3힘의 방향이 같은 경우)

2.4 응력과 변형률 선도

인장시험으로부터 얻을 수 있는 기본적인 선도는 부가한 하중과 발생한 변위와의 관계를 나타내는 **하중-변위선도**(Load-Elongation Diagram)이다. 하중을 가하였을 때 단위 단면적에 작용하는 하중의 세기를 응력(Stress)이라 하고, 작용하중에 대한 표점 거리의 변화량을 표점 거리로 나눈 값을 변형률(Strain)이라 한다. 따라서 하중-변위선도에서 하중을 원래의 단면적으로, 변위를 표점 거리로 나누어줌으로써 응력-변형률 선도를 얻을 수 있다. 연강에 대한 대표적인 응력-변형률 선도는 그림과 같다.

표점거리 L =50mm, 직경 D =14mm
평행부 길이 P = 60 mm
모서리 반경 R = 15 mm 이상

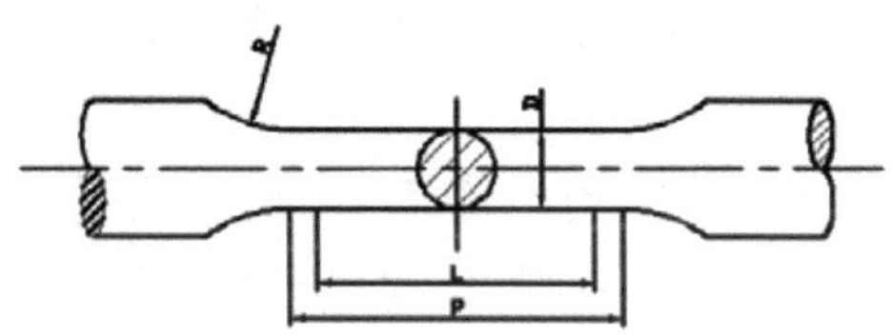

(a)시험편

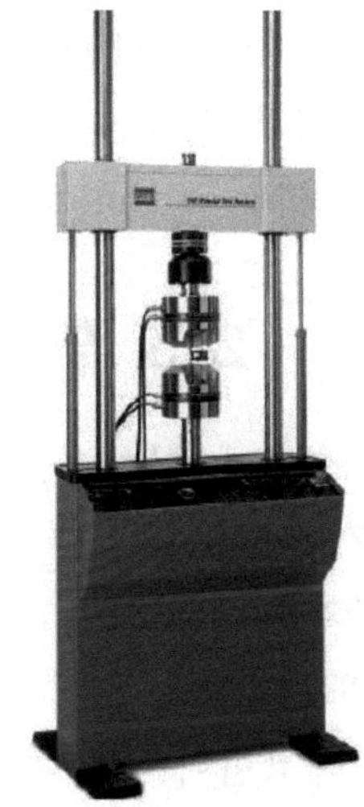

(b) 만능인장시험기

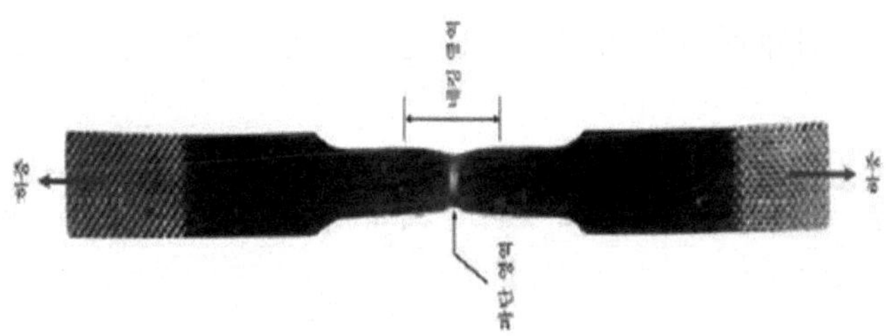

그림 2-8 응력과 변형률 선도

- OA 구간 : 응력과 변형률이 선형적으로 비례적임
  A 점 비례한도 저탄소강 (210~350 MPa) 고강도강 (550 MPa)
- OA 구간의 기울기 : 탄성계수 (modulus of elasticity, Young's modulus) E 표시
- B 점 : 항복점 (yielding) B 점의 응력을 항복응력 (σ_y) 이라라고 함
- BC 구간 (항복) : 인장력이 거의 증가 하지 않아도 시편이 많이 늘어남
  즉 재료가 소성 상태가 된다. (이 구간의 신장량은 비례구간의 10~15 배에 달함)
- CD 구간 (변형경화) : 결정구조의 변화에 의해 저항력이 증대
- D점에서 응력 은 극한응력이라 한다.

- DE 구간 : 하중이 감소하는데도 봉의 늘어남 (이유는 단면 감소 때문에)
- E 점 파단점 (fracture)

항복 응력 (yield stress) 을 **항복강도**(yield strength) 라고도 한다.
극한 응력 (ultimate stress)을 **극한강도**(ultimate strength)라고도 한다.

2.5 후크(HOOKE)의 법칙과 탄성계수

많은 재료에서는 응력과 변형률이 어떤 값에 달할때까지는 양자간에 비례관계가 성립된다.

이 관계는 Hook가 실험적으로 발견한 것이므로(1678), 이것을 '**후크의 법칙**,' 또는 '**탄성의 법칙**'이라고 하고, 이 관계가 성립하는 한계 응력을 **비례한도** 라고한다. (비례한도와 탄성한도는 재료에 따라 다름.)

오늘날 재료역학의 이론계산의 대부분은 이 법칙을 기본으로 하여, 많은 기계, 구조물의 설계에 응용되고 있다.

즉 탄성의 범위내에서는의 응력과 변형률은 서로 비례하므로

$$\sigma \propto \varepsilon$$

이 관계를 비례상수로서 E (탄성계수)를 쓰면 다음의 등식으로 나타내어진다.

$$\sigma = E\varepsilon \tag{2-8}$$

응력 = 비례상수 x 변형률

여기서 탄성계수(E) 는 재료의 강성도(stiffness)를 나타내는 값이며, 재료값에 따라 일정하다. 단위는 GPa을 사용한다.

1. 종탄성계수 (세로 탄성계수) modulus of longitudinal elasticity

$$\sigma = E\varepsilon \text{ or } E = \frac{\sigma}{\varepsilon} \tag{2-9}$$

여기서 계수 $E\varepsilon$를 **종탄성계수** 또는 **Young계수**(Young's modulus)라고 한다.
그림 2-9 와 같이 길이 ℓ 단면적 A의 재료에 축방향 하중 W를 가했을 때, 변형량 λ일 때,

$$\lambda = \varepsilon l = \frac{\sigma}{E} l = \frac{W}{A} \cdot \frac{l}{E} = \frac{wl}{AE} \qquad (2\text{-}10)$$

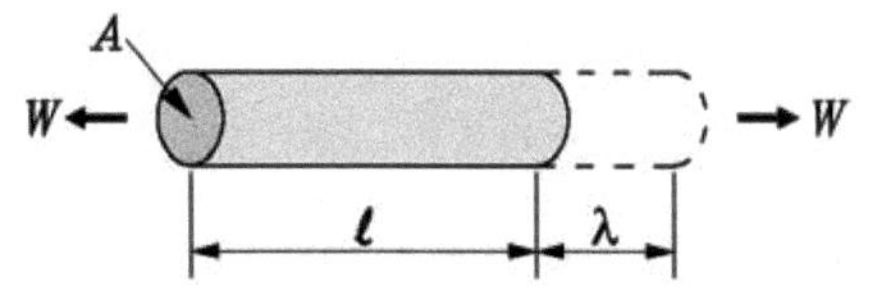

그림 2-9 종탄성계수

2. 횡탄성계수 (전단탄성계수) modulus of transverse elasticity

전단응력(τ)과 전단 변형률 (γ)과의 사이에서 어느 한도 범위까지는 비례하는 훅의 법칙 성립한다.

$$\tau = G\gamma \qquad (2\text{-}11)$$

여기서 G를 **횡탄성계수** 또는 **강성계수**라고 한다.

$$변형량 \lambda = \gamma l = \frac{\tau}{G} l = \frac{W}{A}\frac{l}{G} \qquad (2\text{-}12)$$

3. 체적탄성계수

수직응력 (σ)과 체적 변형률(ϵ_v)의 비는 동일 재료에서는 일정하다.
이 비를 **체적 탄성계수**라고 한다.

$$K = \frac{\sigma}{\epsilon_v} = \frac{\frac{W}{A}}{\frac{\Delta V}{V}} = \frac{WV}{A\Delta V} \qquad (2\text{-}13)$$

[표 2-1] 주요 금속재료의 탄성계수

구분	재료명	밀도 [kg/m³]	탄성계수(E) [GPa]	항복응력 [MPa]	파단응력 [MPa]	푸아송 비	연신율 [%]
철강	철	7870	207	130	260	0.29	45
	저탄소강 (AISI 1020)	7860	207	295	395	0.30	37
	중탄소강 (AISI 1040)	7850	207	350	520	0.30	30
	고탄소강 (AISI 1080)	7840	207	380	615	0.30	25
	스테인리스강						
	(페라이트, STS446)	7500	200	345	552	0.30	25
	(오스테나이트, STS316)	8000	193	207	552	0.30	60
	(마르텐사이트, STS410)	7800	200	276	483	0.30	30
	회색주철	7150	-	-	125	-	-
	구상흑연주철	7120	165	275	415	0.28	18
	가단주철	7200-7450	172	220	345	0.26	10
비철	알루미늄(>99.5[%])	2710	69	17	55	0.33	25
	알루미늄합금 A2014	2800	72	97	186	0.33	18
	구리(99.95[%])	8940	110	69	220	0.35	45
	황동(70Cu-30Zn)	8530	110	75	303	0.35	68
	청동(92Cu-8Sn)	8800	110	152	380	0.35	70
	마그네슘(>99[%])	1740	45	41	165	0.29	14
	몰리브덴(>99[%])	10220	324	565	655	-	35
	니켈(>99[%])	8900	207	138	483	0.31	40
	은(>99[%])	10490	76	55	125	0.37	48
	티타늄(>99[%])	4510	107	240	330	0.34	30

예제 5

길이가 50mm인 원형단면의 철강재료를 인장하였더니 길이가 54mm로 신장되었다. 이 재료의 변형률은?

해설)

$$\epsilon = \frac{l' - l}{l} = \frac{54 - 50}{50} = 0.08$$

예제 6

지름이 2cm이고 길이가 2m인 원형단면 연강봉에 500kN의 인장하중이 작용하여 길이가 1.5cm 늘어났다. 이 봉의 탄성계수는 몇 GPa인가?

해설)

$$\lambda = \frac{Wl}{AE}$$

$$E = \frac{Wl}{A\lambda} = \frac{4Wl}{\pi d^2 \lambda} = \frac{4 \times 500 \times 10^3 \times 2}{\pi \times 0.02^2 \times 1.5 \times 10^{-2}} \times 10^{-9} = 212\mathrm{GPa}$$

예제 7

지름이 22mm인 재료가 250kN의 전단하중을 받아 0.00075rad의 전단변형도가 생기면 이 재료의 전단탄성 계수는?

해설)

$\tau = G\gamma$ 에서 (G : 전단탄성계수, 횡탄성계수)

$$G = \frac{\tau}{\gamma} = \frac{W}{A\gamma} = \frac{250 \times 4 \times 10^3 \times 10^{-9}}{\pi \times (22 \times 10^{-3})^2 \times 0.00075} = 877\text{GPa}$$

2.6 푸아송의 비 (Poisson's ratio)

재료에 압축하중과 인장 하중이 작용할 때 생기는 종 변형률(ε)과 횡변형률(ε')와의 비를 푸아송의 비라하고, μ또는 $\frac{1}{m}$로 표시한다. 탄성한계 내에서 가지는 일정한 비(ν)의 값

$$\nu = \frac{1}{m} = -\frac{\varepsilon'}{\varepsilon} = \frac{\frac{\delta}{d}}{\frac{\lambda}{l}} = \frac{\delta\ell}{d\lambda} < 1 \qquad (2\text{-}14)$$

특히 m을 푸아송의 수라 하며, 푸아송의 비는 어느 경우라도 $\mu \leq \frac{1}{2}$이다.

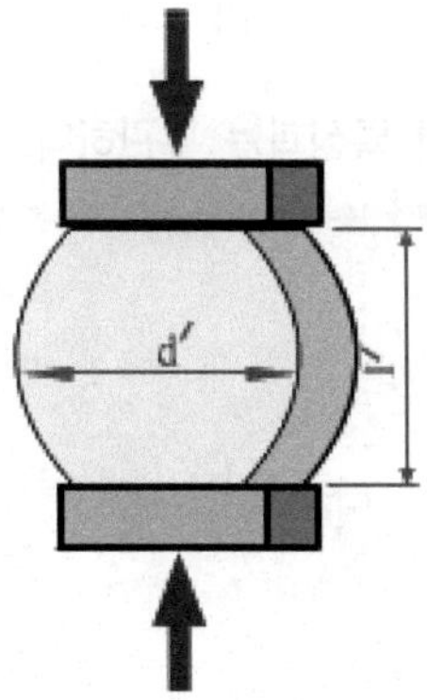

여기서 m 는 프와송수

ε' 는 횡(가로)변형률

ε 는 종(세로)변형률

그림 2-10 푸아송의 비

즉 poisson's ratio(푸아송의 비)란 ?

① 일반적으로 1/2보다 작다. (고무의 $\nu=0.5$)

② 가로변형율을 세로변형율로 나눈 값이다.

③ 가로변형량에 비례하고 세로변형량에 반비례한다.

(1) 푸아와 송의비 조건을 만족하기 위한 사항

① 재료에 압축하중과 인장하준이 작용할 때 균질의 재료

② 탄성 성질이 축방향에 수직인 모든 방향에서 같아야 함

※ 참고

고체의 체적은 정해져 있습니다. 그런데 응력에 의해서 한쪽방향의 길이가 늘어났다면 당연히 다른쪽은 줄어들어야 겠지요. 사각형지우개를 양옆으로 당겨보십시요. 그러면 지우개는 처음보다 더 가늘어질 겁니다. 프아송비란 이것을 의미합니다. 어떤 방향(x방향)으로 수직응력(normal stres)가 가해졌을때 나머지 방향(y, z방향)들의 수직 변형률(normal strain) 이 줄어드는 비를 의미하는 것이죠.

예

푸아송 비(Poisson's ratio)ν에 대한 설면중 틀린것은? 4

① 선형 탄성 영역내에서 푸아송의 비는 일정하다.

② $\nu = -\dfrac{\text{횡방향 변형률}}{\text{축방향 변형률}}$ 이다

③ 강철의 푸아송 비는 등방성 재료인 경우, $\nu = \dfrac{1}{4} \sim \dfrac{1}{3}$ 이다.

④ 재료의 고유치로서 재료의 체적 변화율 등의 물리적 특성과는 무관하다.

1. 한방향으로 작용할 때의 체적변형율(ε_V)

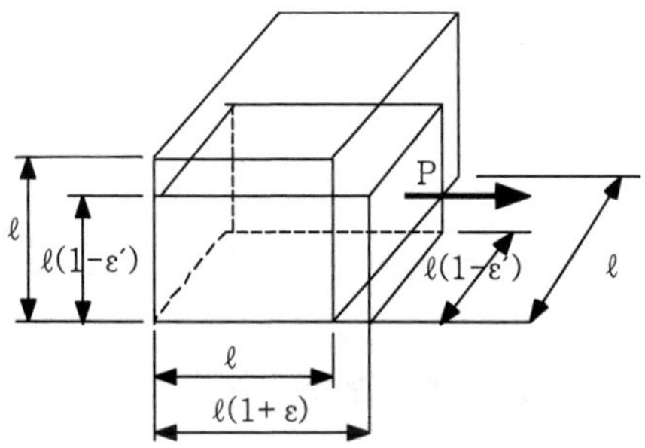

그림 2-11 체적변형률

여기서　　길이 방향으로 늘고　$\ell(1+\epsilon)$

　　　　　세로방향 및 높이 (단면방향)는 줄고　$\ell^2(1-\varepsilon')^2$

$\ell^2(1-v\varepsilon)^2$

$$\varepsilon_V = \frac{V'-V}{V} = \frac{\ell(1+\varepsilon)\ell^2(1-\nu\varepsilon)^2-\ell^3}{\ell^3} \quad \text{(a)}$$

$$= \frac{\ell(1+\varepsilon)\,\ell^2(1-2\nu\varepsilon+\nu^2\varepsilon^2)-\ell^3}{\ell^3} \quad \text{(b)}$$

$$= \frac{\ell^3(1-2\nu\varepsilon+\nu^2\varepsilon^2+\varepsilon-2\nu\varepsilon^2+\nu^2\varepsilon^3)-\ell^3}{\ell^3} \quad \text{(c)}$$

$$= \varepsilon - 2\nu\varepsilon = \varepsilon(1-2\nu) \quad \text{(d)}$$

(단 ε^2 이상의 고차항 은 모두무시)

$\Delta V \geq 0$ 이므로　$\varepsilon(1-2\nu) \geq 0$　　$\nu \leq \frac{1}{2}$

$$\varepsilon_V = \varepsilon(1-2\nu) = \frac{\sigma}{E}(1-2\nu) \quad \text{(2-15)}$$

(단,　고무는 $\varepsilon_V = 0$)

2. 한방향으로 작용할 때의 면적변형율(ε_a)

$A_o = l^2$

$$A_1 = (l - e')^2 = l^2(1 - \nu\varepsilon)^2$$

$$= l^2(1 - 2\nu\varepsilon + \mu^2\varepsilon^2) \fallingdotseq l^2(1 - 2\nu\varepsilon) \tag{e}$$

$$\varepsilon_A = \frac{\Delta A}{A} = \frac{A_1 - A_0}{A_0} = \frac{l^2(1 - 2\nu\varepsilon) - l^2}{l^2} \tag{2-16}$$

$= 1 - 2\mu\varepsilon - 1 = |-2\mu\varepsilon| = 2\mu\varepsilon$ (인장 - 압축 +)

면적변형율 (ε_A)과 체적변형율 (ε_V)을 정리하면

$$\varepsilon_A = \frac{\Delta A}{A} = 2\nu\varepsilon$$

$$\Delta A = 2\nu\varepsilon A = 2\nu\frac{P}{AE}A = \frac{2\nu p}{E} \quad (\because \varepsilon = \frac{\sigma}{E})$$

$\epsilon_V = \frac{\Delta V}{V}$ — 1방향 $\varepsilon(1 - 2\nu)$, 3방향 $\varepsilon_x + \varepsilon_y + \varepsilon_Z$

	인장의 경우		압축의 경우
$\nu < 0.5$	$\Delta V > 0$	$\nu < 0.5$	$\Delta V < 0$
$\nu = 0.5$	$\Delta V = 0$	$\nu = 0.5$	$\Delta V = 0$
$\nu > 0.5$	$\Delta V < 0$	$\nu > 0.5$	$\Delta V > 0$

일반적으로 물질의 프아송비는 0.5 이하이므로 인장할 때 체적은 증가하며 압축시는 감소한다.

예제 8

지름이 20mm 길이 2m 인 원형단면봉의 인장하중을 20Kn작용하였을 때 지름의 수축량과 길이의 신장량을 구하여라. 단 이재료의 종탄성계수 E =210 GPa 프아 송의비는 0.3 이다.

해설)

① 길이의 신장량

$\lambda = \varepsilon\ell = 3.03 \times 10^{-4} \times 2000 = 0.606$ mm

② 지름의 수축량

$\delta = \nu\varepsilon d = 0.3 \times 3.03 \times 10^{-4} \times 20 = 0.0018$ mm

종(세로)변형률 $\varepsilon = \frac{\sigma}{E} = \frac{63.66}{210 \times 10^3} = 3.03 \times 10^{-4}$

인장응력 $\sigma_t = \frac{W}{A} = \frac{20 \times 1000}{\frac{\pi 20^2}{4}} = 63.66\,N/mm^2$

프아송의 비 $\nu = \frac{\varepsilon'\,(\text{가로변형률})}{\varepsilon(\text{세로변형률})} = 0.3$

210 GPa = $210 \times 10^3\ MPa$ (MPa ($\times 10^6\ Pa$ N/mm^2)

2.7 탄성계수 사이의 관계

1. 탄성계수 E, 체적탄성계수K 프와송의 비 ν의 관계

그림2.12과 같은 육면체에서 각 면에 W_x, W_y, W_z인 하중이 작용하게 되면 이에 대응되는 힘인 응력, 즉 σ_x, σ_y, σ_z가 각 면에서 발생하게 된다.

한편 X축 방향의 변형률 ε_x는 σ_x의 영향뿐 아니라 프아송의 효과 때문에 X축에 수직을 이루는 Y축 및 Z축의 영향도 받게 된다. 즉, X축 방향으로 인장응력이 작용하여 신장을 일으키게 될 때 이에 수직을 이루는 Y축 및 Z축 방향에서는 압축응력이 작용하게 되어 수축을 일으키게 된다.

재료가 훅의 법칙에 따른다면 σ_x로 인한 X축 방향의 세로변형률은 $\varepsilon_x = \frac{\sigma_x}{E}$

이고, σ_y 및 σ_z에 의하여 발생되는 X축 방향의 가로변형률은 프아송의 비를 이용하면

$\varepsilon' = -\nu\varepsilon' = -\frac{\nu\sigma_y}{E}$ 및 $-\frac{\nu\sigma_z}{E}$ 로 표시할 수 있다.

따라서 각 면의 변형률은 다음과 같이 표시된다.

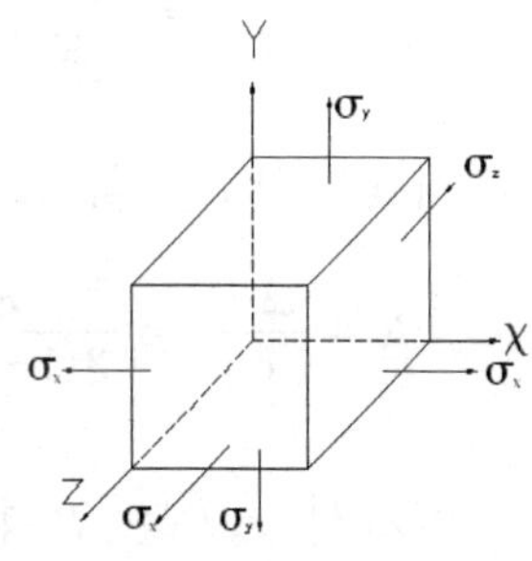

그림 2-12 3축응력

$$\varepsilon_x = \frac{\sigma_x}{E} - \frac{\nu}{E}(\sigma_y + \sigma_z)$$

$$\varepsilon_y = \frac{\sigma_y}{E} - \frac{\nu}{E}(\sigma_x + \sigma_z) \qquad (2\text{-}17)$$

$$\varepsilon_z = \frac{\sigma_z}{E} - \frac{\nu}{E}(\sigma_x + \sigma_y)$$

이 관계식들은 단일축 방향에 대해서만 고려하였던 식인 훅의 법칙을 3축 방향의 응력과 변형률로 표시한 것이므로 **훅의 법칙의 일반형**(general form of Hooke's law)이라고 한다.

한편 앞에서 언급한 육면체에 대한 변형률을 고려하면 체적변형율의 식 (2-17)은 다음과 같다.

$$\varepsilon_v = \varepsilon_x + \varepsilon_y + \varepsilon_z$$

$$= \frac{\sigma_x}{E} - \frac{v}{E}(\sigma_y + \sigma_z) + \frac{\sigma_y}{E} - \frac{v}{E}(\sigma_x + \sigma_z) + \frac{\sigma_z}{E} - \frac{v}{E}(\sigma_x + \sigma_y)$$

$$= \frac{1}{E}(\sigma_x + \sigma_y + \sigma_z) - \frac{2v}{E}(\sigma_x + \sigma_y + \sigma_z) = \frac{1-2v}{E}(\sigma_x + \sigma_x + \sigma_z) \tag{2-18}$$

균일한 유체압력이 작용하는 경우와 같이 특별한 경우에는 다음과 같이 생각할 수 있다.

$$\sigma_x = \sigma_y = \sigma_z = \sigma, \quad \varepsilon_x = \varepsilon_y = \varepsilon_z = \varepsilon$$

따라서 식 (2-18)는 다음과 같이 표현된다.

$$\varepsilon_v = 3\varepsilon = \frac{3(1-2\nu)}{E}\sigma \tag{2-19}$$

식 (2-19)를 식 (2-18)에 대입하여 정리하면 체적탄성계수 (K)는

$$K = \frac{\Delta P}{\epsilon_v} = \frac{E}{3(1-2\nu)} = \frac{mE}{3(m-2)} \tag{2-20}$$

여기서 ΔP는 압력 $\Delta P = \frac{W}{A} = \sigma$

가 되며, ν와 E만 알면 K를 구할 수 있는 E, K, ν의 관계식이 된다.

2. 탄성계수 E, 체적탄성계수K 강성계수 G 의 관계

그림 2-13와 같이 요소 ABCD가 순수 전단에 의해 요소 abcd로 변형 하였다고 한다.

각 변에서는 순수전단만 작용하므로 변에서의 길이의 변화는 없고 전단

변형에 의해 대각선의 길이가 BD에서 B'D로 늘어나게 된다[그림2-13(b)].

그림에서의 기하학적인 관계에서 전단변형률 γ를 일으킨 D점의 각도는 $\frac{\pi}{2}-\theta$이고 C점은 $\frac{\pi}{2}+\theta$이다. B에서 BD'에 수직선 BE를 그으면 θ는 작은 값이므로 DE≈DB가 된다.

DB의 늘어난 길이는 B'E와 같고 ∠BB'E는 θ가 작은 각이므로 45°로 볼 수 있다.

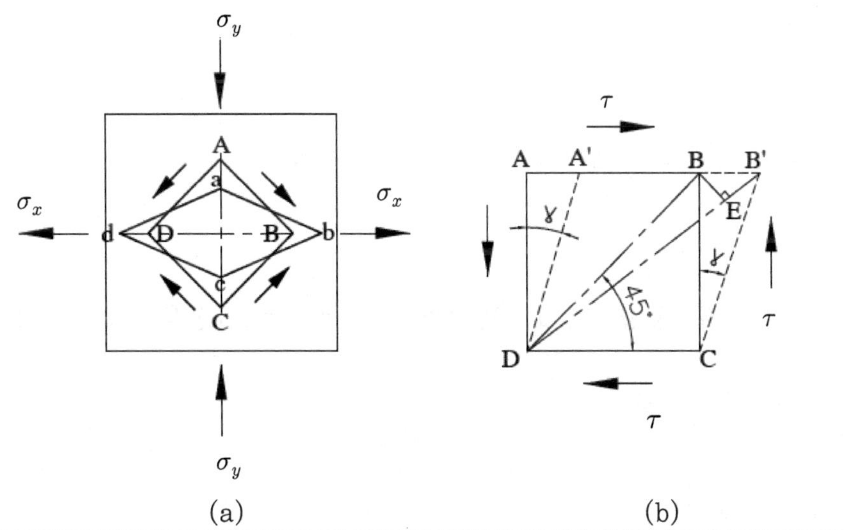

그림 2-13

따라서 대각선 BD상의 인장변형률 ε_t는 그림[2-13(b)]에서

$$B'E = BB'\sin 45° = \frac{BB'}{\sqrt{2}} = \frac{BC\gamma}{\sqrt{2}}\ (BE = B'E) \tag{a}$$

$$BD = \frac{BC}{\sin 45°} = \sqrt{2}\ BC \tag{b}$$

$$BB' = BC\,\gamma = AA' = AD\,\gamma \tag{c}$$

$$\varepsilon_t = \frac{B'E}{BD} = \frac{\frac{BC\,\gamma}{\sqrt{2}}}{\sqrt{2}\ BC} = \frac{\gamma}{2} \tag{2-21}$$

같은 방법으로 AC 면에 대한 압축변형률을 구하면 다음과 같은 식이 얻어진다.

$$\varepsilon_c = -\frac{\gamma}{2} \tag{2-22}$$

식 (2-21), 식 (2-22)의 변형률을 각각 x,y 방향의 변형률로 보면 $\varepsilon_x = \frac{\gamma}{2}$, $\varepsilon_y = -\frac{\gamma}{2}$가 되고 탄성한도 내에서 $G = \frac{\tau}{\gamma}$이므로 이들 관계는 다음과 같다.

$$\varepsilon_x = -\varepsilon_y = \frac{\gamma}{2} = \frac{\tau}{2G} \tag{d}$$

또한 순수 전단요소에서 $\sigma_x = -\sigma_y = \tau$ 이므로

$$\varepsilon_x = -\varepsilon_y = \frac{\sigma_x}{2G} \tag{e}$$

육면체에서 두 방향 즉, x, y방향에서 작동하는 인장응력 σ_x, σ_y에 의해

x 방향의 변형율 $$\varepsilon_x = \frac{\sigma_x}{E} - \frac{\nu}{E}\sigma_y \tag{f}$$

y 방향의 변형율 $$\varepsilon_y = \frac{\sigma_y}{E} - \frac{\nu}{E}\sigma_x \tag{g}$$

$\sigma_x = -\sigma_y$ 이므로 등식으로 놓으면

$$\varepsilon_x = \frac{\sigma_x}{E} + \frac{\nu}{E}\sigma_x = \frac{\sigma}{E}(1+\nu) \tag{h}$$

따라서, ⓓ 식 = ⓗ 식 으로부터 다음식이 구해진다.

$$\frac{\tau}{2G} = \frac{\sigma}{E}(1+\nu) \quad \because \tau = \sigma$$

$$G = \frac{E}{2(1+\nu)} \tag{2-23}$$

※ 참고 응력과 변형률 관계

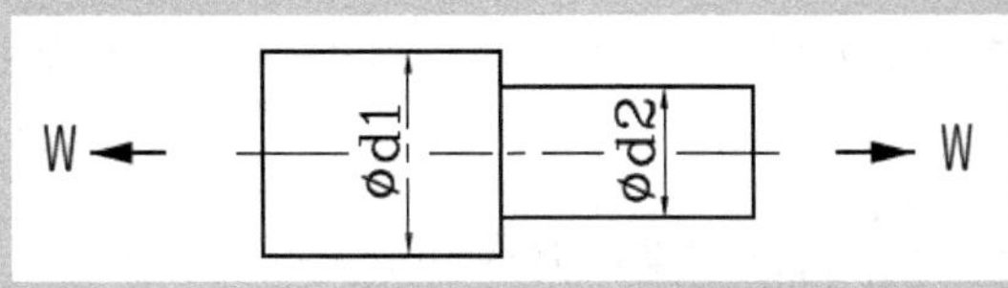

$$\sigma_1 : \sigma_2 = \varepsilon_1 : \varepsilon_2 = d_2^2 : d_1^2 = E_2 : E_1$$

예제 9

지름 30mm의 원형 단면이며, 길이 1.5m인 봉에 85kN의 축방향 하중이 작용된다. 탄성계수 E=70GPa, 프와송비 $\nu = 1/3$ 일 때, 체적증가량 (mm^3)은 얼마인가?

해설)

$$\varepsilon_V = \frac{\Delta V}{V} = \varepsilon(1-2\nu) = \frac{P}{AE}(1-2\nu) \text{ 에서}$$

$$\Delta V = Al\frac{P}{AE}(1-2\nu) = \frac{Pl}{E}(1-2\nu)$$

$$= \frac{85\times 10^3 \times 1.5}{70\times 10^9}(1-2\times\frac{1}{3})\times 1000^3 = 607.14\text{mm}^3$$

예제 10

그림과 같이 원형단면을 가진 보가 인장하중 $P=90$kN을 받는다. 이 보(직경 $d=10mm$ 길이 $L=5$m)는 강으로 이루어져 있고, 탄성계수 $E=210$GPa이며 프와송비 $\nu=1/3$이다. 이 보의 체적변화 ΔV는 몇 mm^3 인가?

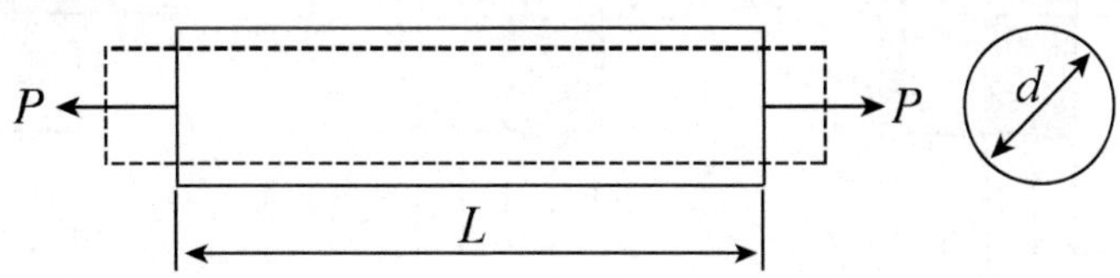

해설)

$$\Delta V = V\cdot\varepsilon_V = Al\varepsilon(1-2\nu) = Al\frac{P}{AE}(1-2\nu) = \frac{Pl}{E}(1-2\nu)$$

$$= \frac{90\times 10^3\times 5}{210\times 10^9}(1-2\times\frac{1}{3})\times 10^9 = 714.29mm^3$$

예제 11

알루미늄의 탄성계수 E가 70GPa이고 프아송 비가 0.33이라면 전단 탄성계수는 몇 GPa인가?

해설)

$$G = \frac{E}{2(1+\nu)} = \frac{70}{2(1+0.33)} = 26.316\text{GPa}$$

2.8 응력 집중 (stress concentration)

1. 응력집중계수

구멍, 홈, 단붙임 등 단면적이 급변하는 부분을 지닌 부품 또는 구조물에 하중이 작용할 때 단면에 나타나는 응력분포상태는, 그림2-14과 같이 매우 불규칙하고 특히 노치부분에는 최대응력 σ_{max}가 발생한다.

이와 같은 노치부분의 갑작스런 응력의 증가를 **응력집중**(stress concentration)이라하며, 응력집중의 정도를 **응력집중계수**(stress concentration factor) 또는 **형상계수**(form factor) α로 다음과 같이 표시한다.

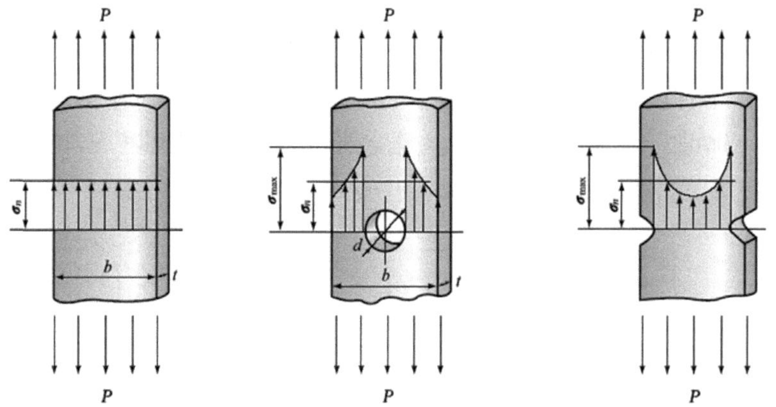

(a) 균일단면 (b) 원공 단면 (c) 노치 단면

그림 2-14 응력 집중상태

$$\alpha = \frac{\sigma_{max}}{\sigma_n} = \frac{\text{노치부의 최대응력}}{\text{노치(구멍)가없는 단면의 공칭응력} } \quad (2.24)$$

그림 2-15에서 공칭응력 또는 평균응력 σ_{av}는 다음과 같다.

$$\sigma_{av} = \frac{P}{(b-d)t} \tag{2-25}$$

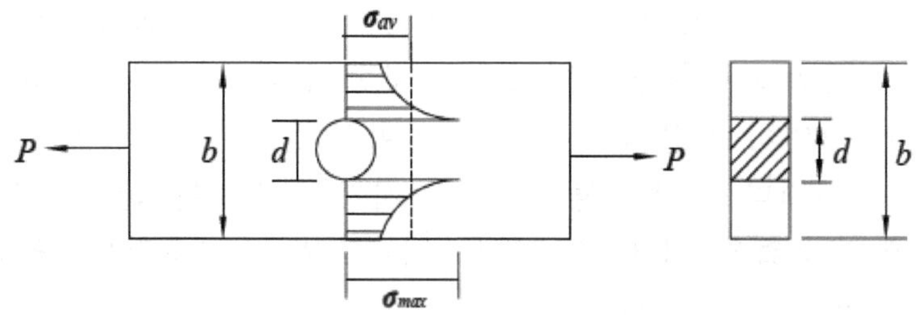

그림 2-15 응력 집중

α의 값은 탄성한도 내에선 부재의 크기나 재질과는 무관하며, 노치의 형상과 하중의 종류에 의해 결정된다. 정하중이 자용하는 연성재료는 소성변형에 따라 응력집중이 완화되나, 취성재료에선 이와 같은 현상을 기대할 수 없어 응력집중에 각별한 주의를 해야 한다.

2. 실생활에서 응력집중효과를 이용하는 사례들

캔 뚜껑, 커터칼날, 스카치 테이프, 우표, 쌍쌍바, 과일 등

① **쌍쌍바** : 친구와 나눠먹기 위해 막대기를 잡고 양쪽으로 힘을 가하면 두터운 양쪽 부분에 비해 얇은 가운데 부분에 응력이 집중되어 가운데 부분부터 갈라지기 시작한다.

② **과일** : 사과, 감, 배, 등 이런 과일들은 꼭지 부분에 응력집중을 받아서 꼭지가 끊어져 떨어진다. 그래서 꼭지 부분을 가위로 자르거나 하면 쉽게 과일을 딸수가 있는 것이다.

※ 참고 용어

① 공칭응력 : 노치 현상을 고려 하지 않은 응력

② 노치 (notch) : 기계 및 구조물에서 구조상 부득이 홈, 구멍, 나사, 돌기, 자국등 단면의 치수와 형상이 급격히 변화하는 부분

(1) 공칭응력과 진응력 관계

물체의 단면적을 물체가 변형되기 전 초기 단면적으로 외부 하중을 나누어 응력값을 계산하는 방법과 변형에 의해 감소된 실제 단면적으로 응력값을 계산하는 두 가지 방안이 있을 수 있다. 전자의 방법으로 구한 응력을 **공칭응력**이라고 부르고, 후자의 방식으로 구한 응력을 진응력(true stress)이라고 부른다. 당연히 진응력이 정확한 의미의 응력이고, 변형이 커질수록 두 값의 차이도 커진다. 특히, 물체가 끊어지기 직전에는 단면적이 매우 작아지기 때문에 **진응력**은 매우 큰 값이 되는 반면 공칭응력은 단면적의 감소를 반영하지 않기 때문에 하중 증가만큼 증가할 뿐이다.

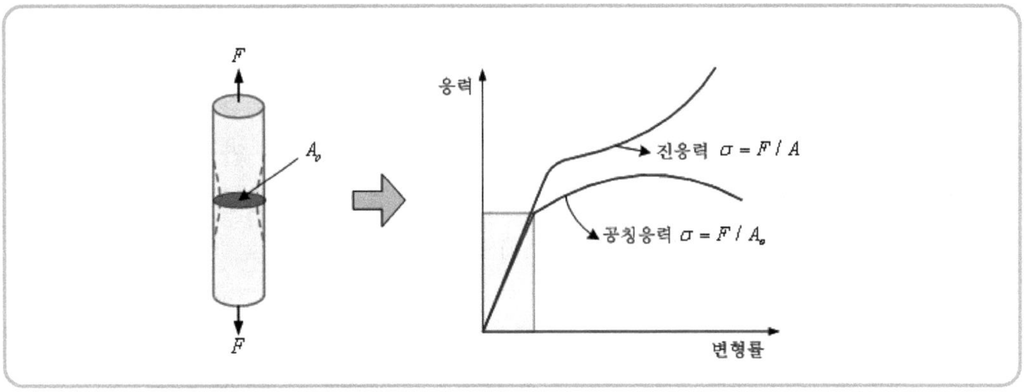

그림 2-16 공칭응력과 진응력

진응력 $\sigma_T = \dfrac{F}{A}$ 공칭응력 $\sigma_o = \dfrac{F}{A_o}$

진변형률 $\varepsilon_T = I_n \dfrac{\ell}{\ell_0} = In(I+\varepsilon)$

$$\sigma_T = \sigma_o(1+\varepsilon)$$

여기서 A_o 는 시편의 변형중 단면적
l_o 는 변형전의 원래의 길이
l 는 변형후의 길이
dl는 변형중 미소 증가길이

2.9 허용응력과 안전율

기계가 적정 사용기간 동안 영구변형 및 파괴가 없이 강성(stiffness)을 유지하려면 부재내부에 발생하는 사용응력이 탄성한도를 초과하면 안된다. 일반적으로 하중의 종류, 부품의 가공상태, 재료 자체의 균일성 등의 조건들이 탄성한도 내에 있도록 선택해야 한다. 한도의 응력을 **허용응력**(allowable stress) σ_a라고 하며, 앞서 언급한대로 기계나 각 구조물의 각 부분에 작용하는 하중에 따라 발생하는 응력을 사용응력(working stress) σ_w라 한다.

그림 2-17는 응력-변형률 선도에서 사용응력과 허용응력의 범위를 나타낸다.

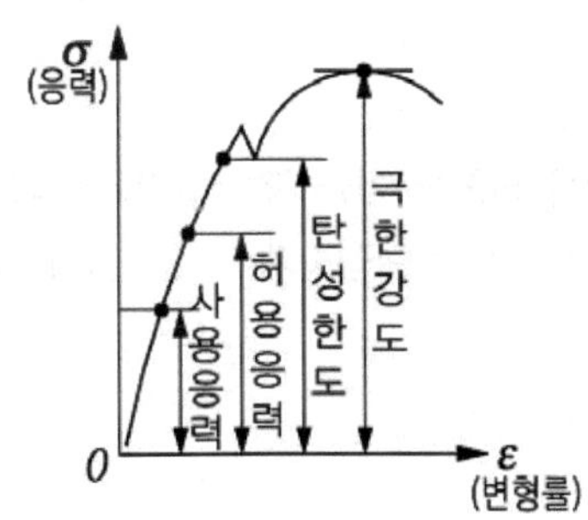

그림 2-17 응력 상태

1. 허용응력의 결정

허용응력의 값은 재료와 하중의 종류에 따라 기계나 구조물의 실물시험 또는 모형시험한 결과로 결정하지만, 실제 사용상태에서 실물시험은 대부분의 불가능하며 경제적 손실도 커서, 일반적으로 다음의 사항들을 고려하여 허용응력을 결정하는데 기초가 되는 기준강도를 정한다.

① 연강과 같은 연성재료는 항복점을 기준강도로 한다

② 주철과 같은 취성재료는 극한강도를 기준강도로 한다.

③ 피로파괴를 일으키는 교번하중일 때는 피로한도를 기준강도로 한다.

④ 고온에서 정하중 작용시 크리이프 한도를 기준강도로 한다.

⑤ 저온이나 천이온도 이하에선 저온취성을 고려하여 기준강도를 정한다.

⑥ 기둥이나 편심하중의 경우 좌굴응력을 기준강도로 한다.

⑦ 소성설계와 극한설계(limit design)에선 붕괴하지 않는 최대하중에 대한 응력을 기준강도로 한다.

2. 안전계수 (safety factor) 또는 안전율

$$\text{안전율 } S = \frac{\text{재료의 기준강도}(\sigma_u)}{\text{허용응력}(\sigma_a)} = \frac{\text{인장강도}}{\text{허용응력}} = \frac{\text{항복강도}(\sigma_y)}{\text{허용응력}(\sigma_a)}$$

여기서 인장강도σ_u(취성재료) 항복강도σ_y(연성재료)

모든 기계는 비례한도이내의 응력으로 설계되어져야 하며 이응력을 허용응력 (σ_a)이라 한다.

안전계수를 가능한 한 작게 선정것이 최적설계에 해당

예제 12

노치(notch)가 있는 봉이 인장하중을 받을 때, 노치부의 최대 응력이 60 MPa이었고, 노치부의 공칭응력이 24 MPa이었다면 응력집중계수α는 얼마인가?

해설)

최대 응력 $\sigma_{max} = \alpha\, \sigma_{av}$,

응력 집중계수 $\alpha = \dfrac{\sigma_{max}}{\sigma_{av}} = \dfrac{60}{24} = 2.5$

핵심정리

- 수직응력 $\sigma_t = \dfrac{P_t}{A}$ [단위 $Pa\,(N/mm^2)$, $MPa\ (N/mm^2)$]
- 전단응력 $\tau = \dfrac{P}{A}$, $\tau = \dfrac{P}{\pi dt}$ (펀치와 다이)
- 종변형률 $\varepsilon = \dfrac{l' - l}{l} = \dfrac{\lambda}{l}$
- 횡변형률 $\varepsilon' = \dfrac{d' - d}{d} = \dfrac{\Delta d}{d} = \dfrac{\delta}{d}$

- 단면적의 변화율 $\varepsilon_a = \dfrac{\Delta A}{A} = 2\nu\varepsilon$ (압축 + 인장 -)

- 체적변화율 . $\varepsilon_V = \dfrac{\Delta V}{V} = \pm 3\,\varepsilon = \varepsilon(1-2\nu)$ (인장 + 압축 - 고무는 불변)

- 후크의 법칙 : 비례한도 내에서 응력과 변형률은 비례한다.

  수직 응력 $\sigma = E\varepsilon$

  전단응력 $\tau = G\gamma$

  변형량 $\delta = \dfrac{Pl}{AE}$

- 프와송비 : $\nu = \dfrac{\varepsilon'(\text{횡변형률})}{\varepsilon(\text{종변형률})} = \dfrac{1}{m} \leqq 1$ (고무의 경우 $\nu = 0.5$)

  직경 감소량 $\Delta d = \dfrac{\sigma d}{mE}$ $\left(\because \nu = \dfrac{1}{m} = \dfrac{\varepsilon'}{\varepsilon} = \dfrac{\frac{\Delta d}{d}}{\frac{\sigma}{E}} = \dfrac{E\Delta d}{d\sigma}\right)$

- 횡탄성계수 $G = \dfrac{E}{2(1+\nu)}$

- 체적탄성계수 $K = \dfrac{E}{3(1-3\nu)}$

- 안전율 $S = \dfrac{\text{극한강도(항복강도)}}{\text{허용응력}}$

- 최대응력 $\sigma_{\max} = \alpha\sigma_n$

  여기서 α : 응력집중계수(형상계수)

  σ_n : 공칭응력 $\dfrac{P}{(b-d)t}$

연 습 문 제

1. 정사각형의 봉에 10kN의 인장하중이 작용할 때 이 사각봉 단면의 한 변 길이는?
(단, 하중은 축방향으로 작용하며 이 때 발생한 인장 응력은 100 N$/cm^2$이다.)

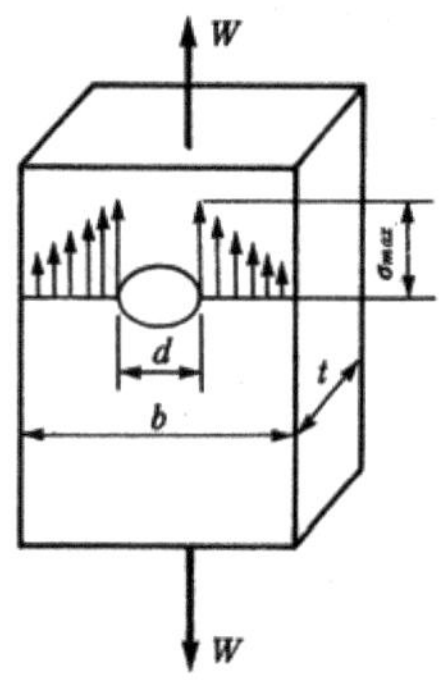

sol) $\sigma = \frac{P}{A} = \frac{P}{a^2} = \frac{10}{a^2} = 0.1$

$a = \sqrt{\frac{10}{0.1}} = 10$ cm

2. 재료의 기준강도(인장강도)가 400N/mm^2이고, 허용응력이 100N/mm^2일 때 안전율은?

sol) $S = \frac{기준강도}{허용응력} = \frac{400}{100} = 4$

3. 지름 14mm의 연강봉에 8000 N의 인장하중이 작용할 때 발생하는 응력은 몇 MPa 인가?

sol) $\sigma = \frac{P}{A} = \frac{800}{\frac{\pi}{4} \times 14^2} =$ 52 N/mm^2 $= 52\,MPa$

4. 연강의 탄성계수 E가 210 GPa, 이고, 포와송 의 비 ν 가 0.3 이라면 체적 탄성계수 K의 값은 몇 GPa인가?

sol) $$K = \frac{mE}{3(m-2)} = \frac{\frac{1}{0.3} \times 210}{3(\frac{1}{0.3} - 2)} = 175\ GPa$$

5. 단면적이 600mm^{2}인 봉에 600N의 추를 달았더니 이 봉에 생긴 인장응력이 재료의 허용인장응력에 도달하였다. 이 봉재의 극한강도가 5MPa이면 안전율은 얼마인가?

sol) $$\sigma_a = \frac{600}{600} = 1N/mm^2 \quad \text{안전율 } S = \frac{5}{1} = 5$$

5MPa $= 5 \times 10^6\ Pa = 5N/mm^2$

6. 어떤재료의 탄성계수 E와 전단탄성계수 G를 알아보았더니 E=210GPa G = 83GPa 얻었다. 이재료의 포아송비ν 는 ?

sol) $$G = \frac{E}{2(1+\nu)} = \frac{210}{2(1+\nu)} = 83 \qquad \nu = 0.265$$

7. 단면 50mm x 50mm 이고, 길이 100mm의 탄소강재가 있다. 여기에 10 kN의 인장력을 길이 방향으로 주었을 때, 0.4 mm가 늘어 났다. 이 때 변형률은 얼마인가?

sol) $$\varepsilon = \frac{\lambda}{\ell} = \frac{\ell' - \ell}{\ell} = \frac{0.4}{100} = 0.004$$

8. 지름 4cm의 둥근봉 펀치 다이스에서 두께 t=1cm 의 강판에 펀칭 구멍을 뚫을 때 ,판의 전단강도가τ = 400MPa 라면 펀치 해머에 가해져야 하는 펀칭력은 ?

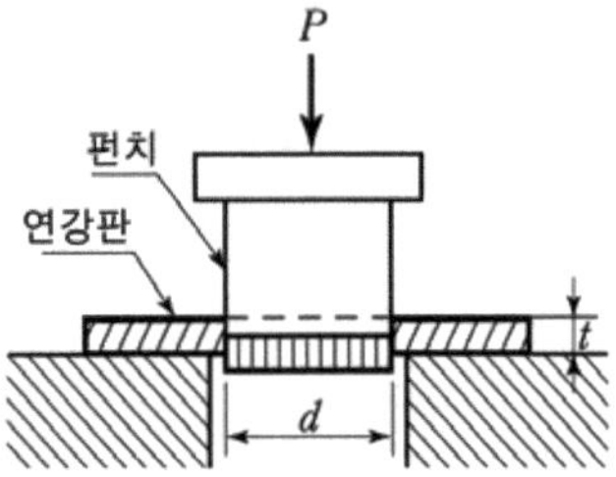

sol) $\tau = \frac{P}{\pi dt} = \frac{P}{\pi 0.04 \times 0.01} = 400\ MPa\ (N/mm^2)$

P = 502.6 Kn

9. 단면적이 10 cm^2인 둥근봉이 30 Kn 의 압축하중을 받을 때 단면적의 변화량 cm^2은 ?
(단, 프와송의비 $\nu = 0.25$ 탄성계수 E = 200 GPa 이다)

sol) $\varepsilon_a = \frac{\Delta A}{A} = 2\nu\varepsilon$ (– 인장   + 압축)

$\Delta A = 2\nu\varepsilon \times A = 2\nu \frac{\sigma}{E} \times A$

= 2 x 0.25 x $\frac{30 \times 1000}{200 \times 10^9}$ = $7.5 \times 10^{-8} m^2$ = 0.00075 cm^2

10. 그림에서 블록 A를 뽑아내는데 필요한 힘 P는 몇 kN 이상인가?
(단, 블록과 접촉면과의 마찰계수 $\mu = 0.4$)

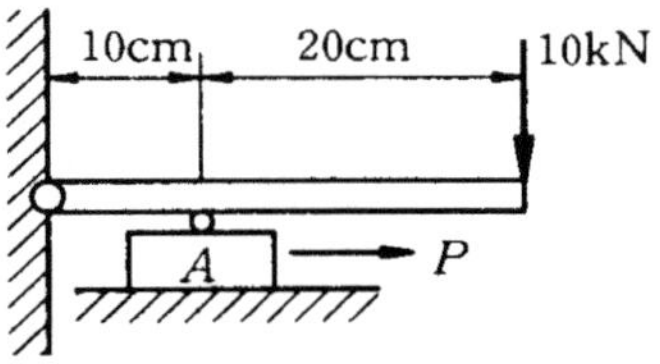

sol) $R_A \times 10 = 10 \times 30 \qquad R_A = 30KN$

$$P = \mu R_A = 0.4 \times 30 = 12KN$$

11. 그림과 같은 조인트가 전하중 $P = 1000$kN을 받도록 설계하고자 한다. 볼트의 허용 전단응력이 $100\,MPa$ 일 때 볼트의 최소지름 (mm)은?

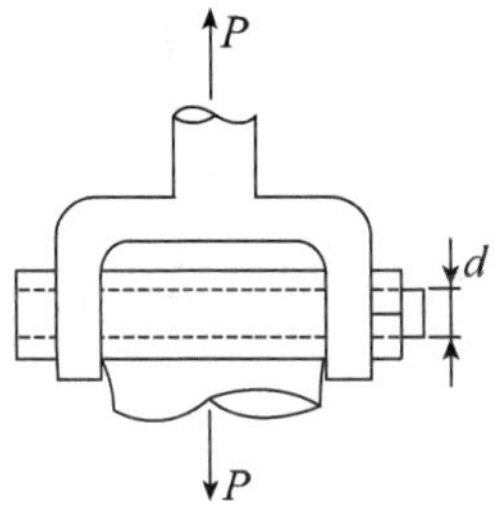

sol) $\tau = \dfrac{P}{2A} = \dfrac{4P}{\pi d^2 \times 2}$

$$d = \sqrt{\frac{2P}{\pi\tau}} = \sqrt{\frac{2 \times 1000 \times 10^3}{\pi \times 100 \times 10^6}} \times 100 = 7.97\,cm = 80\,mm$$

12. 단면적 10cm2, 길이 20cm인 둥근 봉이 인장하중을 받을 때 체적의 변화량은 얼마인가? (단, 이 재료의 포아송비는 0.3이고, 이때의 신장률은 0.002이었다.)

sol) 체적 변화량 (인장일때)

$$\varepsilon_V = \frac{\Delta V}{V}$$

$$\Delta V = V \cdot \varepsilon_v = Al\,\varepsilon(1 - 2\nu)$$

$$= 10 \times 20 \times 0.002(1 - 2 \times 0.3) = 0.16\text{cm}^3\text{(증가)}$$

13. 그림과 같은 단붙임 축의 지름을 $d_1 : d_2 = 3 : 2$로 하면 d_1쪽에 발생하는 응력 σ_1과 d_2쪽에 발생하는 응력 σ_2의 비는?

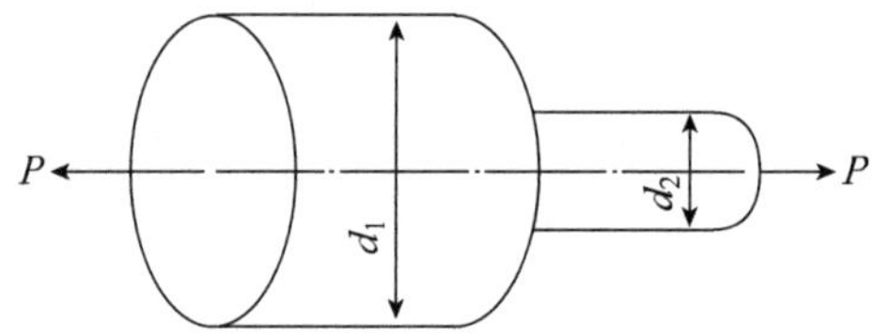

sol) $\sigma_1 : \sigma_2 = \dfrac{4P}{\pi d_1^2} : \dfrac{4P}{\pi d_2^2} = \dfrac{1}{9} : \dfrac{1}{4} = 4 : 9$

14. 강철판에 구멍을 뚫는 펀치가 다음 그림과 같다. 단면도에 보이는 바와 같이 지름 d=20mm인 펀치가 8mm 두께의 판에 구멍을 뚫는데 사용된다고 가정한다.

구멍뚫기에 P =110 kN의 힘이 필요하다면 판의 평균 전단응력과 펀치의 압축응력은 얼마인가?

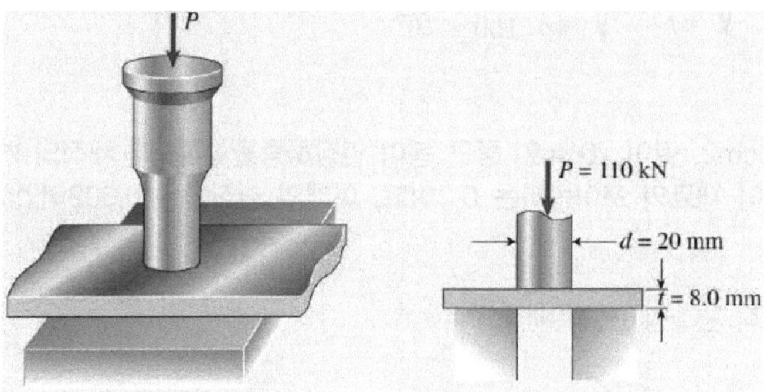

sol) 전단하중 = 전단면적 x 전단강도

= 전단윤곽길이 x 소재 두께 x 전단강도

전단면적 $A_s = \pi dt = \pi 20 \times 8 = 502.7\,mm^2$

편균전단응력 $\tau_m = \dfrac{P}{A_s} = \dfrac{110 \times 10^3}{502.7} = 219\,MPa$

펀치의 평균압축압력 $\sigma_c = \dfrac{P}{A_P} = \dfrac{110 \times 10^3}{\pi 20^2/4} = 350\,MPa$

15. 적재 중량이 130 kN인 하중이 강철 케이블에 의해 급경사 선로을 따라 천천히 끌어 올려지고 있다. 케이블의 유효면적은 490 mm^2 이고 경사각 θ 는 $30°$ 이다. 케이블의 인장응력(MPa)은 얼마인가?

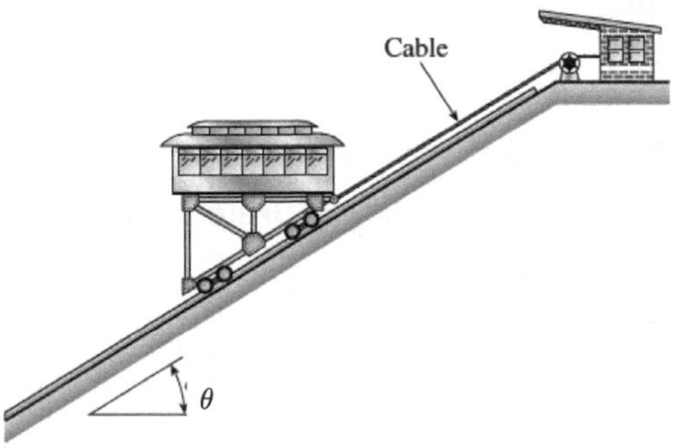

sol) 케이블의 인장응력

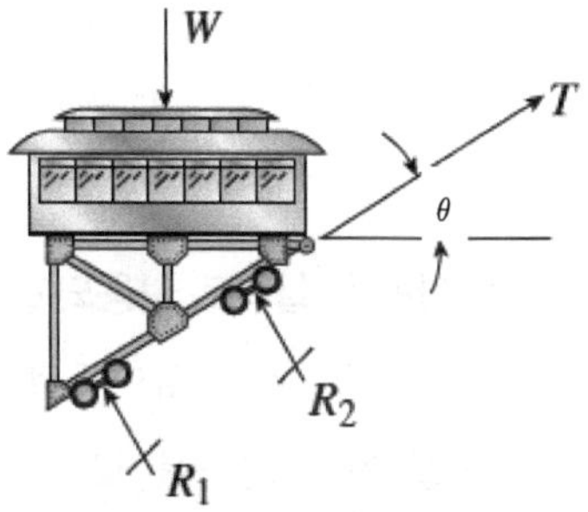

$$\sigma_t = \frac{T}{A} = \frac{W\sin\theta}{A} = \frac{130 \times 10^3 \sin 30°}{490}$$

$$= 132.65\,N/mm^2 \fallingdotseq 133\,MPa$$

16. 그림과 같은 두 개의 물체가 도르래에 의하여 연결되었을 때 평형을 이루기 위한 힘 P 는 몇 kN 인가? (단 경사면과 도르래의 마찰은 무시 한다)

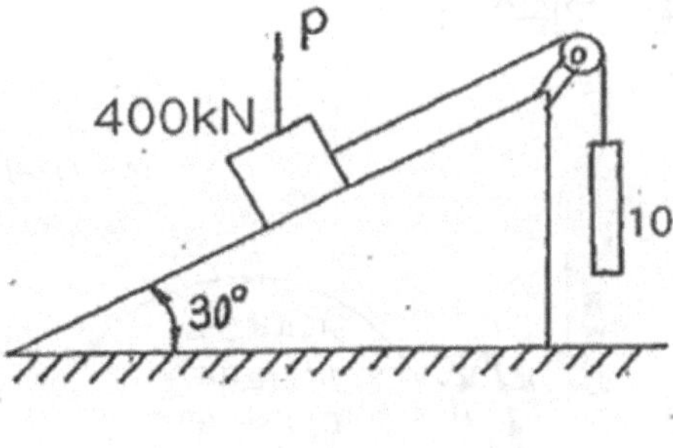

sol) 경사면에 수직한 힘과 강선의 장력 그리고 중력과 P가 평형이 되어야 한다.

$(W - P)\sin 30° = 100$

$(400 - P)\sin 30° = 100 \qquad P = 200\,kN$

응용 문제

1. Poisson's ratio(프아송의 비)의 설명이 아닌 것은? 4

① 일반적으로 1/2보다 작다.

② 가로변형율을 세로변형율로 나눈 값이다.

③ 가로변형량에 비례하고 세로변형량에 반비례한다.

④ 포아송수가 클수록 크다.

sol) 프아송의 비 $\nu = \frac{\varepsilon'}{\varepsilon} = \frac{(\text{가로변형율})}{(\text{세로변형율})} = \frac{1}{m}$ (고무의 $\nu = 0.5$)

m = 프아송수(프아송비와 프아송수는 반비례 관계)

2. 다음은 실제로 사용되고 있는 안전율에 대한 설명이다. 옳은 설명은 어느 것인가? 3

① 재료의 탄성한도와 허용응력이 비이다.

② 기준 강도를 항복점으로 하여 허용응력으로 나눈 값이다.

③ 극한강도를 허용응력으로 나눈 것이다.

④ 재료의 탄성한도를 기준강도로 하여 사용응력과 비교한 것이다.

3. 후크의 법칙이 적용되는 구간은? 1

① $O \sim A$ ② $A \sim B$

③ $B \sim C$ ④ $O \sim B$

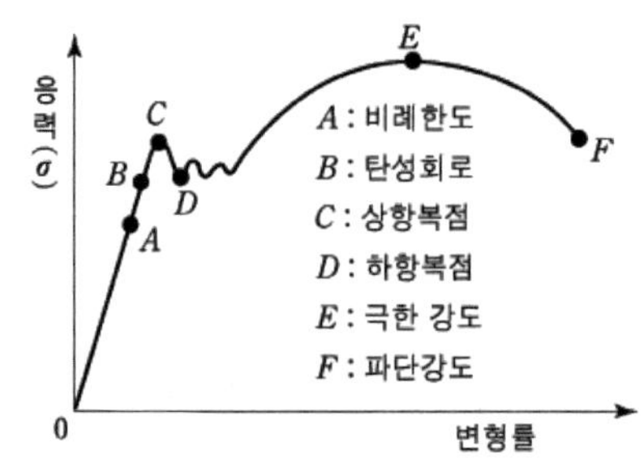

4. 길이 3m, 직경 3cm의 환봉이 축방향으로 하중을 받아서 길이가 0.18cm 늘어났고, 직경 0.0006cm만큼 감소하였다. 이때 종변형률 및 횡변형률을 구하여라. 4

㉮ 0.06, 0.02　　㉯ 0.6, 0.2

㉰ 0.006, 0.002　　㉱ 0.0006, 0.0002

sol) 종변형률 $\varepsilon = \frac{\delta}{l} = \frac{0.18}{300} = 0.0006$　　횡변형률 $\varepsilon' = \frac{\delta'}{d} = \frac{0.0006}{3} = 0.0002$

chapter 3 재료의 정역학 (인장과 압축)

3.1 자중을 고려한 응력과 변형률

1. 균일 단면봉

봉의 자체무게는 외부에서 작용하는 하중에 비해 일반적으로 적으므로 응력의 계산에서는 생략하지만, 단면이 크고 긴 봉의 응력계산에서는 자중의 영향이 크므로 이를 고려해야 한다.

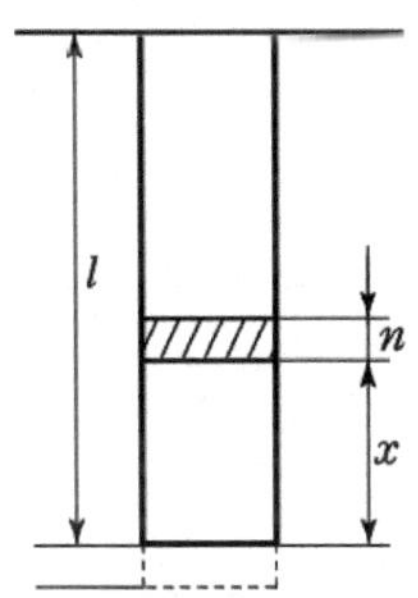

그림 3-1 자체무게만 고려한봉

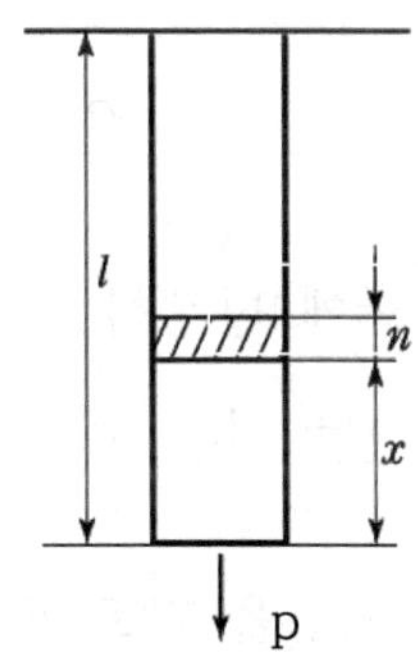

그림 3-2 자체무게와 하중을 함께 고려한 봉

하중은 작용하지 않고 자체무게만 고려하는 경우, 봉의 단위체적당의 중량을 γ라 하면, 하단으로부터 x의 거리에 있는 단면 mn의 아래부분의 중량은 $\gamma A x$가 되므로 mn단면이 받는 인장력은

$$P = \gamma A x \tag{a}$$

여기서 γ는 비중량으로서 단위 체적당의 중량 N/m^3이며

자중(G)은 $\gamma \cdot V\left(\frac{N}{m^3}, m^3\right)$이다.

이 인장력으로 인한 길이 dx요소의 미소 신장량 $d\delta$는

$$d\delta = \frac{P_x\,dx}{AE} \qquad \text{(b)}$$

이 미소 신장량을 전 길이에 걸쳐 적분하면

$$\delta = \int_0^l \frac{P_x}{AE}dx = \int_0^l \frac{\gamma Ax}{AE}dx = \frac{\gamma}{E}\int_0^l x\,dx = \frac{\gamma l^2}{2E} \qquad \text{(3-1)}$$

봉의 전체 중량을 P로 하면 $P = \gamma Al$이므로 윗식에 대입하면

$$\delta = \frac{Pl}{2AE} \qquad \text{(3-2)}$$

이 식은 봉에 하중은 작용하지 않고 자체무게에 의한 신장만을 구하는 식이다.

자체무게와 봉의 하중 P를 함께 고려하는 경우, 그림 3-2에서와 같이 mn 단면에서의 응력은 하중 P와 단면 mn아래부분의 자체무게와 같이 작용하므로

$$\delta = \frac{P+\gamma Ax}{A} = \frac{P}{A} + \gamma x \qquad \text{(c)}$$

이며, 상단에 발생하는 최대응력은

$$\sigma_{max} = \frac{P+\gamma Al}{A} = \frac{P}{A} + \gamma l \qquad \text{(3-3)}$$

위 식의 σ_{max}을 재료의 허용응력 σ_a로 대치하여 안전 단면적 A를 구하면 다음 식이 된다.

$$A = \frac{P}{\sigma_a - \gamma l} \qquad \text{(d)}$$

$$d\delta = \varepsilon\,dx = \frac{\sigma}{E}dx = \frac{P+\gamma Ax}{AE}dx \qquad \text{(3-4)}$$

가 되며, 이 식으로부터 하중과 자중이 함께 작용시의 전체 신장 량을 구하면 다음과 같다.

$$\delta = \int_0^\ell \frac{P+\gamma Ax}{AE}dx = \underbrace{\frac{P\ell}{AE}}_{\text{하중에 의한 늘음}} + \underbrace{\frac{\gamma\ell^2}{2E}}_{\text{자중에 의한 늘음}} = \frac{\ell}{AE}\left(P + \frac{\gamma A\ell}{2}\right) \qquad \text{(3-5)}$$

위의 식을 자중을 무시한 하중만에 의한 신장량 $\delta = \frac{Pl}{AE}$과 비교하면, 봉의 자중 때문에 발생되는 신장량은 자중의 $\frac{1}{2}$과 같은 하중이 봉에 작용할 때 발생되는 신장량과 같음을 알 수 있다.

2. 균일강도의 봉

자중을 고려할 때 각 단면에 발생하는 수직응력의 크기를 균일하게 하려면 각 단면의 모양을 변화시켜야 된다.

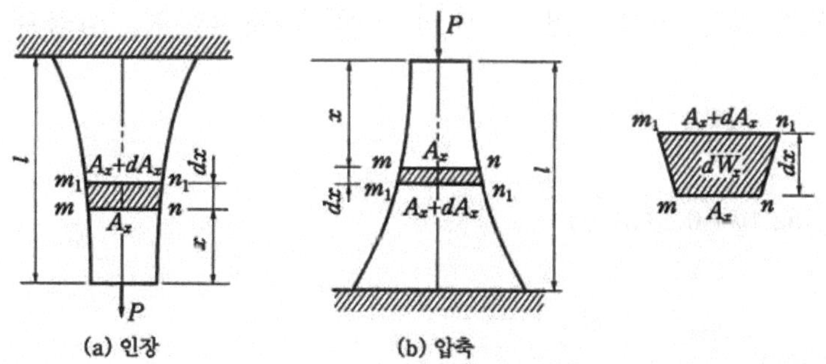

그림 3-3 균일강도의 봉

그림 3-3에서 봉의 자유단으로부터 x만큼 떨어진 단면 mn에서의 면적을 A, mn면에서 dx만큼 아랫방향으로 작용하는 힘은 $A\sigma$되고 $m'n'$면에서 윗방향으로 작용하는 힘은 $(A+dA)\sigma$가 되며, dx 부분의 자중은 $\gamma A dx$가 된다. 평행조건에서

$$(A+dA)\sigma = A\sigma + \gamma A dx \tag{a}$$

양면을 정리하면 $A\sigma$로 나누고 적분하면

$$\int \frac{dA}{A} = \int \frac{\gamma dx}{\sigma}$$

$$\ln A = \frac{\gamma}{\sigma}x + c \tag{b}$$

$x=0$ 에서 봉하단의 면적을 $A = A_0$, $A_0 = \frac{P}{\sigma}$, $c = \ln A_0$이고,

$$\ln A = \frac{\gamma}{\sigma}x + \ln A_0$$

$$\ln A - \ln A_0 = \frac{\gamma}{\sigma}x$$

$$\ln\frac{A}{A_0} = \frac{\gamma}{\sigma}x$$

$$A = A_0 \cdot e^{\frac{\sigma}{\gamma}x} = \frac{P}{\sigma} \tag{c}$$

안전한 단면적을 구하려면 σ 대신 σ_a으로 대입하며, 상용대수로 고치면
$\log e = 0.4343$
이므로

$$\log A = \log A_0 + 0.4343\frac{\gamma}{\sigma}x$$

$$A = A_0 \times 10^{0.4343\frac{\gamma}{\sigma}l} \tag{d}$$

또한 고정단 $x = l$에서 최대 단면적이 되므로

$$(A_l)_{\max} = A_0 \times 10^{0.4343\frac{\gamma}{\sigma}l} \tag{e}$$

전신잔량 δ는 σ가 일정하므로 다음과 같아야 된다.

$$\delta = \frac{\sigma}{E}l \tag{3-6}$$

그러나 균일강도의 봉의 형태는 제작하기 힘들므로 아래 그림과 같이 계단적으로 단면을 변화시키는 경우가 많다.

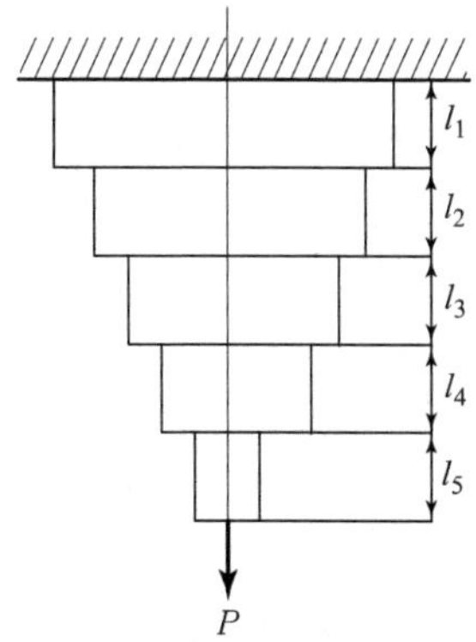

그림 3-4 계단 단면봉

예제 1

강선을 자중하에 연직하게 매달려고 할 때 재료의 비중량 $\gamma = 8\text{g/cm}^3$, 허용인장응력 $\sigma_a = 120\text{MPa}$이라 하면 얼마나 긴 강선을 매달 수 있는가?

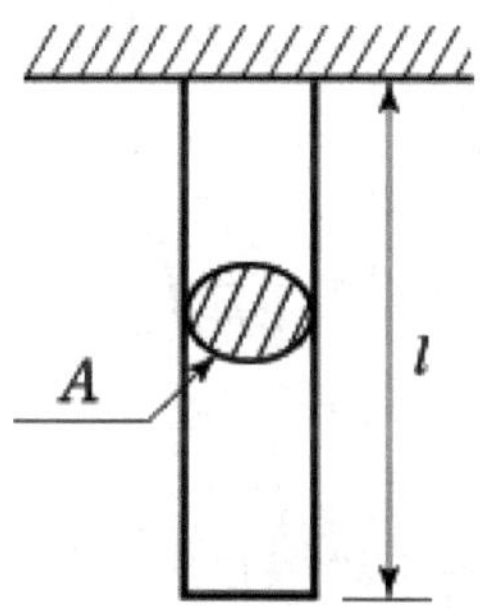

해설)

자중이 작용할 경우이므로 $(1kg_f = 9.8\,N)$

비중량 $\gamma = 8\times10^{-3}\ kg_f/cm^3 = 9{,}800\times 8 = 78{,}400\,N/m^3$

$$\sigma = \gamma l,\ \ l = \frac{\sigma}{\gamma} = \frac{120\times10^6}{78{,}400} = 1{,}530\text{m}$$

예제 2

다음 그림과 같이 자중을 받는 원추형봉의 길이가 l, 고정단의 직경이 d_0일 때, 이 원추형 봉의 신장은? (단, 비중량은 γ이다.)

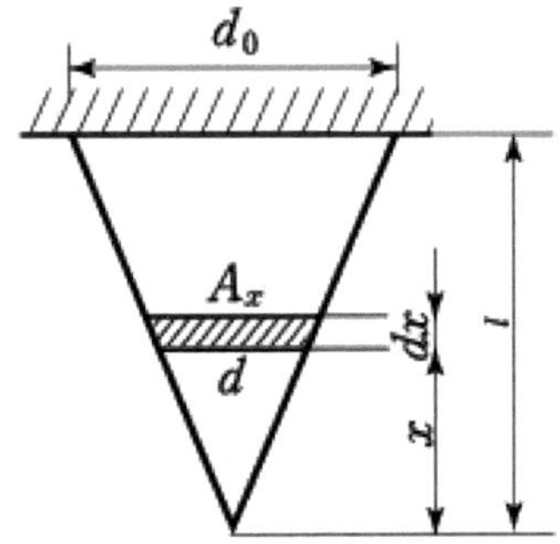

해설)

삼각형 체적 $V_x = \dfrac{1}{3} A_x \cdot x$

자중에 의한 응력 $\sigma_x = \sigma_x = \dfrac{W_x}{A_x} = \dfrac{\frac{1}{3} A_x \bullet x \bullet r}{A_x} \dfrac{r}{3} x$

처짐 $d\delta = \dfrac{\sigma_x}{E} dx = \dfrac{\gamma}{3E} x dx \Rightarrow \delta = \dfrac{\gamma}{3E} \int_0^l x dx = \dfrac{\gamma l^2}{6E}$

※ 적분공식 $\int x^n dx = \dfrac{1}{n+1} [x^{n+1}]$

3.2 열응력

물체에 온도를 증가시키면 팽창하고 감소시키면 축소한다. 이 물체를 팽창 또는 수축을 방해하면 그 물체는 응력이 발생한다. 이 응력을 **열응력**이라 한다.

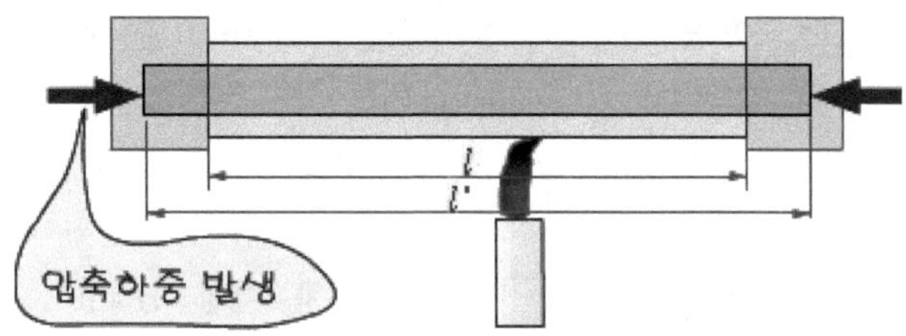

그림 3-5 열응력

온도를 t_1 에서 t_2 로 올렸을 때 막대가 자유로이 늘어날 수 있는 길이 막대의 길이 ℓ 이고 늘어난 길이 ℓ' 변화된 길이 λ는

$$\lambda = \ell' - \ell = \ell(1 + \alpha(t_2 - t_1) - \ell = \ell\alpha(t_2 - t_1) \quad \text{(a)}$$

변형률을 구하면

$$\varepsilon = \frac{\lambda}{\ell} = \alpha(t_2 - t_1) = \alpha \Delta t \quad \text{(3-7)}$$

압축응력을 구하면

$$\sigma = E\alpha\Delta t = E\alpha(t_2 - t_1) = \frac{P}{A} \; [\text{ Pa }] \quad \text{(3-8)}$$

힘을구하면

$$P = \sigma A = E\alpha\Delta t A = E\alpha(t_2 - t_1)A \; [N] \quad \text{(3-9)}$$

온도가 상승할 때 ($t_2 - t_1$) 압축응력이 발생 $\sigma > 0$
온도가 하강할 때 ($t_1 - t_2$) 인장응력이 발생 $\sigma < 0$
열응력은

$$\sigma = -E\alpha\Delta t = -E\alpha(t_2 - t_1) \quad \text{(3-10)}$$

여기서 α는 선팽창계수 ($cm/^{\circ}C \cdot cm$)
t_2 는 나중온도 ($cm/^{\circ}C \cdot cm$)
t_1 는 처음온도

※ 중요

봉의 양단이 완전히 고정되어 있으면, k→ ∞에 해당되고, 이때 열응력 $\sigma = \alpha E t$ 된다. 봉의 양단에 전혀 구속이 없으면 k→0 이 되어, 봉은 자유 팽창을 하여 $\sigma = 0$, $\lambda = \alpha t L$ 된다.

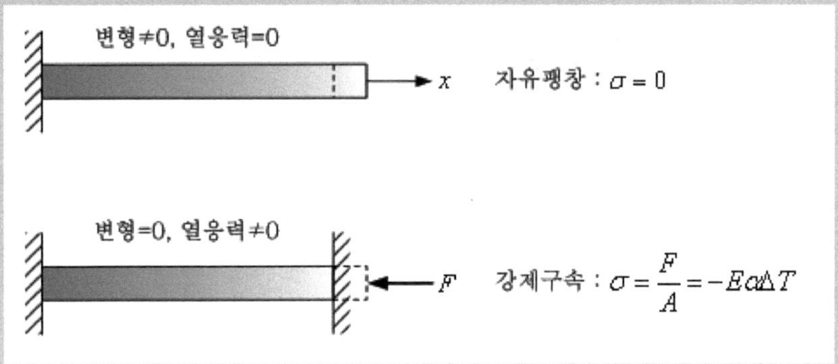

1. 조임새

원형봉에 륜을 끼울 때 봉의 크기보다 약간 작게 제작하여 열을 가해 신장을 시켜 끼워맞춤을 하는 것을 **가열끼움** 이라하며 이때의 변형율을 **조임새**라고 한다.

$$\varepsilon = \frac{\pi d - \pi d_1}{\pi d_1} = \frac{d - d_1}{d_1} \tag{3-11}$$

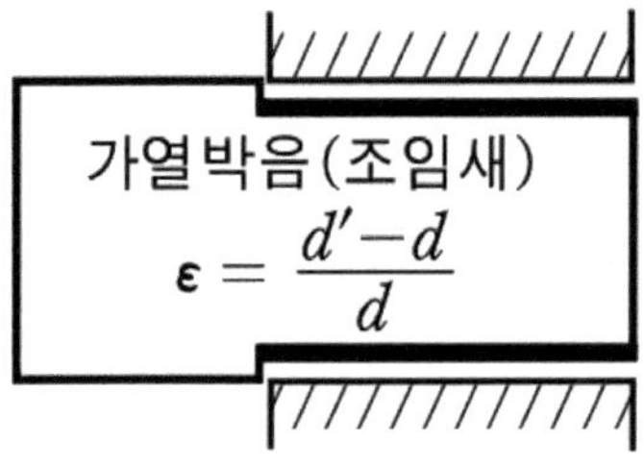

그림 3-6 원통형의 가열 끼워맞춤

예제 4

지름 20mm인 원형단면축에 온도를 20° C 상승시켰다면 온도변화에 따르는 변형율은 얼마인가? (단, 선팽창계수는 6.5×10^{-6}이다)

해설)

$\varepsilon = \alpha \Delta t = 6.5 \times 10^{-6} \times 20 = 0.00013$

예제 5

탄성계수 $E = 210\text{GPa}$, 선팽창계수$\alpha = 11 \times 10^{-6}$인 철도 레일을 15° C에서 양단을 고정하였다. 허용응력을 85MPa로 제한하려 할 때 열응력에 의한 온도변화의 허용범위는 ?

해설)

열응력식에서, $\sigma = E\alpha\Delta t$에서

$$\Delta t = \frac{\upsilon}{E\alpha} = \frac{85 \times 10^{0}}{210 \times 10^{9} \times 11 \times 10^{-6}} = 36.8°\text{C}$$

$15°\text{C} \pm 36.8$ 즉 온도변화의 허용범위는 −21.8~51.8

예제 6

지름 4.5cm, 길이 115cm의 둥근 축이 있다. 그 양단을 수직 벽에 고정하였다. 온도 증가가 70° C일 때 벽에 작용하는 힘 P는 몇 MN인가? (단, 이 봉은 온도가 100° C 올라갈 때 1.4mm 늘어나고, 세로 탄성계수 $E = 210\text{GPa}$이다)

해설)

$$\varepsilon = \frac{\delta}{l} = \frac{0.14}{115} = 1.22 \times 10^{-3}$$

선팽창계수 $\alpha = \frac{\varepsilon}{\Delta t} = \frac{1.22 \times 10^{-3}}{100} = 1.22 \times 10^{-5}$

열응력 $\sigma = E\alpha\Delta t$

벽에 작용하는 힘

$$P = AE\alpha\Delta T = \frac{\pi \times 0.045^2}{4} \times 210 \times 10^{9} \times 1.22 \times 10^{-5} \times 70$$

$$= 285227.9\text{N} = 0.29\text{MN}$$

예제 7

지름 50cm의 연강축에 두께 2cm의 부시를 가열박음시 부시에 생기는 응력을 30MPa이라면 지름은 몇 cm인가 ?(단, $E=110\text{GPa}$)

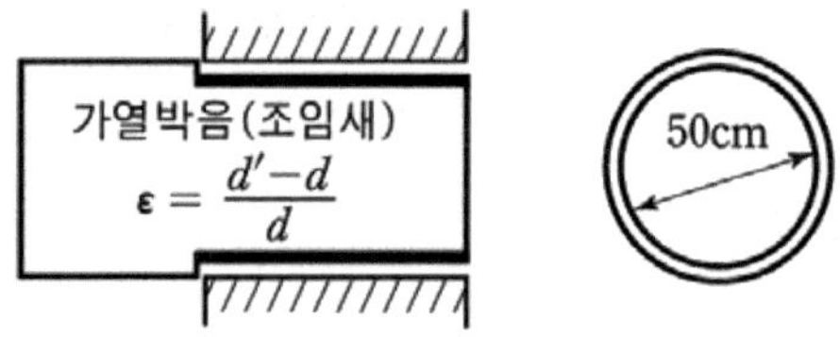

해설)

$$\sigma = E\,\varepsilon$$

$$\sigma = E\frac{\pi d_2 - \pi d_1}{\pi d_1} = E\frac{d_2 - d_1}{d_1}$$

$$30 \times 10^6 = 110 \times 10^9 \times \frac{0.5 - d_1}{d_1}$$

$$d_1 = 49.986\text{cm}$$

3·3 탄성 에너지

물체에 하중이 가해져 탄성 한도 내에서 변형했을 때, 물체 내부에서 얻을 수 있는 외부로부터의 일에 동등한 에너지이다.
하중－변형선도에 있어서 탄성 에너지 U는 삼각형의 면적과 같다.

1. 수직응력에 의한 탄성변형에서지

균일단면봉에 탄성한도 이내에서 하중 P 를 작용시키면 봉은 δ만큼 늘어나서 그 인장시험선도가 그림 3-8와 같이 직선이 되므로, 이때 행해진 일은 삼각형의 면적이 되고 이것이 내부에 탄성변형에너지로 저축되므로 U로 표시하면 다음과 같다.

$$U = \frac{1}{2}P\delta = \frac{1}{2}P\frac{P\ell}{AE} = \frac{\sigma^2}{2E}A\ell \ [N \cdot mm] \quad (3\text{-}12)$$

여기서 P는 하중 (N, KN)

δ는 수축량 (mm)

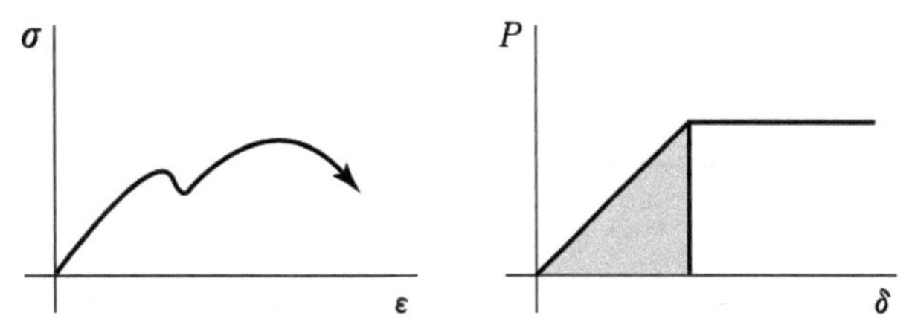

그림 3-7 하중과 신장의 관계

(1) 봉의 단일체적당 저축되는 변형에너지 u (변형에너지 밀도)

$$u = \frac{U}{V} = \frac{\sigma^2}{2E} = \frac{\sigma\varepsilon}{2} = \frac{E\varepsilon^2}{2}[N \cdot mm/mm^3] \quad (3\text{-}13)$$

이 식을 **레질리언스계수**(단위체적당 최대탄성에너지)라고 하며 실제에 있어서는 단위체적에 대한 탄성에너지(u)값이 유용하게 쓰일 경우가 많다. 즉, u는 동하중이 작용할 때의 재질에 대한 저항의 대소를 판별하는 데 대단히 중요하다.

또한 탄성한계 내에서 단위체적에 저장할 수 있는 탄성에너지의 최대량은 식에서 σ대신 그 재료의 탄성점에서의 응력값(σ_e)을 대입함으로써 얻을 수 있으며, 이 단위체적당 탄성에너지의 최대값 $\left(U = \frac{{\sigma_e}^2}{2E}\right)$을 **탄성에너지계수** 또는 **탄력계수**(modulusofresilience)라고 한다.

그러므로 탄력계수는 탄성한계에 비례하며, 탄성계수에 반비례한다. 고무나 스프링은 탄성변화를 크게 일으키므로 외부로부터 에너지를 많이 흡수하게 되어 충격하중을 받을 경우에 큰 완충의 역할을 하게 된다.

(2) 전단력에 의한 탄성에너지

전단력에 의한 탄성에너지도 같은 방법으로 구할 수 있으며, 아래 그림 2-5과 같이 전단 하중을 P_s, 전단변형률 또는 전단각을 γ, 전단하중의 작용 범위를 l이라 하고 탄성한계 내에서 변형이 일어났다고 하면, 전단하중에 의한 탄성에너지는 나음과 같이 표현할 수 있다.

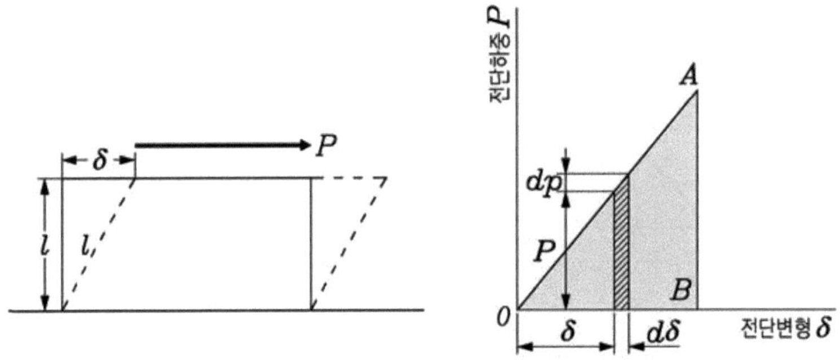

그림 3-8 전단 받을 때의 탄성에너지

따라서 전단하중이 작용할 때의 전단 탄성에너지는 다음과 같다.

$$U = \frac{P_s\delta}{2} = \frac{1}{2}\cdot\tau A\cdot\frac{\tau l}{G} = \frac{\tau^2}{2G}Al = \frac{\tau^2}{2G}V \qquad (3\text{-}14)$$

$$\left(\because\ \delta = \frac{Pl}{AG} = \frac{\tau l}{G}\right)$$

탄성에너지의 탄력계수는 $U = \frac{\tau^2}{2G}$ 이다.

(3) 레질리언스 계수(단위체적당 최대 탄성 에너지)

$$u = \frac{U}{V} = \frac{P\delta}{2Al} = \frac{P^2 l}{2AEAl} = \frac{p^2}{2A^2E} = \frac{\sigma^2}{2E}\ (\text{인장, 압축}) \qquad (3\text{-}15)$$

$$u = \frac{\tau^2}{2G}\ (\text{전단}) \qquad u = \frac{\tau^2}{4G}\ (\text{비틀림})$$

그러므로 레질리언스 계수는 탄성계수에 반비례하며 탄성한도에 비례한다. 또한, 응력의 제곱에 비례하므로 인장이거나 압축이거나 항상 ⊕값이다.

예제 8

세로탄성계수가 $E = 210\,GPa$ 인 강봉이 인장하중을 받았을 때 변형률이 0.0006이 발생하였다. 이 봉의 단위체적 속에 저장된 탄성에너지 ($N \cdot m$)는 얼마인가?

해설)

$$u = \frac{\sigma^2}{2E} = \frac{(E\varepsilon)^2}{2E} = \frac{E\varepsilon^2}{2} = \frac{210 \times 10^9 \times 0.0006^2}{2} = 37800\,N \cdot m$$

예제 9

단면적이 $60\,mm^2$ 길이가 600 mm인 연강봉이 인장하중을 받고 $0.6\,mm$ 만큼 신장되었다. 이 봉에 저장된 탄성에너지 (Joule)는 얼마인가? 단, $E = 200$ GPa이다.

해설)

$$U = \frac{\sigma^2}{2E} Al = \frac{(E\varepsilon)^2}{2E} Al = \frac{E\varepsilon^2}{2} Al$$

$$= \frac{200 \times 10^9 \left(\frac{0.6}{600}\right)^2}{2} \times 60 \times 10^{-6} \times 0.6 = 3.6\ N m = 3.6\,J[\text{Nm}] = 36[\text{J}]$$

예제 10

연강에 인장하중이 작용하여 10MPa의 응력이 발생했다.단위 체적의 저장에너지는 몇 J/m^3 인가? (단, $E = 210\,\text{GPa}$이다)

해설)

u (단위체적당 최대탄성에너지, 레질리언스 계수)

$$u = \frac{U}{V} = \frac{\sigma^2}{2E} = \frac{(10 \times 10^6)^2}{2 \times 210 \times 10^9} = 238.1\text{J/m}^3$$

예제 11

그림과 같은 2개의 연강제 환봉이 같은 인장하중을 받을 때, 각봉의 탄성 에너지의 비 $U_1 : U_2$는 얼마인가?

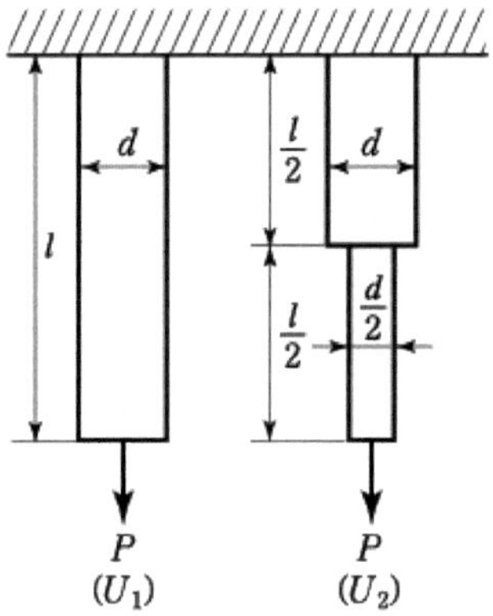

해설)

$$U_1 = \frac{P\delta}{2} = \frac{P^2 l}{2AE} = \frac{P^2 l}{2 \cdot \frac{\pi d^2}{4} E}$$

$$U_2 = \frac{\left(\frac{P}{2}\right)^2 \cdot \frac{l}{2}}{2\frac{\pi\left(\frac{d}{2}\right)^2}{4}E}$$

$U_1 : U_2 = 2:5$

3.4 충격에 의한 응력

부재가 충격하중을 받으면 진동이 생기는 동시에 같은 응력을 정적으로 가한 경우보다 순간적으로 큰 응력이 생긴다. 따라서 충격을 받는 부재는 설계시 이러한 영향을 고려하여야 한다. 그림 3-9과 같이 상단이 고정되고 하단에 플랜지가 있는 수직봉에 하중 W가 낙하하는 경우를 생각한다. 처음 하중 W가 낙하하여 봉에 충격을 주면 봉에는 순간적으로 최대신장이 생기고 이어 진동이 일어난다. 이 진동은 재료에서의 내부마찰로 인하여 차례로 없어지고 정하중 W에 의한 신장량으로 남게 된다.

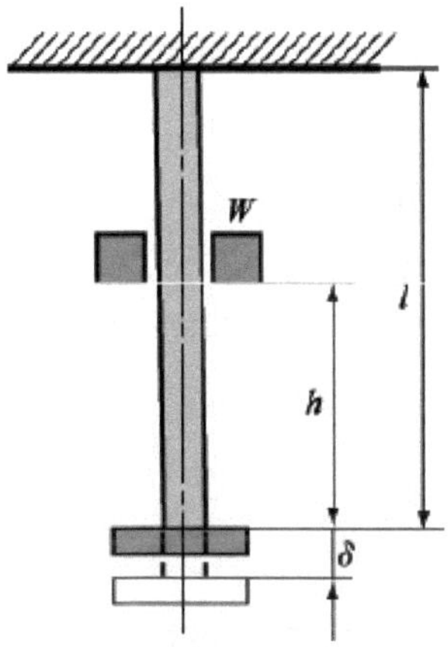

그림 3-9 충격하중에 의한 봉의 신장

추가 h의 높이에서 낙하하여 최대 신장 δ를 일으켰다고 한다. 이 때 낙하에 의하여 무게 W의 추가 하는 일은 W$(h+\delta)$가 된다. 이 일은 봉속의 변형에너지로서 저축되고, 따라서 이 일과 식 (3-12)의 변형에너지를 같게 두면 다음과 같다.

$$U = W(h+\delta) = \frac{\sigma^2}{2E}Al \tag{3-16}$$

따라서 봉에 생기는 최대 응력은 식 (3-16)로부터

$$\sigma = \sqrt{\frac{2EW(h+\delta)}{Al}} \tag{3-17}$$

식 (3-17)에서 δ는 h에 비해 매우 작으므로 무시하면

$$\sigma = \sqrt{\frac{2EWh}{Al}} = \frac{W}{A}\sqrt{\frac{2hAE}{Wl}} = \sigma_{st}\sqrt{\frac{2h}{\delta_{st}}} \tag{3-18}$$

여기서 σ_{st}, δ_{st}는 정하중 W에 의한 정적응력 및 정적신장량을 나타낸다. 한편 식 (3-17)에 신장량 $\delta = \dfrac{\sigma l}{E}$을 대입하고 σ에 대해 정리하면

$$\sigma = \sqrt{\frac{2EW(h+\sigma l/E)}{Al}} \tag{3-19}$$

$$Al\sigma^2 - 2Wl\sigma - 2hWE = 0$$

근의 공식을 이용해서 σ값을 구하면

$$\sigma = \frac{W}{A}\left(1 + \sqrt{1 + \frac{2hAE}{Wl}}\right) \tag{3-20}$$

※ 참고

근의 공식

$$ax^2 + bx + c = 0$$

$$x = \frac{-b \pm \sqrt{b^2 - 4ac}}{2a}$$

이 식에 정적 신장량 $\delta_{st} = \dfrac{Wl}{AE}$을 대입하면 충격응력 σ는 다음과 같다.

$$\sigma = \frac{W}{A}\left(1 + \sqrt{1 + \frac{2h}{\delta_{st}}}\right) \tag{3-21}$$

또한 봉에 생기는 충격신장량 δ는 다음과 같다.

$$\delta = \frac{\sigma}{E}l = \frac{Wl}{AE}\left(1 + \sqrt{1 + \frac{2h}{\delta_{st}}}\right)$$

$$= \delta_{st}\left(1 + \sqrt{1 + \frac{2h}{\delta_{st}}}\right) \tag{3-22}$$

한편 δ를 추의 낙하속도의 함수로 표시하면 플랜지를 타격하기 직전의 속도는 $v = \sqrt{2gh}$ 에서 $h = \dfrac{v^2}{2g}$ 이므로 식 (3-22)으로부터

$$\delta = \delta_{st}\left(1 + \sqrt{1 + \frac{v^2}{g\delta_{st}}}\right) \tag{3-23}$$

만일 높이 h가 δ_{st}에 비하여 크다면 충격신장량 δ는 다음의 근사식으로 표시된다.

$$\delta \fallingdotseq \sqrt{\frac{\delta_{st}v^2}{g}} \tag{3-24}$$

또한 충격응력 σ는

$$\sigma = E\frac{\delta}{l} = \frac{E}{l}\sqrt{\frac{\delta_{st}v^2}{g}} = \sqrt{\frac{2E}{Al} \cdot \frac{Wv^2}{2g}} \tag{3-25}$$

따라서 충격응력은 운동에너지 $\dfrac{Wv^2}{2g}$와 탄성계수 E에 비례하고 체적 Al에 반비례함을 알수 있다.

식 (3-25)의 σ 대신 사용응력 σ_w를 대입하면 충격에 안전한 봉의 치수를 결정할 수 있다.

$$Al = \frac{2E}{\sigma_w} \cdot \frac{Wv^2}{2g} = \frac{2h\,E\,W}{\sigma_w^2} \tag{3-26}$$

식 (3-26)에서 사용응력을 일정하게 하면 체적은 낙하물체의 높이 또는 운동에너지에 비례한다. 따라서 부재의 부피가 클수록 충격하중을 많이 받을 수 있다. 다음에는 플랜지 바로 위에서 추를 갑자기 놓았을 경우를 생각한다. 충격응력은 식 (3-21)에서 h=0로 두면 $\sigma = 2\sigma_{st}$가 되고, 충격신장은 식 (3-23)에서 $V=0$로 두면 $\delta = 2\delta_{st}$가 된다. 따라서 충격응력은 정적응력(정응력)의 2배가 되고, 충격신장은 정적신장의 2배가 됨을 알 수 있다.

예제 11

지름 5cm, 길이 2m의 연강봉에 10kN의 인장하중이 급속하게 가해질 때 생기는 응력은 몇 MPa인가?

해설)

충격응력$(\sigma) = 2\sigma_0$

$$\sigma_o = \frac{W}{A} = \frac{10 \times 10^3}{\pi\ 0.05^2/4} = 5.09\,\text{MPa}$$

충격응력 $\sigma = 2 \times 5.09 = 10.18\text{MPa}$

※ 참고 $\sigma = \sigma_0\left(1 + \sqrt{1 + \frac{2h}{\delta_0}}\right)$ $\delta = \delta_0\left(1 + \sqrt{1 + \frac{2h}{\delta_0}}\right)$

예제 12

100kN의 정하중으로 0.25cm 늘어나는 강봉이 있다. 지금 30kN의 하중을 20cm 높이에서 낙하시켰을 때 최대 신장량은 얼마인가?

해설)

탄성영역이므로 $(\sigma \propto \varepsilon \Rightarrow P \propto \delta)$

$100 : 2.5 = 30 : \delta_0$

$$\delta_0 = \frac{2.5 \times 30}{100} = 0.75$$

$$\delta = \delta_0\left(1 + \sqrt{1 + \frac{2h}{\delta_0}}\right) = 0.75\left(1 + \sqrt{1 + \frac{2 \times 200}{0.75}}\right) = 18.09\,mm$$

예제 13

그림과 같이 강선위 한 끝에 있는 중량 $W=400$ [N]의 물체가 C점에서 자유로이 낙하하여 갑자기 강선의 운동을 정지시킬 때 강선에 생기는 최대인장응력을 구하여라.
(단, 높이$h=12\text{m}$, 단면적 $A=2\text{cm}^2$, 속도 $v=1\text{m/sec}$, 탄성계수 $E=210\text{GPa}$이다).

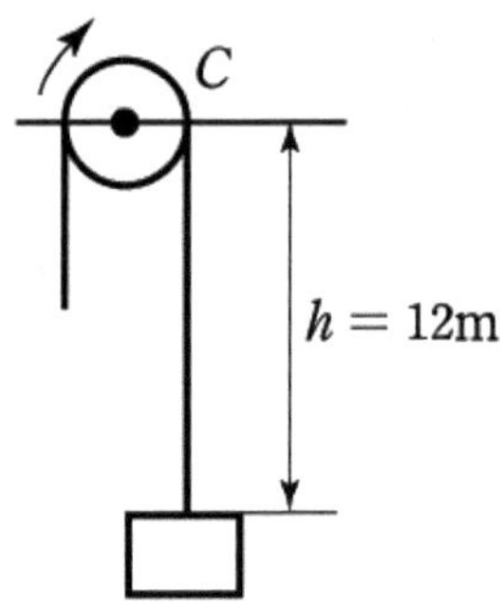

해설)

$$\sigma_0=\frac{W}{A}=\frac{400}{2\times10^{-4}}=2\times10^6\text{Pa}$$

$$\delta_0=\frac{Wh}{AE}=\frac{400\times12}{2\times10^{-4}\times210\times10^9}=1.14\times10^{-4}[\text{m}]$$

$V=\sqrt{2gh}$ 에서

$$h=\frac{V^2}{2g}=\frac{1^2}{2\times9.8}=5.1\times10^{-2}\text{m}$$

$$\sigma=\sigma_0\left(1+\sqrt{1+\frac{2h}{\delta_0}}\right)=2\times10^6\left(1+\sqrt{1+\frac{2\times5.1\times10^{-2}}{1.14\times10^{-4}}}\right)=6.2\times10^7\text{Pa}=62\text{MPa}$$

3.5 조합된 봉의 응력과 변형률

1. 동일 하중 P 을 받을 때 수축량 (직렬)

그림3-10과 길이가 l_1, l_2 단면적 A_1, A_2 탄성계수가 E_1, E_2인 봉이 서로 조합 된 봉을 생각한다. 이 조합된 봉에 인장하중 P 을 가하면, 각봉은 늘어나게 된다.

각봉의 신장량 δ_1, δ_2 하면

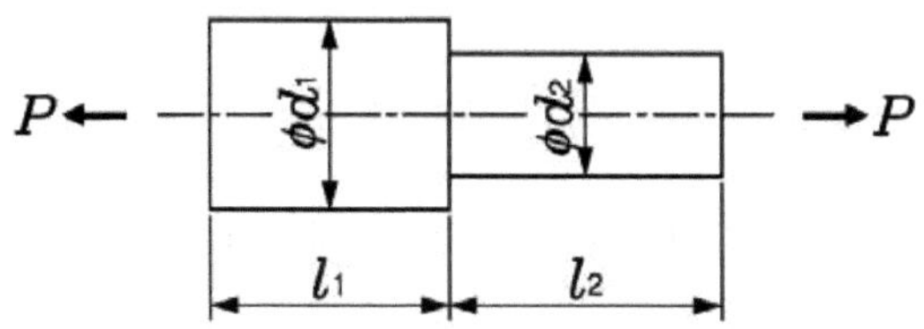

그림 3-10 직렬 연결

$$\delta_1 = \frac{Pl_1}{A_1E_1}, \qquad \delta_2 = \frac{Pl_2}{A_2E_2} \tag{a}$$

조합된 봉의 전체 신장량은 다음과 같다.

$$\delta = \delta_1 + \delta_2 = \frac{Pl_1}{A_1E} + \frac{Pl_2}{A_2E} \tag{3-27}$$

2. 재질이 다른 2개의 원통을 동시에 압축 하는 경우

그림 3-11은 같은 길이의 봉 A와 원통 B를 같은 축으로 놓고 양쪽 끝을 두터운 판 C로 견고하게 결합한 봉으로, 여기에 압축하중 P를 가한다. 봉과 원통의 단면적을 각각 A_1과 A_2, 탄성계수를 각각 E_1과 E_2, 압축응력을 σ_1과 σ_2하면 힘의 평형조건에서

$$P = \sigma_1 A_1 + \sigma_2 A_2 \tag{3-28}$$

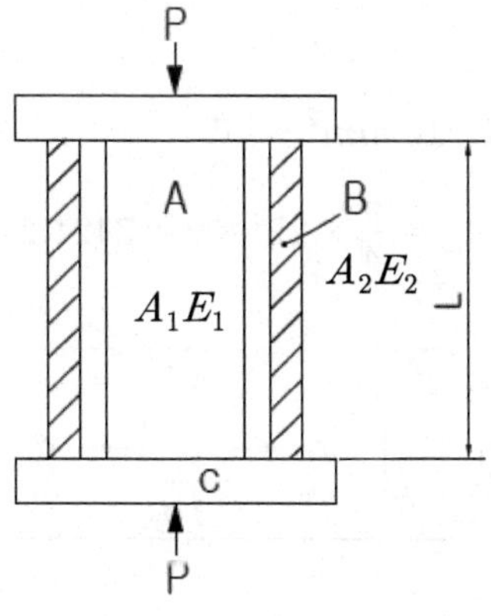

그림 3-11 봉과 원통의 합성재료

봉과 원통의 수축을 각각 δ_1, δ_2이라 하고 원래 길이를 l이라 하면

$$\delta_1 = \frac{\sigma_1 l}{E_1} \qquad \delta_2 = \frac{\sigma_2 l}{E_2} \tag{3-29}$$

이 되고 이들의 수축은 같아야 하므로 σ_1과 σ_2와의 관계는 다음과 같다.

$$\sigma_1 = \frac{E_1 l}{E_2}\sigma_2 \qquad \sigma_2 = \frac{E_2}{E_2}\sigma_1 \tag{3-30}$$

식 (3-30)를 식 (3-28)에 대입하면

$$P = \sigma_1 A_1 + \sigma_1 \frac{E_2}{E_1} A_2 = \sigma_1 \left(A_1 + \frac{E_2}{E_1} A_2 \right)$$

$$\sigma_1 = \frac{PE_1}{A_1 E_1 + A_2 E_2} \qquad \sigma_2 = \frac{PE_2}{A_1 E_1 + A_2 E_2} \tag{3-31}$$

따라서 수축량 δ는

$$\delta = \frac{\sigma_1}{E_1} l = \frac{\sigma_2}{E_2} l = \frac{Pl}{A_1 E_1 + A_2 E_2} \tag{3-32}$$

예제 14

직경 22 mm의 철근 9개가 박혀있고 유효단면적 16 mm^2인 철근 콘크리트의 짧은 기둥이 있다. 콘크리트의 사용응력 $\sigma_c = 500$ GPa이라 하면 이 기둥은 얼마의 하중에 견딜 수 있는가?
(단, 콘크리트의 탄성계수 $E_c = 140$ GPa 철근의 탄성계수 $E_s = 200$ GPa 이다.)

해설)

콘크리트의 유효단면적은 $A_c{}^{z} 16\, mm^2$ 이고

철근 9개의 전체 단면적은 $A_s = \frac{\pi}{4} \times 22^2 \times 9 = 3421.2\, mm^2$ 이므로

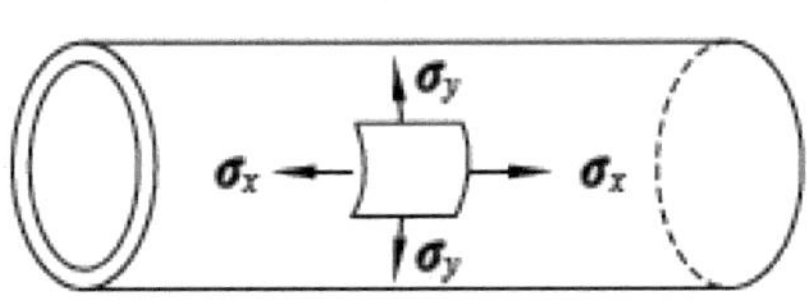

하중 $P = \sigma_c A_c + \frac{E_s}{E_c}\sigma_c A_s$

$$= 500 \times 10^9 \times 16 \times 10^{-6} + \frac{200}{140} \times 500 \times 10^9 \times 3421.2 \times 10^{-6}$$

$$= 2.45 \times 10^9\ N$$

3.6 내압을 받는 원통 ($D > 10t$)

가스탱크, 물탱크등과 같이 반지름에 비해 두께가 매우 얇은 원통의 경우 내압을 받으면 원주방향의 응력(σ_1) 과 축방향의 응력 (σ_2)이 발생된다.

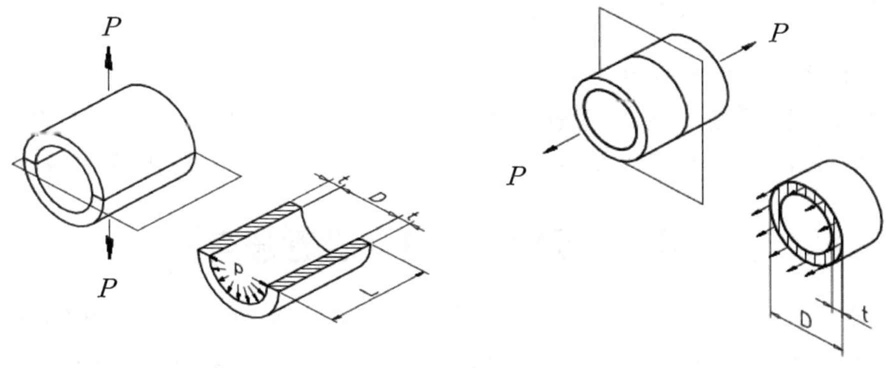

(a) 원주방향 (b) 축방향

그림 3-12 내압을 받는 원통

1. 원주방향 응력 (후우프 응력 또는 원환응력)

내압 p_o 을 받아 그림 3-12(a)원주 방향으로 생기는 응력을 구해보면 원통이 상하로 분리되는 전압력은 $p_o Dl$이 되고, 해당 단면적에서의 강판은 이 힘과 저항해야 한다. 강판의 좌우 단면적은 $2tl$ 이므로 이 단면에 작용하는 원주 방향의 응력은 다음과 같다.

$$\sigma_y = \frac{P}{A} = \frac{p_o D l}{2tl} = \frac{p_o D}{2t} = \frac{p_o R}{t} \qquad (3-33)$$

여기서 p_o 는 내압 (Pa)

D 는 원통의 안지름 (mm)

t 는 판의 두께 (mm)

2. 축방향 응력 (세로응력 또는 원축 응력)

축방향 응력을 구하면, 원통을 좌우로 절단하는 힘은 원통끝 부분에 작용하는 저항력은 $\frac{p_o \pi D^2}{4}$ 이 되고, 전압력을 받는 단면적은 πDt 이므로 이 단면에 작용하는 길이 방향의 인장응력 σ_2는 다음과 같다.

$$\sigma_x = \frac{P}{A} = \frac{p_o \frac{\pi D^2}{4}}{\pi dt} = \frac{p_o D}{4t} = \frac{p_o R}{2t} \quad (3\text{-}34)$$

원주방향응력이 축방향응력의 2배가 됨을 알 수 있다.

따라서 원주방향단면은 횡단면의 2배의 강도가 필요하며 내압에 의한 원통의 파괴가 주로 원주방향을 따라 일어나는 것은 이 이유 때문이다.

3.7 얇은 원환 (원환응력)

풀리(pulley)나 플라이휠(flypeel)과 같은 것이 있다. 이 때 회전하는 원환 속에 원심력으로 인해서 발생되는 인장응력, 즉 **원심응력**(centrifugal stress) 또는 **원환응력**(hoop stress)에 대해서 생각해 보기로 한다.

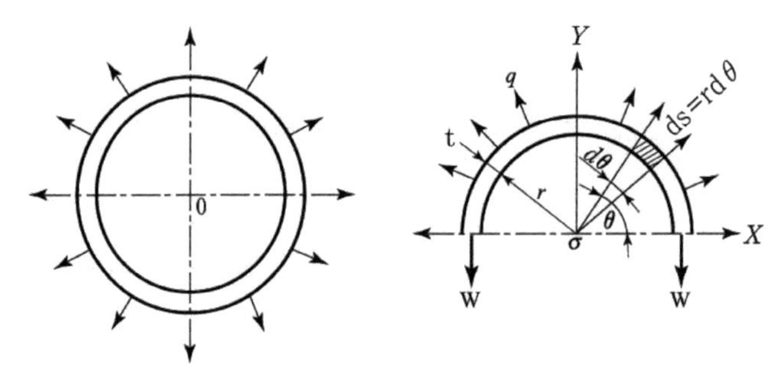

그림 3-13 원심력을 받는 얇은 원환

단면적이 균일하고 반지름에 비하여 두께가 매우 작은 원환의 둘레에 균일하게 분포된 하중이 반지름방향으로 작용하게 되면, 이로 인해서 원환 속에서 발생하는 응력과 변형률은 각 단면에 균일하게 분포한다고 볼 수 있다.

원환에 작용하는 분포하중은 내압이나 외압, 또는 원심력일 수도 있다. 그러나 이 모든 경우에 대하여 힘은 항상 평형상태로 유지해야만 한다. 원주방향의 인장력을 F, 단위길이당 작용하는 분포하중을 q, 원환의 반지름을 r이라 하면 단위 길이의 원환에서 미소 요소 ds에 작용하는 힘 dF는 다음과 같다.

$$dF = qr\,d\theta \tag{a}$$

그림 3-13(b)에서 반원 속에 작용하는 모든 힘들의 수직성분은 평형상태가 되어야 하므로

$$2F = \int_0^{\pi} qr\sin\theta = qr\int_0^{\pi}\sin\theta\,d\theta - 2qr \tag{b}$$

이 힘은 그림 3-13 에서의 2F와 같으므로 원주방향의 힘F는 다음과 같다.

$$F = qr \tag{c}$$

여기서 q는 원환의 단위길이에 작용하는 원심력으로 원환의 각속도를 $w\ rad/s$, 단위 길이 당 중량을 $w\,(N/m)$라 하면 다음의 식으로 구해진다.

$$q = ma = \frac{w}{g}\,vw = \frac{w}{g}v \bullet \frac{v}{r} = \frac{w}{g}\frac{v^2}{r} \tag{d}$$

여기서 m는 질량 $m = \dfrac{\text{무게}\,(w)}{\text{중력가속도}\,(g)}$

a는 가속도 $a = vw = rw^2\ (m/s^2)$

즉 원주 방향의 힘F는 다음과 같다.

$$F = qr \quad F = qr = \frac{w}{g}\frac{(rw)^2}{r}r = \frac{w}{g}r^2w^2 \tag{e}$$

로 되고 따라서 원환속이 인장응력은 다음식으로 구해 진다.

$$\sigma = \frac{F}{A} = \frac{Wv^2}{Ag} = \frac{\gamma V\cdot v^2}{Ag} = \frac{\gamma(Al)\cdot v^2}{Ag} = \frac{\gamma}{g}v^2 \tag{3-35}$$

여기서 체적 $V = Al$ 이며, l은 단위길이

중량 $W = \gamma V$ [비중량(kg_f/m^3) x 체적]

이 되며, 원환응력은 재료의 밀도$\left(\text{density} : \rho = \frac{m}{V} = \frac{W}{gV} = \frac{\gamma}{g}\right)$ 및 원주속도($v = rw$)의 제곱에 비례한다는 것을 알 수 있다.

따라서 어떤 물체가 반지름이 큰 원환 속에서 고속으로 회전하는 경우는 속도의 제곱에 비례하여 응력이 증가되기 때문에 예상 외의 큰 응력이 발생하게 되어 위험한 상태가 될 수도 있으므로, 안전을 위해서는 회전속도를 적절히 조정해 주어야 한다.

한편, 원환의 회전수를 N이라 하면,

$$v = \frac{2\pi rN}{60} = \frac{\pi DN}{60} \tag{f}$$

이 되어 원환응력을 다음과 같이 표현할 수도 있다.

$$\sigma = \frac{\gamma}{g}v^2 = \frac{\gamma}{g}\left(\frac{2\pi rN}{60}\right)^2 \tag{3- 36}$$

※ 참고

$F = qr$

여기서 q는 단위길당 작용하는 하중 (N/m)

또 원환의 두께를 t라 하면 원심력 q는 원주 위의 모든 단면적 $A(= t \times 1)$에 균일하게 작용하므로 원환응력은 다음과 같다.

$$\sigma = \frac{P}{A} = \frac{qr}{t} = \frac{qd}{2t}$$

변형률은 다음과 같이 표현할 수 있다.

$$e = \frac{\sigma}{E} = \frac{qr}{tE} = \frac{qr}{AE}$$

한편 원환의 둘레 l과 지름 d의 비는 π가 되므로 원환에서 원주의 변형률 e_c와 지름의 변형률 e_d는 동일하다. 즉, $e_c = e_d$이며, 이것은 수축끼워맞춤(shrinkage fit)의 문제를 해석하는 데 중요하다.

예제 15

내경 50cm의 얇은 원통용기에 250kPa의 가스를 넣으려면 판의 두께 (mm)는 얼마쯤 하면 좋은가(단, 허용응력은 60 MPa로 한다)?

해설)

$$\sigma = \frac{PD}{2t}$$

$$t = \frac{PD}{2\sigma} = \frac{250 \times 10^3 \times 0.5}{2 \times 60 \times 10^6} \times 10^3 = 1.05\text{mm}$$

예제 16

500rpm으로 회전하는 주철계 풀리(pulley)의 허용응력을 7MPa로 하면 이 풀리의 직경은 몇 mm로 하면 되는가(단, 비중은 7.2이다)?

해설)

$$\sigma = \frac{\gamma v^2}{g} = \frac{\gamma \cdot (\pi D N/60)^2}{g \cdot}$$

$$D = \sqrt{\frac{\sigma \cdot g \cdot 60^2}{\gamma \pi^2 N^2}} = \frac{7 \times 10^6 \times 9.8 \times 60^2}{7.2 \times 9{,}800 \times \pi^2 \times 500^2} = 1.19\text{m} = 1190\text{ mm}$$

예제 17

원환의 평균 반지름 $R = 24\ cm$ 반지름방향의 두께가 t인 얇은 원환의 중심축의 주위를 각속도 w[rad/s]로 회전한다. 이 재료의 비중 7.8 사용응력 $\sigma_w = 500\,GPa$일 때 원주속도 v (m/s)를 구하고 N $(r/\min)$을 구하라.

해설)

원환응력 $\sigma = \frac{\gamma}{g} v^2$ 에서

속도 $v = \sqrt{\frac{g\sigma}{\gamma}} = \sqrt{\frac{9.8 \times 500 \times 10^9}{9800 \times 7.8}} = 8\ m/s$

$$v = \frac{2\pi RN}{60}$$

회전수 $N = \frac{60v}{2\pi R} = \frac{60 \times 8}{2\pi \times 0.24} = 180.96\ \ r/\min$

3.8 라미의 정리 (Lami's theorem) 사인법칙

한 부재에 힘이 작용할 때 평형 방정식 ($\Sigma F=0$, $\Sigma M=0$)을 이용하여 반력을 구할 수 있다. 그러나 부재 2개에 다음과 같은 힘이 작용할 때는 사인정리를 이용하여 손쉽게 구할 수도 있다.

$$\frac{T_1}{\sin\theta_1} = \frac{T_2}{\sin\theta_2} = \frac{T_3}{\sin\theta_3}$$

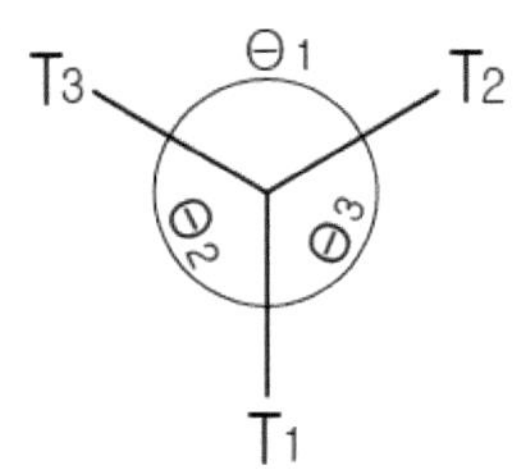

그림 3-14 사인 법칙

예제 18

그림에서 보와 같이 구조물의 AC강선이 받고 있는 힘은 얼마인가?

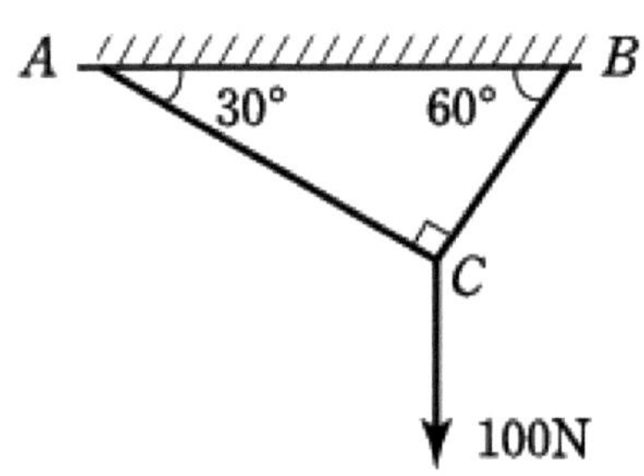

해설)

$$\frac{T_{AC}}{\sin 150} = \frac{100}{\sin 90} = \frac{T_{BC}}{\sin 120}$$

$$T_{AC} = 100 \times \frac{\sin 150}{\sin 90} = 50\,\mathrm{N}$$

예제 19

그림과 같은 상태를 유지하기 위해 필요한 하중 P는 얼마인가?

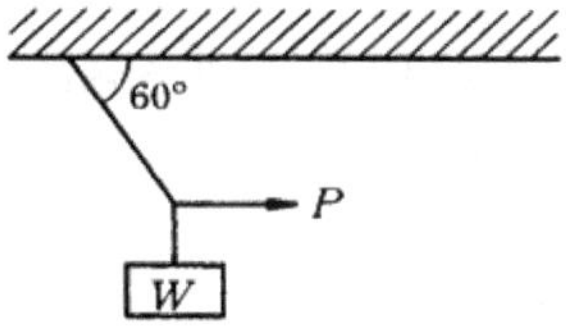

해설)

힘의 평행 방정식에 의해

$\sum F_x = 0$

$P - T\cos 60° = 0$

$P = T\cos 60° = 1.1547\cos 60° = 0.577\,W$

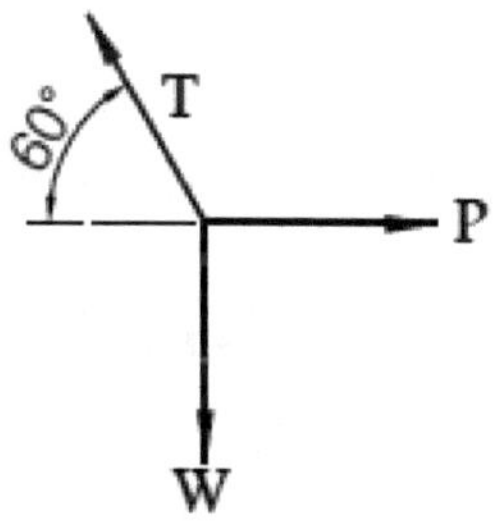

$\sum F_y = 0 \qquad T\sin 60° = W \qquad T = 1.1547\,W$

$P = T\cos 60° = 1.1547\cos 60° = 0.577\,W$

예제 20

그림과 같은 수평봉(BC)과 경사봉(AC)이 C점에서 집중하중 100N을 받고 있다.
수평봉 BC의 내력을 S_1, 경사봉 AC의 내력을 S_2라 할 때 각각의 내력(N)은 얼마인가?

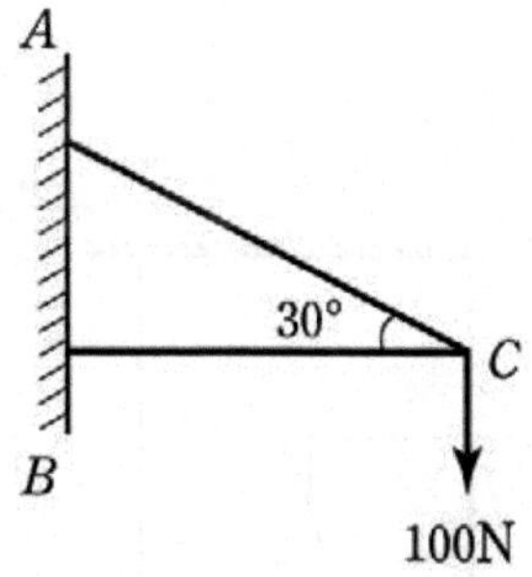

해설)

$1 : \sqrt{3} = 100 : S_1$ / 내력 $S_1 = 100\sqrt{3}\ N$ (압축)

$2 : 1 = S_2 : 100$ / 내력 $S_2 = 200\ N$ (인상)

예제 21

그림과 같이 2개의 봉 AC, BC를 힌지로 연결한 구조물에 연직하중 $P = 800\text{N}$ 이 작용할 때, 봉 AC 및 BC에 작용하는 하중의 크기 T_1(N), T_2(N)는 ?

(단, $\overline{AC} = 4\text{m}$, $\overline{BC} = 3\text{m}$, $\overline{AB} = 5\text{m}$ 이며, 봉의 자중은 무시한다)

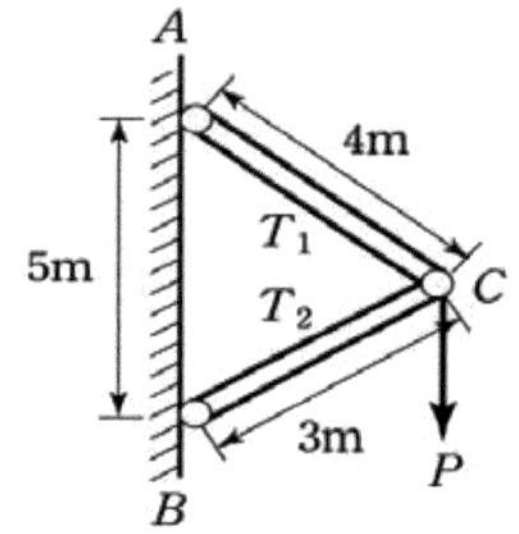

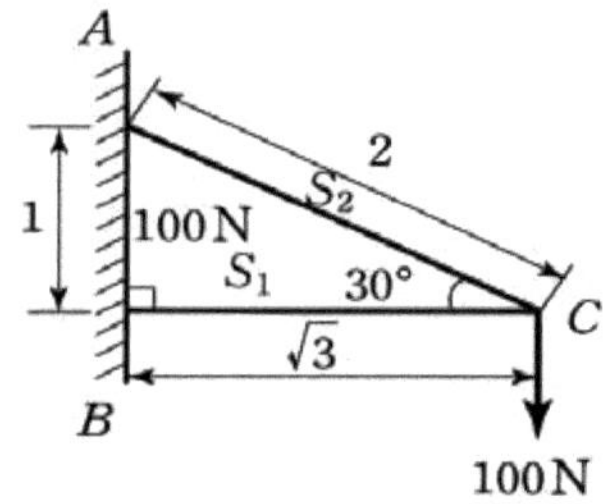

해설) $5 : 4 = 800 : T_1 \qquad T_1 = \dfrac{3,200}{5} = 640\text{N}$

$5 : 3 = 800 : T_2 \qquad T_2 = \dfrac{2,400}{5} = 480\text{N}$

3.9 축 하중을 받는 부정적 구조물

양단을 고정한 균일 단면봉의 임의 양단 mn에 축하중 P가 작용할 때 하중 P에 대하여 양단에서의 반력을 R_1, 과 R_2라 하면 힘의 평형조건에서 다음 식을 얻는다.

$$P = R_1 + R_2$$

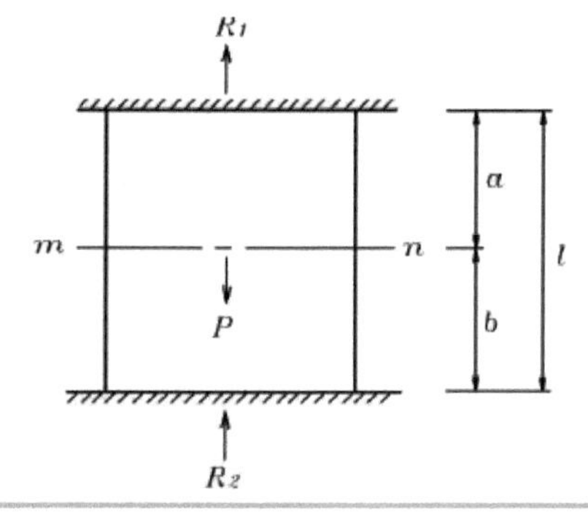

그림 3-15 축하중을 받는 부정적구조물

미지반력이 R_1, R_2 2개 이므로 또 다른 1개의 식이 필요하고, 이를 얻기 위해 봉의 변형 상태를 고려한다. 하중 P는 반력 R_1과 더불어 왼쪽부분을 늘게하고 R_2와 더불어 오른쪽 부분을 줄게한다. 그러나 봉의 mn 단면상에서의 신축량은 같아야 한다. 따라서 왼쪽 부분의 신장량을 δ_1, 오른쪽 부분의 신축량을 δ_2라 하면

$$\delta_1 = \delta_2 \qquad \frac{R_1 a}{AE} = \frac{R_2 b}{AE} \tag{a}$$

따라서 변형조건에 대한 다음의 식을 얻는다.

$$\frac{R_2}{R_1} = \frac{a}{b} \tag{b}$$

식 (e)와 식 (h)로부터 다음과 같이 반력 R_1, R_2를 구할 수 있다.

$$R_1 = \frac{Pb}{a+b} = \frac{Pb}{l}$$

$$R_2 = \frac{Pa}{a+b} = \frac{Pa}{l} \tag{3-37}$$

또한 왼쪽부분과 오른쪽부분에 작용하는 응력 σ_1, σ_2는 다음과 같다.

$$\sigma_1 = \frac{R_1}{A}, \quad \sigma_2 = \frac{R_2}{A} \tag{3-38}$$

예제 23

다음 그림에서 반력 R_1과 R_2의 비를 구하여라.

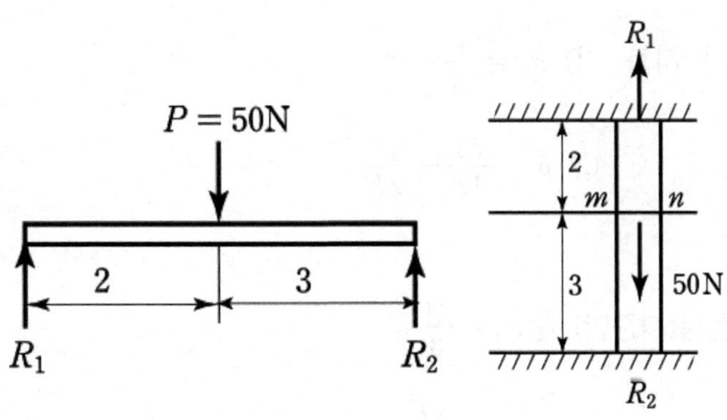

해설)

보(beam)로 생각 (6장 참조)

$$R_1 = \frac{50 \times 3}{5} = 30\mathrm{N} \quad R_2 = \frac{50 \times 2}{5} = 20\mathrm{N}$$

$$\delta_2 = \frac{\sigma_1 l_1}{E_1} \quad \delta_1 = \frac{\sigma_2 l_2}{E_2} \quad \frac{R_1}{R_2} = \frac{30}{20} = 1.5$$

핵심정리

- 자중 고려시

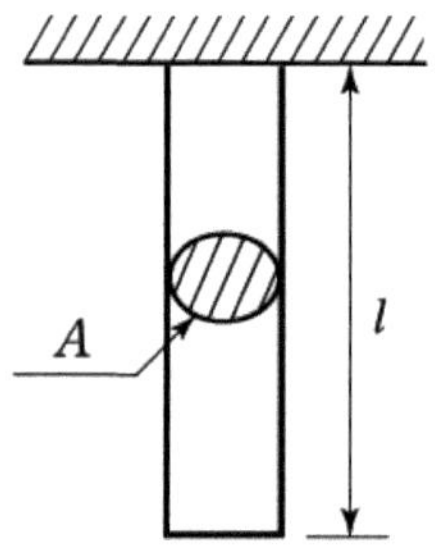

자중만

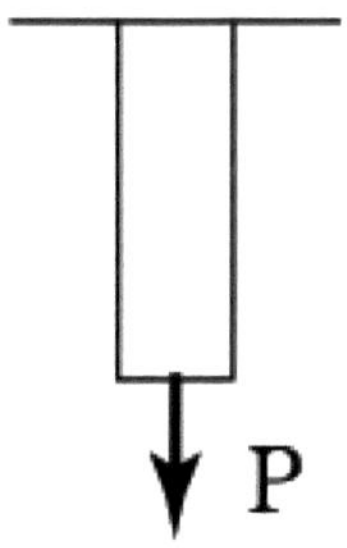

자중 + 하중

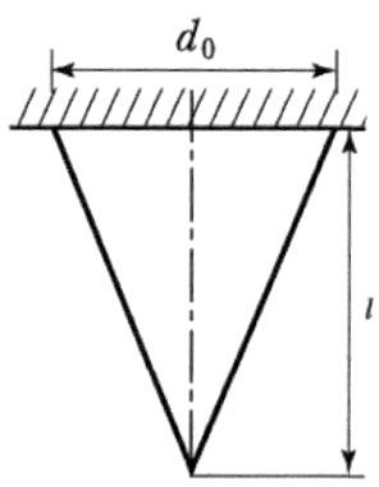

원추형봉

- 원형봉 ① $\sigma_a = \gamma l$ 여기서 γ 비중량 (N/m^3)

  ② $\delta = \frac{\gamma l^2}{2E}$

- 자중 + 하중 ① $\sigma_a = \frac{P}{A} + \gamma l$

  ② $\delta = \frac{Pl}{AE} + \frac{\gamma l^2}{2E}$

- 원추형봉(자중만) ①$\sigma_a = \frac{\gamma l}{3}$

  ②$\delta = \frac{\gamma l^2}{6E}$

- 열응력

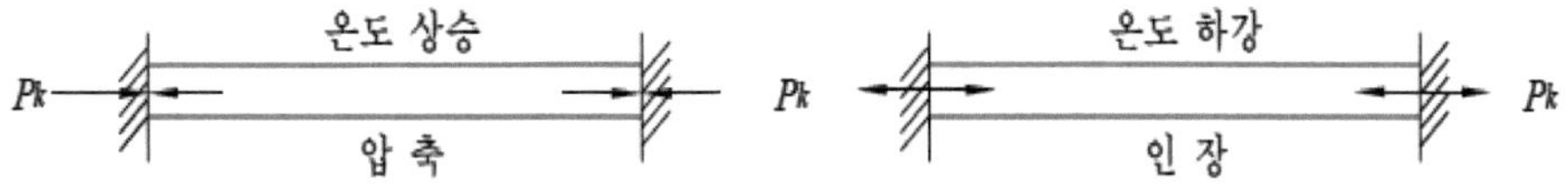

- 열응력 $\sigma = E\alpha(t_2 - t_1)$

  여기서 α는 선팽창계수 (단위길이당의 팽창길이 cm/cm℃)

- 변형률 $\varepsilon = \dfrac{\delta}{l} = \alpha(t_2 - t_1)$

- 변형량(신장량) $\delta = \alpha(t_2 - t_1)l$

- 힘 $P = E\alpha(t_2 - t_1)A$

  ① 열응력은 온도가 상승하면 압축응력이 발생하고, 온도가 하강하면 인장응력이 발생한다.

  ② 축은 압축응력, 링(Ring)은 인장응력이 발생한다.

- 탄성에너지

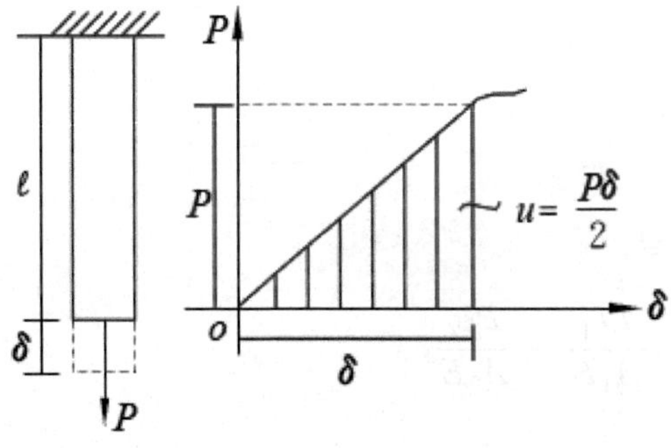

$$U = \frac{1}{2}P\delta = \frac{1}{2}P\frac{Pl}{AE} = \frac{P^2 l}{2AE} = \frac{P^2}{2A^2E}Al \ [N \cdot m]$$

– 최대탄성에너지

$$u = \frac{U(\text{탄성에너지})}{V(\text{체적})} = \frac{\sigma^2}{2E} = \frac{E\varepsilon^2}{2} = \frac{\sigma\varepsilon}{2} \;\; [kN \bullet m/m^3]$$

(전단응력 발생 $u = \frac{\tau^2}{2G}$, 비틀림 $u = \frac{\tau^2}{4G}$)

- 충격 응력 및 처짐

충격 응력 $\sigma = 2\sigma_0$ 여기서 σ_o 는 정응력 (Pa)

$$\sigma = \sigma_0\left(1 + \sqrt{1 + \frac{2h}{\delta_0}}\right)$$

충격 처짐

$$\delta = \delta_0\left(1 + \sqrt{1 + \frac{2h}{\delta_0}}\right)$$

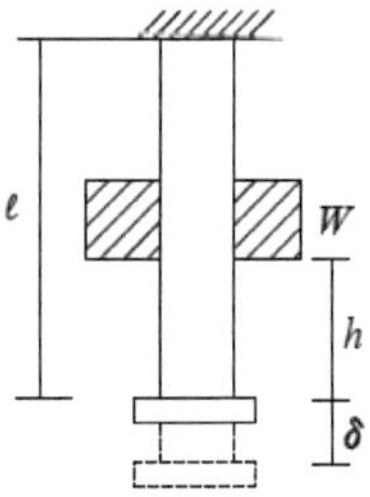

- 봉의 직렬 연결

$$\delta = \delta_1 + \delta_2 = \frac{P\ell_1}{A_1E} + \frac{P\ell_2}{A_2E}$$

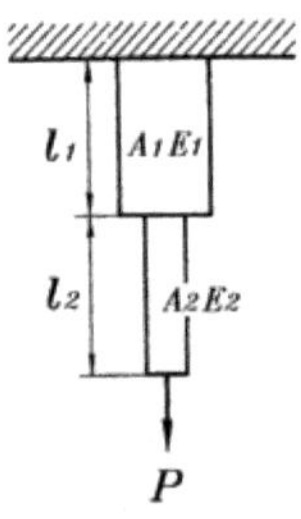

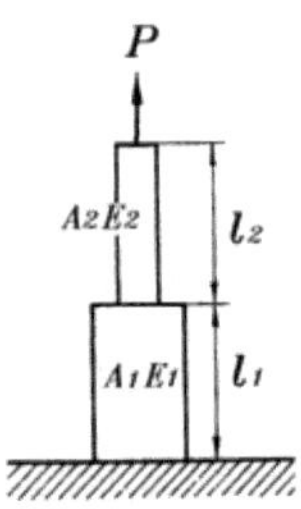

- 봉의 병렬 연결

$$P = \sigma_1 A_1 + \sigma_2 A_2$$

① $\sigma_1 = \dfrac{PE_1}{A_1E_1 + A_2E_2}$

② $\sigma_2 = \dfrac{PE_2}{A_1E_1 + A_2E_2}$

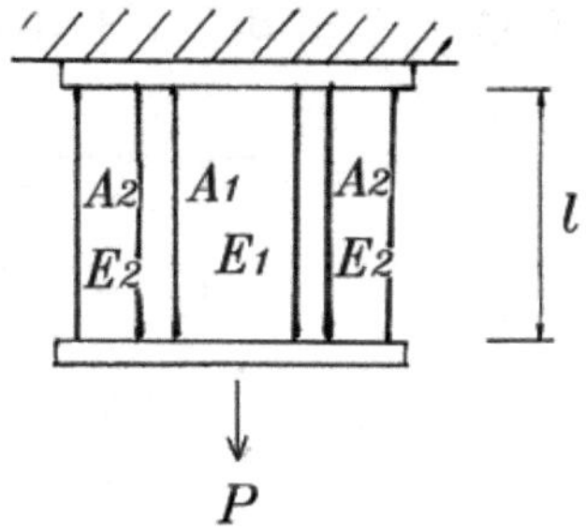

- 응력과 지름과의 비

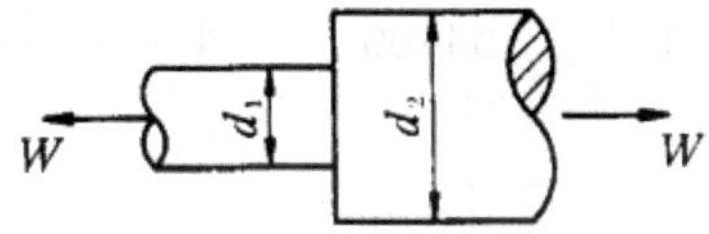

$$\sigma_1 : \sigma_2 = E_1 : E_2 = \varepsilon_1 : \varepsilon_2 = d_2^2 : d_1^2$$

①원주방향응력 : $\sigma_y = \dfrac{Pd}{2t}$

②축방향응력 : $\sigma_x = \dfrac{Pd}{4t}$

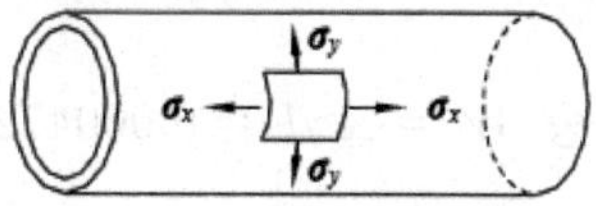

- 내압을 받는 얇은 원통

- 얇은 회전체의 응력 $\sigma_a = \dfrac{\gamma v^2}{g}$

$$v = Rw = \frac{\pi dn}{60}$$

연 습 문 제

1. 길이 10m, 하중 2000N, 사용 응력 $\sigma_w = 0.5\,MPa$ 일 때 봉의 지름과 늘어난 길이는 몇 mm 인가? (단, E 210 GPa, 강의 비중 7.8 이다.)

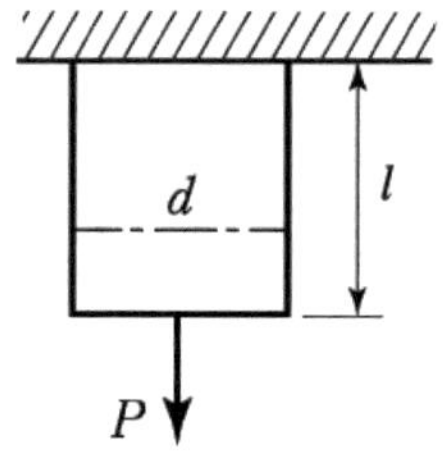

해설) $\sigma_w = \dfrac{P}{A} + \gamma l = \dfrac{2000}{A} + 7.8 \times 9800 \times 10 = 5 \times 10^6 \quad N/m^2$

$\dfrac{2000}{A} = 5 \times 10^6 - 764400 \qquad A = 0.000472\,m^2$

$d = \sqrt{\dfrac{4A}{\pi}} = \sqrt{\dfrac{4 \times 0.000472}{\pi}} = 0.0245\,m = 24.5\,mm$

여기서

비중 $S = \dfrac{\text{강의 비중량}\ (\gamma)}{\text{물의 비중량}\ (\gamma_W)} = \dfrac{\gamma}{1000\,kg_f} = \dfrac{\gamma}{1000 \times 9.8 \ (N/m^3)}$

자중 $W = A\gamma l = 0.000472 \times 7.8 \times 9800 \times 10 = 360.8\,N$

전체 늘어난 길이 (식 3–5 참조)

$\delta_2 \dfrac{P\ell}{AE} + \dfrac{r\ell^2}{ZE}$

$= \dfrac{\ell}{AE}(P + \dfrac{rAl}{2})$

$= \dfrac{\ell}{AE}(p + \dfrac{w}{2})$

$$\delta = \frac{l}{AE}\left(P + \frac{W}{2}\right)$$

$$= \frac{10}{0.000472 \times 210 \times 10^9}\left(2000 + \frac{360.8}{2}\right) = 0.000243\,m = 0.24\,mm$$

2. 지름 6mm인 강철선 150m가 수직으로 매달려 있을 때 자중에 의한 처짐량은 몇 mm 인가? (단, E=200GPa, 강철선의 비중량은 $7.7 \times 10^4\ N/m^3$)

해설) $\delta = \dfrac{\gamma\, l^2}{2\,E} = \dfrac{7.7 \times 10^4 \times 150^2}{2 \times 200 \times 10^9} = 0.00433\,m \fallingdotseq 4.33\,mm$

3. 다음 그림과 같은 균일강도의 봉의 허용응력 $\sigma_a = 260$kPa 길이$l = 5\ m$, 탄성계수 $E = 200\ GPa$ 일 때 전신장량 δ은 몇mm 인가?

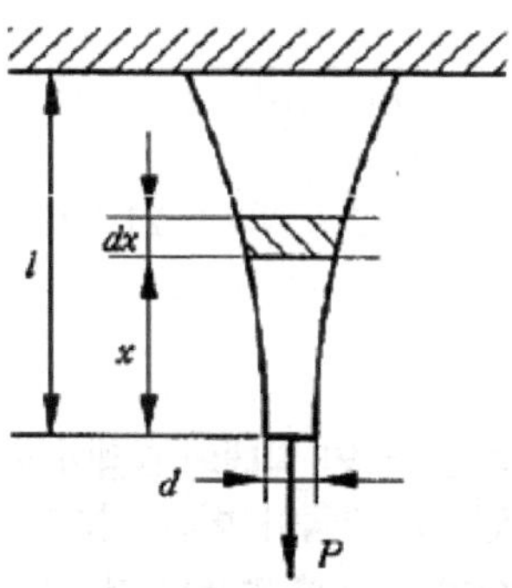

해설) $\delta = \varepsilon l = \dfrac{\sigma_a}{E} l = \dfrac{260 \times 10^3 \times 5}{200 \times 10^9} \times 1000 = 0.0065\ mm$

4. 직경이 d=3cm의 연강봉을 15° C의 벽에 고정하고 온도를 40℃로 상승했을 때 열응력 MPa은 얼마이며, 봉의 단면에서 벽에 미치는 힘 kN은 얼마인가?

(단, E=205GPa, $\alpha = 11.5 \times 10^{-6}$ 이다)

해설) 열응력

$$\sigma = \alpha E\,(T_2 - T_1)$$

$$= 11.5\times10^{-6}\times\ 205\ \times10^{9}(40-15) = 58.9\times10^{6}\ Pa \fallingdotseq 59\,MPa$$

봉의 단면에 미치는 힘 $P=\sigma\,\dfrac{\pi d^2}{4} = 59\times10^6\times\dfrac{\pi\times0.03^2}{4} = 41.7\,\text{kN}$

5. 탄성계수 $E=20\times10^4$MPa, 선팽창계수 $\alpha=11.5\times10^{-6}$인 철도 레일을 15℃에 양단을 고정하였다. 발생응력을 84MPa로 제한하려 할 때 열응력에 의한 온도변화의 허용범위는 ?

해설) $t\sim t_2$ 최고 온도 $\sigma = E\alpha(t_2-t)$

$$t_2 = \frac{\sigma_t}{E\alpha}+t = \frac{84}{20\times10^4\times11.5\times10^{-6}}+15 = 51.52℃$$

$t_1\sim t$ 최저 온도 $\sigma = E\alpha(t-t_1)$

$$t_1 = \frac{-\sigma}{E\alpha}+t = -\frac{84}{20\times10^4\times11.5\times10^{-6}}+15 = -21.52℃$$

즉 온도의 범위 $t_1 \le t \le t_2 \Rightarrow -21.52 \sim 51.52\,C$

6. 그림과 같이 길이 1m 단면적 $1cm^2$인 막대의 B점이 벽에서 0.5mm 만큼 떨어져 있다. 온도가 50℃ 만큼 상승 하였을때 B점이 벽에 닿지 않기 위한 외력 P의 최소값은 ? (단, 재료의 탄성계수 E =200GPa 선형열팽창 계수는 $\alpha=1.5\times10^{-5}$ 이다.)

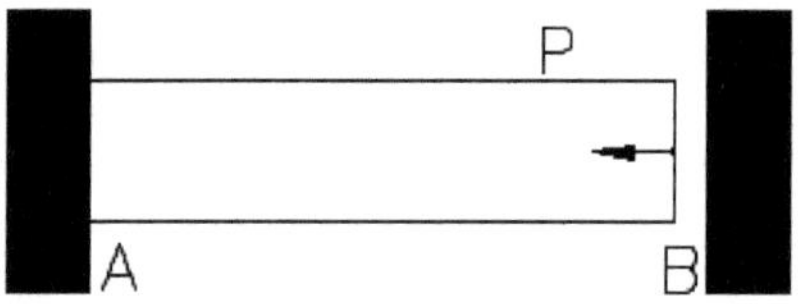

해설) 자유상태에서 0.5mm 신장하는데 필요한 온도

$$\lambda = l' - l\ell = \alpha(t_1 - t_0)\ell = 1.5\times10^{-5}(t_1-0)1 = 0.5\times10^{-3}$$

t_1 = 33.3 ℃

열응력 $\sigma = E\alpha\Delta t = E\alpha(t_2 - t_1) = \frac{P}{A}$

$$= 200\times10^9\times1.5\times10^{-5}(50-33.3) = \frac{P}{1\times10^{-4}}$$

P = 5000N = 5Kn

$= 5010N = 5K_N$

7. 그림에서 A는 고압 증기 터빈 B는 저압 증기 터빈이고 안지름 d_1= 60cm, 바깥지름 d_2=65cm인 중공축으로 연결되어 있다. $t_1 = 20℃$ 에서 연결하고 운전 중 $t_2 = 300℃$ 증기가 중공축 내에 흐른다. 이 때 중공축에 발생하는 열응력은?

(단, $E = 200\,GPa$, $\alpha = 1.2\times10^{-5}$ A, B는 이동되지 않음)

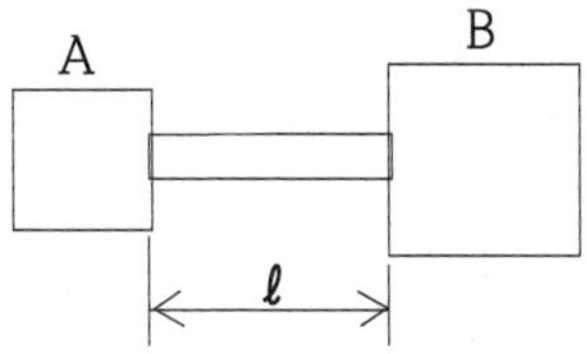

해설) $\sigma = E\alpha(t_2 - t_1) = 200\times10^9\times1.2\times10^{-5}(300-20) = 672MPa$

8. 코일 스프링이 600N의 힘이 작용되어 0.03m의 변형을 일으켰다. 이 때 스프링에 탄성에너지는?

해설) $U = \frac{1}{2}P\lambda = \frac{1}{2}600\times0.03 = 9\,N\cdot m$

9. 단면적 10 cm^2, 길이 60cm의 황동봉에 60kN 인장하중이 작용한다. 종탄성계수 E= 98GPa일 때 탄성에너지를 구하여라.

해설) $U = \frac{P^2 l}{2AE} = \frac{(60\times10^3)^2\times0.6}{2\times10\times10^{-4}\times98\times10^9} = 11\,\mathrm{N\cdot m(J)}$

10. 그림과 같이 2개의 연강봉에 같은 인장하중을 받을 때, 각 봉의 탄성에너지 비 U_1 : U_2 는 얼마 인가? (단, 단위 mm)

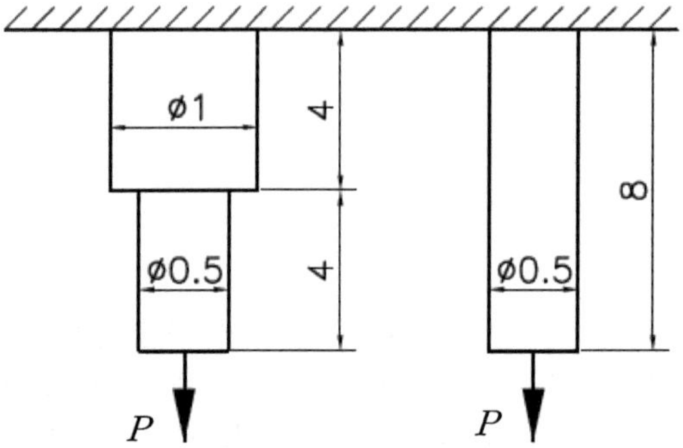

(U_1) (U_2)

해설)

U_1 에서

$$A_1 = \frac{\pi}{4}\times 1^2 = \frac{\pi}{4} \qquad A_2 = \frac{\pi}{4}\times 0.5^2 = \frac{1}{4}A_1$$

$U = \dfrac{P^2\ell}{2AE}$ 에서

$$U_1 = \frac{P^2\ell_1}{2A_1E} + \frac{P^2\ell_2}{2A_2E} = \frac{P^2}{2E}\left(\frac{4}{A_1} + \frac{4}{\frac{1}{4}A_1}\right) = 10\frac{P^2}{A_1E}$$

U_2 에서

$$U_2 = \frac{P^2\ell}{2A_2E} = \frac{P^2\times 8}{2\times\frac{1}{4}A_1E} = 16\frac{P^2}{A_1E}$$

$U_1 : U_2 = 10 : 16 = 5 : 8 = 1 : 1.6$

11. 탄성한도 150MPa, 탄성계수 210,000MPa의 연강재가 압축하중을 받아서 200J의 탄성에너지를 축적하려고 할 때 필요한 체적은 얼마인가?

해설) $u = \frac{U}{V} = \frac{\sigma^2}{2E}$

$$V = \frac{U \times 2E}{\sigma^2} = \frac{200 \times 210000 \times 10^6 \times 2}{(150 \times 10^6)^2} = 0.0037\text{m}^3 = 3733\text{cm}^3$$

12. 길이 $l = 3\text{m}$, 단면적 $A = 10\text{cm}^2$의 연강봉에 6kN의 인장하중을 갑자기 가할 때 봉에 생기는 최대 신장 mm을 구하여라. (단, $E = 205\text{GPa}$로 한다.)

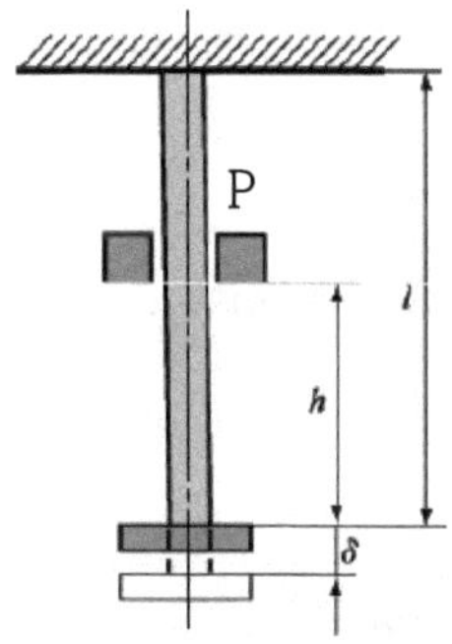

해설) 정응력 $\sigma_o = \frac{P}{A} = \frac{6 \times 10^3}{10 \times 10^{-4}} = 6\text{MPa}$

충격응력 $\sigma = 2\sigma_o = 12\text{MPa}$

최대신장 $\delta = \frac{Pl}{AE} = \frac{\sigma l}{E} = \frac{12 \times 10^6 \times 3}{205 \times 10^9} = 0.18 \times 10^{-3}\text{m} = 0.18\text{mm}$

13. 그림과 같이 원형단면을 갖는 연강봉이 100kN의 인장하중을 받을 때 이 봉의 신장량(cm)은? (단, 탄성계수 E=200GPa이다.)

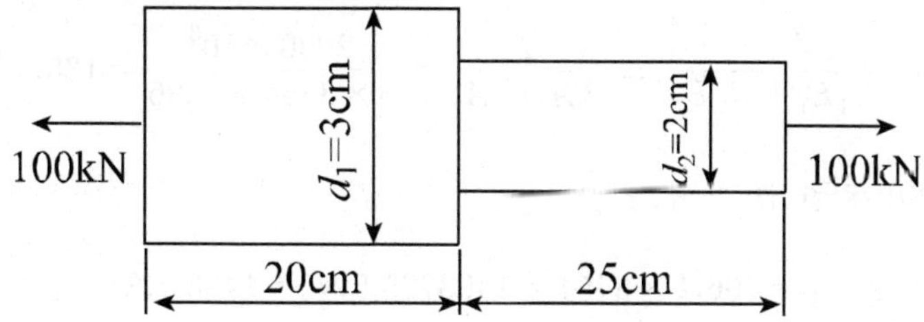

해설) $\delta = \dfrac{P_1 l_1}{A_1 E_1} + \dfrac{P_2 l_2}{A_2 E_2}$

$$= \frac{100 \times 10^3 \times 0.2}{(\pi \times 0.03^2/4) \times 200 \times 10^9} + \frac{100 \times 10^3 \times 0.25}{(\pi \times 0.02^2/4) \times 200 \times 10^9}$$

$= 0.000539\text{m} = 0.0539\text{cm}$

14. 그림에서 내경 100mm 두께 10mm 길이 200mm의 강관에 같은길이, 같은 두께의 내경 130mm의 황동관을 끼우고 양단에 강체의 판을 놓고 2000 Kn 의 압축하중을 가할 때 각각의 원통판이 받는 하중과 변형량은 얼마인가?

단, 강관 $E_1 = 210\,GPa$ 황동관 $E_2 = 70\,GPa$ 이다)

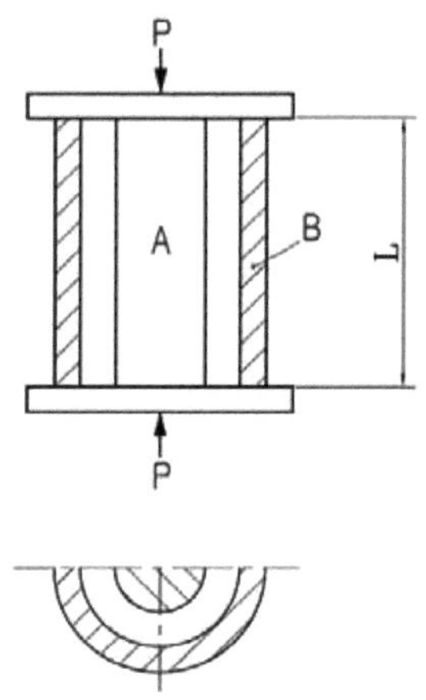

해설) 강관의 단면적

$$A_1 = \frac{\pi}{4}(120^2 - 100^2) = 3454\,mm^2$$

황동관의 단면적

$$A_2 = \frac{\pi}{4}(150^2 - 130^2) = 4396\,mm^2$$

탄성계수비 $k = \dfrac{E_1}{E_2} = \dfrac{210}{70} = 3$

강관의 응력

$$\sigma_1 = \frac{P}{A_1 + \dfrac{E_2}{E_1}A_2} = \frac{kP}{kA_1 + A_2} = \frac{3 \times 2000 \times 10^3}{3 \times 3454 + 4396} = 406.4\,N/mm^2$$

황동관의 응력

$$\sigma_2 = \frac{E_2 P}{A_1 E_1 + A_2 E_2} = \frac{P}{kA_1 + A_2} = \frac{2000 \times 10^3}{3 \times 3454 + 4396} = 135.5\,N/mm^2$$

강관이 부담하는 하중

$$P_1 = \sigma_1 A_1 = 406.4 \times 3454 = 1403705.5\,N = 1403.7\,Kn$$

황동관이 부담하는 하중

$P_2 = \sigma_2 A_2 = 135.5 \times 4396 = 595658\,N\ = 595.65\,Kn$

수축량 (강관과 황동관의 변형은 같다)

$$\varepsilon_1 = \ \varepsilon_2 = \frac{\sigma_1}{E_1} = \frac{406.4}{210 \times 10^3} = 1.94 \times 10^{-3}\ mm$$

15. 그림과 같이 $l = 90\,cm$의 강재가 힘 P = 60kN 과 Q=20kN을 받을 때 이 강봉의 전 신장량 δ을 구하라.

(단, 이 봉의 단면적 $A = 10cm^2$ 이고, 탄성계수 $E = 210\,GPa$ 이다)

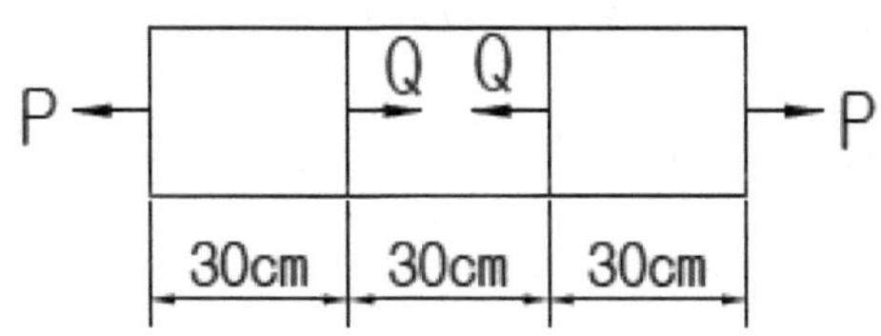

해설)

$$\lambda = \ 2\,\frac{Pl_1}{AE} + \frac{(P-Q)l_2}{AE}$$

$$= \ 2\,(\frac{60\ \times 1000 \times 0.3}{10 \times 10^{-4}\ \times 210 \times 10^9}) \ + \ \frac{(60-20)1000 \times 0.3}{10 \times 10^{-4}\ \times 210 \times 10^9} = 0.00017\,m = 0.17\,mm$$

16. 안지름이 150mm이고, 관벽의 두께가 10mm인 알루미늄 파이프가 관내의 유체로부 2MPa의 압력을 받고 있다. 파이프 내에서의 최대 인장응력은 몇 MPa인가?

해설) $\sigma_t = \frac{PD}{2t} = \frac{2 \times 0.15}{2 \times 0.01} = 15MPa$

17. 두께 5mm 안지름 7.5m 높이 20m인 원통형 용기의 인장강도는 400MPa이다. 안전률을 4로 할 경우 채울수있는 물의 최대높이 h는 몇 m인가?

(단, 물의밀도는 $1000\,kg/m^3$)

해설)

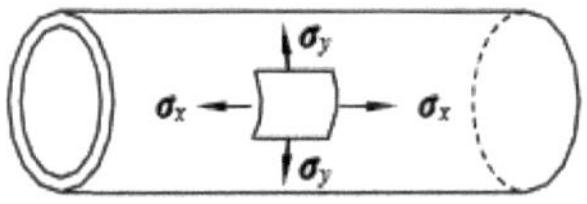

원주 방향 응력

$$\sigma_y = \frac{pD}{2t} = \frac{\sigma_u}{s} = \frac{400}{4} = 100\ \text{MPa} \quad 1\text{kgf} = 9.8\text{N}$$

내압 $P = \frac{2 \times 0.005 \times 100 \times 10^6}{7.5} = 133333.33\ \text{Pa}$

P = γh = 1000 x 9.8 × h = 133333.33

물의 최대 높이 h =13.6 m

18. 주철제 플라이휠이 1500rpm으로 회전할 때 플라이휠의 원주응력은 얼마인가?
(단, 플라이휠 지름 100㎝, 주철의 비중량 γ는 7250N/㎥이다.)

해설) $\sigma = \frac{\gamma v^2}{g} = \frac{7250}{9.8} \times (\frac{\pi \times 1 \times 1500}{60})^2 = 4.56 \times 10^6\ Pa = 4.56 MPa$

18. 그림과 같이 동일재료의 단붙임축에 하중이 작용하고 $d_1 : d_2 = 3 : 4$이다. 지름 d_1의편에 생기는 응력이 $\sigma_1 = 8$KPa일 때, d_2의 편에 생기는 응력(σ_2)는?

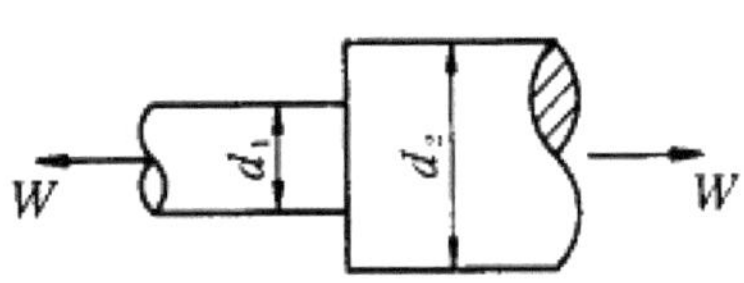

해설) $\sigma_1 : \sigma_2 = \epsilon_1 : \epsilon_2 = d_2^2 : d_1^2 = E_2 : E_1$

$$\sigma_2 = \sigma_1 \times \frac{3^2}{4^2} = \sigma_1 \times (\frac{3}{4})^2 = 8 \times (\frac{3}{4})^2 = 4.5 MPa$$

19. 그림에서 l_1=4m, l_2=3m인 강봉 AC와 BC를 C점에서 핀으로 연결하고 수평하중 15000N이 작용할 때 강봉 AC와 BC의 변형량은 각각 몇 mm인가?

(단, 강봉의 단면적은 7.06mm^2, 탄성계수는 200GPa이다.)

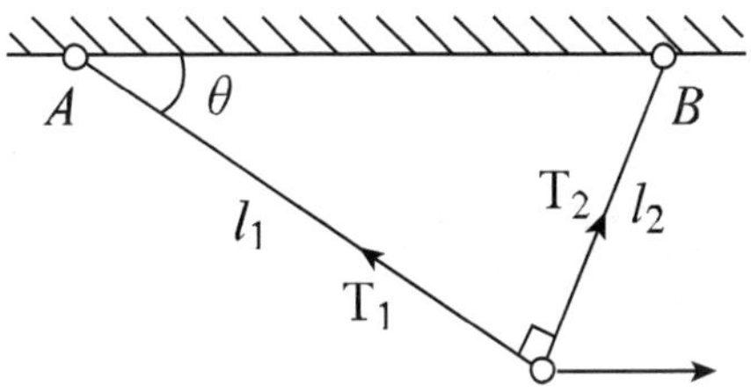

해설)

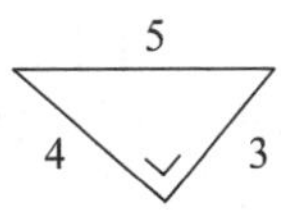

3 : 4 : 5 의 직각삼각형이므로

$$T_1 = \frac{4}{5} \times 15000 = 12000\text{N (인장)} \quad T_2 = \frac{3}{5}\, 15000 = -9000\text{N(압축)}$$

$$\delta_1 = \frac{T_1 l_1}{AE} = \frac{12000 \times 4}{7 \times 10^{-6} \times 200 \times 10^{9}} = 0.034\,m = 34\,mm$$

$$\delta_2 = \frac{T_2 l_2}{AE} = \frac{-9000 \times 3}{7 \times 10^{-6} \times 200 \times 10^{9}} = -0.0193\,m = -19.3\,mm$$

20. 그림과 같은 강재의 구조물을 지지하고 있는 강선의 지름은 2.5mm이고, 허용응력 $\sigma_a = 260MPa$ 이다. 이때 W =1000N 이 AB의 중앙레 작용하고 있을 때 자유단 B에 걸수 있는 최대하중 P_L 은 몇 N 인가?

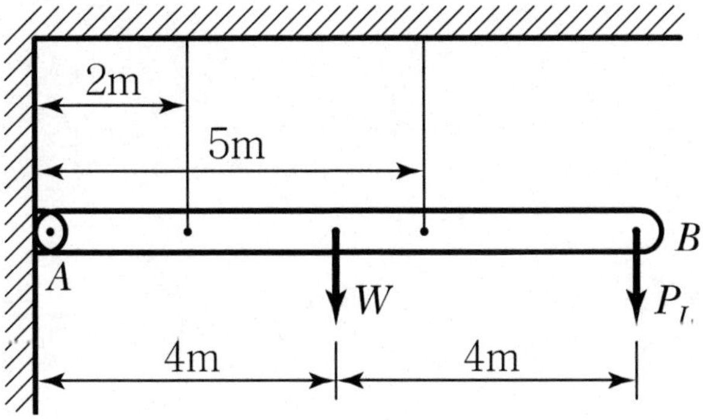

해설) $W_1 = \sigma \cdot A = 200 \times 10^6 \times \frac{\pi}{4}(2.5 \times 10^{-3})^2$ = 1276.27 N

$$2W_1 + 5W_1 = 4W + 8P_L$$

$$P_L = \frac{2W_1 + 5W_1 - 4W}{8}$$

$$= \frac{2 \times 1276.27 + 5 \times 1276.27 - 4 \times 1000}{8} = 616.7N$$

21. 그림과 같은 길이 3m, 단면적 $500mm^2$인 재료의 윗 부분이 고정되어 있고, 이것에 500N, 추를 200mm의 높이에서 낙하 시켜 충격을 준다. 재료의 최대 신장량은 약 몇 mm인가 ? (단, 자중은 무시하고, 재료의 탄성계수는 210 GPa 이다)

해설) 정적처짐 $\delta_o = \frac{Pl}{AE} = \frac{500\,(N) \times 3000\,(mm)}{(500\,mm^2)\ 210 \times 10^3\,(MPa)} = 0.0142\,mm$

충격 처짐 $\delta = \delta_0\left(1 + \sqrt{1 + \frac{2h}{\delta_0}}\right) = 0.0142\left(1 + \sqrt{1 + \frac{2 \times 200}{0.0142}}\right) \fallingdotseq 2.4\,mm$

응용문제

1. 탄성에너지에 대한 설명 중 옳은 것은? 1

㉮ 탄성한도가 크고, 세로탄성계수의 값이 작을수록 최대탄성에너지의 값이 크다.

㉯ 탄성한도가 높고, 세로탄성계수의 값이 클수록 최대탄성에너지의 값이 크다.

㉰ 탄성한도가 작고, 세로탄성계수의 값이 클수록 최대탄성에너지의 값이 크다.

㉱ 탄성한도가 낮고, 세로탄성계수의 값이 작을수록 최대탄성에너지의 값이 크다.

해설) $u = \dfrac{\sigma^2}{ZE}$

2. 탄성한도 내에서 인장하중을 받는 봉에 발생하는 응력이 2배가 되면 단위체적당에 저장 되는 탄성에너지는 몇 배가 되는가? 4

㉮ $\frac{1}{2}$배　　㉯ 2배　　㉰ $\frac{1}{4}$배　　㉱ 4배

해설) $u = \dfrac{Pf}{2} = \dfrac{1}{2}P \times \dfrac{P\ell}{AE} = \dfrac{\sigma^2}{2E}A\ell$

3. 열응력에 대한 다음 설명 중 틀린 것은? 1

㉮ 재료의 치수에 관계가 있다.

㉯ 재료의 선팽창계수에 관계가 있다.

㉰ 온도차에 관계가 있다.

㉱ 세로 탄성계수에 관계가 있다.

4. 길이와 단면이 같은 두 개의 봉이 그림과 같이 정삼각형으로 설치되어 있을 때 봉에 생기는 힘 X와 Y는 하중 P로 인하여 얼마나 발생되는가? 3

㉮ 인장력 P, 압축력 $\frac{P}{2}$

㉯ 인장력 $\frac{P}{2}$, 압축력 $\frac{P}{2}$

㉰ 인장력 P, 압축력 P

㉱ 인장력 $2P$, 압축력 P

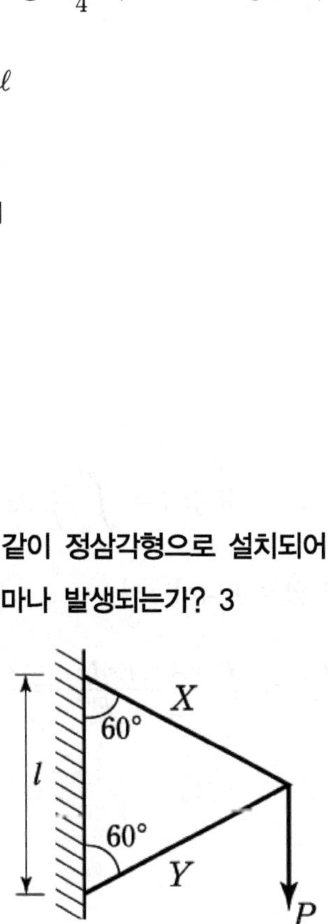

해설) $\dfrac{P}{\sin 60} = \dfrac{X}{\sin 60°}$, $\dfrac{P}{\sin 60} = \dfrac{Y}{\sin 240°}$

$X = P$ kN (인장력), $Y = -P$ kN(압축력)

5. 동일 치수의 강철봉과 구리봉에 동일한 인장력을 가하여 생기게 할 때 신장을 ε_s와 ε_c의 비가 8:15라고 하면, 그 탄성계수의 비 $\dfrac{E_s}{E_c}$의 값은 얼마인가?

㉮ $\dfrac{8}{15}$ ㉯ $\dfrac{16}{15}$ ㉰ $\dfrac{15}{8}$ ㉱ $\dfrac{15}{16}$

해설) $\varepsilon = \dfrac{\sigma}{E}$, $\varepsilon \propto \dfrac{1}{E}$, $\therefore \dfrac{E_s}{E_c} = \dfrac{15}{8}$

6. 길이가 l 이고, 단면적이 A인 균일단면봉이 자중하에서 연직하게 매달려 있다. 그 재료 의 단위체적마다의 중량이 γ일 때, 그 봉 속에 저장된 변형 에너지를 구하여라. 3

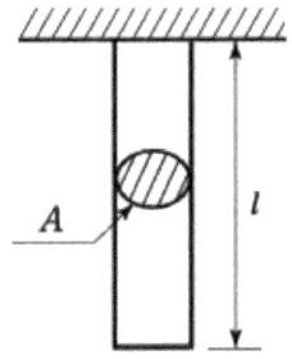

㉮ $\dfrac{A\gamma^2 l^3}{3E}$ ㉯ $\dfrac{A\gamma l}{3E}$ ㉰ $\dfrac{A\gamma^2 l^3}{6E}$ ㉱ $\dfrac{A\gamma l}{6E}$

해설) 자중에 의한 처짐 $\delta = \displaystyle\int_0^l \frac{rx}{E}dx = \frac{rl^2}{2E}$

자중에 의한 에너지

$$U = \frac{P\delta}{2} = \int_0^l \frac{rAx}{2}\frac{rxdx}{E} = \frac{r^2 A}{2E}\cdot\frac{l^3}{3} = \frac{r^2 Al^3}{6E}$$

chapter 4 조합응력과 모어원

둘 이상의 외력의 작용(예, 압축, 굽힘, 굽힘과 비틀림)을 동시에 받는 경우의 응력 상태를 말한다

4.1 응력의 기본

임의의 구조물이 임의의 외력을 받을 때, 부재내부에는 수직응력과 전단응력이 생긴다.

(1) 단축응력

인장또는 압축력이 한 축에 대하여 작용될 때 발생하는 응력을 말한다.

(2) 2축응력

인장 또는 압축력이 x, y 축에 작용 될 때 발생하는 응력을 말한다.

(3) 3축 응력

인장 또는 압축력이 x, y, z축에 작용 될 때 발생하는 응력을 말한다.

(4) 평면응력

인장, 압축, 전단응력이 한 평면 위에 작용할 때 발생하는 응력을 말한다.

(5) 순수 전단

수직응력 (σ_x, σ_y)은 없고, 전단응력(τ)만 존재하는 상태을 말한다.

(6) 주응력

수직응력만 있고, 전단응력이 없는 면(주면)에 작용하는 수직응력을 말한다.

(7) 단순응력

인장, 압축, 전단하중중 어느 한 개가 작용하여 발생하는 응력을 말한다.

(8) 조합응력

인장, 압축, 전단하중중 2개 이상이 작용하여 발생하여 작용하는 응력을 말한다.

※ 용어주면

물체내에 미소한 면을 가정하고 이것을 임의의 방향으로 회전할 때 그 면내에서 3방향의 전단 응력이 전부 0으로 될 때, 그 면을 주면이라 하며 주면과 수직인 방향을 응력의 주축이라 한다.

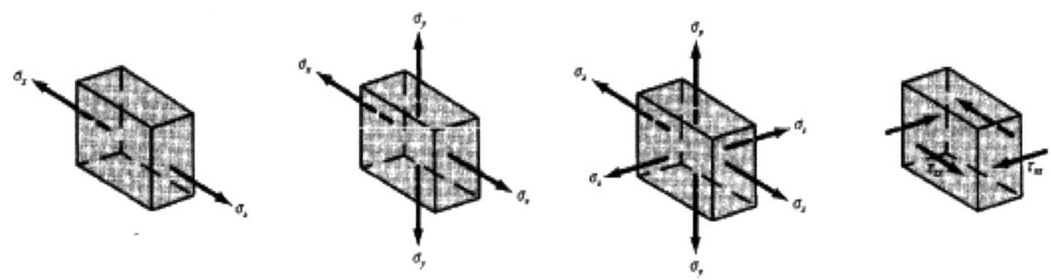

(a) 단축응력 (b) 2축응력 (3) 3축응력 (4) 순수전단

단순인장 + 비틀림 = 조합응력

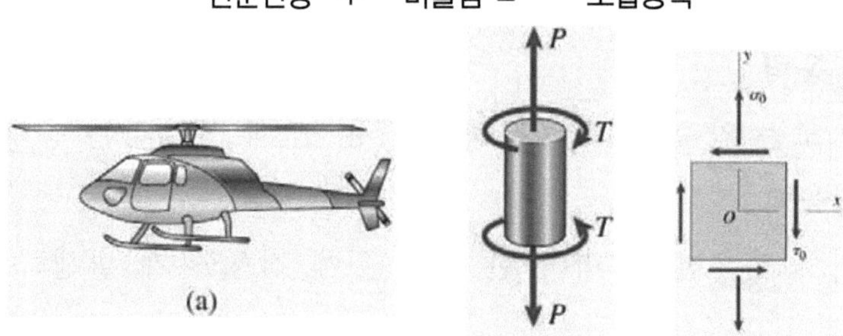

(5) 조합응력

그림 4-1 응력의 기본

4.2 경사면에 발생하는 응력과 모어원

균일한 단면에 인장하중 P가 작용하면, 수직단면 $m-n$ 사이에는 균일한 수직응력이 발생한다. $m-n$단면과 θ만큼 경사진 m', n' 사이 수직인 방향의 힘N 과 평행한 방향의 힘 T로 분해한다. 따라서 P의 법선방향 분력과 접선방향의 분력은 다음과 같다.

$$N = P\cos\theta \qquad T = P\sin\theta \tag{a}$$

경사단면 $m'n'$의 단면적을 A' 라 하면mn 의 단면적이 A 이므로

$$A' = \frac{A}{\cos\theta} \tag{b}$$

이 된다.

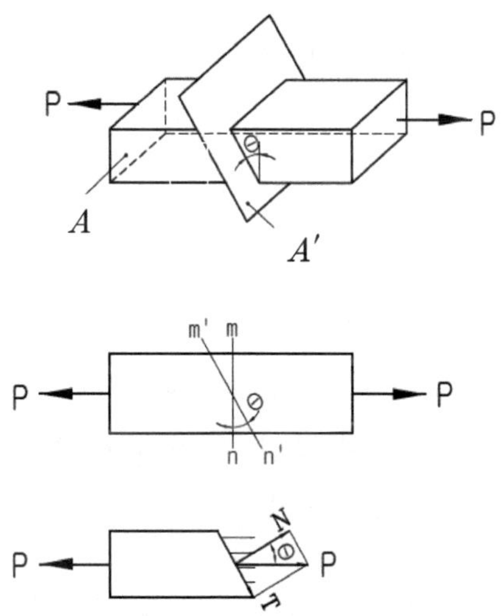

그림 4-2 경사단면에서의 응력

1. 임의 경사각 θ 에서 법선응력

$$\sigma_n = \frac{N}{A'} = \frac{P\cos\theta}{\frac{A}{\cos\theta}} = \frac{P}{A}cos^2\theta = \sigma_x \cos^2\theta \tag{4-1}$$

여기서 σ_x는 수직응력

2. 임의의 θ에서의 전단응력

$$\tau = \frac{T}{A'} = \frac{P\sin\theta}{\frac{A}{\cos\theta}} = \frac{P}{A}\sin\theta \cdot \cos\theta = \frac{1}{2}\sigma_x \sin 2\theta \tag{4-2}$$

3. 경사각을 변화할 때 응력의 변화

$\sigma_n = \sigma_x \cos^2\theta$, $\tau_n = \frac{\sigma_x}{2}\sin 2\theta$

① $\theta = 0°$ 일 때 $\sigma_{max} = \sigma_x$, $\tau_{min} = 0$

② $\theta = 45°$ 일 때 $\sigma_n = \frac{1}{2}\sigma_x$, $\tau_{max} = \frac{1}{2}\sigma_x$

③ $\theta = 90°$ 일 때 $\sigma_n = 0$, $\tau_n = 0$

※ 참고

$\sin 2\theta = 2\sin\theta\cos\theta$

---

4. 단축 응력에 대한 Mohr's circle (모어원)

임의 요소에 작용하는 응력을 도해적으로 나타내는 방법(독일의 Otto Mohr에 의해 개발) 축방향과 수직인 단면과 θ 의 각도를 이루는 경사면에서의 응력들(σ_n, τ_n, σ_n', τ_n')를 구하는 방법

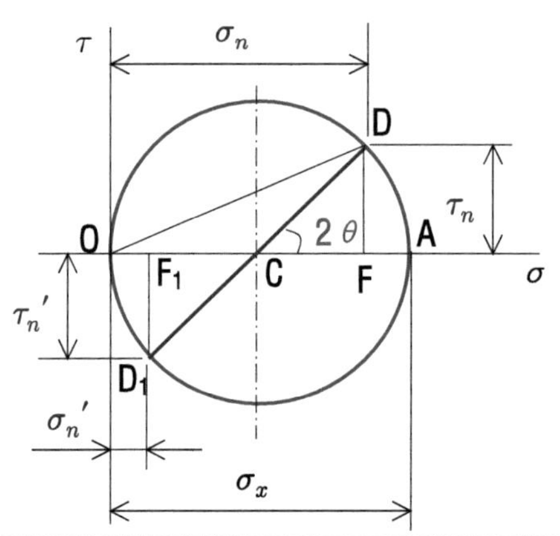

그림 4-3 단축응력 모어 응력도

① O를 원점으로 하는 직교좌표를 그리고 x축을 σ 로, y축을 τ 로 잡는다.

② σ_x값을 A점으로 잡아 OA를 지름으로 하여 원을 그린다.

③ 원의 중심점 C를 기준으로 경사각의 두배인 **2θ**를 반시계방향으로 회전하여 만나는 점을 D라 하고 원의 중심점 C와 연장하여 D1을

잡는다.

④ 원주상의 점 D와 D1점에서 x축에 수직선을 그어 σ 축과의 교점을 F, F1점이라 한다.

⑤ 그림에서 $\sigma_n = \overline{OF}$, $\sigma_n{}' = \overline{OF_1}$, $\tau_n = \overline{DF}$, $\tau_n{}' = \overline{D_1F_1}$ 이 된다.

$$\sigma_n = OF = OC + CF = \frac{\sigma_x}{2} + \frac{\sigma_x}{2}\cos 2\theta = \frac{\sigma_x}{2}(1 + \cos 2\theta)$$

$$= \frac{\sigma_x}{2}(1 + \cos^2\theta - \sin^2\theta) = \frac{\sigma_x}{2}(1 + 2\cos^2\theta - 1) = \sigma_x \cos^2\theta \qquad \text{(c)}$$

여기서 $\sin^2\theta = 1 - \cos^2\theta$

전단응력은 다음과 같다.

$$\tau = DF = CD\sin 2\theta = \frac{1}{2}\sigma_x \sin 2\theta \qquad \text{(d)}$$

5. 경사단면 p, q와 직교하는 경사단면 $p'\ q'$위에 작용하는 공액응력

그림 4-4에서 임의 경사각 θ를 갖는 경사면은 2개가 존재 한다.

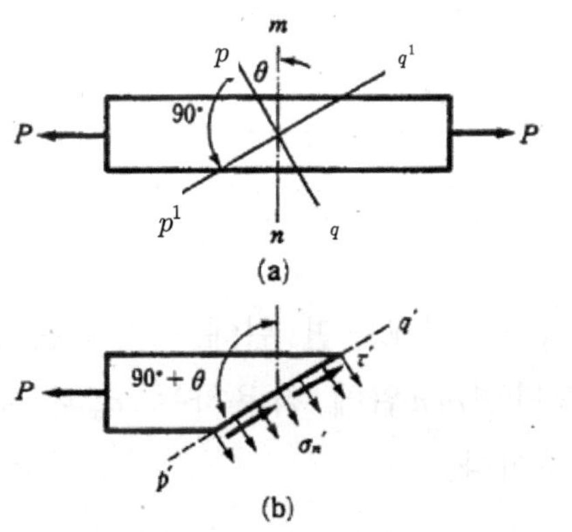

그림 4-4 공액 법선응력 및 공액 전단응력

수직한 단면mn 에서 θ만큼 반시계 방향으로 회전 시킨 경사면 $p\ q$이다. 이들 2개의 경사면에 작용 하는 응력을 **공액 응력** (complementary stress) 이라 한다.

그림4-4에서 경사면 $p\ q$ 와 직교하는 경사면 $p'q'$ 에서 작용하는 법선응력을 σ'_n (시그마 프라밈), 전단응력을 τ' (타우 프라임) 라고 하면 이들의

식은 (4−1), 식 (4−2)에서 θ 대신에 $\theta+90°$을 구하면 다음과 같이 구 할 수 있다.

$$\sigma_n{}' = \sigma_x \cos^2\theta = \sigma_x \cos(\theta+90)^2 = \sigma_x \sin^2\theta \tag{4-3}$$

$$\tau' = \frac{1}{2} sin(\theta+90) = -\frac{1}{2} sin 2\theta \tag{4-4}$$

공액에 대한 관계를 알아보기 위해 공액 법선응력을 합해 보면 다음과 같다.

$$\sigma_n + \sigma_n{}' = \sigma_x(\cos^2\theta + \sin^2\theta) = \sigma_x \tag{4-5}$$

공액 전단응력은 다음과 같다.

$$\tau_n = -\tau_n{}' \tag{4-6}$$

※ 참고

$\cos^2(\theta+90°) = (-\sin\theta)^2 = \sin^2\theta$

$$\frac{\tau(\text{전단응력})}{\sigma_n(\text{법선응력})} = \frac{\sigma_x \, cos\theta \sin\theta}{\sigma_x \cos\theta^2} = \frac{\sin\theta}{\cos\theta} = \tan\theta$$

(단 $\sigma_n = \tau$ 경우 Θ = 45°)

---

6. 공액응력이란 ?

축 인장을 받는 봉의 두 직교단면 위에 작용하는 σ_n, $\sigma_n{}'$의 합은 항상 일정하며, 그 값은 수직단면mn위에 작용하는 σ_x와 같다. 또한 τ_n, $\tau_n{}'$는 크기는 같고 방향만 반대이다.

7. 부호 규약

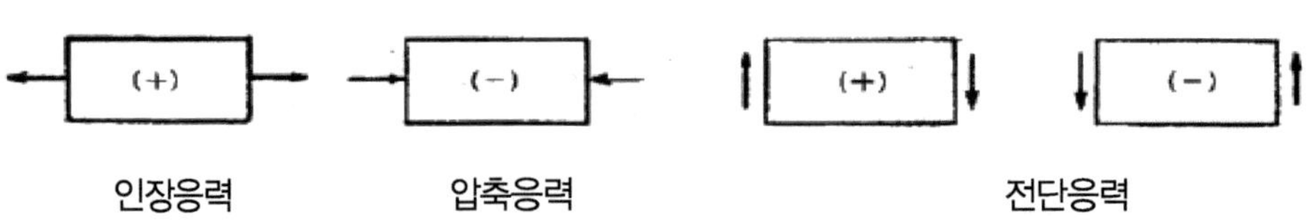

(1) 전단응력에 대한 또 다른 기준의 부호규약

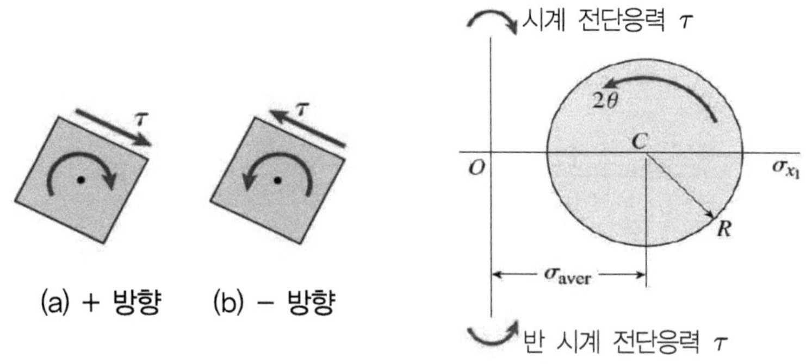

그림 4-5 수직응력과 전단응력의 부호 규약

※ 참고

삼각함수 기본값

	0°	30°	45°	60°	90°
sin	0	$\frac{1}{2}$	$\frac{\sqrt{2}}{2}$	$\frac{\sqrt{3}}{2}$	1
cos	1	$\frac{\sqrt{3}}{2}$	$\frac{\sqrt{2}}{2}$	$\frac{1}{2}$	0
tan	0	$\frac{1}{\sqrt{3}}$	1	$\sqrt{3}$	∞

$d\sin(\theta+90^\circ)=\cos\theta$ $\sin(\theta+180^\circ)=-\sin\theta$

$\cos(\theta+90^\circ)=-\sin\theta$ $\cos(\theta+180^\circ)=-\cos\theta$

$\tan(\theta+90^\circ)=-\cot\theta$ $\tan(\theta+180^\circ)=\tan\theta$

예제 1

직경 4cm의 봉에 120kN의 인장력이 작용하였을 경우 봉내에 생긴 최대 전단 응력의 크기는?

해설)

$$\tau = \frac{\sigma}{2} = \frac{P}{\pi d^2/4} \times \frac{1}{2} = \frac{120}{\pi \times 0.04^2/4} \times \frac{1}{2} = 47,746\text{kPa} = 47.7\text{MPa}$$

예제 2

인장하중 2kN을 받는 원형단면을 만들고자 한다. 이 재료의 허용 전단 응력을 60MPa으로 하려면 필요한 봉의 직경은 몇 cm인가?

해설)

$$\sigma = 2\tau = 2 \times 60 = 120 \qquad \sigma = \frac{2 \times 1,000}{\pi \times d^2/4} = 120$$

$$d = \sqrt{\frac{4 \times 2 \times 1,000}{60 \times 10^6 \times 2\pi}} = 0.0046 = 0.46\text{cm}$$

예제 3

$4 \times 6\ cm$인 2개의 목재를 30° 경사지게 접착하고 15kN로 당겼을 때 접착부분에 응력성분은?

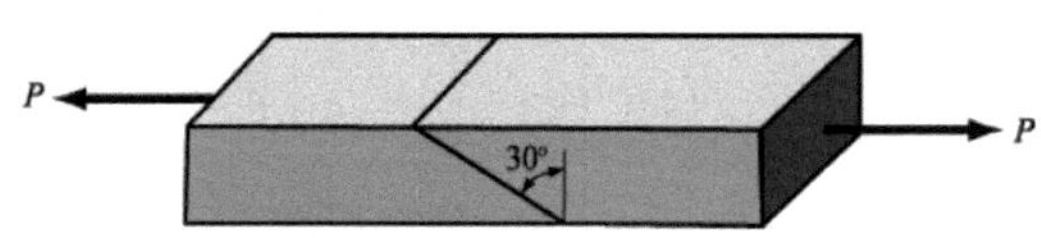

해설)

법선응력

$$\sigma_n = \frac{N}{A'} = \frac{P\cos\theta}{\frac{A}{\cos\theta}} = \sigma_x \cos^2\theta = \frac{15 \times 1000}{40 \times 60}\cos^2 30° = 4.69\ MPa$$

전단응력

$$\tau_n = \frac{1}{2}\sigma_x \sin 2\theta = \frac{1}{2} \times \frac{15 \times 1000}{40 \times 60} \times \sin(2 \times 30°) = 2.7\ MPa$$

예제 4

폭이 4cm, 높이 3cm 의 직사각형 단면봉에 축방향으로 300 kN의 인장하중이 작용 할 때 수직인 단면과 반시계 방향으로 60° 의 각도를 이루는 경사단면에서의 수직응력 σ_n과 전단응력 τ를 구하라. 또한 이 경사단면과 수직인 단면에서의 공액응력 σ_n', τ'_n를 구하라.

해설)

축방향 응력 $\sigma_x = \dfrac{P}{A} = \dfrac{300000}{40\times 50} = 150\ N/mm^2 = 150\,MPa$

경사단면에서 수직응력과 전단응력

$$\sigma_n = \sigma_x \cos^2\theta = 150\times\cos^2 60° = 150\times(\frac{1}{2})^2 = 37.5\,MPa$$

$$\tau_n = \frac{1}{2}\sigma_x \sin 2\theta = \frac{1}{2}\times 150\times \sin 120° = \frac{1}{2}\times 150\times 0.866 = 64.95\ MPa$$

공액응력

$$\sigma'_n = \sigma_x \sin^2\theta = 150\times\sin^2 60° = 150\times(\frac{\sqrt{3}}{2})^2 = 112.5\ MPa$$

$$\tau_\theta' = -\frac{1}{2}\sigma_x \sin 2\theta = -\tau_n = -64.95\ MPa$$

예제 5

다음 그림과 같이 종단면과 각 θ를 이루는 경사단면 위에 수직응력 $\sigma_n = 1,200\text{MPa}$, 전단응력 $\tau = 400\text{MPa}$가 작용하고 있다. 경사각 θ는?

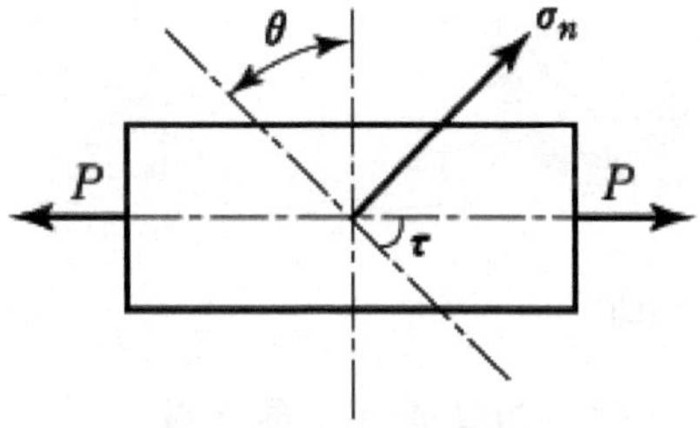

해설)

$$\tan\theta = \frac{\tau_n}{\sigma_n} = \frac{\sigma_x \sin\theta\ \cos\theta}{\sigma_x \cos^2\theta} = \frac{\sin\theta}{\cos\theta} = \frac{400}{1,200} = \frac{1}{3}$$

경사각 $\theta = \tan^{-1}\frac{1}{3}$

$$\tau = \frac{1}{2}\sigma_x \sin 2\theta = \frac{1}{2}\sigma_x \, 2\sin\theta\cos\theta$$

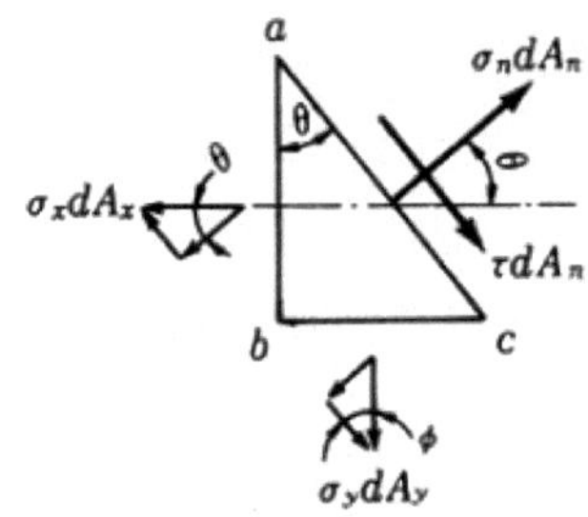

4.3 2축 응력과 모어원

1. 법선응력

2축 응력상태는 한 요소에 작용하는 수직응력들이 x축 y축 방향으로 동시에 작용하는 상태로서 내압을 받는 용기 또는 회전체 및 보(beam) 등의 임의요소에 작용하는 응력들을 고찰하여 보면, 직각방향으로 인장력과 압축력이 동시에 작용하게 되므로 이에 대응되는 반력인 인장응력과 압축응력, 즉 조합응력이 동시에 작용하게 된다.

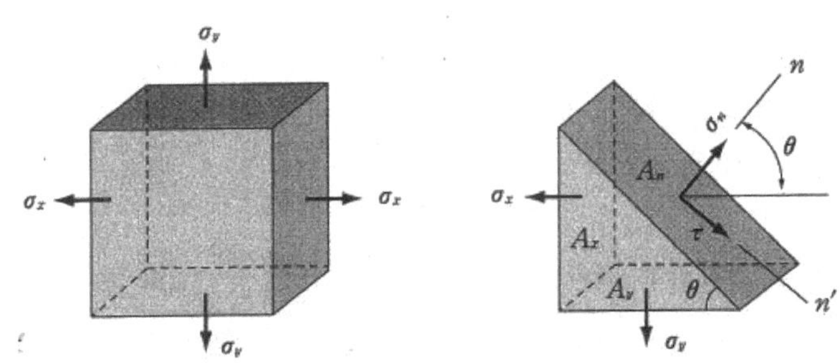

그림 4-6 2축 응력

즉 위의 그림처럼 두 방향으로의 하중이 작용하는 경우 임의의 각도에 발생하는 응력을 **2축 응력**이라 한다.

그림 4-6과 같은 재료의 한 요소에 x, y축 방향으로 수직응력 σ_x 및 σ_y가 동시에 작용하는 경우를 1차원응력 또는 단순응력 상태와 구별하기 위하여 **2축응력**(biaxial stress)이라고 한다. 이때 σ_z는 무시하고 $\sigma_x > \sigma_y$라고 가정

한다면 경사각 θ를 갖는 경사단면에서의
응력은 그림4-6(b)와 같다.

그림4-6(b)에서 경사단면에 작용하는 힘의 삼각형을 그리면 그림4-6(a)와 같고, 이들의
면적에 대한 삼각형을 그리면 그림 4-7(b)와 같다.

그림4-6(b)에서 인장응력 σ_x가 작용되고 있는 면적을 "A_x", 압축응력 σ_y가 작용되고 있는 면적을 "A_y", 경사단면의 단면적을 A_n이라고 하면 그림의 그림4-7(b)의 면적의 삼각형에서

$$A_n \cos\theta = A_x \tag{a}$$

$$A_n \sin\theta = A_y \tag{b}$$

이다.

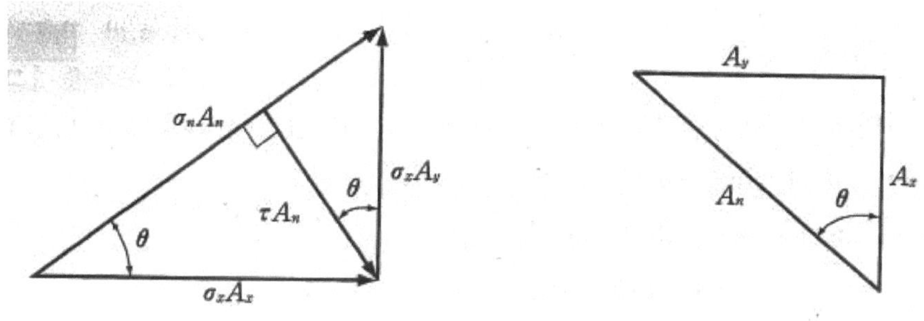

그림 4-7 2축 응력 자유도

따라서 그림 4-7 힘의 삼각형에서 경사면에 수직한 법선력 $\sigma_n A_n$을 구하면

$$\sigma_n A_n = \sigma_x A_x \cos\theta + \sigma_y A_y \sin\theta$$

$$= \sigma_x (A_n \cos\theta) \cos\theta + \sigma_y (A_n \sin\theta) \sin\theta$$

$$= \sigma_x A_n \cos^2\theta + \sigma_y A_n \sin^2\theta$$

$$= \sigma_x A_n \left(\frac{1+\cos 2\theta}{2}\right) + \sigma_y A_n \left(\frac{1-\cos 2\theta}{2}\right) \tag{c}$$

여기서 $\cos^2\frac{\theta}{2} = \frac{1+\cos\theta}{2}$ $\quad \sin^2\frac{\theta}{2} = \frac{1-\cos\theta}{2}$

경사단면에서의 수직응력 σ_n은 다음과 같다.

$$\sigma_n = \frac{1}{2}(\sigma_x + \sigma_y) + \frac{1}{2}(\sigma_x - \sigma_y)\cos 2\theta \qquad (4\text{-}7)$$

식4-7에서 경사각 θ가 $0^\circ \sim 90^\circ$ 까지 회전 하면 그 경사각에 따라 경사면에 작용하는 법선응력σ_n는 σ_x에서 σ_y까지 변화한다는 것을 알수 있다. 따라서 이들의 응력중 하나는 법선응력이 최대값이 되고 다른 하나는 최소값이 된다.

따라서 $\sigma_x > \sigma_y$ 라고 가정하면 최대 법선응력은 σ_x가 되고, 최소 법선응력은 σ_y가 됨을 알 수 있다.

이와 같이 법선응력의 최대 · 최소값을 주응력(principle stress)이라 하고, 이들의 작용하는 두 직교 평면을 주면 (principle plane)이라고 한다. 따라서 주면에서는 전단응력은 작용하지 않고 법선응력만 작용한다.

2. 전단응력

경사면과 평행한 전단력 τA_n은 그림 4-7 (a) 힘의 삼각형에서 다음과 같다.

$$\begin{aligned}\tau A_n &= \sigma_x A_x \sin\theta - \sigma_y A_x \cos\theta \\ &= \sigma_x (A_n \cos\theta)\sin\theta - \sigma_y (A_n \sin\theta)\cos\theta \\ &= (\sigma_y - \sigma_x) A_n \cos\theta \bullet \sin\theta\end{aligned}$$

따라서 경사단면에서의 전단응력 τ는 다음과 같다.

$$\tau = \frac{1}{2}(\sigma_x - \sigma_y)\sin 2\theta \qquad (4\text{-}8)$$

또한 전단응력은 경사각 $\theta = 0^\circ$ 인 경우에는 $\tau = 0$ 이고, $\theta = 45^\circ$ 일 때에는 전단응력이 최대가 되며 그 값은 다음과 같다.

$$\tau_{max} = \frac{1}{2}(\sigma_x - \sigma_y) \qquad (4\text{-}9)$$

최대전단응력은$(\sigma_x - \sigma_y)$의 1/2에 불과하고, 만약 인장응력 σ_x와 σ_y가 같다면 어떠한 경사단면에서도 전단응력은 작용하지 않는다.

3. 공액응력

경사각 θ를 갖는 경사단면과 직교한 단면 즉 90° 앞서 있는 경사단면

$m'' n''$에서 작용하는 법선응력 σ'_n과 전단응력 τ'를 살펴본다.

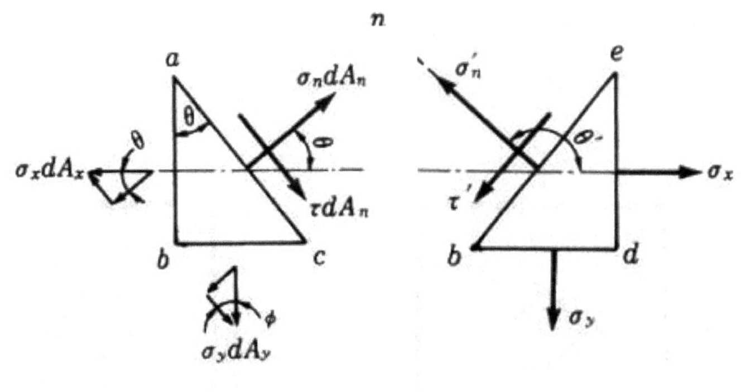

그림 4-8 공액 응력

그림 4-8(b)에서 경사면 ac 와 직교하는 면은 $\theta' = \theta + 90°$이므로 식 (4-7), (4-8)에 θ대신 θ'를 대입하면 다음과 같다.

$$\sigma'_n = \frac{1}{2}(\sigma_x + \sigma_y) + \frac{1}{2}(\sigma_x - \sigma_y)\cos 2(90° + \theta)$$

$$= \frac{1}{2}(\sigma_x + \sigma_y) - \frac{1}{2}(\sigma_x - \sigma_y)\cos 2\theta \qquad (4\text{-}10)$$

$$\tau' = \frac{1}{2}(\sigma_x - \sigma_y)\sin 2(90 + \theta)$$

$$= -\frac{1}{2}(\sigma_x - \sigma_y)\sin 2\theta \qquad (4\text{-}11)$$

법선응력 식 (4-7)과 공액 법선응력 식 (4-10)를 합하고 또한 식 전단응력 식(4-8)과 식 공액 전단응력 식 (4-11)을 비교하면 다음의 식을 얻는다.

$$\sigma_n + \sigma'_n = \sigma_x + \sigma_y \qquad (4\text{-}12)$$

$$\tau = -\tau' \qquad (4\text{-}13)$$

여기서 서로 직교하는 경사단면에 작용하는 공액법선응력 σ_n과 σ'_n은 일정하며 이는 주어진 두 응력 σ_x와 σ_y의 합이 같다는 것을 의미한다. 그리고 전단응력은 크기는 같으나 방향이 반대임을 알 수 있다.

4. 순수 전단

수직응력은 존재하지 않고 수직응력과 같은 크기의 전단응력만 존재하는 상태을 말한다. 2축응력에서만 발생하는 특별한 상태이다.

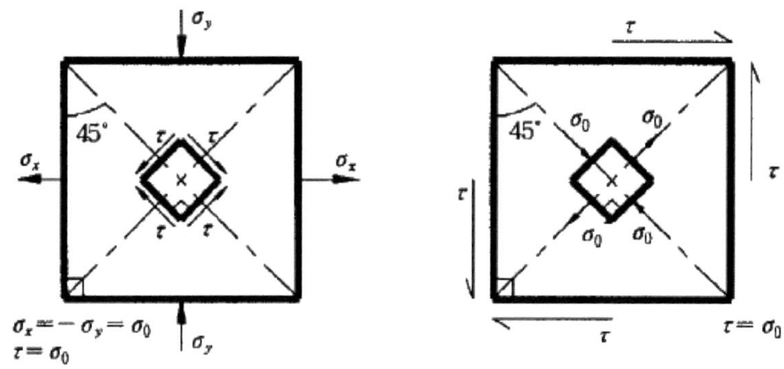

그림 4-9 순수 전단

전단응력의 최대치와 최소치

$\tau_n = \frac{1}{2}(\sigma_x - \sigma_y)\sin 2\theta$ 에서

$\sin 2\theta$ 가 (+ 1) 과 (−1) 이 되는 각도는 $\theta = 45°$ 과 $\theta - 45° + 90° = 135°$ 인 면에서 발생한다.

$\theta = 45°$ 과 $\theta = 45° + 90°$ 인 면에서

$$\sigma_n = \frac{1}{2}(\sigma_x + \sigma_y) + \frac{1}{2}(\sigma_x - \sigma_y)\cos 2\theta \text{ 에서}$$

$$\sigma_n = \frac{1}{2}(\sigma_x + \sigma_y) \qquad \text{(a)}$$

순수전단 이므로

$$\sigma_n = \frac{1}{2}(\sigma_x + \sigma_y) = 0 \qquad \text{(b)}$$

그러므로 $\sigma_x = -\sigma_y$

따라서 순수 전단력은 다음과 같다.

$$\tau_{max} = -\tau_{min} = \sigma_x = -\sigma_y \qquad \text{(c)}$$

5. 모어원으로 표시하는 방법

① 최대 응력인 σ_x를 도시

② 최소 응력인 σ_y를 도시

③ 평균 응력을 중심점으로 원을 그림

④ 평균 응력$\sigma_{av} = \dfrac{\sigma_x + \sigma_y}{2}$ 를 도시

⑤ 2θ의 각도를 취해 원과 교점을 잡음

⑥ σ 축의 교점이 σ_n, τ축의 교점이 τ_n이 됨

다음을 도시하면 다음과 같다.

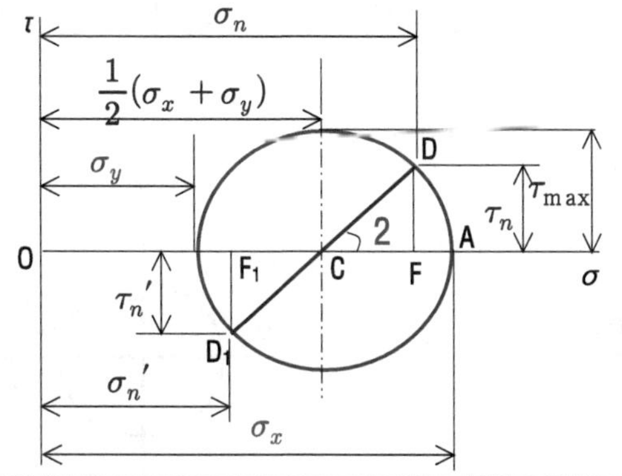

그림 4-10 2축 응력에 대한 모어의 응력원

(1) 최대 주응력 $\sigma_n = \overline{OC} + \overline{CF} = \dfrac{1}{2}(\sigma_x + \sigma_y) + \dfrac{1}{2}(\sigma_x - \sigma_y)\cos 2\theta$

(2) 최소 주응력 $\sigma_n = \overline{OC} - \overline{CF} = \dfrac{1}{2}(\sigma_x + \sigma_y) - \dfrac{1}{2}(\sigma_x - \sigma_y)\cos 2\theta$

(3) 전단응력 $\tau = \overline{DF} = \overline{CD}\sin 2\theta = \dfrac{1}{2}(\sigma_x - \sigma_y)\sin 2\theta$

(4) 최대 전단응력 $\tau_{\max} = \overline{CE} = \dfrac{1}{2}(\sigma_x - \sigma_y) = R$ (반경)

(5) 2축응력의 여러 가지 형태

① $\sigma_x = \sigma_y$

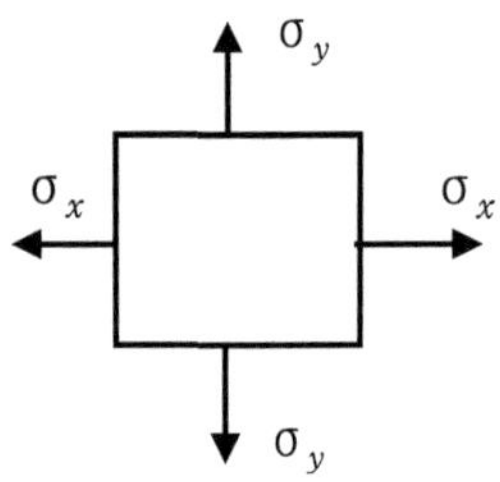

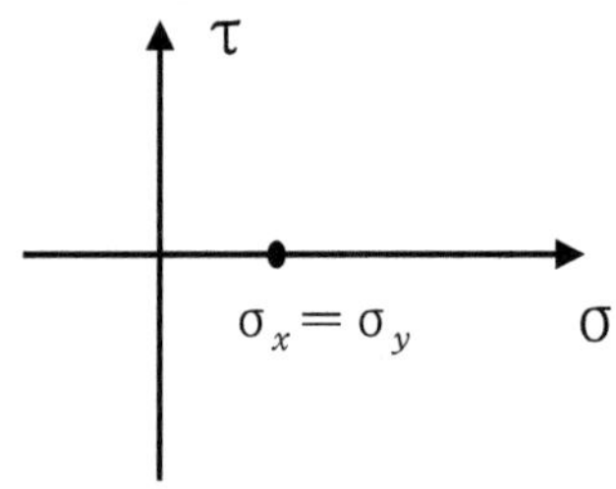

② $\sigma_x = -\sigma_y$일때 (≒ 순수전단응력상태) τ_{yx} **여기서** y**는 작용면,** x**는 작용방향**

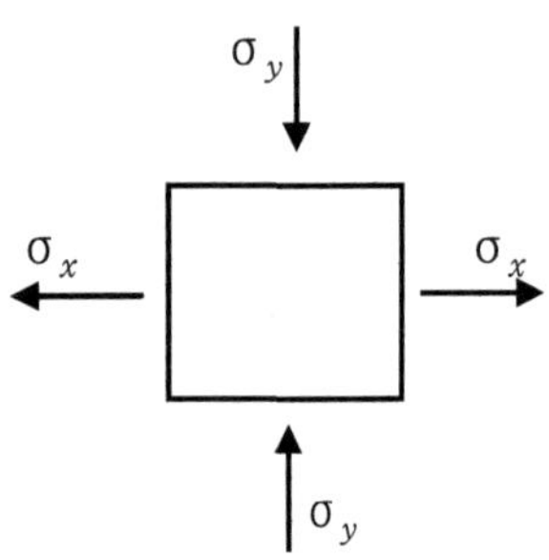

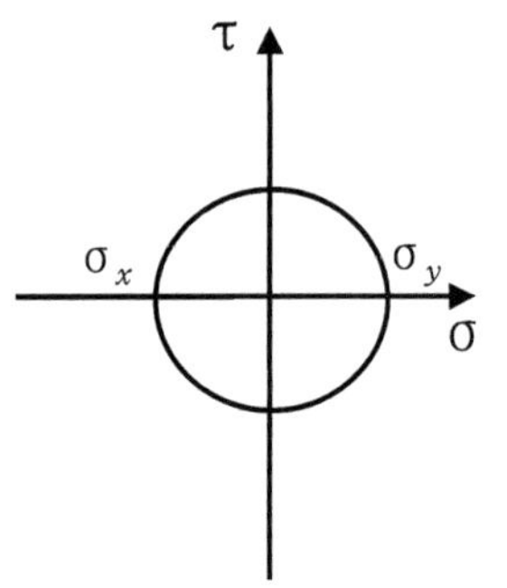

※ 참고 순수전단 상태에서의 수직 변형률과 전단변형률 관계식 (2장 참조)

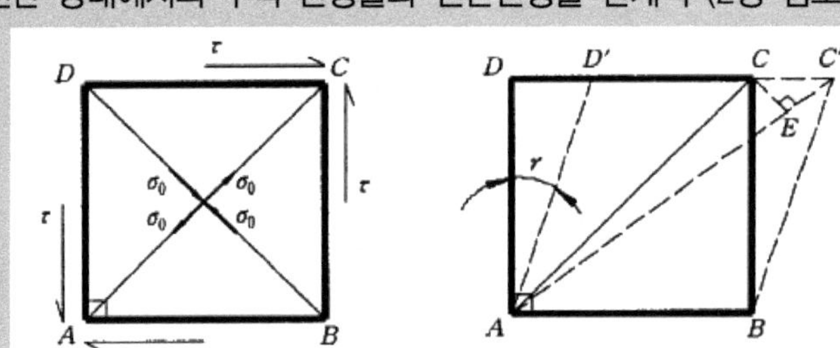

(1) 수직변형률

$$\varepsilon = \frac{AC' - AC}{AC} \fallingdotseq \frac{C'E}{AC} \quad (\because \text{ 미소변형으로 } AC = AE)$$

$$C'E \fallingdotseq CC'\cos 45^\circ = DD\cos 45^\circ$$

$$= \gamma AD\cos 45^\circ = \gamma(AC\cos 45)\cos 45 = \frac{\gamma}{2}AC$$

따라서

$$\varepsilon = \frac{C'E}{AC} = \frac{\gamma\frac{AC}{2}}{AC} = \frac{\gamma}{2}$$

순수전단상태에서 수직변형률은 전단변형률의 $\frac{1}{2}$에 해당된다.

예제 6

$\sigma_x = 120\text{MPa}$, $\sigma_y = -40\text{MPa}$이 직각으로 작용하는 2축 응력상태하에서 생기는 최대 전단 응력은 몇 MPa인가?

해설)

$$\tau = \frac{\sigma_x - \sigma_y}{2} = \frac{120-(-40)}{2} = 80\text{MPa}$$

예제 7

그림과 같이 60MPa의 인장응력과 40MPa의 압축응력이 서로 직각으로 작용할 때, 인장응력이 작용하는 면과 30° 의 각도를 이루는 경사단면 위에 생기는 수직응력은 얼마인가?

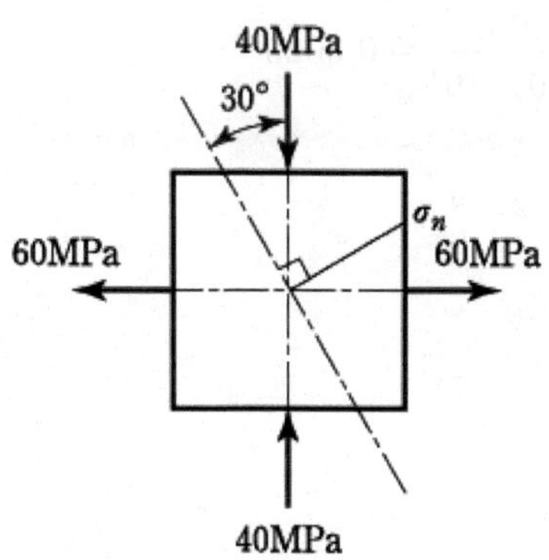

해설)

$$\sigma_n = \frac{\sigma_x + \sigma_y}{2} + \frac{\sigma_x - \sigma_y}{2}\cos 2\theta \ = \frac{60-40}{2} + \frac{60+40}{2}\cos 2\times 30 \ = 35\text{MPa}$$

예제 8

전단 탄성계수가 $80\,GPa$ 인 재료에 직교하는 2축 응력 $\sigma_x = 200\,MPa$, $\sigma_y = -200MPa$ 이 작용할 때, 그림과 같은 미소요소 a, b, c, d의 전단변형률 γ 의 크기는? (단, 경사각 θ는 45° 이다.)

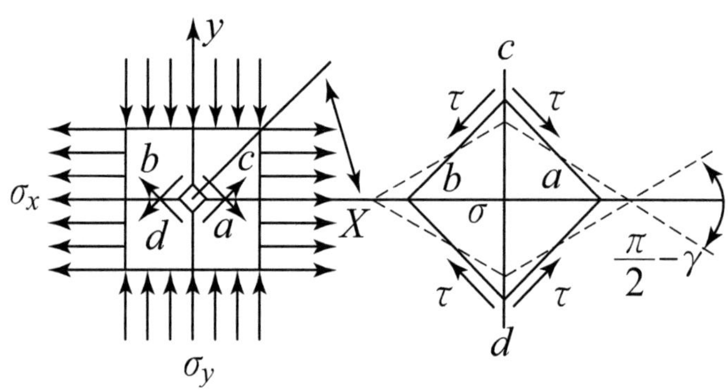

해설)

전단응력 $\tau = \frac{\sigma_x - \sigma_y}{2} sin2\theta \ = \frac{200-200}{2} sin90 = 200$

전단 변형률 $\gamma = \frac{\tau}{G} = \frac{200}{80\times 10^3} = 0.0025$

예제 9

그림은 2축 응력 요소를 $\theta = 45°$ 로 절단한 것이다. 경사면의 단면적이 $20cm^2$이고 $\sigma_x = 8MPa$, $\sigma_y = 4MPa$ 이라면 경사단면에 작용하는 수직방향의 힘 N ((kN)과 접선방향의 힘 T(kN)를 구하시오 .

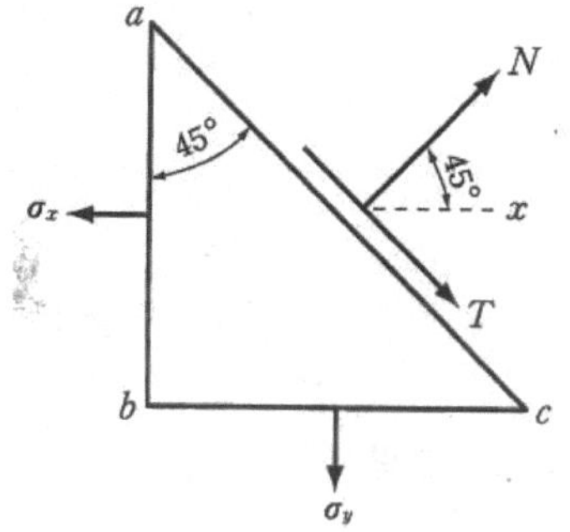

해설)

법선응력 $\sigma_n = \dfrac{\sigma_x + \sigma_y}{2} + \dfrac{\sigma_x - \sigma_y}{2}\cos 2\theta$

$$\sigma_n = \frac{8+4}{2} + \frac{\sigma_x - \sigma_y}{2}\cos(2\times 45) = 6\,MPa$$

$$\therefore N = \sigma_n A = (6\times 10^6)\times(20\times 10^{-4}) = 12000\,N = 12\,kN$$

전단응력 $\tau = \dfrac{\sigma_x - \sigma_y}{2} sin 2\theta = \dfrac{(8-4)}{2}\sin 90 = 2\,MPa$

$$\therefore T = \tau A = (2\times 10^6)\times(20\times 10^{-4}) = 4000\,N = 4\,kN$$

4.4 평면응력

1. 법선응력

그림4-11 (a)와 같이 서로 직교하는 2개의 축에 응력이 작용하며 동시에 공액전단응력이 작용하는 경사면에 대한 응력을 **평면응력**(plane stress)이라 한다.

두 직각방향의 응력과 전단응력의 합성에 대해서 실펴보기로 한다. 그림 4-11 과 같은 구형요소에서 x축과 θ의 각을 이루는 경사단면에 작용하는 법선응력σ_n과 전단응력 τ를 고찰해 봄으로써 이들의 최대응력의 크기와 방향을 구할 수 있다.

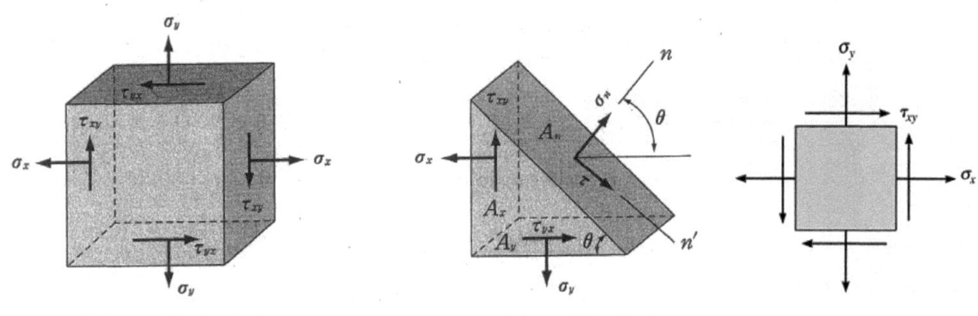

(a) 평면응력 상태 (b) 2차원 응력

그림 4-11 평면응력

그림4-11(b)에서 경사단면에 작용하는 힘의 삼각형을 그리면 그림 4-12(b)와 같고, 이들의 면적에 대한 삼각형을 그리면 그림 4-12(c)와 같다.

그림 4-12(b)에서 σ_x가 작용하고 있는 면적을 "A_x" 경사단면의 면적을 A_n이라고 하면 그림 4-12(c)의 면적의 삼각형에서

$$A_n \cos\theta = A_x \qquad \text{(a)}$$

$$A_n \sin\theta = A_y \qquad \text{(b)}$$

이다.

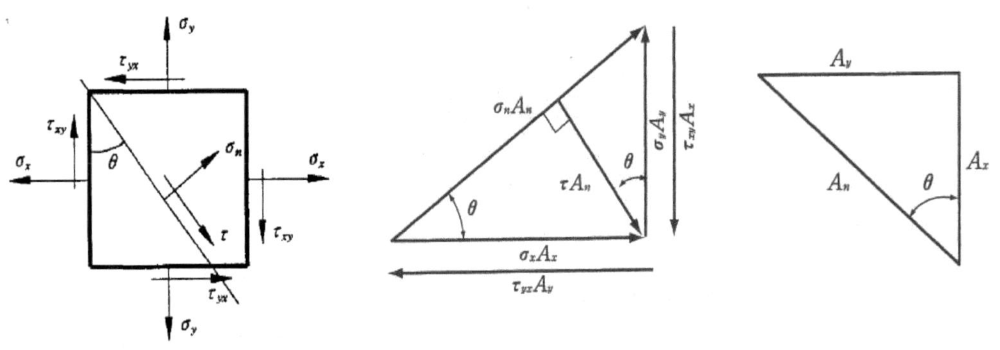

(a) 응력 해석 (b) 힘의 삼각형 (c) 면적의 삼각형

그림 4-12 절단요소의 자유물체도

경사단면에 작용하는 번선력을 그림 4-12(b)힘의 삼각형에서 구하면 다음과 같다.

$$\sigma_n A_n = \sigma_x A_x \cos\theta + \sigma_y A_x \sin\theta - \tau_{xy} A_x \sin\theta - \tau_{yx} A_y \cos\theta \qquad (c)$$

$$= \sigma_x (A_n \cos\theta)\cos\theta + \sigma_y (A_n \sin\theta)\sin\theta \qquad (d)$$

$$- \tau_{xy}(A_n \cos\theta)\sin\theta - \tau_{yx}(A_n \sin\theta)\cos\theta$$

따라서 법선응력σ_n은 다음과 같다.

$$\sigma_n = \sigma_x \cos^2\theta + \sigma_y \sin^2\theta - (\tau_{xy} + \tau_{yz})\sin\theta\cos\theta \qquad (e)$$

$$= \sigma_x A_n\left(\frac{1+\cos2\theta}{2}\right) + \sigma_y A_n\left(\frac{1-\cos2\theta}{2}\right) - 2\tau_{xy}\left(\frac{\sin2\theta}{2}\right)$$

여기서 $\cos^2\theta = \dfrac{1+\cos2\theta}{2}$, $\sin^2\theta = \dfrac{1-\cos2\theta}{2}$, $\sin2\theta = 2\sin\theta\cos\theta$

전단응력τ_{xy} 와 τ_{yx}는 공액전단응력이므로 그 크기는 서로 같다. 따라서 $\tau_{xy} = \tau_{yx}$ 이므로 이를 정리하면 다음과 같이 된다

$$\sigma_n = \frac{\sigma_x + \sigma_y}{2} + \frac{(\sigma_x - \sigma_y)}{2}\cos2\theta - \tau_{xy}\sin2\theta \qquad (4\text{-}14)$$

2. 전단응력

경사단면에 미끄러지려는 전단력을 그림4-12 힘의 삼각형에서 구하면 다음과 같다.

$$\tau A_n = \sigma_x A_x \sin\theta - \sigma_y A_y \cos\theta + \tau_{xy} A_x \cos\theta - \tau_{yx} A_y \sin\theta \qquad (f)$$

$$= \sigma_x (A_n \sin\theta)\cos\theta - \sigma_y (A_y \sin\theta)\cos\theta + \tau_{xy}(A_n \cos\theta)\cos\theta - \tau_{yx}(A_n \sin\theta)\sin\theta$$

따라서 전단응력 (τ)는 다음과 같다.

$$\tau = \sigma_x \sin\theta\cos\theta - \sigma_y \sin\theta\cos\theta + \tau_{xy}\cos^2\theta - \tau_{xy}\sin^2\theta$$

$$= (\sigma_x - \sigma_y)\sin\theta\cos\theta + \tau_{xy}(\cos^2\theta - \sin^2\theta) \qquad (g)$$

$$= \frac{(\sigma_x + \sigma_y)\sin2\theta}{2} + \tau_{xy}\cos2\theta \qquad (4\text{-}15)$$

여기서 $\sin 2\theta = 2\sin\theta\cos\theta$, $\cos 2\theta = \cos^2\theta - \sin^2\theta$,

가 되면, 식 및 식에서 $\tau_{xy} = -\tau_{xy} = 0$이면 두 축에 대한 응력의 식인 2축응력 식에 일치함을 알 수 있다.

3. 공액응력

법선응력 σ_n과 전단응력 τ에 대한 공액응력은 경사각 θ 보다 $90°$ 앞선 경사면에 발생하는 응력이므로 θ대신 $(\theta+90°)$를 대입함으로써 다음과 같이 구해진다.

$$\sigma_n' = \frac{\sigma_x + \sigma_y}{2} - \frac{(\sigma_x - \sigma_y)\cos 2\theta}{2} + \tau_{xy}\sin 2\theta \quad (4\text{-}16)$$

$$\tau' = \frac{(\sigma_x - \sigma_y)\sin 2\theta}{2} - \tau_{xy}\cos 2\theta \quad (4\text{-}17)$$

공액법선응력의 합을 구하면

$$\sigma_n + \sigma'_n = \sigma_x + \sigma_y \quad (4\text{-}18)$$

이고, 공액전단은 다음과 같은 관계가 있다.

$$\tau = -\tau' \quad (4\text{-}19)$$

(1) 부호 규약

양(+)의 부호규약 : 양(+)의 평면, 양(+)의 방향

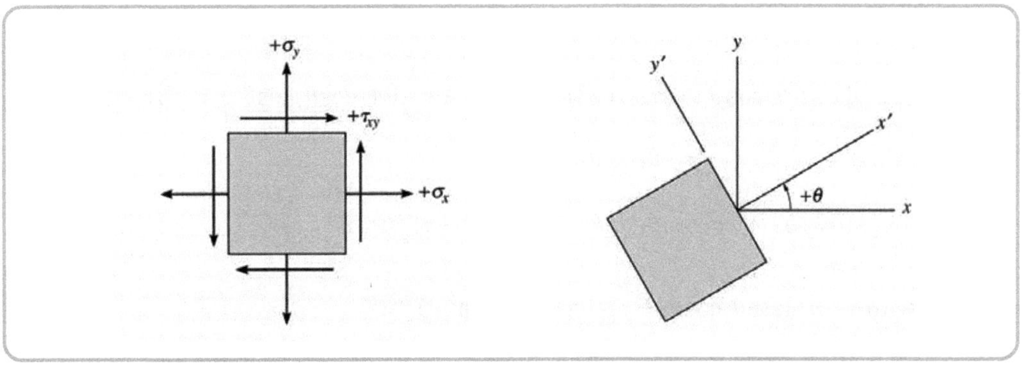

그림 4-13 부호의 규약

※ 참고 $\tau_{xy} = -\tau_{yx}$

τ_{xy}는 y에서 x방향으로의 전단응력이고, τ_{yx}는 x에서 y방향으로의 전단응력이므로 앞에 음수가 붙어서 같은 의미를 나타내는겁니다. (이때 단면은 2차원으로 생각)
부가적인 설명으로 2차원의 사각형을 기준으로, 위쪽 횡단면에서 작용한 τ_{xy}(좌에서 우방향으로의 텐서)는 힘의 평형을 맞추기 위하여 밑쪽에는 $-\tau_{yx}$의 응력이 발생하고, 또 이를 상쇄시키기 위해 양쪽 종단면에 τ_{xy}(오른쪽), $-\tau_{yx}$(왼쪽)크기의 응력이 생깁니다.

4. 평면 응력에 의한 모어의 응력원

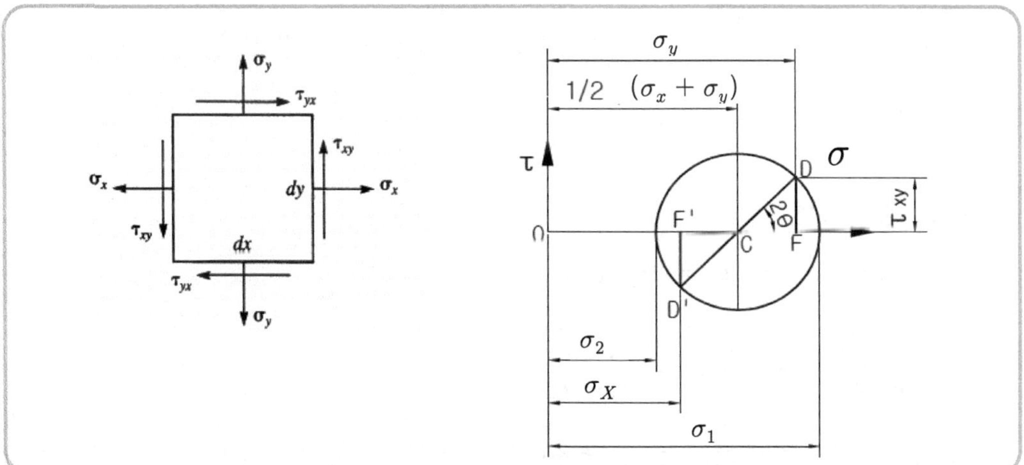

그림 4-14 평면 응력에 의한 모어의 응력원

(1) 최대 주응력

$$\sigma_1 = \overline{OC} + \overline{CD} = \frac{1}{2}(\sigma_x + \sigma_y) + \sqrt{\left(\frac{\sigma_x - \sigma_y}{2}\right)^2 + (\tau_{xy})^2}$$

(2) 최소주응력

$$\sigma_2 = \overline{OC} - \overline{CD} = \frac{1}{2}(\sigma_x + \sigma_y) - \sqrt{\left(\frac{\sigma_x - \sigma_y}{2}\right)^2 + (\tau_{xy})^2}$$

(3) 전단응력

$$\tau_{\max} = \frac{1}{2}(\sigma_1 - \sigma_2) = \sqrt{\left(\frac{\sigma_x - \sigma_y}{2}\right)^2 + (\tau_{xy})^2} = R$$

(반경)

$$\tan 2\theta = \frac{DF}{CF} = -\frac{2\tau_{xy}}{\sigma_x - \sigma_y}$$

여기서 - 는 부호의 규약에 따른 방향

4.5 주응력과 주전단응력

최대 및 최소주응력을 구하기 위하여 최대 주응력이 작용하는 경사각θ를 구해보자.

법선응력의 최대값을 취하는 주면의 경사각을 결정하기 위하여 식

$\sigma_n = \frac{\sigma_x + \sigma_y}{2} + \frac{(\sigma_x - \sigma_y)}{2}\cos 2\theta - \tau_{xy}\sin 2\theta$ 을 미분하여 0으로 놓으면,

$$\frac{d\sigma_n}{d\theta} = -(\sigma_x - \sigma_y)\sin 2\theta - 2\tau_{xy}\cos 2\theta = 0 \qquad \text{(a)}$$

이를 정리하면

$$-(\sigma_x - \sigma_y)\sin 2\theta = 2\tau_{xy}\cos 2\theta \qquad \text{(b)}$$

$$\frac{\sin 2\theta}{\cos 2\theta} = \tan 2\theta = -\frac{2\tau_{xy}}{\sigma_x - \sigma_y} \qquad \text{(c)}$$

가 된다. 또 주면에서는 전단응력이 0이므로 식 (4-14)을 0 으로 놓고 정리해도 역시 같은 결과를 얻을 수 있다.

여기서 경사각θ는 주면을 결정하는 각도이며, 0°에서 360°까지의 어떤 값에 대하여도 tan2θ는 존재하므로 σ_x, σ_y, τ_{xy}의 값에 대하여도 주면은 존재한다. 2θ의 값은 2개이며, 그들 사이에는 180°의 각도차가 있으므로 결국 90°의 차를 갖는 2개의 θ값을 얻게 된다. 그 하나는 0°에서 90° 사이에서 발생되는 최대주응력이 되고, 다른 하나는 90°에서 180°사이에서 발생되는 최소주응력으로서 이들은 직교평면 위에서 발생하게 된다. 결국 90°의 차를 갖는 다음과 같은 2개의 θ값을 얻게 된다.

$$\theta = -\frac{1}{2}\tan^{-1}\frac{2\tau_{xy}}{\sigma_x - \sigma_y} \qquad \text{(4-20)}$$

최소 주응력의 경사각 θ' 는

$$\theta' = -\frac{1}{2}\tan^{-1}\frac{2\tau_{xy}}{\sigma_x - \sigma_y} + \frac{\pi}{2} \qquad \text{(4-21)}$$

최대주응력과 최소 주응력은 식(4-20)과 식 (4-21)에서 경사각 θ 및 θ' 을 대립하여 구할 수 있다. 이 때 sin2θ 및 cos2θ, tan2θ 를 이용해서 표시하면 다음과 같다.

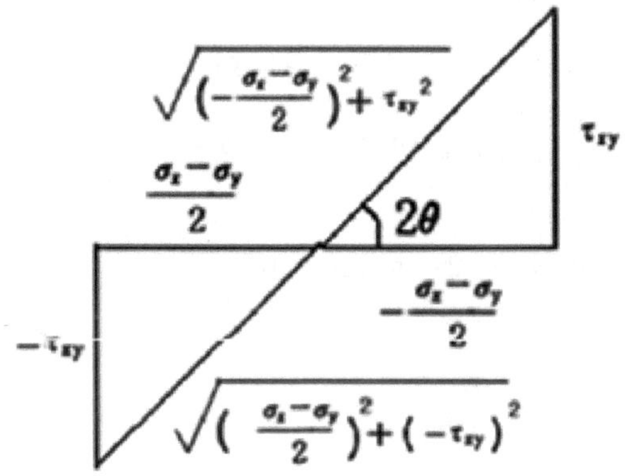

그림 4-15 주응력선도

$$\sin 2\theta = \frac{\tau_{xy}}{\sqrt{\left(\frac{\sigma_x-\sigma_y}{2}\right)^2+\tau^2 xy}} \tag{d}$$

$$\cos 2\theta = \frac{\sigma_x-\sigma_y}{2\cdot\sqrt{\left(\frac{\sigma_x-\sigma_y}{2}\right)^2+\tau^2 xy}} \tag{e}$$

$$\sin 2\theta' = -\frac{2\tau_{xy}}{\sqrt{\left(\frac{\sigma_x-\sigma_y}{2}\right)^2+\tau^2 xy}} \tag{f}$$

$$\cos 2\theta' = -\frac{\sigma_x-\sigma_y}{2\sqrt{\left(\frac{\sigma_x-\sigma_y}{2}\right)^2+\tau^2 xy}} \tag{g}$$

위의 식을 식(4-14)에 대입하여 정리하면 다음과 같다.

$$\sigma_1 = (\sigma_n)_{\max} = \frac{\sigma_x+\sigma_y}{2}+\sqrt{\left(\frac{\sigma_x-\sigma_y}{2}\right)^2+\tau^2 xy} \tag{4-22}$$

$$\sigma_2 = (\sigma_n)_{\min} = \frac{\sigma_x + \sigma_y}{2} + \sqrt{\left(\frac{\sigma_x - \sigma_y}{2}\right)^2 + \tau^2 xy} \qquad (4\text{-}23)$$

위 식에서 두 주응력의 합은, 즉 $\sigma_1 + \sigma_2 = \sigma_x + \sigma_y$가 됨을 알 수 있다.

이번에는 최대전단응력이 작용하는 평면의 경사각을 구하기 위하여 식 $\tau = \frac{(\sigma_x + \sigma_y)}{2} sin2\theta \ + \tau_{xy}\cos 2\theta$을 미분하여 0으로 놓으면 다음과 같이 된다.

$$\frac{d\tau}{d\theta} = (\sigma_x - \sigma_y)\cos 2\theta - 2\tau_{xy}\sin 2\theta = 0 \qquad (h)$$

$$\frac{\sin 2\theta}{\cos 2\theta} = \tan 2\theta_1 = \frac{\sigma_x - \sigma_y}{2\tau_{xy}} \qquad (i)$$

$$\theta_1 = \frac{1}{2}\tan^{-1}\frac{(\sigma_x - \sigma_y)}{2\tau_{xy}} \qquad (4\text{-}24)$$

$$\theta'_1 = \frac{1}{2}\tan^{-1}\frac{(\sigma_x - \sigma_y)}{2\tau_{xy}} + \frac{\pi}{2} \qquad (4\text{-}25)$$

주응력을 구할때와 같은 방법으로 $\sin 2\theta$, $\cos 2\theta$를 구한 후 정리하면 다음과 같다.

$$\tau_{\max} = \sqrt{\left(\frac{\sigma_x - \sigma_y}{2}\right)^2 + \tau^2 xy} \qquad (4\text{-}26)$$

$$\tau_{\min} = -\sqrt{\left(\frac{\sigma_x - \sigma_y}{2}\right)^2 + \tau^2 xy} \qquad (4\text{-}27)$$

식 (4-26)에서 (+)부호는 인장, 식 (4-27)에서 (-)부호는 압축을 의미한다.

또 식 (4-26)를 식 (4-22)에 대입하면,

$$\sigma_1 = \frac{\sigma_x + \sigma_y}{2} + \tau_{\max} \qquad (4\text{-}28)$$

$$\sigma_2 = \frac{\sigma_x - \sigma_y}{2} - \tau_{\max} \qquad (4\text{-}29)$$

이 되어, 결국 최대전단응력은 다음과 같이 표현할 수 있다.

$$\tau_{max} = \pm \frac{1}{2}(\sigma_1 - \sigma_2) \tag{4-30}$$

주응력이 작용하는 경사각 식(4-30)과 주전단응력이 작용하는 경사각 식(4-31)은 서로 역수 관계 즉 $\tan 2\theta = -\frac{2\tau_{xy}}{(\sigma_x - \sigma_y)}$, $\tan 2\theta_1 = \frac{(\sigma_x - \sigma_y)}{2\tau_{xy}}$ 이므로

$$\tan 2\theta \cdot \tan 2\theta_1 = -1$$

$$\theta = \theta_1 \pm \frac{\pi}{4} \tag{4-31}$$

최대 주전단 응력이 작용하는 평면은 주면과 45° 를 갖는 경사면이며, 주면사이를 2등분 하는 두 직교 평면임을 알 수 있다.

평면응력을 정리하면 다음과 같다.

$$\sigma_{1,2} = \frac{\sigma_x + \sigma_y}{2} \pm \sqrt{\left(\frac{\sigma_x - \sigma_y}{2}\right)^2 + \tau^2} \tag{4-32}$$

$$\tau_{max} = \sqrt{\left(\frac{\sigma_x - \sigma_y}{2}\right)^2 + \tau^2} \quad \text{if } \sigma_y = 0$$

$$\tau_{max} = \sqrt{\left(\frac{\sigma}{2}\right)^2 + \tau^2} = \frac{1}{2}\sqrt{\sigma^2 + 4\tau^2} \text{ (설계에서 잘 나옴)} \tag{4-33}$$

※ **참고 삼각함수 미분**

규칙 1 만약 C 가 상수 이면 $\frac{d}{dx}(c) = 0$

규칙 2 만약 n 이 양의 정수 이면 $\frac{d}{dx}(x^n) = nx^{n-1}$

$$\frac{d}{dx}\sin x = \cos x$$

$$\frac{d}{dx}\cos x = -\sin x$$

예

$$\tau = \frac{(\sigma_x + \sigma_y)}{2} sin2\theta + \tau_{xy}\cos 2\theta$$

$$\frac{d\tau}{d\theta} = \frac{2}{2}(\sigma_x - \sigma_y)\cos 2\theta - 2\tau_{xy}\sin 2\theta$$

예제 10

어떤 재료가 $\sigma_x = 30\,MPa$, $\sigma_y = 20\,MPa$, $\tau = 20\,MPa$의 응력이 발생하고 있다면 주응력은?

해설)

$$\sigma_{1.2} = \frac{\sigma_x + \sigma_y}{2} \pm \sqrt{\left(\frac{\sigma_x - \sigma_y}{2}\right)^2 + \tau^2}$$

$$\sigma_1 = \frac{30+20}{2} + \sqrt{\left(\frac{30-20}{2}\right)^2 + 20^2} = 45.6$$

$$\sigma_2 = \frac{30+20}{2} - \sqrt{\left(\frac{30-20}{2}\right)^2 + 20^2} = 4.4$$

예제 11

$\sigma_x = 50MPa$, $\sigma_y = 30MPa$, $\tau_{xy} = 20MPa$일 때, 최대전단응력의 크기와 방향을 구하시오

해설)

최대 전단응력의 크기

$$\tau_{max} = \frac{1}{2}\sqrt{(\sigma_x - \sigma_y)^2 + 4\tau_{xy}^2} = \frac{1}{2}\sqrt{(50-30)^2 + 4 \times 20^2} = 22.36\,MPa$$

최대전단응력이 작용하는 방향

$$\tan 2\theta_1 = \frac{(\sigma_x - \sigma_y)}{2\tau_{xy}} \quad \theta_1 = \frac{1}{2}\tan^{-1}\frac{50-30}{2\times 20} = 13.28^\circ$$

$$\theta'_1 = \theta_1 + \frac{\pi}{2} = 13.28^\circ + 90^\circ = 103.28^\circ$$

예제 12

$\sigma_x = -500\,MPa$, $\sigma_y = 1500\,MPa$, $\tau_{xy} = 1000\,MPa$ 일때 Mohr 으로 최대, 최소 주응력과 최대 전단응력은?

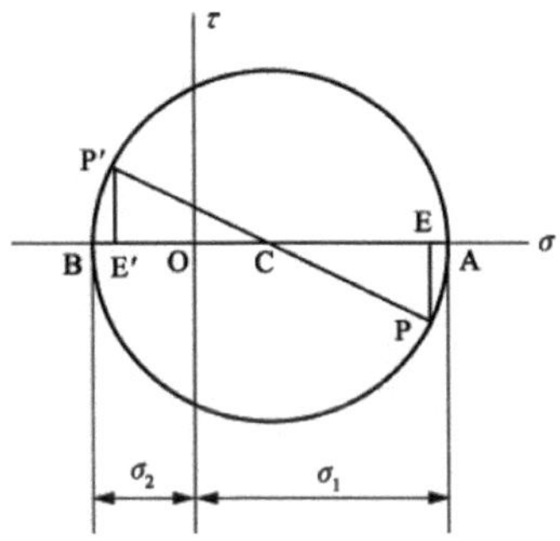

해설)

σ축과 τ축의 교점 O에서 중심 C점은 $\overline{CP} = R = \tau_{max}$ 이다.

$$\tau_{max} = \frac{1}{2}\sqrt{(\sigma_x - \sigma_y)^2 + 4{\tau_{xy}}^2}$$

$$= \frac{1}{2}\sqrt{(-500 - 1500)^2 + 4 \times 1000^2} = 1414\,MPa$$

$$\overline{OC} = \frac{1}{2}(\sigma_x + \sigma_y) = 500\ MPa$$

최대 최소 주응력은 Mohr 원에서

최대 $\sigma_1 = \overline{OA} = \overline{OC} + \overline{CP} = 1914\,MPa$

최소 $\sigma_2 = \overline{OB} = \overline{OC} - \overline{CP} = -914\,MPa$

4.6 2축 응력과 변형률

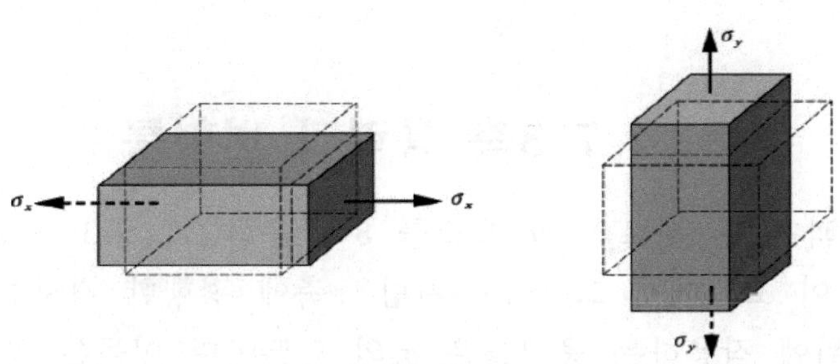

그림 4-16 2축응력과 변형률

단축응력에서의 후크 법칙을 확장함으로써 얻을 수 있습니다.

그림 4-16의 요소에서 인장응력σ_x 로 인해 x 축방향으로 변형되는 변형률은 $\frac{\sigma_x}{E}$ 이 되고 y축 방향의 인장응력 σ_y로 인해 x축 방향으로 가로 수축 되는 변형률은 $-\nu\frac{\sigma_y}{E}$이므로 x축 방향의 변형률식은 다음과 같다.

$$\varepsilon_x = \frac{1}{E}(\sigma_x - \nu\sigma_y) \tag{4-34}$$

y축 방향의 변형률은

$$\varepsilon_y = \frac{1}{E}(\sigma_y - \nu\sigma_x) \tag{4-35}$$

이 되고 z 축 방향의 변형률은 다음과 같다.

$$\varepsilon_z = -\nu\frac{\sigma_x}{E} - \nu\frac{\sigma_y}{E} = -\frac{\nu}{E}(\sigma_x + \sigma_y)$$

여기서 ν는 프와송의 비 ($\nu = -\frac{\varepsilon'(\text{세로 변형률})}{\varepsilon(\text{가로 변형률})}$)

식(4-34) 와 식(4-35)으로부터 응력σ_x와 σ_y를 변형률 ε_x와 ε_y의 함수로 구하면 다음과 같다.

$$\sigma_x = \frac{E}{1-\nu^2}(\varepsilon_x + \nu\varepsilon_y) \tag{4-36}$$

$$\sigma_y = \frac{E}{1-\nu^2}(\varepsilon_y + \nu\varepsilon_x) \tag{4-37}$$

변형률은 스트레인 게이지 (strain gauge)로서 측정이 가능하다. 따라서 변형률 ε_x와 ε_y를 측정하고 식 (4-36)로 계산하므로 그 응력의 값을 구할 수 있다.

4.7 3축 응력과 변형률

아래 그림과 같은 재료의 한 요소를 **3축 응력**(triaxial stress)상태에 있다고 한다. 이 요소에서 그림 4-17처럼 z축에 평행한 경사면을 잘라내면, 그 경사면 위에 작용하는 응력들은 σ_θ와 τ_θ뿐이며 이들은 앞에서 2축응력에 대하여 해석했던 응력들과 같은 응력들이다. 이들 응력은 $x-y$ 평면에서의 평형조건식으로 구해지므로 응력 σ_z와는 무관하다.

그러므로 응력 σ_θ 및 τ_θ를 결정할 때 Mohr의 응력원은 물론 평면 응력의 식들을 사용할 수 있다. 그 요소에서 x 및 y축에 평행하게 잘라낸 경사평면 위에 작용하는 수직 및 전단응력에 대해서도 같은 결론이 적용된다.

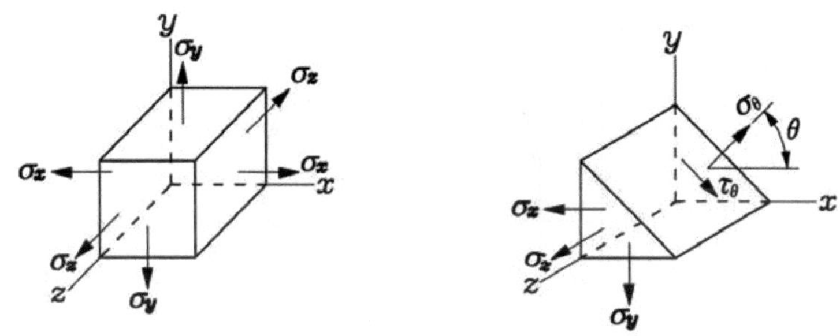

그림 4-17 3축 응력을 받는 요소

그림에서 σ_x, σ_y 및 σ_z는 이 요소의 주응력이라는 것을 할 수 있다. 또한 최대전단응력은 한 좌표축에 평행하도록 그 요소에서 잘라낸 45°평면 위에 존재할 것이며, σ_x, σ_y 및 σ_z의 크기에 의하여 좌우될 것이다.

예를 들어, 그림 4.17처럼 z축에 평행한 평면만을 생각한다면 최대 전단응력의 식은 다음과 같다.

$$(\tau_{max})_z = \frac{\sigma_x - \sigma_y}{2} \tag{4-38}$$

마찬가지로 x 및 y축에 평행한 평면 위에 최대전단응력들은 다음과 같이 된다.

$$(\tau_{max})_z = \frac{\sigma_x - \sigma_y}{2} \tag{4-39}$$

$$(\tau_{max})_z = \frac{\sigma_x - \sigma_y}{2} \tag{4-40}$$

절대 최대전단응력은 위 식으로부터 결정된 응력 중 가장 큰 값이다. 이 응력은 세 주응력 중 대수적으로 가장 큰 것과 가장 작은 것과의 차이의 절반과 같다.

이와 똑같은 결과를 Mohr 응력원에 면에 대하여 의하여 편리하게 나타낼 수 있다. z축에 평행한 평 σ_x 및 σ_y는 모두 인장이고 $\sigma_x > \sigma_y$라고 가정하면, 이 원은 아래 그림의 원 A가 될 것이다.

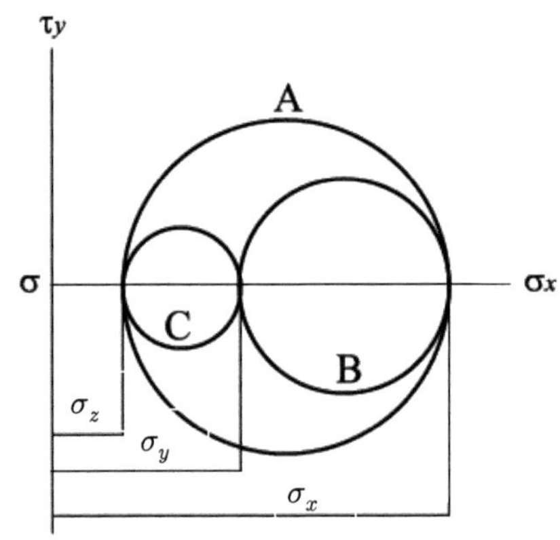

그림 4-18 3축 응력에 대한 Mohr 응력원

마찬가지로 x 및 y축에 평행한 평면들에 대하여는 각각 원 B 및 원 C를 얻게 된다. 이 세 원반지름들은 식 (4-38)로 주어지는 최대전단응력들을 나타내며, 절대 최대전단응력들을 가장 큰 원의 반지름과 같다.

그림 4.18의 요소로부터 비대칭방향으로 절단해 낸 평면 위의 전단 및 수용응력은 좀 더 복잡한 3차원해석에 의하여 구해진다. 비대칭면 위의 수직응력은 항상 대수직으로 최대인 주응력과 최소인 주응력 사이의 값을 가지며, 전단응력은 식에 얻어지는 수치적으로 최대인 전단응력보다 항상 작다.

3축 응력에서의 변형률 3축 응력에 대한 x, y 및 z방향의 변형률은 그 재료가 Hooke의 법칙을 따른다고 하면 2축응력에 대하여 사용했던 것과 똑같은 방법으로 구할 수 있다. 따라서 다음과 같이 된다.

$$\varepsilon_x = \frac{\sigma_x}{E} - \frac{v}{E}(\sigma_y + \sigma_z)$$

$$\varepsilon_y = \frac{\sigma_x}{E} - \frac{v}{E}(\sigma_z + \sigma_x) \qquad (4\text{-}41)$$

$$\varepsilon_z = \frac{\sigma_x}{E} - \frac{v}{E}(\sigma_x + \sigma_y)$$

이 식에서 σ와 ε에 보호규약은 일반적인 경우와 같이 인장응력 σ와 늘어나는 변형률 ε을 양 (+)으로 잡는다.

앞의 식들을 응력에 대하여 정리하면 다음과 같다.

$$\sigma_x = \frac{E}{(1+v)(1-2v)}[(1-v)\varepsilon_x + v(\varepsilon_y + \varepsilon_z)]$$

$$\sigma_y = \frac{E}{(1+v)(1-2v)}[(1-v)\varepsilon_y + v(\varepsilon_z + \varepsilon_x)] \qquad (4\text{-}42)$$

$$\sigma_z = \frac{E}{(1+v)(1-2v)}[(1-v)\varepsilon_z + v(\varepsilon_x + \varepsilon_y)]$$

이 요소의 체적변형률은 변형률은 변형된 후의 체적이 V_f이므로 다음과 같다.

$$V_f = (1+\varepsilon_x)(1+\varepsilon_y)(1+\varepsilon_z)$$

$$\frac{\Delta V}{V_0} = \frac{V_f - V_0}{V_0} \approx \varepsilon_x + \varepsilon_y + \varepsilon_z = \varepsilon_v$$

이 ε_x, ε_y, ε_z의 함은 **팽창률**(dilatation)이라고도 하면, ε_v혹은e로 표시된다. 변형률 ε_x, ε_y, ε_z의 값을 체적변형율 식에 대입하면 다음과 같다.

$$\varepsilon_v = \frac{\Delta V}{V_0} = \frac{1-2v}{E}(\sigma_x + \sigma_y + \sigma_z) \qquad (4\text{-}43)$$

4.8 평면변형율에 대한 변환식

후크의 법칙에 따라 ($\sigma \propto \varepsilon$, $\tau \propto \varepsilon_\tau$, $\varepsilon_\tau = \frac{\gamma}{2}$)

응력	σ_x	σ_x	τ_{xy}	σ_{max}	τ_{max}
변형률	ε_x	ε_y	$\frac{\gamma_{xy}}{2}$	ε_1	γ_{max}

(1) 최대 전단 변형률

$$\frac{\gamma_{max}}{2} = \sqrt{\left(\frac{\varepsilon_x - \varepsilon_y}{2}\right)^2 + \left(\frac{\gamma_{xy}}{2}\right)^2} \qquad (4\text{-}44)$$

$$\theta = \frac{1}{2} + \tan^{-1}\frac{\gamma_{xy}}{\varepsilon_x - \varepsilon_y} \qquad (4\text{-}45)$$

(2) 주변형률

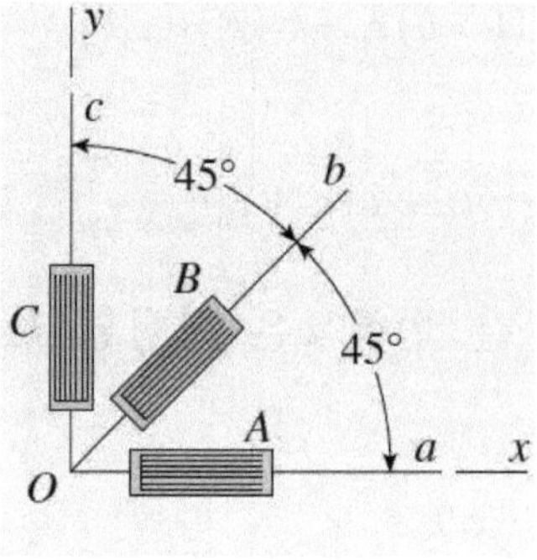

그림 4-19 스트레인 게이지

$$\varepsilon_{1,2} = \frac{\varepsilon_x + \varepsilon_y}{2} \pm \sqrt{\left(\frac{\varepsilon_x + \varepsilon_y}{2}\right)^2 + \left(\frac{r_{xy}}{2}\right)^2} \qquad (4\text{-}46)$$

전자저항 스트레인 게이시 (strain gauge) 이 게이지는 10^{-6} 만큼 작은 변형률을 측정할 수 있는 평면 변형률에 대한 변환각으로 strain roset 이라고 정리하면

$$\varepsilon_{x1} = \frac{\varepsilon_x + \varepsilon_y}{2} + \frac{1}{2}(\varepsilon_x - \varepsilon_y)\cos 2\theta + \frac{1}{2}\gamma_{xy}\sin 2\theta \qquad (4\text{-}47)$$

$$\varepsilon_{x2} = \frac{\varepsilon_x + \varepsilon_y}{2} - \frac{1}{2}(\varepsilon_x - \varepsilon_y)\cos 2\theta - \frac{1}{2}\gamma_{xy}\sin 2\theta \qquad (4\text{-}48)$$

$\theta = 45^\circ = \frac{\pi}{4}$ 에서 $\varepsilon_{x1} = \varepsilon_{x2}$가 되므로

$$\varepsilon = \frac{\varepsilon_x + \varepsilon_y}{2} + \frac{1}{2}(\varepsilon_x - \varepsilon_y)\cos 90^\circ + \frac{1}{2}\gamma_{xy}\sin 90^\circ$$

$$\gamma_{xy} = 2\varepsilon = \varepsilon_x + \varepsilon_y, \qquad \gamma_{max} = \sqrt{\left(\frac{\varepsilon_x - \varepsilon_y}{2}\right)^2 + \left(\frac{\gamma_{xy}}{2}\right)^2}$$

이 된다.

예제 13

얇은 금속평판이 그 내면에서 균일하게 변형한다고 가정하고 xy축의 변형율 성분이 다음과 같을시의 주변형율과 최대전단변형율 및 주변형율의 주축방향을 구하시오.

단, $\varepsilon_x = 800\times10^{-6}$ $\varepsilon_y = 100\times10^{-6}$ $\gamma_{xy} =-800\times10^{-6}$

해설)

$$\varepsilon_1 = \frac{\varepsilon_x + \varepsilon_y}{2} \pm \sqrt{\left(\frac{\epsilon_x+\epsilon_y}{2}\right)^2 + \left(\frac{\gamma_{xy}}{2}\right)^2}$$

$$= \frac{(800+100)}{2} \pm \sqrt{\left(\frac{800-100}{2}\right)^2 + \left(\frac{-800}{2}\right)^2} = 981.5\times10^{-6}$$

$$\varepsilon_2 = \frac{\varepsilon_x + \varepsilon_y}{2} - \sqrt{\left(\frac{\epsilon_x+\epsilon_y}{2}\right)^2 + \left(\frac{\gamma_{xy}}{2}\right)^2} = -81.5\times10^{-6}$$

$$\frac{\gamma}{2} = \sqrt{\left(\frac{\epsilon_x-\epsilon_y}{2}\right)^2 + \left(\frac{\gamma_{xy}}{2}\right)^2} = \sqrt{\left(\frac{800-100}{2}\right)^2 + \left(\frac{-800}{2}\right)^2} = 531.5$$

$$\theta = \frac{1}{2}tan^{-1}\frac{400}{350} = -24.4°$$

핵심정리

1. 경사단면 응력

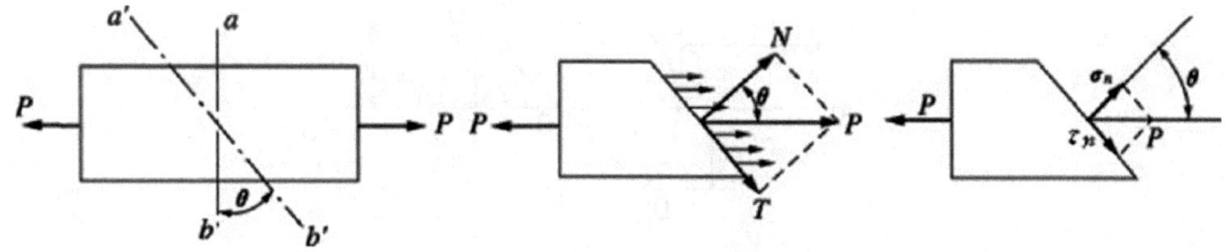

경사단면 응력

- 법신응력 $\sigma_n = \sigma_x \cos^2\theta$ 공액 법선응력 $\sigma_n{}' = \sigma_x \sin^2\theta$

• 전단응력 $\tau = \frac{1}{2}\sigma_x \sin 2\theta$ $\left(\tau_{max} = \frac{1}{2}\sigma_x \quad \theta = 45°\right)$

공액 전단응력 $\tau' = -\tau$ (크기는 같고 방향만 반대)

• 법선응력과 전단응력 작용시 각도값

$$\tan\theta = \frac{\tau}{\sigma_n} \quad (\text{ if } \sigma = \tau \quad \theta = 45°)$$

2. 2축 응력 (σ_x, σ_y, θ 성분)

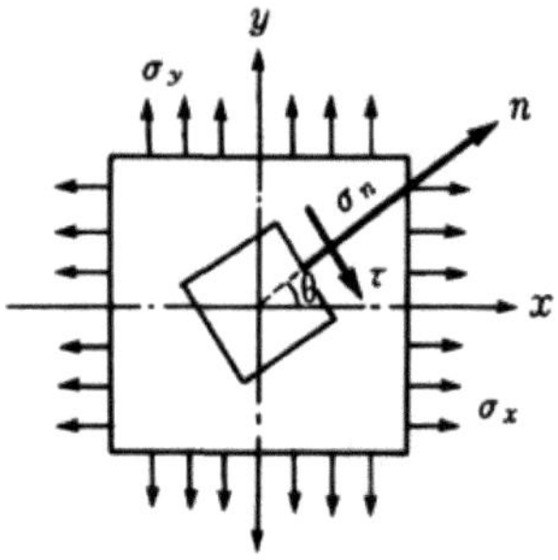

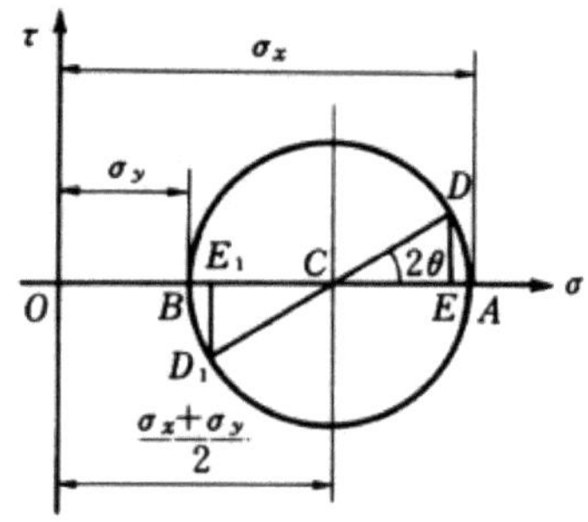

• 최대 주응력 $\sigma_{max} = \frac{1}{2}(\sigma_x + \sigma_y) + \frac{1}{2}(\sigma_x - \sigma_y)\cos 2\theta$

• 최소 주응력 $\sigma_{min} = \frac{1}{2}(\sigma_x + \sigma_y) - \frac{1}{2}(\sigma_x - \sigma_y)\cos 2\theta$

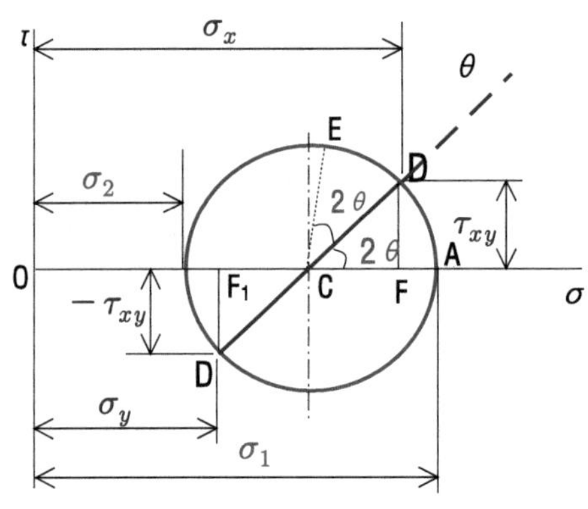

• 전단응력 $\tau = \frac{1}{2}(\sigma_x - \sigma_y)\sin 2\theta$

모어의 반경 $R = \tau_{max} = \frac{1}{2}(\sigma_x - \sigma_y)$

- 주평면 : 최대주응력 최소주응력이 존재하고, 전단응력이 0인 면

3. 평면응력 (σ_x, σ_y τ)

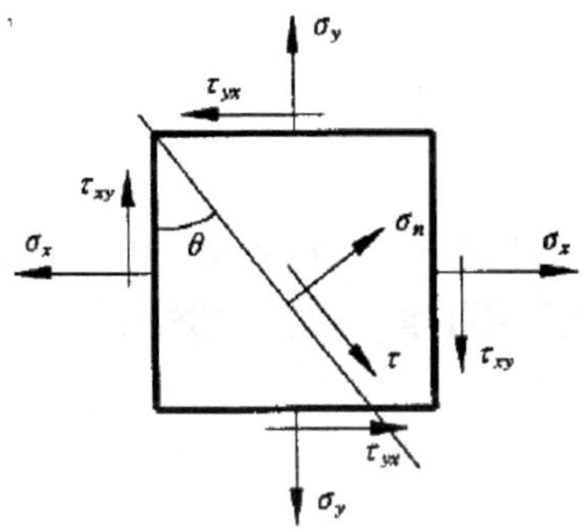

- 최대주응력 (평면응력)

$$\sigma_1 = \frac{1}{2}(\sigma_x + \sigma_y) + \frac{1}{2}\sqrt{(\sigma_x - \sigma_y)^2 + 4\tau_{xy}^2}$$

- 최소주응력 (평면응력)

$$\sigma_2 = \frac{1}{2}(\sigma_x + \sigma_y) - \frac{1}{2}\sqrt{(\sigma_x - \sigma_y)^2 + 4\tau_{xy}^2}$$

- 최대전단응력

$$\tau_{max} = \frac{1}{2}\sqrt{(\sigma_x - \sigma_y)^2 + 4\tau_{xy}^2}$$

- 최대주변형률

$$\varepsilon_1 = \frac{1}{2}(\varepsilon_x + \varepsilon_y) + \frac{1}{2}\sqrt{(\varepsilon_x - \varepsilon_y)^2 + \gamma_{xy}^2}$$

- 최소주변형률

$$\varepsilon_2 = \frac{1}{2}(\varepsilon_x + \varepsilon_y) - \frac{1}{2}\sqrt{(\varepsilon_x - \varepsilon_y)^2 + \gamma_{xy}^2}$$

- 최대전단변형률

$$\gamma_{max} = \sqrt{(\varepsilon_x - \varepsilon_y)^2 + \gamma_{xy}^2}$$

1. 다음 그림과 같은 사각형 요소에 $\sigma_x = 300$KPa, $\sigma_y = 200$KPa가 작용하고 있을 때 그 재료 내에 생기는 최대 전단응력 및 τ_{max}의 방향은?

해설) 최대 전단응력

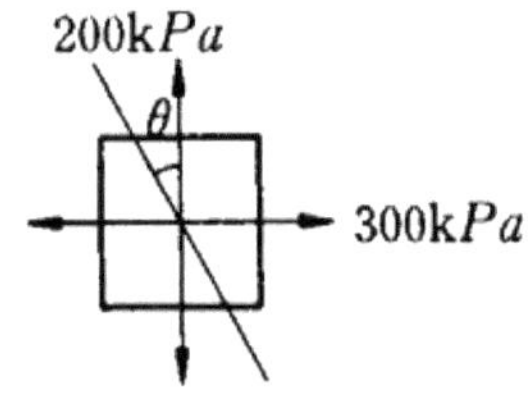

$$\tau_{max} = \frac{1}{2}(\sigma_x - \sigma_y)\sin 2\theta$$

$$= \frac{1}{2}(300 - 200)\sin 90° = 50KPa$$

$\sin 2\theta = \sin 90°$ 즉 θ 는 $45°$

2. 단면적이 $600\,mm^2$인 봉에 그림과 같이 압축하중 90 kN이 작용된다. 하중과 수직한 단면에서 25° 기울어진 $p\ q$ 단면에 작용하는 법선응력과 전단응력은 몇 MPa인가?

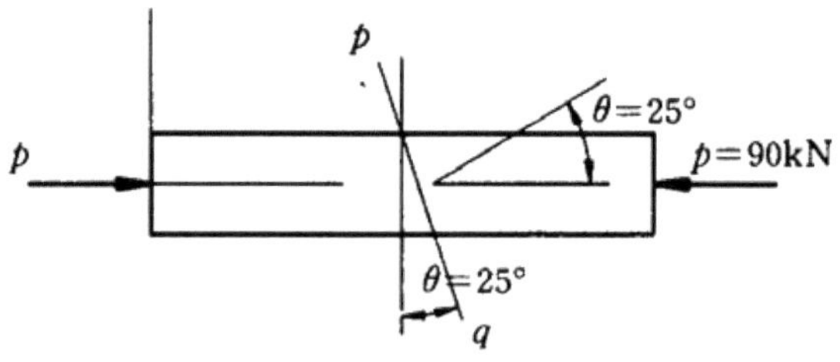

해설) 법선응력

$$\sigma_n = \sigma_x (\cos\theta)^2 = \frac{90 \times 1000}{600}(\cos 25)^2 = 123\,N/mm^2 = 123\,MPa$$

전단응력 $\tau = \frac{1}{2}\sigma_x \sin 2\theta = \frac{1}{2}\frac{90 \times 1000}{600}\sin 2 \times 25 = 57.4\,N/mm^2$

3. 그림과 같이 단면의 치수가 8mm×24mm인 강대가 인장력 P=15kN을 받고 있다. 그림과 같이 30° 경사진면에 작용하는 전단응력은 몇 MPa 인가?

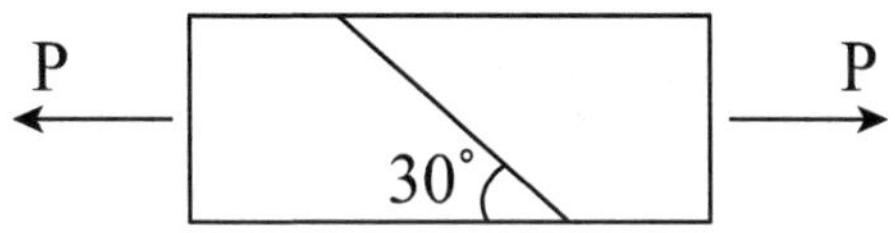

해설) $\tau = \frac{\sigma}{2}\sin 2\theta = \frac{15\times10^{-3}}{2\times0.008\times0.024}\sin(2\times60) = 33.83\text{MPa}$

4. $\sigma_n = 2\sigma_n{}'$로 되어 있는 단면에 있어서 경사각θ 와 전단응력 τ을 구하라.(단, σ_n 법선응력 σ'_n 공액 법선응력)

해설) $\sigma_n = \sigma_x \cos^2\theta \quad \sigma'_n = \sigma_x \sin^2\theta \quad \therefore \sigma_x \cos^2\theta = 2\sigma_x \sin^2\theta$

$$\frac{\sin^2\theta}{\cos^2\theta} = \frac{1}{2} = \tan^2\theta \qquad \therefore \tan\theta = \frac{1}{\sqrt{2}} = 0.707 \quad \theta = 35°16'$$

$$\tau = \frac{1}{2}\sigma_x \sin 2\theta = \frac{1}{2}\sigma_x \sin(2\times35°16') = \frac{0.9428}{2}\sigma_x = 0.4714\sigma_x$$

5. 길이 $L = 12mm$, 면적 $A = 40mm^2$, $\theta = 45°$ P=120 kN 일 때, 수축량δ (mm)은?(단, E =206 GPa 이다)

해설) $\sigma_x = \frac{P}{A} = \frac{120000}{40} = 3000\ MPa$

$$\sigma_\theta = \sigma_x \cos^2\theta \quad \theta = 45° \text{ 이므로 } \sigma_n = 3000\times\cos^2 45° = 3000\times\left(\frac{1}{\sqrt{2}}\right)^2 = 1500\ MPa$$

$$\sigma = E\varepsilon \quad \varepsilon = \frac{\sigma}{E} = \frac{1500}{206\times10^3} = 0.00728 = \frac{\delta}{\ell}$$

수축량 $\delta = \ell\times\varepsilon = 12\times0.00728 = 0.087\ mm$

6. $\sigma_x = 400\,MPa$ 의 인장응력, $\sigma_y = 200\,MPa$의 압축응력이 서로 직각방향으로 작용, $\theta = 30°$ 일 때, 주응력과 전단응력을 구하시오.

해설) 인장응력(+)/압축응력(-) $\sigma_x = 400\ MPa$, $\sigma_y = -200\ MPa$

$$\sigma_1 = \frac{1}{2}(\sigma_x + \sigma_y) + \frac{1}{2}(\sigma_x - \sigma_y)\cos 2\theta$$

$$= \frac{1}{2}(400 - 200) + \frac{1}{2}(400 + 200)\cos 60^\circ = 250\ MPa$$

$$\tau = \frac{1}{2}(\sigma_x - \sigma_y)\sin 2\theta = \frac{1}{2}(400 + 200)\sin 60^\circ = 260\ MPa$$

7. $\sigma_x = 410MPa$, $\sigma_y = -210MPa$ **인 2축응력 상태에 있는 요소에서 경사각 $\theta = -20°$로 정의되는 단면의 수직응력은?**

해설) $\sigma = \frac{1}{2}(\sigma_x + \sigma_y) + \frac{1}{2}(\sigma_x - \sigma_y)\cos 2\theta$

$$= \frac{1}{2}(410 - 210) + \frac{1}{2}(410 - (-210))\cos 2 \times (-20) = 337.47\,MPa$$

8. 그림과 같은 2축 응력에 대한 모어원에서 $\sigma_x = 800\,MPa$, $\sigma_y = 100\,MPa$ 일 때 경사각 $\theta = 15^\circ$ 일 때, 공액 수직응력 σ_n, σ'_n 와 최대 전단 응력 τ_{max} 을 구하시오.

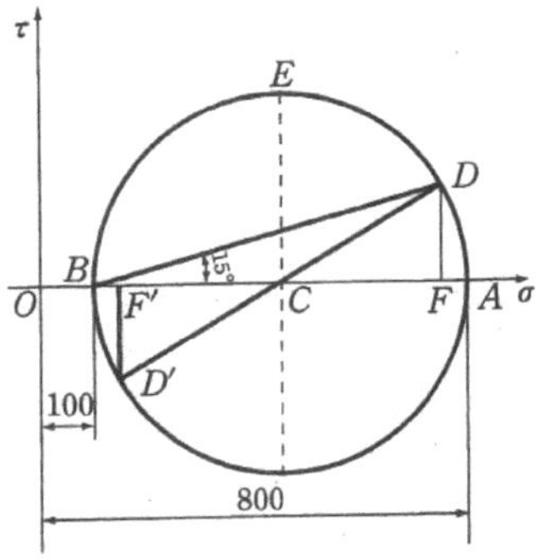

해설) $\sigma_n = OF = OC + CF$

$$= \frac{1}{2}(\sigma_x + \sigma_y) + \frac{1}{2}(\sigma_x - \sigma_y)\cos 2\theta$$

$$= \frac{1}{2}(800 + 100) + \frac{1}{2}(800 - 100)\cos 30^\circ = 753.1\text{MPa}$$

$$\sigma_n' = OF' = OC - CF' = \frac{1}{2}(\sigma_x + \sigma_y) - \frac{1}{2}(\sigma_x - \sigma_y)\cos 2\theta$$

$$= \frac{1}{2}(800 + 100) - \frac{1}{2}(800 - 100)\cos 30° = 146.9\text{MPa}$$

$$\tau_{max} = \frac{1}{2}(\sigma_x - \sigma_y) = \frac{1}{2}(800 - 100) = 350\text{MPa}$$

9. $\sigma_x = 1000\,MPa$일 때 $\theta = 30°$ $\theta' = 120°$의 경사면에 작용하는 수직응력 σ_n 과 σ'_n및 전단응력 τ와 τ'를 구하시오. 그리고 응력요소에 작용하는 응력들의 방향을 화살표로 표시하시오.

해설) 도시적 방법

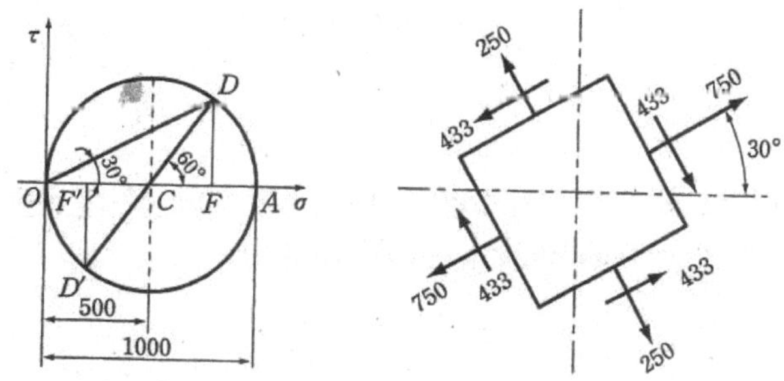

(a) (b)

$$\sigma_n = OF = OC + CF = \frac{\sigma_x}{2} + \frac{\sigma_x}{2} cos 2\theta$$

$$= 500 + 500 \times \cos 60° = 750\text{MPa}$$

$$\tau = DF = CD sin 2\theta = \frac{1}{2}\sigma_x \sin 2\theta = 500 \sin 60° = 433\text{MPa}$$

$$\sigma_n' = OF' = OC - DF' = \frac{\sigma_x}{2} - \frac{\sigma_x}{2} cos 2\theta$$

$$= 500 - 500\cos 60° = 250\text{MPa}$$

$$\tau' = D'F' = CD' \sin 2\theta = -\frac{1}{2}\sigma_x \sin 2\theta = -500\sin 60° = -433\text{MPa}$$

10. $\sigma_x = 500Pa$, $\sigma_y = 300Pa$, $\tau_{xy} = 100Pa$인 그림과 같은 요소내에 발생하는 최대 주응력의 크기는 몇 Pa 인가?

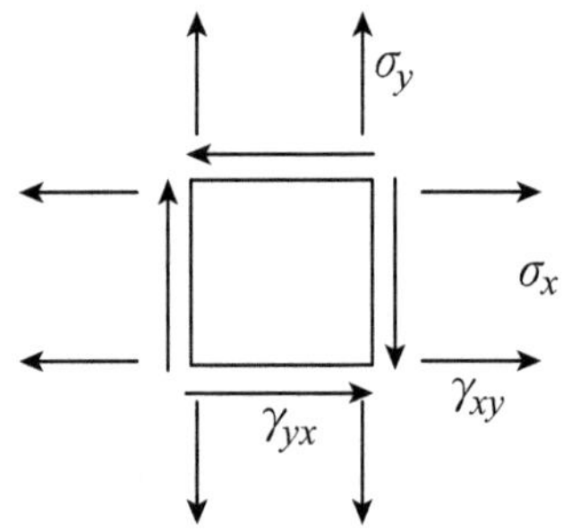

해설) $\sigma_1 = \dfrac{\sigma_x + \sigma_y}{2} + \dfrac{1}{2}\sqrt{(\sigma_x - \sigma_y)^2 + 4\tau_{xy}^2}$

$= \dfrac{500+300}{2} + \dfrac{1}{2}\sqrt{(200-300)^2 + 4\times 100^2} = 541.4$

11. 그림과 같이 보 요소에 평면응력이 작용할 때 최대 전단응력은 몇 MPa인가?(단, $\sigma_x = 40$MPa, $\sigma_y = -15$MPa, $\tau_{xy} = 10$MPa이다.)

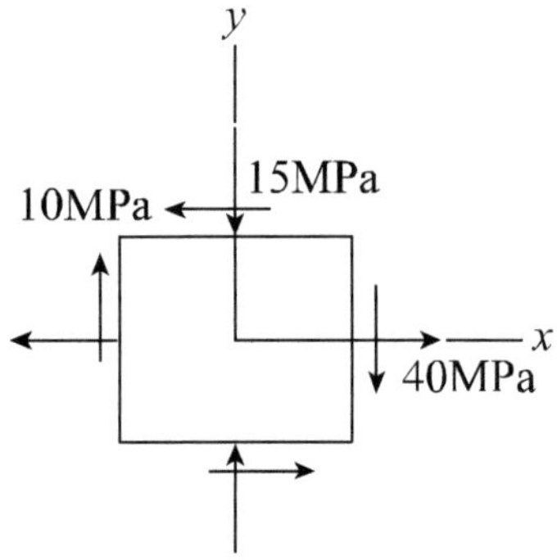

해설) $\tau_{\max} = \sqrt{\left(\dfrac{\sigma_s - \sigma_y}{2}\right)^2 + \tau_{xy}^2} = \sqrt{\left(\dfrac{40+15}{2}\right)^2 + 10^2} = 29.26\text{MPa}$

12. 그림과 같은 정 네모꼴에 $\sigma_x = 20\,MPa$ $\sigma_y = 10MPa$의 인장 응력이 작용할 때 최대 전단응력값은 ?

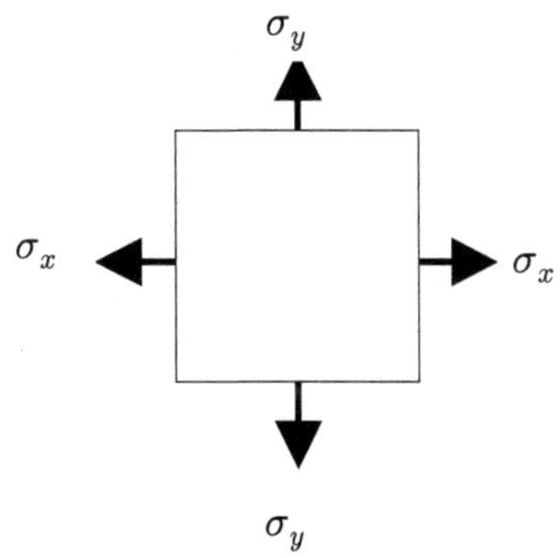

해설) $\tau_{\max} = \frac{1}{2}(\sigma_x - \sigma_y) = \frac{1}{2}(20 - 10) = 5MPa$

13. 2축 응력 상태에서 $\sigma_x = -\sigma_y = 20\,MPa$ 가 작용한다. 이 재료의 횡탄성계수 $G = 80\,GPa$ 일 때 순수 전단에 의한 전단변형률은 ?

해설) $\tau_{\max} = \frac{1}{2}(\sigma_x - \sigma_y) = \frac{1}{2}(20 + 20) = 20MPa$

$$\gamma = \frac{\tau}{G} = \frac{20 \times 10^6}{80 \times 10^9} = 0.00025\,rad$$

14. 수직응력 $\sigma_x = 120\,MPa$, $\sigma_y = 30\,MPa$, $\tau = 40\,MPa$ 일 때 모어원을 그리고, 최대 전단응력 $\tau_{\max}$과 주면 의 경사각θ 를 구하시오.

해설) 모어의 중심 $\overline{oc}$ 는 $\sigma_{av} = \frac{1}{2}(120 + 30) = 75\ MPa$

모어원의 반지름 $R = \tau_{\max} = CD = \pm \frac{1}{2}\sqrt{(\sigma_x - \sigma_y)^2 + 4\tau^2}$

$$= \pm \frac{1}{2}\sqrt{(120 - 30)^2 + 4(-40)^2} = 60.2\,MPa$$

주면의 경사각 $\theta = \frac{1}{2}\tan^{-1}\frac{-2\tau}{\sigma_x - \sigma_y} = \frac{1}{2}\tan^{-1}\frac{(-2)\times(-40)}{120 - 30}$

$= 20.8^\circ$

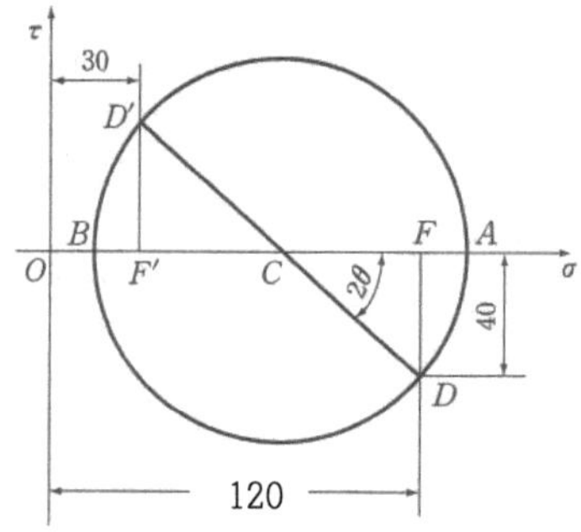

15. 그림과 같은 스트레인 로제트에서 $\varepsilon_a = 100 \times 10^{-6}$, $\varepsilon_b = 200 \times 10^{-6}$, $\varepsilon_c = 900 \times 10^{-6}$이다. 이때 주변형률의 크기는?

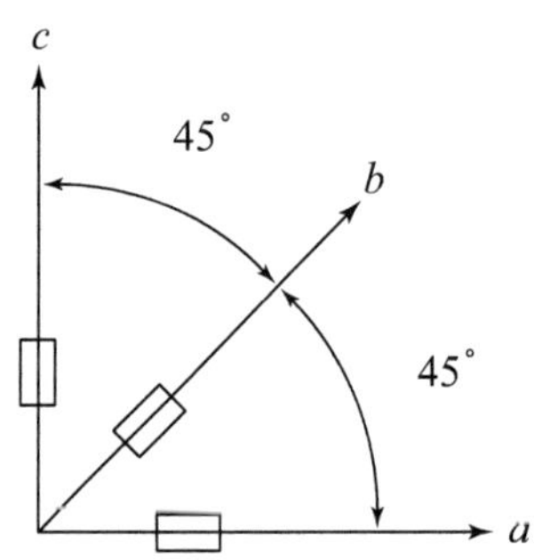

해설) $\varepsilon_{1,2} = \dfrac{\varepsilon_a + \varepsilon_c}{2} \pm \dfrac{\varepsilon_a + \varepsilon_c}{2}$

$$= \frac{100+900}{2} \pm \frac{100+900}{2}$$

$\varepsilon_1 = 10^{-3}$, $\varepsilon_2 = 0$

16. 변형율 성분이 $\varepsilon_x = 900 \times 10^{-6}$, $\varepsilon_y = -100 \times 10^{-6}$, $\gamma_{xy} = 600 \times 10^{-6}$일 때 면내 최대 전단변형률의 값은?

해설) 최대 전단변형률

$$\gamma_{\max} = \sqrt{(\varepsilon_x - \varepsilon_y)^2 + {\gamma_{xy}}^2}.$$

$$= \sqrt{(900 \times 10^{-6} + 100 \times 10^{-6})^2 + (600 \times 10^{-6})^2} = 1166 \times 10^{-6}$$

17. $\sigma_x = 1000\ MPa$, $\sigma_y = -500\ MPa$ 일 때, 변형률 ε_x, ε_y를 구하라.
(단, 횡탄성계수 $206\,GPa$ 프와 송의 비 $\nu = 0.3$ 이다)

해설) $\varepsilon_x = \frac{1}{E}(\sigma_x - \nu\sigma_y) = \frac{1}{206 \times 10^3}[1000 - 0.3 \times (-500)] = 0.00558$

$\varepsilon_y = \frac{1}{E}(\sigma_y - \nu\sigma_x) = \frac{1}{206 \times 10^3}[(-500) - 0.3 \times 1000] = -0.00388$

응용 문제

1. 공액응력(complementary stress)의 성질을 정확히 설명한 것은? 3

㉮ 두 공액법선응력의 합은 언제나 다르다.

㉯ 두 공액법선응력의 차는 항상 같다.

㉰ 두 공액전단응력은 크기는 같고 부호만 반대이다.

㉱ 두 공액전단응력은 크기와 부호가 언제나 같다.

2. 서로 직각인 2방향에서 수직응력 σ_x, σ_y가 작용할 때 θ도의 경사단면에 생기는 전단응력 τ는 다음 식으로 표시된다. 옳은 것을 골라라. 2

㉮ $\tau = \frac{1}{2}(\sigma_x + \sigma_y)\sin 2\theta$

㉯ $\tau = \frac{1}{2}(\sigma_x - \sigma_y)\sin 2\theta$

㉰ $\tau = \frac{1}{2}(\sigma_x + \sigma_y)\cos 2\theta$

㉱ $\tau = \frac{1}{2}(\sigma_x - \sigma_y)\cos 2\theta$

3. 주평면(principal plane)에 대한 다음 글 중 옳은 것을 골라라. 2

㉮ 주평면에는 최대의 수직응력만이 작용하고 최소의 수직응력 및 전단 응력은 작용하지 않는다.

㉯ 주평면에는 전단응력은 작용하지 않고 최대 및 최소의 수직응력만이 작용한다.

㉰ 주평면에는 전단응력만이 작용하고 수직응력은 작용하지 않는다.

㉱ 주평면에는 전단응력과 수직응력의 합이 작용한다.

4. 단면적 $10\,cm^2$인 균일단면봉에 인장하중 40kN이 작용하고 있다. 이 봉에서 임의의 서로 직교하는 두 경사단면 위에 작용하는 수직응력들의 합은 얼마인가? 4

㉮ 10MPa

㉯ 20MPa

㉰ 30MPa

㉱ 40MPa

해설) $\sigma_n + \sigma_n' = \sigma_x$ $\quad \sigma_x = \dfrac{40 \times 10^3}{10 \times 10^{-4}} = 40MPa$

5. σ_x와 σ_y의 2축응력상태에서 모어 원에 관한 다음 설명 중 틀린 것을 골라라. 4

㉮ 모어 원의 반경은 $\frac{1}{2}(\sigma_x - \sigma_y)$이다.

㉯ 최대전단응력은 모어 원의 반경과 같다.

㉰ 최대수직응력은 σ_x와 σ_y중 작은 값과 같다.

㉱ 모어 원의 중심이 최대수직응력을 표시한다.

6. 다음 중 주응력에 대한 설명 중 틀린 것은? 2

㉮ 주응력 상태에서 전단응력은 0이다.

㉯ 주응력은 전단응력이다.

㉰ 주응력 상태에서 수직응력은 극대와 극소를 나타낸다.

㉱ 평면응력 상태의 경우 제3의 주응력은 0이다.

해설) 최대, 최소 수직응력은 전단응력이 0인 면에서 발생

7. 평면 응력상태에서 σ_x와 σ_y만이 작용하는 2축 응력에서 모어원의 반지름이 되는 것은? (단, $\sigma_x > \sigma_y$이다.) 4

㉮ $(\sigma_x + \sigma_y)$

㉯ $(\sigma_x - \sigma_y)$

㉰ $\frac{1}{2}(\sigma_x + \sigma_y)$

㉱ $\frac{1}{2}(\sigma_x - \sigma_y)$

해설) 모어원의 반지름은 최대전단응력이다.

8. 평면응력의 경우 훅의 법칙을 바르게 나타낸 것은? 1

(단, σ_x:수직응력, ε_x, ε_y:변형률, μ:포아송 비, E :탄성계수 이다.)

㉮ $\sigma_x = \frac{E}{1-\mu^2}(\varepsilon_x + \mu\varepsilon_y)$

㉯ $\sigma_x = \frac{E}{1-\mu^2}(\epsilon_y + \mu\epsilon_x)$

㉰ $\sigma_x = \frac{E}{1-2\mu}(\varepsilon_x + \mu\varepsilon_y)$

㉱ $\sigma_x = \frac{E}{1-2\mu}(\varepsilon_y + \mu\varepsilon_x)$

chapter 5 평면도형의 성질

5.1 부재의 단면의 성질

① 구조물의 형상을 결정하는 부재단면의 모양은 부재의 강도나 변형과 깊은 관련이 있다.

② 이들 단면이 가지고 있는 성질을 이해하는 것은 구조물의 설계에 있어서 매우 중요한 일이다.

③ 단면의 형상을 값으로 나타내는 방법, 강도와 모양의 관계, 식물의 줄기는 왜 속이 비어있는지?, 적합한 형태와 부적합한 형태에 대하여 공부한다.

④ 단면형상 및 치수를 결정 할 수 있는 역학적인 기초로서 도심, 단면2차모멘트, 단면계수, 극관성모멘트, 극단면계수등을 다룬다.

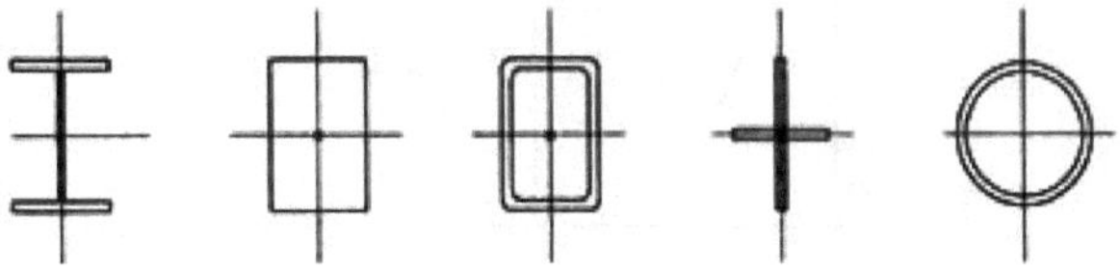

(a) 2축 대칭단면

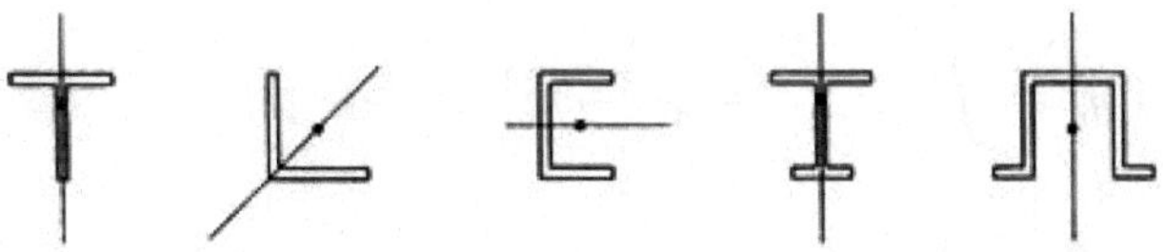

(b) 1축 대칭단면

그림 5-1 구조 부재를 부재의 축에 직각으로 자른면

※ 용어　단면 : 부재내부의 상태를 고찰하기 위해 부재의 축에 대하여 직각으로 자른 단면이다.

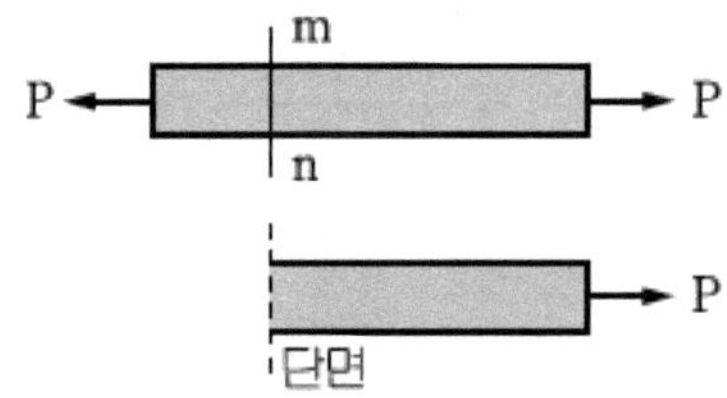

5.2 단면 1차 모우멘트와 도심

그림5-2와 같이 임의 면적이 A인 평면도형의 도심을 $G(\bar{x},\bar{y})$라 하고, 미소면적 dA를 취하여 그의 좌표값을 x,y라고 한다면 전체면적 A가 각 축에 주어지는 모멘트와 미소면적 dA가 각 축에 주어지는 모멘트를 전면적 A에 걸쳐 적분한 모멘트는 서로 같아야 한다. 이를 식으로 표현하면 다음과 같다.

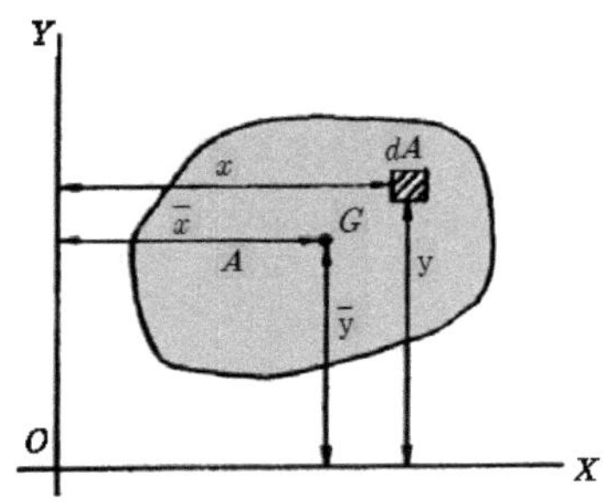

그림 5-2 평면도형의 단면 1차 모우멘트

$$G_x = \sum A_i y_i = \int_A y dA = A\bar{y}\,[cm^3]$$

$$G_y = \sum A_i x_i = \int_A x dA = A\bar{y}\,[cm^3] \qquad (5\text{-}1)$$

임의의 직교좌표축에 대하여 단면내의 미소면적 dA와 x축까지의 거리 (y) 또는 y축 까지의 거리 (x)를 곱하여 적분한 값을 단면 **1차 모우멘트** (Geometrical moment)라 한다. 이와 같이 1차 모우멘트는 면적의 도심을 구하는데 이용된다.

따라서 면적 A 의 도심 ($\bar{x}$, $\bar{y}$)을 식 (5-1) 로부터 구하면 다음과 같다.

$$\bar{x} = \frac{\sum A_i x_i}{\sum A_i} = \frac{\int x dA}{A} = \frac{G_y}{A}$$

$$\bar{y} = \frac{\sum A_i y_i}{\sum A_i} = \frac{\int y dA}{A} = \frac{G_x}{A} \quad (5\text{-}2)$$

단면의 도심을 통과하는 축에 대한 단면 1차 모우멘트는 0이다.

도심축에 대하여는 $x_o = 0$이거나 $y_o = 0$ 이므로 $G = 0$ 이 된다. 이것은 모멘트 $M = PL$에서 L=0 이면 M = 0이 되는것과 마찬가지 원리이다.

1. 합성면적의 도심

기계부품이나 구조물의 단면현상이 삼각형, 사각형, 원형과 같은 기본도형의 형상으로 조합되어 있는 평면도형의 도심은 복잡한 적분을 이용하지 않고 합성면적의 도심을 구하는 방법을 이용함으로서 간단하게 도심과 단면1차모멘트를 구할 수 있다.

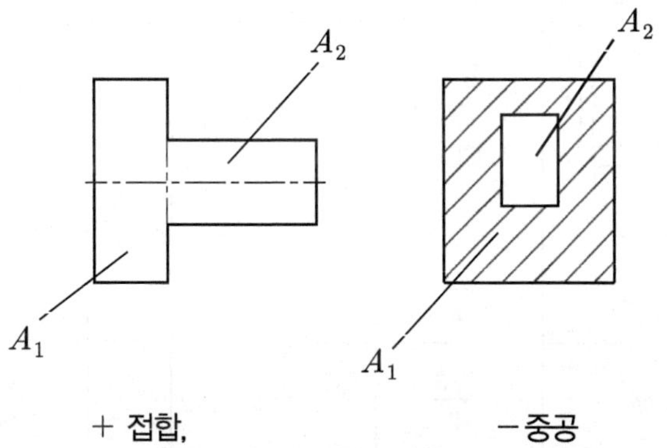

그림 5-3 합성면적의 도심

$$\bar{x} = \frac{A_1 \overline{x_1} \pm A_2 \overline{x_2}}{A_1 \pm A_2}$$

$$\bar{y} = \frac{A_1 \overline{y_1} \pm A_2 \overline{y_2}}{A_1 \pm A_2} \quad (5\text{-}3)$$

예

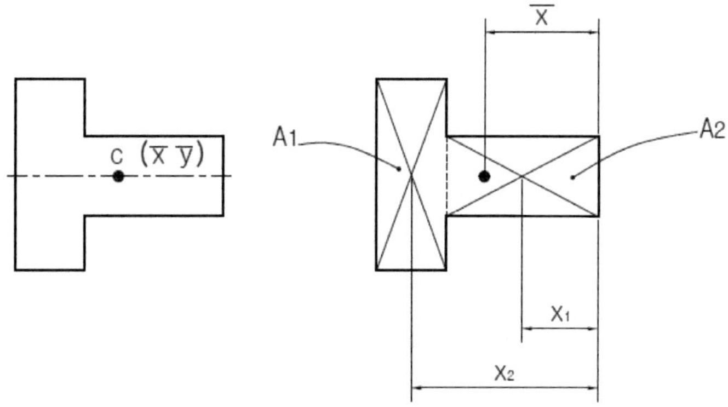

$$\overline{x} = \frac{A_1\overline{x_1} + A_2\overline{x_2}}{A_1 + A_2} \qquad \overline{y} = \frac{A_1\overline{y_1} + A_2\overline{y_2}}{A_1 + A_2}$$

2. 기본 도형의 도심과 면적

단 면	사각형	원 형	삼각형	단 면	1/4 원	1/2 원
도형	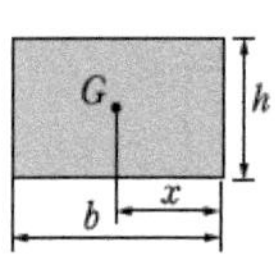	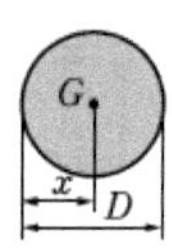	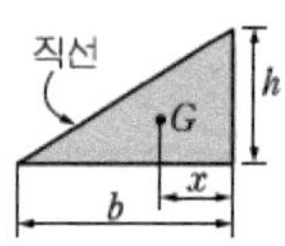	도 형	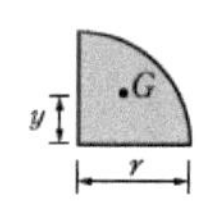	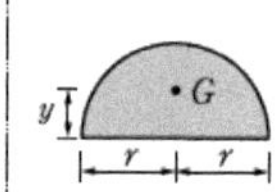
도심 $\overline{X}$	$\frac{1}{2}b$	$\frac{D}{2}$	$\frac{1}{3}b$	도심y	$\frac{4r}{3\pi}$	$\frac{4r}{3\pi}$
면적(A)	bh	$\frac{\pi D^2}{4}$	$\frac{1}{2}bh$	면 적	$\frac{\pi r^2}{4}$	$\frac{\pi r^2}{2}$

3. 직사각형 단면 1차모우멘트

$$G_x = A\,\overline{y} = (bh)(\frac{1}{2}h) = \frac{1}{2}bh^2$$

$$G_y = A\,\overline{x} = (bh)(\frac{1}{2}b) = \frac{1}{2}b^2h \qquad (5\text{-}4)$$

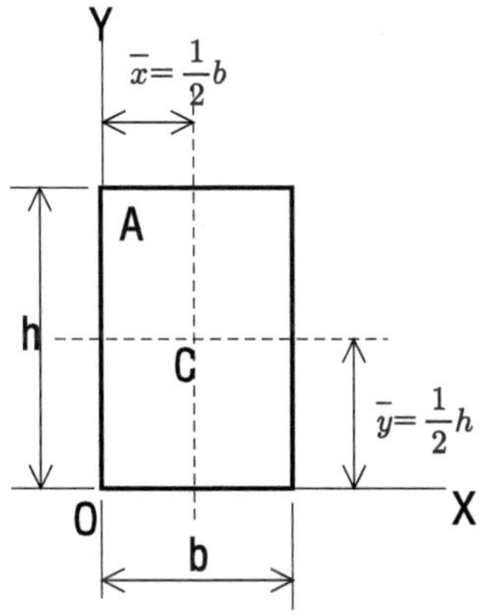

그림 5-4 구형 (직사각형)

(1) 1차 모우멘트 용도

① 도심의 위치 계산
② 보의 전단응력 계산
③ 구조물의 안정도 계산

※ 참고

(1) 삼각형 단면의 도심의 종좌표 $\bar{y}$ 구하라.

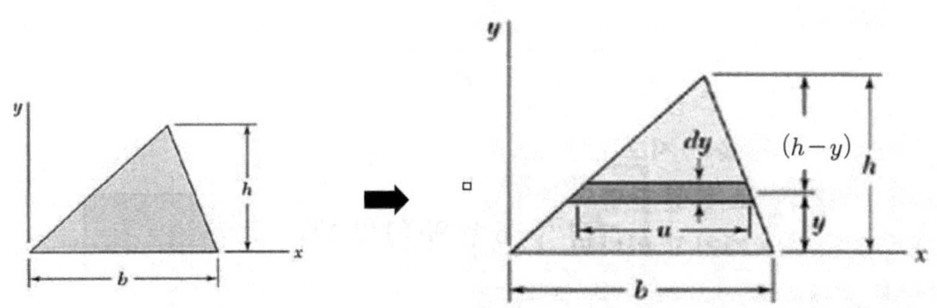

그림 5-5 삼각형

① 1차 모우멘트

1차 모우멘트 Q_x 폭u 미소 높이 dy인 미소면적을 취한후 폭 u를 y에 관한 $b : u = h : (h-y)$ 식으로 나누면 $\frac{u}{b} = \frac{h-y}{h}$ 이면 $dA = u\,dy = b\frac{h-y}{h}dy$

$$G_x = \int_A y\,dA = \int_0^h yb\frac{h-y}{h}dy = \frac{b}{h}\int_0^h (hy - y^2)dy = \frac{1}{6}bh^2 \qquad \text{(a)}$$

$$= \frac{b}{h}[h \times \frac{1}{2}y^2 - \frac{1}{3}y^3]_0^h$$

$$= \frac{b}{h}[\frac{1}{2}h^3 - \frac{1}{3}h^3]$$

$$= \frac{1}{6}bh^2$$

② 단면의 도심의 종좌표 $\overline{y}$

$$G_x = A\overline{y} \qquad \overline{y} = \frac{G_x}{A} = \frac{\frac{1}{6}bh^2}{\frac{1}{2}bh} = \frac{1}{3}h \qquad \text{(b)}$$

(2) 반원의 도심을 구하라.

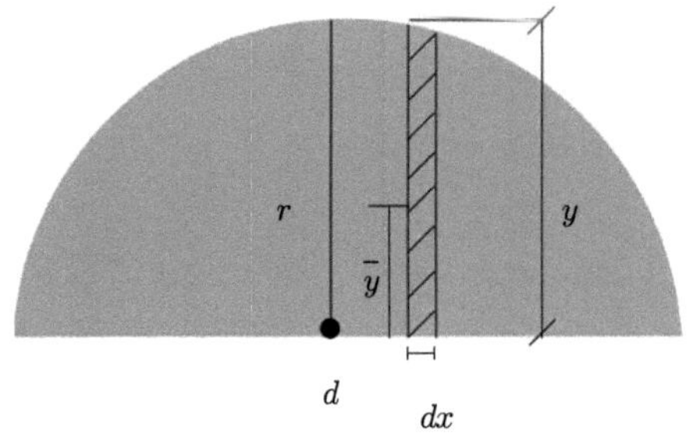

그림 5-6 반원 (1/2 원)

$$\overline{y} = \frac{\sum A\overline{y}}{A} \qquad \text{(a)}$$

반원의 넓이 $A = \frac{1}{2}\pi r^2$

미소 넓이 $A_1 = y\,dx = dA$

$\sum A\overline{y} = (\int_0^r \overline{y}\ dA) \times 2 \quad \Rightarrow$ 이유 $\frac{1}{4}$원이 2개가 반원

$$= \left(\int_0^r \frac{1}{2} y \cdot y \, dx \right) \times 2 = \int y^2 \, dx \qquad \text{(b)}$$

원의 방정식 $x^2 + y^2 = R^2$ 에서 $y^2 = R^2 - x^2$

$$A\bar{y} = \int_0^r (R^2 - x^2) \, dx = \frac{2}{3} r^3 \qquad \text{(c)}$$

$$\text{도심} \quad \bar{y} = \frac{A\bar{y}}{A} = \frac{\frac{2}{3} r^3}{\frac{1}{2} \pi r^2} = \frac{4r}{3\pi} \qquad \text{(5-5)}$$

※ 참고 $\int x^n \, dx = \frac{1}{n+1} x^{n+1} + c$

예제 1

그림과 같은 T 형 단면에서 x축으로부터 단면의 중심O점 까지의 거리 y 를 구하라.]

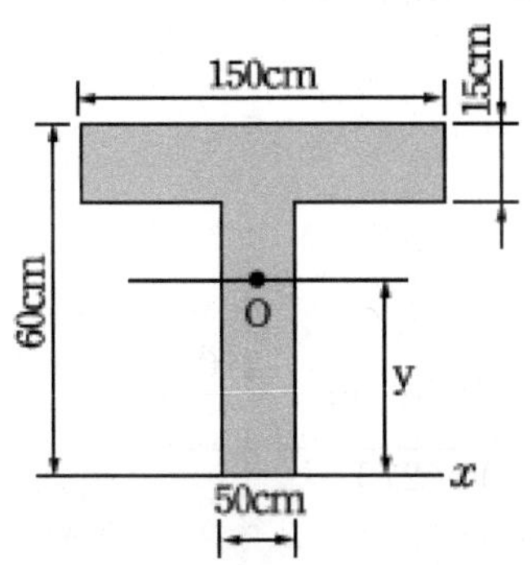

해설)

$$\bar{y} = \frac{A_1 \overline{y_1} + A_2 \overline{y_2}}{A_1 + A_2}$$

$$= \frac{50 \times 45 \times \left(\frac{45}{2} \right) + 150 \times 15 \times \left(45 + \frac{15}{2} \right)}{50 \times 45 + 15 \times 150} = 37.5\,cm$$

예제 2

그림과 같은 L 앵글의 도심 $G(\overline{x},\ \overline{y})$ 구하라.

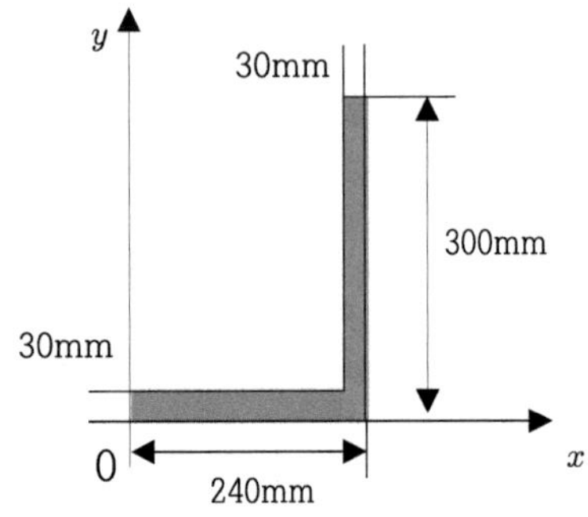

해설) $\overline{x} = \dfrac{A_1\overline{x_1} + A_2\overline{x_2}}{A_1 + A_2}$

$$= \frac{240 \times 30 \times \frac{240}{2} + 30 \times 270\,(210 + \frac{30}{2})}{240 \times 30 + 30 \times 270}$$

$$= \frac{864000 + 1822500}{15300} = 175.59\,mm$$

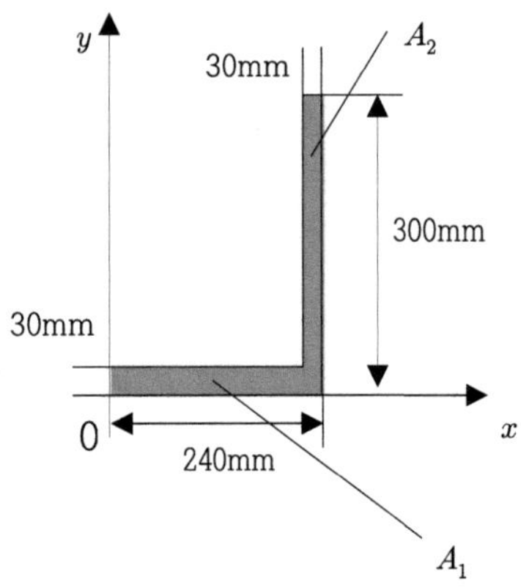

$$\overline{y} = \frac{A_1\overline{y_1} + A_2\overline{y_2}}{A_1 + A_2}$$

$$= \frac{240 \times 30 \times \frac{30}{2} + 30 \times 270\,(30 + \frac{270}{2})}{240 \times 30 + 30 \times 270}$$

$$= \frac{108000 + 1336500}{15300} = 94.4\,mm$$

예제 3

다음과 같이 구멍이 뚫린 단면에서 도심위치 $\bar{y}$ 는?

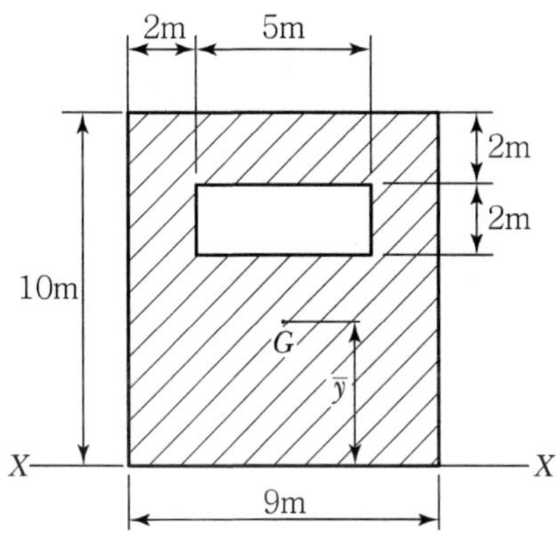

해설) $\bar{y} = \dfrac{A_1 \overline{y_1} - A_2 \overline{y_2}}{A_1 - A_2} = \dfrac{9 \times 10 \times 5 - 2 \times 5 \times 7}{9 \times 10 - 2 \times 5} = 4.75\,m$

예제 4

그림과 같은 단면의 도심을 구하시오.

(도심 $\bar{x} = \bar{y} = \dfrac{4r}{3\pi}$ $\dfrac{1}{4}$원 면적 $\dfrac{\pi r^2}{4}$ 활용)

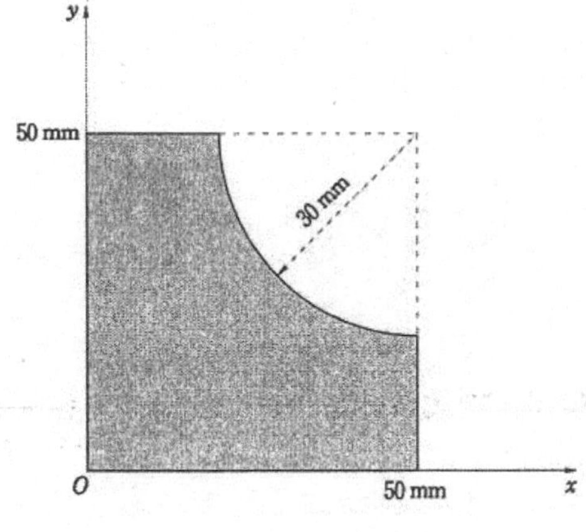

해설) ① 면적 $A_1 = 50 \times 50 = 2500\,mm^2$

$$\overline{x_1} = \overline{y_1} = 25\,mm$$

② 면적 $A_2 = \pi r^2/4 = 707\,mm^2$

$$\overline{x_2} = \overline{y_2} = 50 - \frac{4r}{3\pi} = 50 - \frac{4 \times 30}{3\pi} = 37.3\,mm$$

도심 $G(\overline{x}, \overline{y})$는

$$\overline{x} = \frac{A_1 x_1 - A_2 x_2}{A_1 - A_2} = \frac{2500 \times 25 - 707 \times 37.3}{2500 - 707} = 20.1\,mm$$

$$\overline{x} = \overline{y} = 20.1\,mm$$

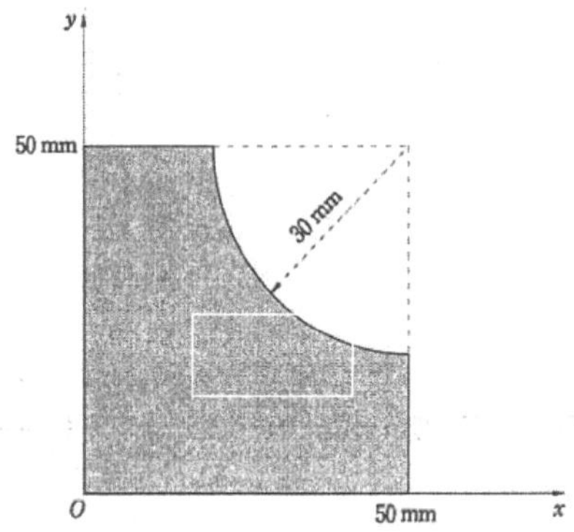

예제 5

그림과 같은 단면의 도심 $G(\overline{x}, \overline{y})$ 을 구하시오.

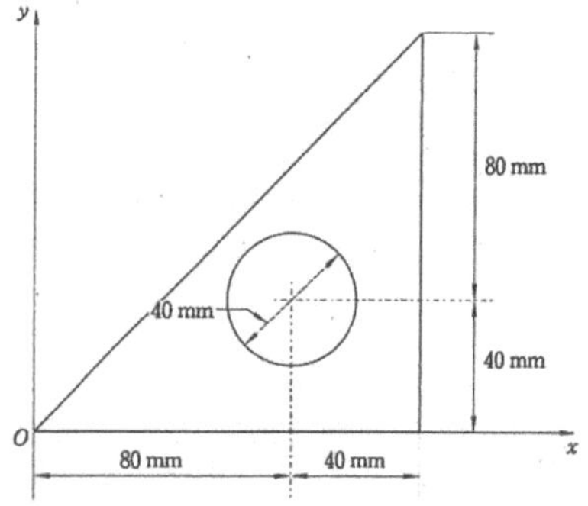

해설) 삼각형면적 $A_1 = \frac{1}{2} 120 \times 120 = 7200 mm^2$

$\overline{x_1} = \frac{120}{3} = 40\ mm \quad \overline{y_1} = \frac{120}{3} = 40\ mm$

원의 면적 $A_2 = \frac{1}{4} \pi \times 40^2 = 1256.63\ mm^2$

$\overline{x_2} = 80 mm \quad \overline{y_2} = 40 mm$

도심 $\overline{x} = \frac{A_1 \overline{x_1} - A_2 \overline{x_2}}{A_1 - A_2}$

$$= \frac{7200 \times \left(120 - \frac{120}{3}\right) - 1256.63 \times 80}{7200 - 1256.63} ≒ 80 mm$$

도심 $\overline{y} = \frac{A_1 \overline{y_1} - A_2 \overline{y_2}}{A_1 - A_2}$

$$= \frac{7200 \times 40 - 1256.63 \times 40}{7200 - 1256.63} ≒ 40mm$$

$\therefore G(80, 40)$

예제 6

빗금친 부분의 도심 $G(\overline{x}, \overline{y})$를 구하라.

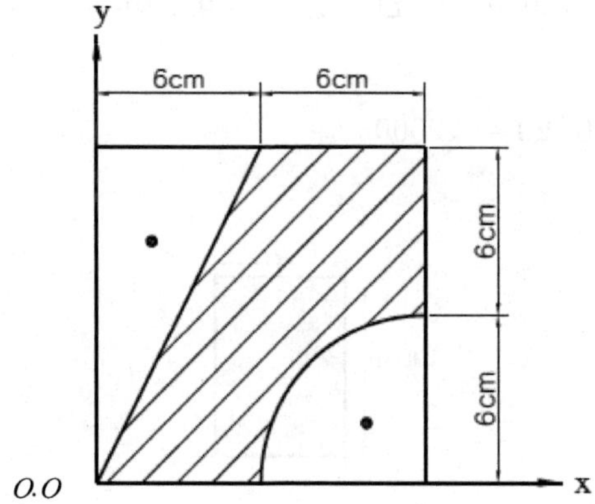

해설) $A = 12\times12 - \frac{1}{2}6\times12 - \pi r^2/4 = 79.73\,cm^2$

$$\bar{x} = \frac{A_1x_1 - A_2x_2 - A_3x_3}{A_1 - A_2 - A_3}$$

$$\bar{x} = \frac{144\times6 - 36\times6/3 - 28.27(12-2.546)}{79.73} = 6.58\,cm$$

$$\bar{y} = \frac{A_1y_1 - A_2y_2 - A_3y_3}{A_1 - A_2 - A_3}$$

$$\bar{y} = \frac{144\times6 - 36\times(12-12/3) - 28.27(2.546)}{79.73} = 6.32\,cm$$

$\frac{h}{3} = \frac{6}{3} = 2$

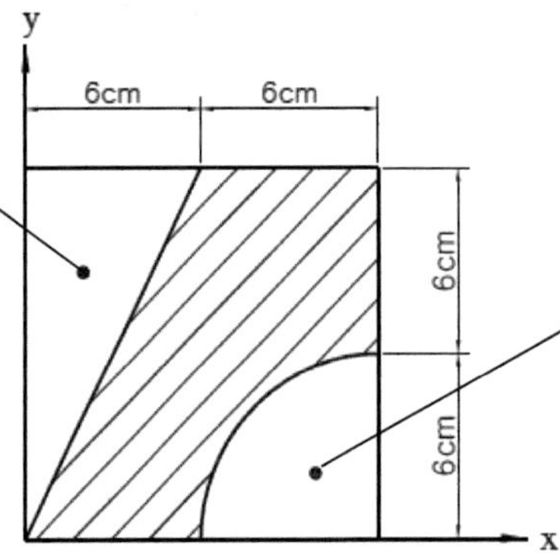

$\frac{4r}{3\pi} = \frac{4\times6}{3\pi} = 2.546$

예제 7

단면 1차 모멘트 $G_z = 12000\,cm^3$ 인 구형 단면의 높이가 40cm 일 때 폭 (b)은?

해설)

$G_Z = A\bar{y} = (b\times40)20 = 12000$

b =15cm

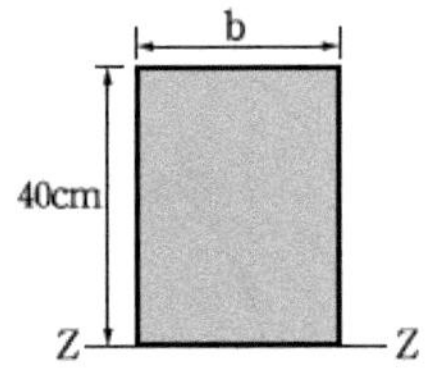

예제 8

그림과 같은 도형의 x축에 대한 단면 1차 모우멘트값은?

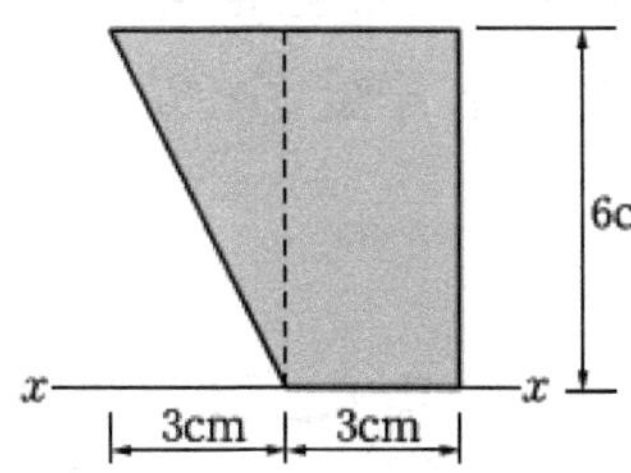

해설)

단면 1차 모우멘트 = 단면적 x 도심거리에서

$$G_x = Ay = A_1 \overline{y_1} + A_1 \overline{y_2}$$

$$= \frac{1}{2}(3 \times 6) \times (6 - \frac{6}{3}) + 3 \times 6 \times \frac{6}{2} = 90\,cm^3$$

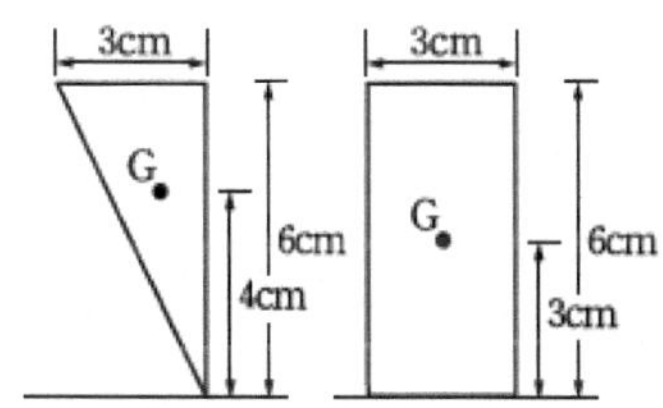

5.3 관성모멘트 (단면 2차 모우멘트)

단면2차 모멘트는 부재의 휨을 연상시키는 개념이다. 즉 단면 2차 모멘트 값이 크다는 것은 휨에 잘견 딘다는 의미 이다. 이단원은 제일 중요한 부분이다.

1. 관성모멘트

아래 그림 5-7 같이 면적이 A인 도형을 무한히 작은 면적으로 나누어 그 중의 임의의 한 미소면적 dA의 도심으로부터 X, Y축에 이르는 거리를 각각 y, x라 할 대 미소면적 dA와 축까지의 거리 x 또는 y의 제곱을 서로 곱해서 도형 전체에 대하여 합해 준 것을 그 도형의 그 축에 대한 **단면 2차모멘트**(second moment of area ; I) 또는 **관성모멘트**(moment of inertia)라고 한다. 이를 식으로 표현하면 다음과 같다.

$$I_X = \int_A y^2 dA \qquad I_Y = \int_A x^2 dA \tag{5-6}$$

여기서 $\int_A$ 는 단면 A 이라는 의미 관성모멘트의 단위는 차원이 L^4이므로 m^4, cm^4, mm^4 등으로 표시된다. 도형이 복잡한 경우에는 간단한 기본 도형으로 나누어서 각각의 관성모멘트를 구한 후 이 결과들을 합하여 줌으로써 전체 도형의 관성모멘트를 구할 수 있다.

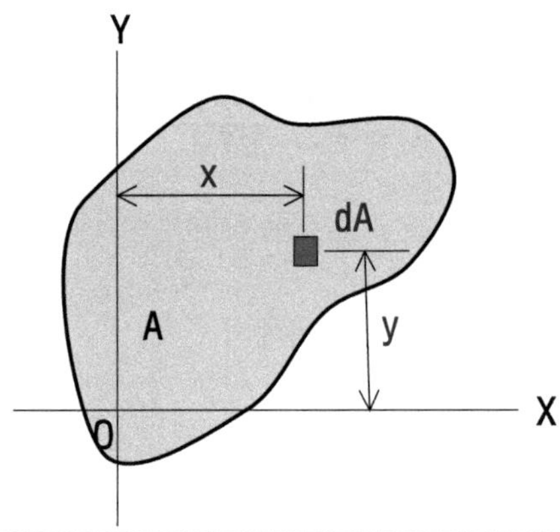

그림 5-7 단면 2차 모우멘트

※ 참고
단면 2차 모우멘트 매우 중요한 이유?
구조물의 강성은 휨강성도를 표현하는데 단면2차모멘트에 탄성계수를 곱하면 그게 바로 휨강성 (EI)을 의미한다.
즉 EI(휨강성)은 크기가 크면 클수록 구조적으로 안전한 정도를 의미한답니다. 역학에서 여러가지 단면을 배우는데 가장 좋은 단면은 원형단면이다.

---

(1) 기본단면의 2차 모우멘트

단 면	사 각 형	삼 각 형	원 형
도 형	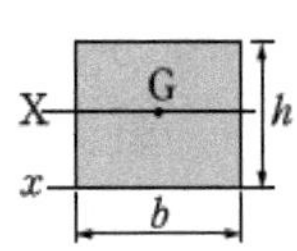	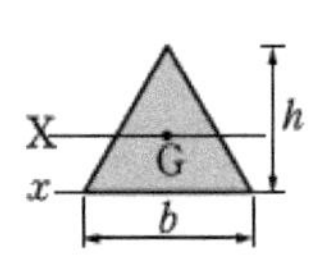	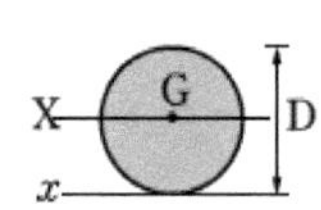
도심축 I_X	$\frac{bh^3}{12}$	$\frac{bh^3}{36}$	$\frac{\pi D^4}{64} = \frac{\pi r^4}{4}$

(2)구조적으로 안전한 단면은 휨강성 (EI)이 큰 단면이므로 단면 2차 모멘트가 커야 한다.

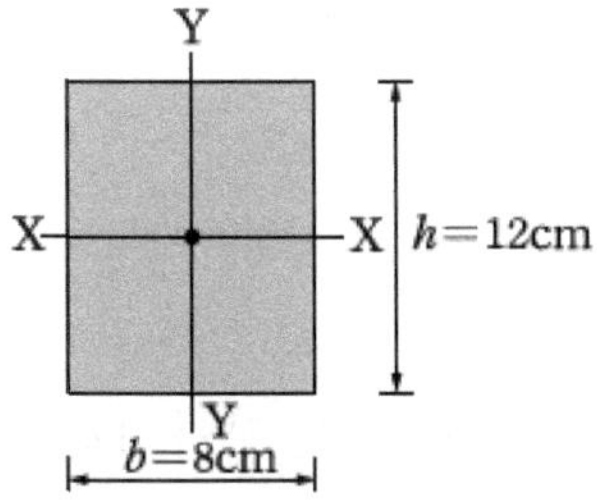

- $I_X = \dfrac{bh^3}{12} = \dfrac{8 \times 12^3}{2} = 1.152\,cm^4$
- $I_Y = \dfrac{hb^3}{12} = \dfrac{12 \times 8^3}{12} = 512cm^4$

$\therefore I_X > I_Y$

2. 회전반지름

단면2차 반지름은 압축력을 받는 긴 기둥 (장주)에서 생기는 좌굴 (bucking) 현상에 대하여 저항하는 능력을 나타내는 값을 의미한다.

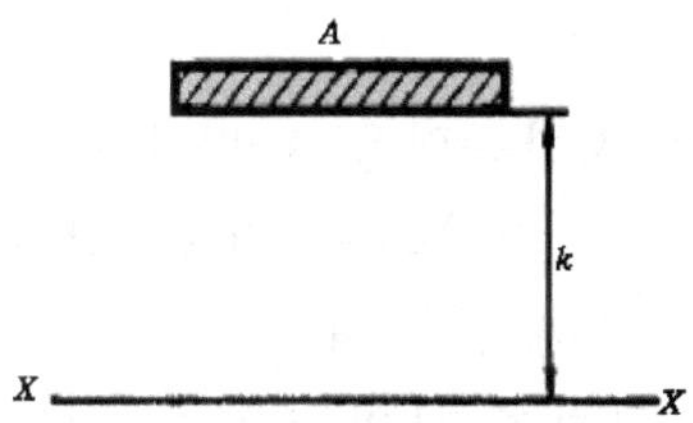

그림 5-8 회전 반지름

그림 5-8과 같은 평면도형의 면적 A가 $X-X$축에 주어지는 관성모멘트를 I_X라고 하면 k는 $X-X$축으로부터 면적 A의 도심까지 거리이다. 따라서 면적 A가 $X-X$축을 중심으로 회전한다면 k는 회전체의 반지름에 해당한다. 따라서 회전의 반지름에 해당하는 k를 **회전반경, 관성반경** 또는 **단면2차반경**이라고 한다. 회전반경은 그림5-8의 면적 A가 $X-X$축에 주어지는 관성모멘트에서 다름과 같이 구할 수 있다.

$I_X = k^2 A$ 에서

$$k = \sqrt{\frac{I}{A}} \quad \left(k_x = \sqrt{\frac{I_x}{A}},\ \ k_y = \sqrt{\frac{I_y}{A}} \right) \qquad (5\text{-}7)$$

여기서 k_x, k_y는 각각 X, Y 축에 대한 회전반지름을 의미한다.

(1) 원형단면의 회전 반경

$$k = \sqrt{\frac{I}{A}} = \sqrt{\frac{\pi d^4/64}{\pi d^2/4}} = \frac{d}{4} \tag{5-8}$$

(2) 용도 및 특성

① 압축부재 (기둥) 설계시 이용되며, 최소단면 2차 반지름 ($k_{\min}$) 으로 설계한다.

즉 $k_{\min} = \sqrt{\frac{I_{\min}}{A}}$ 가장 불리한 축이므로 반드시 검토한다.

② 좌굴에 대한 저항값을 나타내며, 단면 2차 반지름이 클수록 좌굴하지 않는다.

3. 단면계수

단면계수는 휨에 대한 저항능력을 나타내는 값으로 단면계수가 클수록 부재의 강도가 크다는 것을 의미하며, 또한 단면계수는 단면 2차모멘트를 도심에서 단면의 제일 외측까지의 거리로 나눈 값으로서, 보의 단면 상하 경계선에 생기는 응력을 구하여 보의 강도를 검토하는데 이용된다.

그림 5-9에서 도심을 지나는 X축으로부터 도형의 상단 또는 하단에 이르는 거리를 각각 e_1, e_2라고 하자.

이때 도심을 지나는 축에 대한 관성모멘트 I_x를 거리 e_1 또는 e_2로 나누어 준 것을 이 축에 대한 **단면계수**(modulus of section ; Z)라고 하며, 단위는 차원이 L^3이므로 m^3, cm^3, mm^3 등으로 표시된다.

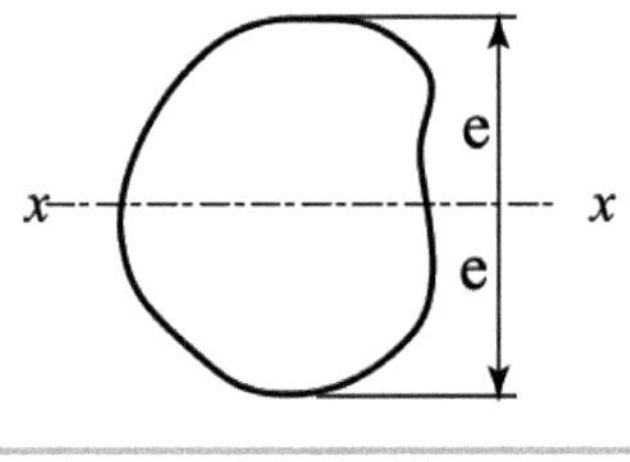

그림 5-9 단면계수

$$Z_1 = \frac{I_x}{e_1} \quad Z_2 = \frac{I_x}{e_2} \tag{5-9}$$

만일 도형이 대칭축으로 되었다면 그 축에 대한 단면계수는 하나만이 존재하나, 대칭 이 아닐 경우에는 2개의 단면계수가 존재하게 된다.

(1) 기본단면의 단면계수

단 면	단 면 계 수
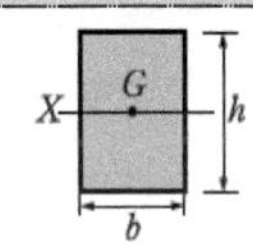	$Z_x = \frac{I_X}{y} = \frac{\frac{bh^3}{12}}{\frac{h}{2}} = \frac{bh^2}{6}$
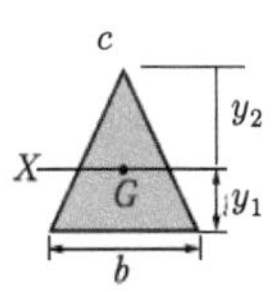	$Z_c = \frac{I_X}{y_c} = \frac{\frac{bh^3}{36}}{\frac{2h}{3}} = \frac{bh^2}{24}$ $Z_t = \frac{I_X}{y_t} = \frac{\frac{bh^3}{36}}{\frac{h}{3}} = \frac{bh^2}{12}$
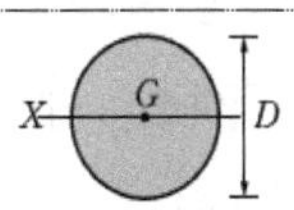	$Z = \frac{I_X}{y} = \frac{\frac{\pi D^4}{64}}{\frac{D}{2}} = \frac{\pi D^3}{32}$

4. 극관성 모우멘트

비틂에 저항하는 성질을 나타낸 값이다. 돌림힘이 작용하는 물체의 비틀림을 계산하기 위해서 필요하다. 즉 극관성모멘트의 값이 클수록, 같은 돌림힘이 저하되었을 때 비틀림은 작아진다.

그림 5-10과 같이 임의 단면적 A가 X, Y직교좌표축의 교점 O에 수직한 Z축에 주어지는 관성모멘트를 **극관성모멘트**라고 한다. 극관성모멘트는 I_P로 표기하며 다음과 같이 정리한다.

$$I_P = \int_A \rho^2\, dA = \int_A (x^2 + y^2)\, dA = \int_A x^2\, dA + \int_A y^2\, dA$$

$$\therefore I_P = I_x + I_y \tag{5-10}$$

식(5-10)에서 극관성모멘트는 직교좌표축인 X, Y축에 주어지는 관성모멘트의 힘과 같다는 것을 알 수 있다. 따라서 정사각형단면이나 원형단면과 같은 대칭형인 단면은 $I_X = I_Y$이므로 극관성 모멘트는 $I_P = 2I_X$ 또는 $I_P = 2I_Y$ 임을 알 수 있다.

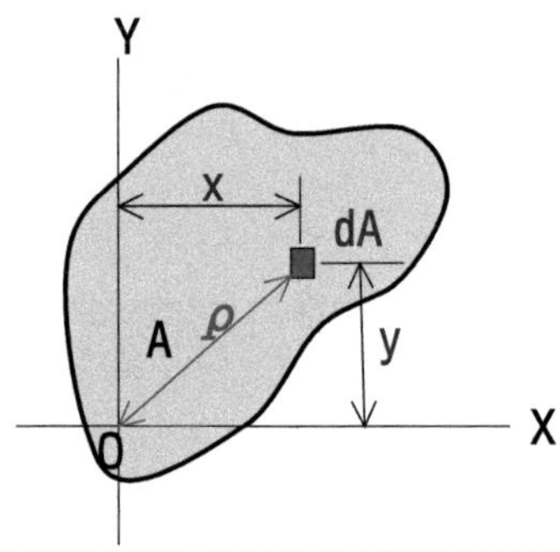

그림 5-10 극관성 모우멘트

5. 극단면 계수

극단면계수는 극좌표축에 대한 극관성모멘트 I_P를 도심 축으로부터 단면의 끝단 까지의 거리 e로 나눈 것을 **극단면계수**라고 한다. 극단면 계수는 Z_P 로 표기 하며 다음과 같다.

$$Z_p = \frac{I_p}{e} \tag{5-11}$$

6. 실축과 중공축 비교

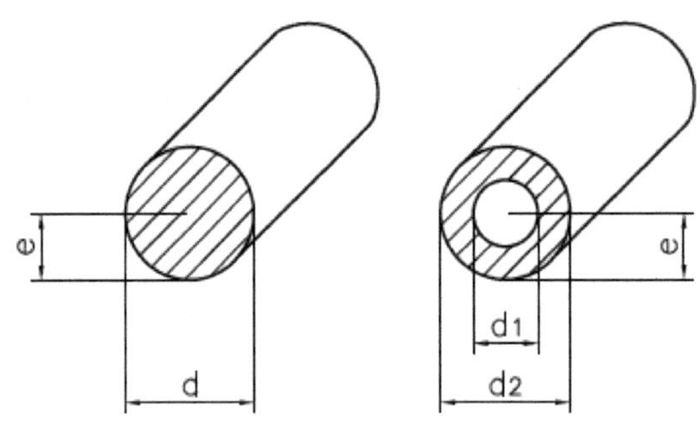

중공축일때 극단면계수 (Z_P)

$$Z_p = \frac{I_P}{e} = \frac{\frac{\pi}{32}(d_2^4 - d_1^4)}{\frac{d_2}{2}} = \frac{\pi}{16}(\frac{d_2^4 - d_1^4}{d_2}) = \frac{\pi}{16}(\frac{d_2^4 - d_1^4}{d_2^4})d_2^4$$

$$= \frac{\pi}{16}(1 - x^4)d_2^3 \qquad (5\text{-}12)$$

여기서 내외경비 $x = \dfrac{d_1}{d_2}$

예제 9

그림과 같은 직사각형 단면의 관성모멘트, 단면계수, 회전반경을 구하라?

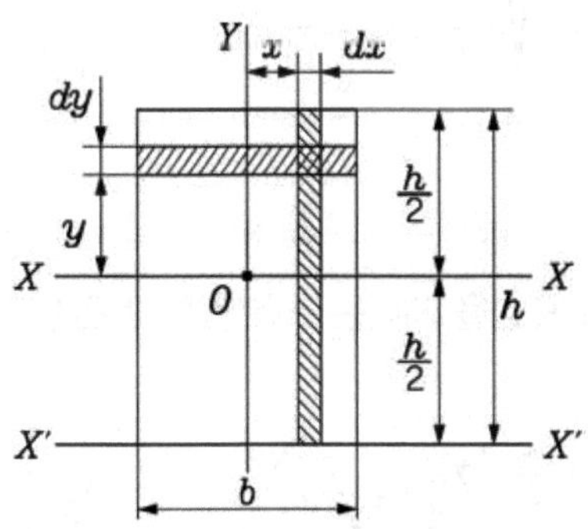

해설)

① 도심을 지나는 X 축에 대한 관성모우멘트 $I_x = \int_A y^2\ dA$

$$I_x = \int_A y^2 dA = \int_{-\frac{h}{2}}^{\frac{h}{2}} y^2(bdy) = 2\int^{\frac{h}{2}} y^2(bdy) = 2\ b\left|\frac{y^3}{3}\right|^{\frac{h}{2}} = \frac{bh^3}{12}$$

② 단면계수 $Z = \dfrac{I}{e}$ 에서

$$Z_x = \frac{I_x}{e} = \frac{\frac{bh^3}{12}}{\frac{h}{2}} = \frac{bh^2}{6}\ cm^3$$

③ 회전반경 $k = \sqrt{\dfrac{I}{A}}$ 에서

$$k = \sqrt{\frac{I_x}{A}} = \sqrt{\frac{\frac{bh^3}{12}}{bh}} = \frac{h}{\sqrt{12}} = \frac{h}{2\sqrt{3}}$$

④ 도심을 지나는 Y 축에 대한 관성모우멘트 $I_x = \int_A y^2\ dA$

$$I_y = \int_A x^2 dA = \int_{-\frac{b}{2}}^{\frac{b}{2}} x^2 (hdy) = 2\int^{\frac{b}{2}} x^2 (hdy) = 2h\left|\frac{x^3}{3}\right|^{\frac{b}{2}} = \frac{hb^3}{12}$$

단면계수 $Z_y = \dfrac{I_y}{e} = \dfrac{\frac{hb^3}{12}}{\frac{b}{2}} = \dfrac{hb^2}{6}\ cm^3$

회전반경 $k = \sqrt{\dfrac{I_x}{A}} = \sqrt{\dfrac{\frac{hb^3}{12}}{bh}} = \dfrac{b}{\sqrt{12}} = \dfrac{b}{2\sqrt{3}}$

예제 10

그림과 같은 3각형 단면의 도심을 지나는 x축에 대한 관성모우멘트, 단면계수를 구하시오.

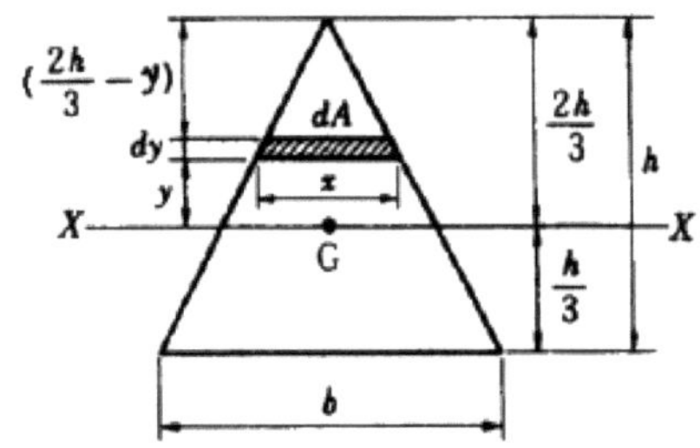

해설)

① 미소 단면적의 폭 x 를 구하기 위해 비례식을 이용하면 (도심 참조)

$$x : b = (\frac{2h}{3} - y) : h \Rightarrow x = \frac{b}{h}(\frac{2h}{3} - y)$$

미소 단면적 $dA = x\,dA = \dfrac{b}{h}(\dfrac{2h}{3} - y)dy$

② 관성모우멘트 $I_x = \int_A y^2\, dA$ 에서

$$I_X = \int_A y^2 dA = \int_{-\frac{h}{3}}^{\frac{2h}{3}} y^2 \cdot \frac{b}{h}\left(\frac{2h}{3} - y\right)dy$$

$$= \frac{b}{h}\int_{-\frac{h}{3}}^{\frac{2h}{3}}\left(\frac{2h}{3}y^2 - y^3\right)dy = \left[\frac{2h}{9}y^3 - \frac{y^4}{4}\right]_{-\frac{h}{3}}^{\frac{2h}{3}} = \frac{bh^3}{36}$$

③ 단면계수

도심축 아래 $Z_1 = \dfrac{I_x}{e_1} = \dfrac{\frac{bh^3}{36}}{\frac{h}{3}} = \dfrac{bh^2}{12}$

도심축 상부 $Z_2 = \dfrac{I_x}{e_2} = \dfrac{\frac{bh^3}{36}}{\frac{2h}{3}} = \dfrac{bh^2}{24}$

예제 11

그림과 같은 원형단면의 관성모멘트, 단면계수, 극관성모멘트, 극단면계수를 구하시오.

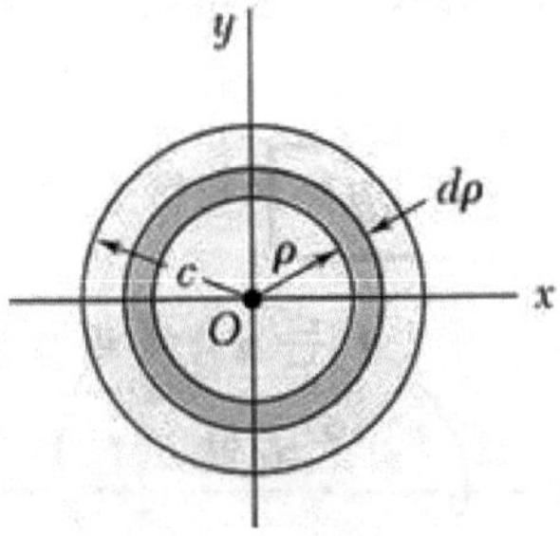

해설)

① 극관성 모멘트

$$I_p = \int_A (\rho^2)dA = \int_0^r (\rho^2)2\pi\rho\, d\rho$$

$$= 2\pi\int_0^r (\rho^3)d\rho = 2\pi\left[\frac{1}{4}\rho^4\right]_0^r = \frac{\pi r^4}{2} = \frac{\pi\left(\frac{d}{2}\right)^4}{2} = \frac{\pi d^4}{32}$$

여기서 미소면적 $dA = 2\pi\rho\, d\rho$

② 단면 2차모우멘트 $(I_P = 2I)$

$$I = \frac{I_p}{2} = \frac{\frac{\pi d^4}{32}}{2} = \frac{\pi d^4}{64}$$

③ 단면계수

$$Z = \frac{I}{e} = \frac{\frac{\pi d^4}{64}}{\frac{d}{2}} = \frac{\pi d^3}{32}$$

④ 극단면계수 $Z_P = 2Z$

$$Z_p = \frac{I_p}{e} = \frac{\frac{\pi d^4}{32}}{\frac{d}{2}} = \frac{\pi d^3}{16}$$

5.4 평행축 정리

주어진 평면도형의 도심을 지나는 축에 관한 관성모멘트를 알고 도심 축으로부터 임의 거리 d만큼 멀어진 도심 축과 평행한 임의 축에 관한 관성모멘트를 구하고자 할 때 평행축 정리를 이용하면 매우 편리하고 쉽게 구할 수 있다.

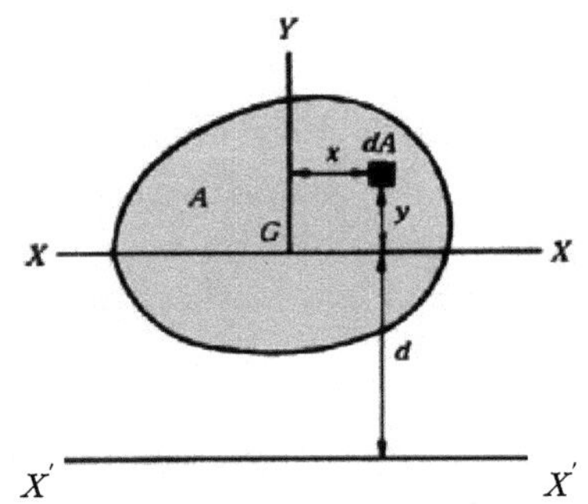

그림 5-11 평행축 정리

그림 5-11과 같은 평면도형에서 도심 G을 지나는 축 $X-X$에 대한 관성모멘트를 I_X, 도형의 면적을 A라 하면, 축 $X-X$로부터 거리 d만큼 떨어진 동일 평면 내의 평행한축 $X'-X'$ 에 관한 관성모멘트 I_X'는 I_X와 면

적 A에 평행축간 거리 d의 제곱을 곱한 것의 합과 같다. 이것을 **평행축**(parallel axis theorem)이라고 한다.

$$I_{x'} = I_x + Ad^2 \tag{5-13}$$

이 정리는 다음과 같이 증명할 수 있다.

$$I_{x'} = \int_A (y+d)^2 dA = \int_A y^2 dA + 2d\int_A ydA + d^2 \int_A dA \tag{a}$$

도심을 지나는 축에 대한 단면 1차 모멘트 값 $(2d\int ydA)$은 0이 되므로, 윗 식으로 두 번째 항은 0이 되므로 정리하면 평행축 이동 식에 일치하게 된다.

(1) 평행축 정리를 이용한 단면 2차 모멘트

단 면	사 각 형	삼 각 형	원 형
도 형	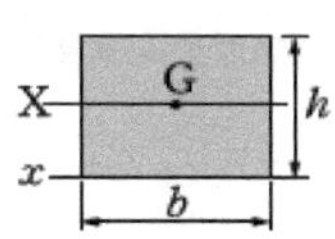	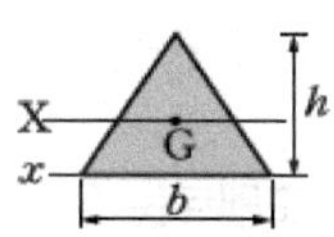	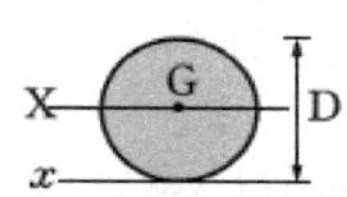
도심축 I_X	$\frac{bh^3}{12}$	$\frac{bh^3}{36}$	$\frac{\pi D^4}{64} = \frac{\pi r^4}{4}$
상·하단축 I_x	$\frac{bh^3}{3}$	하단 : $\frac{bh^3}{12}$ 상단 : $\frac{bh^3}{4}$	$\frac{5\pi D^4}{64}$

※ 참고 축 이동식 단면 2차 모멘트 값 산정

① 도심축에서 임의 축이동 $I_X = I_G + Ad^2$

② 임의축에서 도심축으로 축이동 $I_X = I_G - Ad^2$

예제 12

그림과 같은 삼각형 단면에서 도심을 지나는 X 0 축에 대한 단면2차모멘트가 3cm⁴ 일 때, 밑변을 지나는 X 축에 대한 단면2차모멘트는?

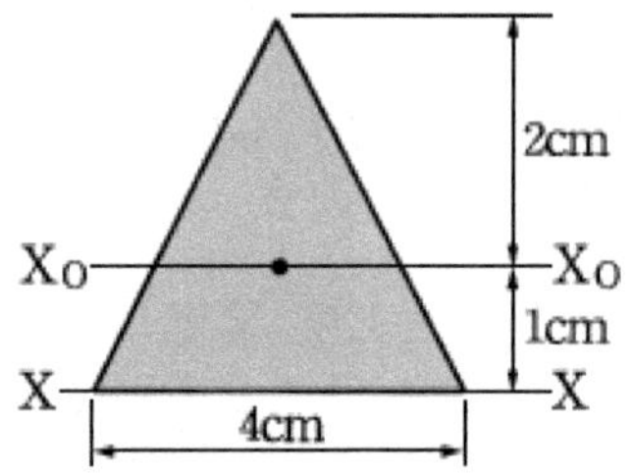

해설) $I_X = I_{X_o} + Ad^2$

$$I_X = \frac{bh^3}{36} + \frac{1}{2}bh\,d^2 = \frac{4\times 3^3}{36} + \frac{1}{2}(4\times 3)\,1^2 = 9cm^4$$

예제 13

그림에서 Y축에 대한 단면2차모멘트는 ?

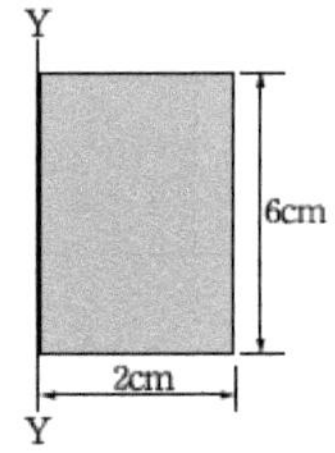

해설) $I_Y = I_{Y_o} + Ad^2$

$$I_Y = \frac{hb^3}{12} - bh\left(\frac{x}{2}\right)^2 = \frac{6\times 2^3}{12} + (2\times 6)\,1^2 = 16cm^4$$

※ 참고

$$I_X = \frac{bh^3}{12} \qquad I_Y = \frac{hb^3}{12}$$

예제 14

그림과 같은 사다리꼴 단면의 $X - X$축에 대한 단면 2차 모우멘트는 ?

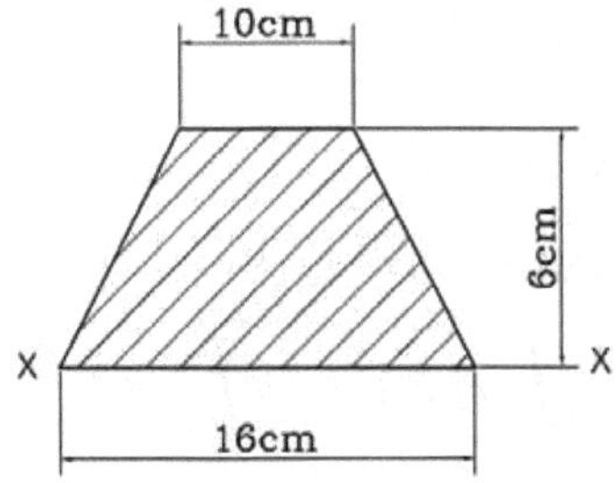

해설) 평행축 정리 이용

$$I_x = \frac{bh^3}{12} + d^2A + \frac{bh^3}{36} + d^2A$$

$$= \frac{10 \times 6^3}{12} + (\frac{6}{2})^2 \times 10 \times 6 + \frac{6 \times 6^3}{36} + (\frac{6}{3})^2 \times 6 \times 6 = 828\,cm^4$$

5.5 단면의 관성상승모멘트(product of inertia)

관성모우멘트는 기계부품이나 구조물에 있어서 실제로 작용하는 모멘트가 아니고, 재료역학을 공부하는 사람들끼리 서로 약속한 하나의 상상 모멘트이다.

이러한 관성상승모멘트를 이용하면 주축을 결정하는데 매우 편리하다.

평면도형 내의 미소면적 dA에서 X, Y축까지의 거리 x, y의 상승 적을 그 **단면의 관성상승모멘트**(product of inertia)라 하며, 다음과 같이 I_{XY} 표현한다.

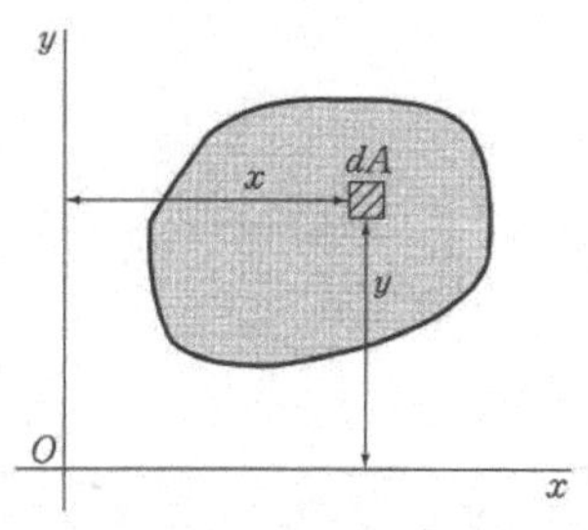

5-12 관성 상승 모멘트

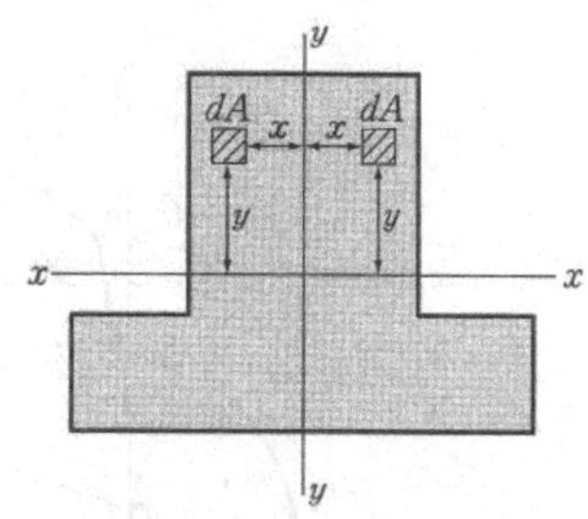

5-13 대칭 도형의 관성상승 모멘트

$$I_{XY} = \int_A xydA \qquad (5\text{-}14)$$

도형의 도심을 지나고 $I_{XY}=0$ 가 되는 직교축을 그 **단면의 주축**이라 하며, 도형의 대칭축에 대한 상승모멘트는 반드시 0이 되며, 축을 **그 단면의 주축** (principle axes)이라고 한다.

즉 관성상승모멘트의 평행축 정리을 이용하면

$$I_{X'Y'} = \int_A (x+a)(y+b)\,dA = \int_A xy\,dA \ + \ b\int_A x\,dA \ + \ a\int_A y\,dA \ + \ ab\int_A dA \quad \text{(a)}$$

여기서 $\int_A xy\,dA$ 는 도심축에 대한 면적 A의 관성상승모멘트

$b\int_A x\,dA \ + \ a\int_A y\,dA$ 는 도심축에 대한 면적 A의 단면1차모멘트 = 0

$\therefore \ \boldsymbol{I_{X'Y'} = I_{XY} + abA}$

(1) 단면의 2차 극 모멘트와 상승모멘트 차이점

구 분	단면2차 극모멘트	단면2차 상승모멘트
공 식	$I_P = \int C^2 dA$ (C 는 극점까지의 거리)	$I_{xy} = \int xydA$ (x, y 는 도심거리)
일반사용식	$I_P = I_x + I_y$	$I_{xy} = Axy$
용 도	부재의 비틀림 응력계산	단면의 주축계산

(2) 단면의 O점을 지나는 주축의 방향

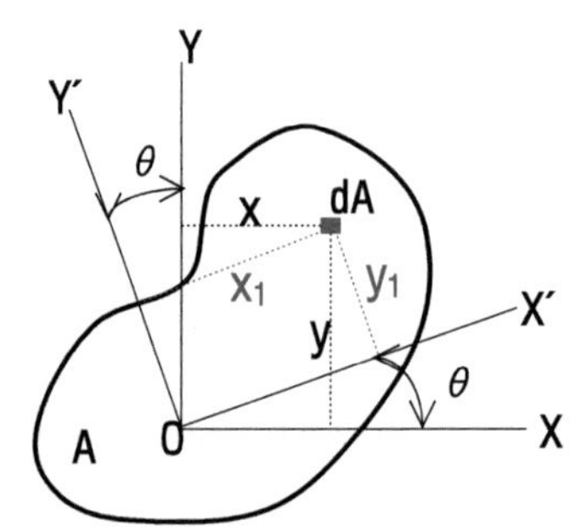

그림 5-14 단면의 주축방향

주축의 방향 은 다음과 같다.

$$\tan 2\theta = -\frac{2I_{XY}}{I_X - I_Y} \tag{5-15}$$

예제 15

그림과 같은 사각형단면에서 X', Y'축에 대한 관성상승모멘트 $I_{X'Y'}$를 구하라.

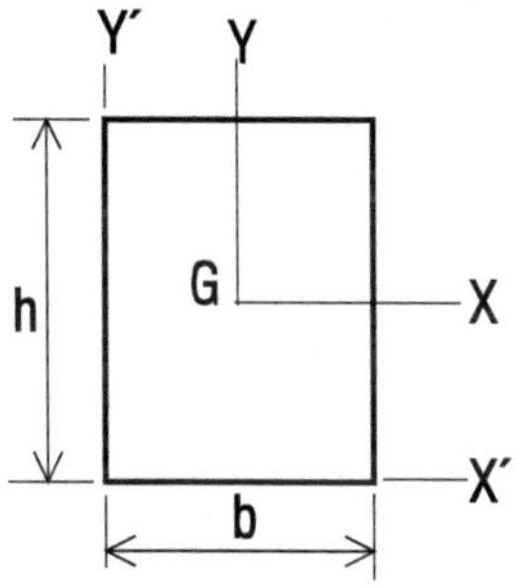

해설)

$$I_{X'Y'} = \int XYdA = A\,ab = bh\,\frac{b}{2} \times \frac{h}{2} = \frac{b^2 h^2}{4}$$

예제 16

그림과 같은 도형의 X, Y 축에 관한 관성상승모멘트 I_{XY}를 구하라.

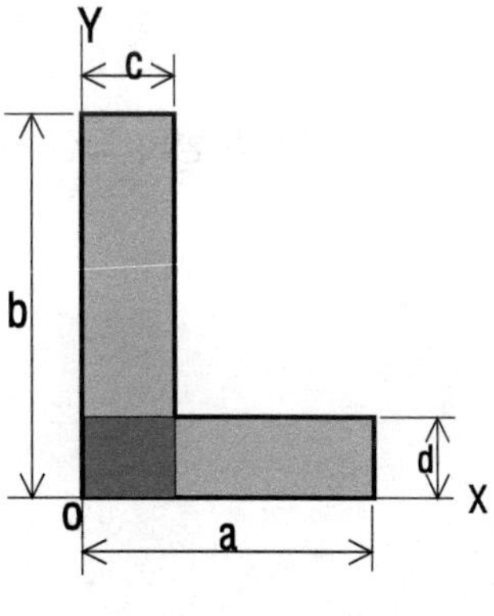

해설)

정방형 ad와 bc의 합계로부터 cd를 빼면

$$I_{XY} = \frac{1}{4}(a^2d^2 + b^2c^2 - c^2d^2)$$

예제 17

그림과 같은 밑변이 b이고 높이가 h인 직사각형 단면의 O점을 지나는 주축의 방향을 표시하는 식을 구하라.

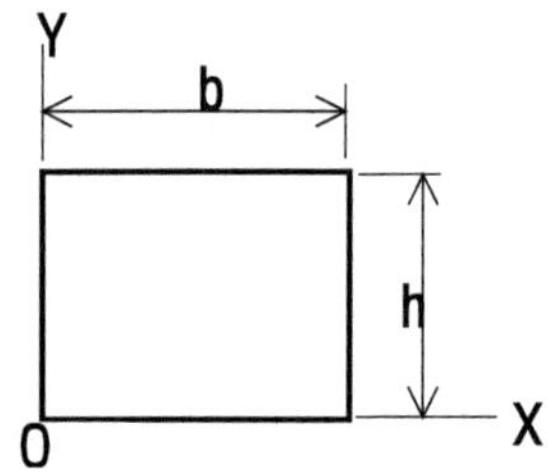

sol) $\tan 2\theta = -\dfrac{2I_{XY}}{I_X - I_Y}$ 에서 O점을 지나는 I_X, I_Y, I_{XY} 는

$$I_X = \frac{bh^3}{3},\ I_Y = \frac{hb^3}{3},\ I_{XY} = bh\frac{b}{2}\frac{h}{2} = \frac{b^2h^2}{4}$$

$$\therefore \tan 2\theta = \frac{2\dfrac{b^2h^2}{4}}{\dfrac{hb^3}{3} - \dfrac{bh^3}{3}} = \frac{3bh}{2(b^2 - h^2)}$$

예제 18

그림과 같은 도형의 도심축에 관한 관성상승모멘트를 구하라.

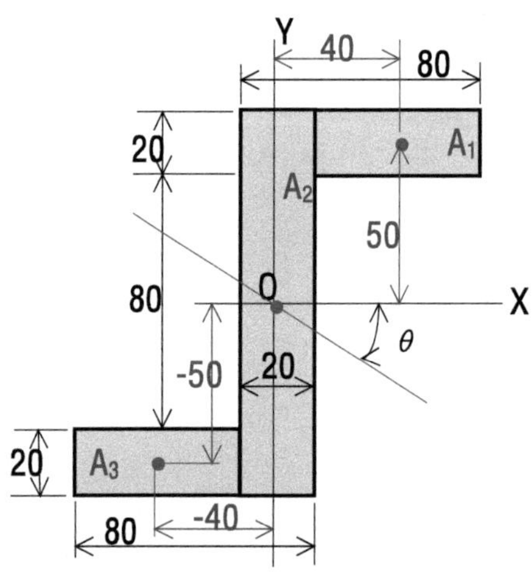

해설)

관성상승모멘트 : 평행축정리 이용, A_1, A_2, A_3의 관성상승모멘트를 구하여 합산

- 면적A_1 : A_1도심의 I_{XY} 에서 a=40, b=50만큼 이동

  $I_{XY} = I_{X_1Y_1} + abA = 0 + (40) \times (50) \times (60 \times 20) = 2.4 \times 10^6 mm^4$

- 면적A_2 : $I_{XY} = I_{X_2Y_2} + abA = 0 + (0) \times (0) \times (20 \times 120) = 0$

  주축에 대한 상승모멘트는 0이다.

- 면적A_3 : $I_{XY} = I_{X_3Y_3} + abA = 0 + (-40) \times (-50) \times (60 \times 20) = 2.4 \times 10^6 mm^4$

- 전체단면적에 관한 관성상승모멘트는

$I_{XY} = (2.4 \times 10^6) + 0 + (2.4 \times 10^6) = 4.8 \times 10^6 mm^4$

핵심정리

- 단면 1차 모우멘트

  $G_x = A\overline{y} \qquad G_y = A\overline{x}$

(도심을 지나는 단면 1차 모우멘트 0이다)

- 도심구하기

$$\overline{y} = \frac{\text{단면1차모멘트}}{\text{단면적}} = \frac{A_1\overline{y_1} \pm A_2\overline{y_2}}{A_1 \pm A_2}$$

$$\overline{x} = = \frac{\text{단면1차모멘트}}{\text{단면적}} = \frac{A_1\overline{x_1} \pm A_2\overline{x_2}}{A_1 \pm A_2}$$

예외) 반원 $\frac{4R}{3\pi}$ 삼각형 $\frac{h}{3}$

- 단면 2차 모우멘트 ($I_x = \int_0^A y^2 dA = Ak^2$)

  - 구형단면 $I_{Gx} = \frac{bh^3}{12} \qquad I_{Gy} = \frac{hb^3}{12}$

  - 원형단면 $I = \frac{\pi d^4}{64}$ (중공 $I = \frac{\pi(D^4 - d^4)}{64}$)

- 삼각형 단면 $I_G = \frac{bh^3}{36}$

- 극 2차 모우멘트 ($I_p = 2I$)

  - 구형단면 $I_{Gx} = \frac{a^4}{6}$

  - 원형단면 $I_p = \frac{\pi d^4}{32}$ (중공 $I = \frac{\pi(D^4 - d^4)}{32}$)

- 평행축 정리

$I_{x'} = I_G + d^2 A$

(d : 도심으로부터 임의축까지거리)

- 단면계수 정의

$Z = \frac{I_G}{e}$ (e: 도심에서 y방향 까지의 거리)

구형 (사각형) $Z_x = \frac{bh^2}{6}$ $z_y = \frac{hb^2}{6}$

원형 $Z = \frac{\pi d^4}{32}$ $Z_p = \frac{\pi d^3}{16}$

중공 $Z = \frac{\pi(1 - x^4)D^3}{32}$ (내외경비 $x = \frac{d(\text{내경})}{D(\text{외경})}$)

$Z_p = \frac{\pi(1 - x^4)D^3}{16}$

- 단면 상승모우멘트

$I_{xy} = \bar{x}\,\bar{y}\,A = \frac{b^2 h^2}{4}$

- 회전반경 $k = \sqrt{\frac{I}{A}}$

단면적	단면 2차 모우멘트 (I_x)	단면계수 (Z_x)
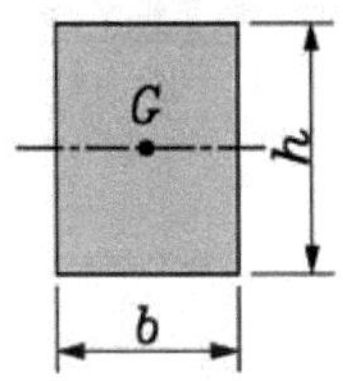	$\frac{bh^3}{12}$	$\frac{bh^2}{6}$
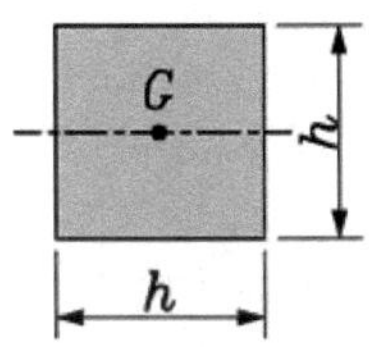	$\frac{h^4}{12}$	$\frac{h^3}{6}$
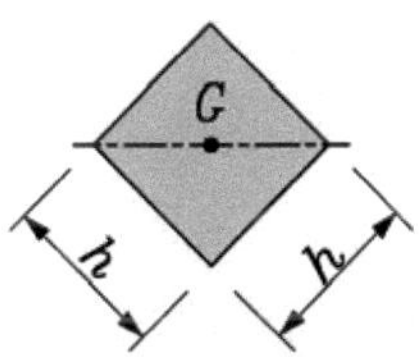	$\frac{h^4}{12}$	$\frac{\sqrt{2}\,h^3}{12}$
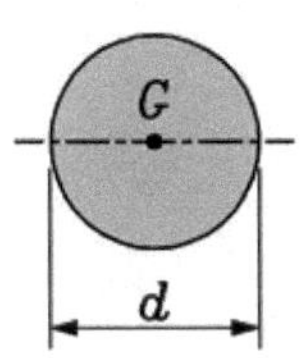	$\frac{\pi d^4}{64}$	$\frac{\pi d^3}{32}$
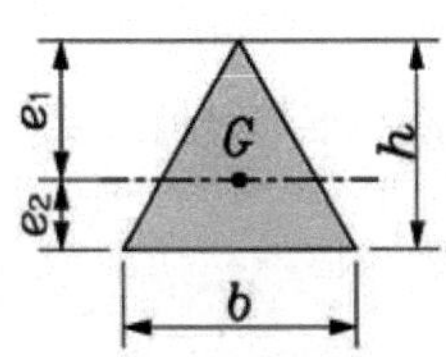	$\frac{bh^3}{36}$	$e_1 = \frac{2h}{3}$ $e_2 = \frac{h}{3}$ $Z_1 = \frac{bh^2}{24}$ $Z_2 = \frac{bh^2}{12}$

연 습 문 제

1. 그림에 있는 단면의 도심 C의 좌표를 구하여라.(단위 ㎜)

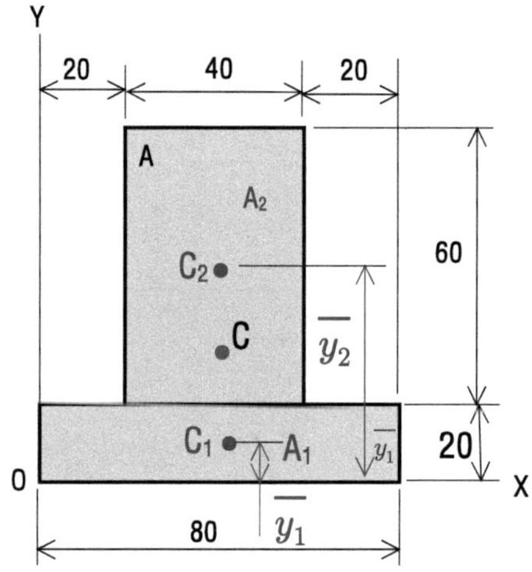

해설) 전체도형(A)를 A_1, A_2로 나누어 생각하면, 도형은 좌우대칭이므로

$$\overline{x} = 40\,mm$$

$$\overline{y} = \frac{\sum_i A_i \overline{y_i}}{\sum_i A_i} = \frac{A_1\overline{y_1} + A_2\overline{y_2}}{A_1 + A_2} = \frac{1600\times 10 + 2400\times 50}{20\times 80 + 40\times 60} = 34\,mm$$

$$\therefore C\,(40,\,34)$$

2. 다음 그림에서 각 축에 대한 단면 1차 모멘트 G_X, G_{X_1}, G_{X_2}를 구하라.

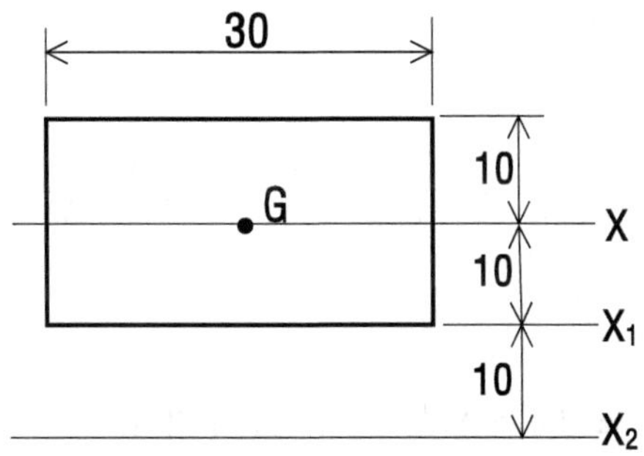

해설) $G_X = 0 \Rightarrow (\because$ 도심을 지나므로$)$

$G_{X_1} = A\overline{y_1} = (30 \times 20) \times 10 = 6000\,cm^3$

$G_{X_2} = A\overline{y_2} = (30 \times 20) \times 20 = 12000\,cm^3$

3. 사다리꼴의 도심의 위치와 X 축에 대한 단면1차모멘트 G_X 및 e_1를 구하라.

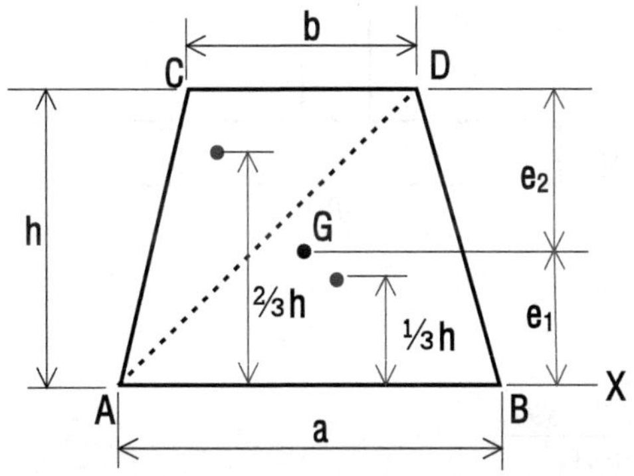

해설)

①△ACD의 X축에 대한 단면1차모멘트 G_{X_1}은

$$G_{X_1} = A\overline{y_1} = (\frac{1}{2}bh) \times \frac{2}{3}h = \frac{2bh^2}{6}$$

② △ABD의 X축에 대한 단면1차모멘트 G_{X_2}는

$$G_{X_2} = A\overline{y_2} = (\frac{1}{2}ah) \times \frac{1}{3}h = \frac{ah^2}{6}$$

$$\therefore\ G_X = \frac{2bh^2}{6} + \frac{ah^2}{6} = \frac{h^2(a+2b)}{6}$$

③ $$e_1 = \frac{G_X}{A} = \frac{\frac{h^2(a+2b)}{6}}{\frac{(a+b)h}{2}} = \frac{2h^2(a+2b)}{6(a+b)h} = \frac{h(a+2b)}{3(a+b)}$$

4. 그림과 같은 좌우대칭인 도형에서 도심의 위치를 구하라.

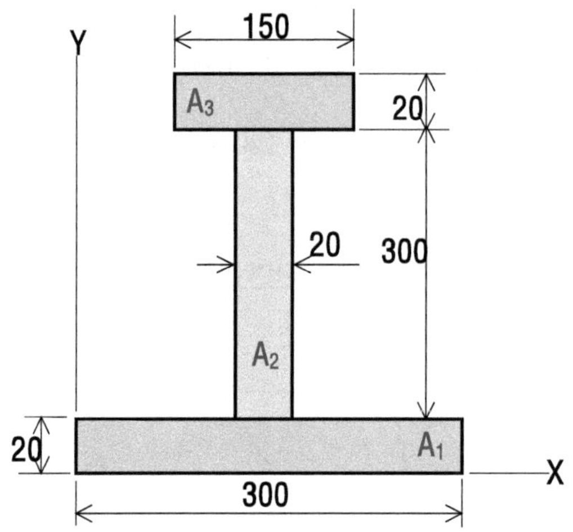

해설)

$$\bar{y} = \frac{A_1\overline{y_1} + A_2\overline{y_2} + A_3\overline{y_3}}{A_1 + A_2 + A_3}$$

$$= \frac{[6000 \times \frac{20}{2}] + [6000 \times (20 + \frac{300}{2})] + [3000 \times (20 + 300 + \frac{20}{2})]}{(300 \times 20) + (300 \times 20) + (150 \times 20)} = 138\,mm$$

$$\bar{x} = 150\,mm$$

5. 다음 도형에서 도심의 위치G를 구하라.

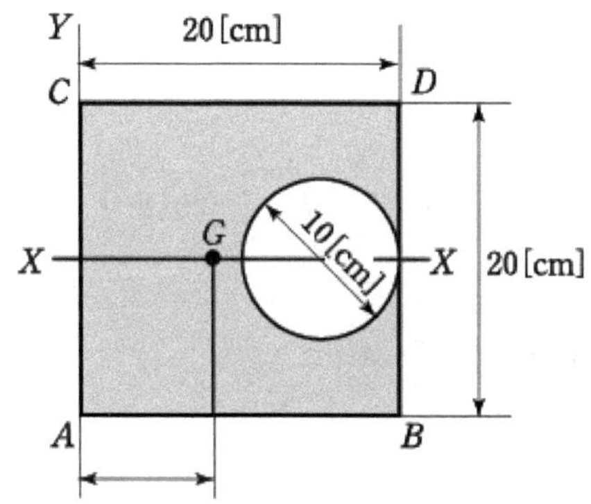

해설)

$$\bar{x}=\frac{A_1\overline{x_1}-A_2\overline{x_2}}{A_1-A_2}=\frac{(400\times 10)-(\frac{\pi\times 10^2}{4})\times 15}{400-(\frac{\pi\times 10^2}{4})}=8.779\,cm$$

$\bar{y}\ =0$

6. 다음 그림과 같은 부채꼴의 도심 위치는 ?

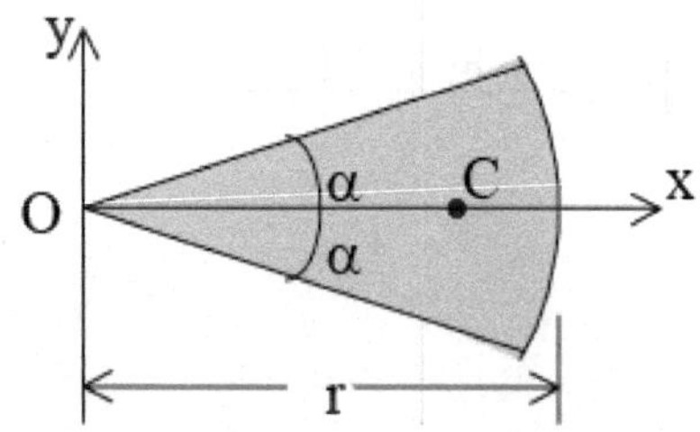

해설)

부채꼴의 반지름이r 이고, $-\alpha\ \leq\theta\ \leq\alpha$ (α 는 x축과 이루는 각)

미소 부채꼴의 면적은 $dA\ =\ rdA$ 입니다.

(단, 부채꼴의 크기는 매우 작으므로, 삼각형에 매우 가까운 형태로 간주)

삼각형의 도심은 밑변으로부터 맞은편 꼭지점의 1/3 되는 지점입니다.

미소 부채꼴의 도심의 $x = \frac{2}{3}rcos\theta$

부채꼴의 도심

$$\bar{x} = \int_{-\alpha}^{\alpha} xdA \,/ \int_{-\alpha}^{\alpha} dA = 2\int_{0}^{\alpha} \frac{2}{3} r\cos\theta \cdot rd\theta \,/\, 2\int_{0}^{\alpha} rd\theta$$

$$= \frac{2}{3}r^2 \sin\alpha \,/\, r\alpha = \frac{2r}{3\alpha} sin\alpha$$

7. 단면의 도심축 X에 대한 관성모멘트 I_X 를 구하여라.

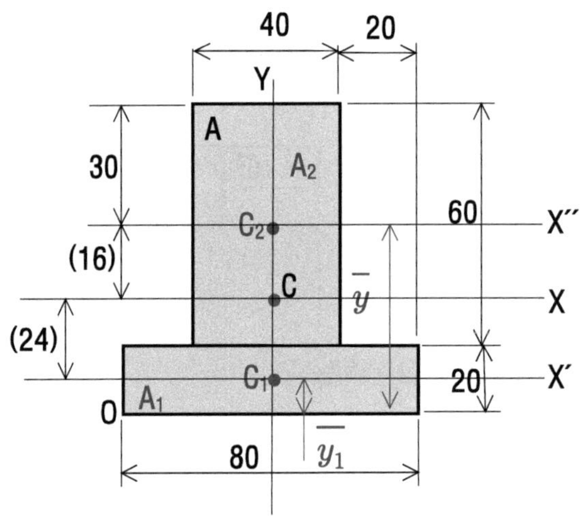

해설)

(1) 도심의 위치

$$\bar{y} = \frac{\sum_i A_i \bar{y_i}}{\sum_i A_i} = \frac{A_1\bar{y_1} + A_2\bar{y_2}}{A_1 + A_2} = \frac{1600 \times 10 + 2400 \times 50}{20 \times 80 + 40 \times 60} = 34\,mm$$

(2) 관성모멘트의 계산

① 직사각형 A_1

$$I_{X1} = \int_A y^2 dA = \frac{bh^3}{12} = \frac{80 \times 20^3}{12} = 53.3 \times 10^3 mm^4$$

평행축정리에 의해 도심 X축에 관한 A_1의 관성모멘트를 구하면

$$(I_{X''})_1 = I_{x1} + d_1^2 A_1 = 53.3 \times 10^3 + (24)^2 (80 \times 20) = 975 \times 10^3 mm^4$$

여기서 $d = \overline{y} - \frac{\overline{y_1}}{2} = 34 - \frac{20}{2} = 24 mm$

② 직사각형 A_2

$$I_{X2} = \int_A y^2 dA = \frac{bh^3}{12} = \frac{40 \times 60^3}{12} = 720 \times 10^3 mm^4$$

평행축정리에 의해 도심 X축에 관한 A_2의 관성모멘트를 구하면

$$(I_X)_2 = I_{x2} + d_2^2 A_2 = 720 \times 10^3 + (16)^2 (40 \times 60) = 1333.4 \times 10^3 mm^4$$

여기서 $d = \overline{y} - \frac{\overline{y_1}}{2} = 34 - 24 = 16 mm$

∴ 전단면적 A의 도심 C에 관한 관성모멘트 I_X 를 구하면

$$I_X = (I_X)_1 + (I_X)_2 = 975 \times 10^3 + 1333.4 \times 10^3 = 2.3 \times 10^6 mm^4$$

8. 그림과 같은 도형 단면에서 x축에 대한 단면2차모멘트는?

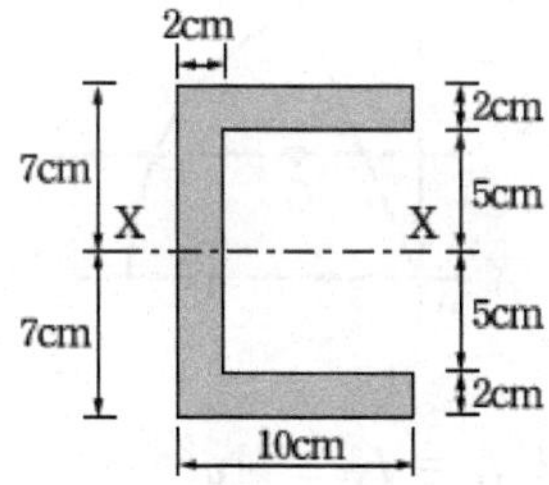

해설)

큰사각형 – 작은 사각형

$$I_X = \frac{BH^3}{12} - \frac{bh^3}{12} = \frac{10 \times 14^3}{12} - \frac{8 \times 10^3}{12} = 1620 cm^4$$

9. 그림과 같은 정방형 단면의 대칭축 x-x축에 대한 단면2차모멘트 I_x 및 단면 계수 Z_x 값은 ?

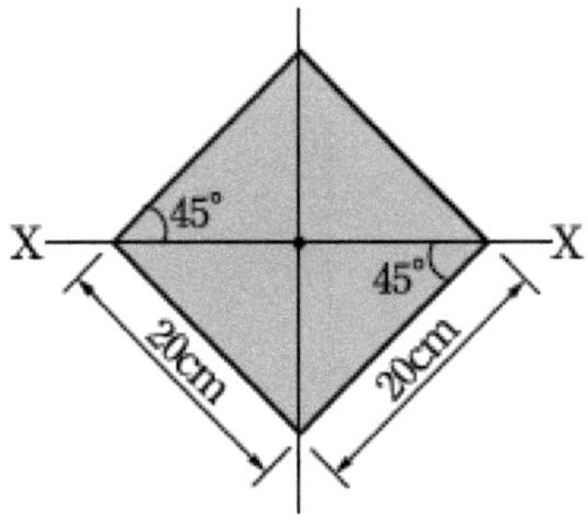

해설) 정사각형의 도심을 지나는축에 대한 단면 2차 모멘트는 모두 같으므로

$$I_x = I_y = \frac{a^4}{12} = \frac{20^4}{12} = 13333\,cm^4$$

단면계수 $Z_x = \frac{I}{e} = \frac{\frac{a^4}{12}}{\frac{a}{\sqrt{2}}} = \frac{\sqrt{2}}{12}a^3 = \frac{\sqrt{2}}{12}20^3 = 942.8\,cm^3$

10. 다음 그림과 같은 4원분의 도심 G를 지나는 수평축 X에 관한 단면 2차 모멘트를 구하여라.

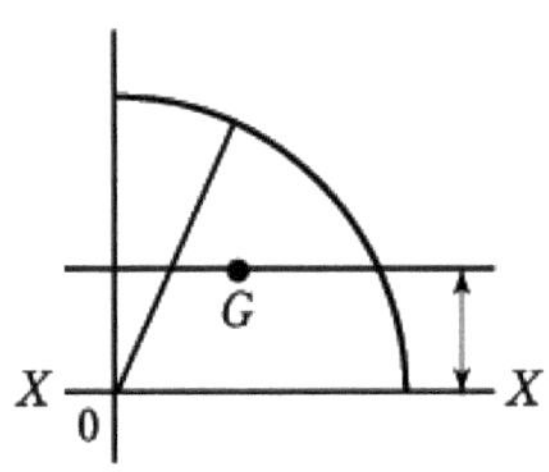

해설) $I_X = I_G + Ay$ 에서 $I_G = I_X - Ay^2$

$$\therefore I_X = \frac{\pi(2r)^4}{64}\times\frac{1}{4} - \frac{\pi(2r)^2}{4}\times\frac{1}{4}\times\left(\frac{4r}{3\pi}\right)^2 = r^4\left(\frac{\pi}{16} - \frac{4}{9\pi}\right) = 0.0549r^4$$

※ 참고 원일때 $I_X = \frac{\pi d^4}{64}$

11. 반원의 도심을 지나고 직경에 나란한 축에 관한 관성모멘트 I_X 를 구하라.

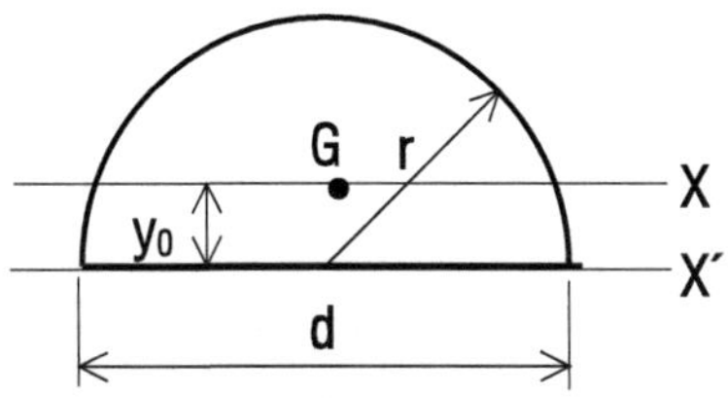

해설) $I_{X'} = \frac{\pi r^4}{4} \times \frac{1}{2} = \frac{\pi r^4}{8}$ $(\because$ 원 $I_x = \frac{\pi d^4}{64} = \frac{\pi r^4}{4})$

$$I_X = I_{X'} - Ay_o^2 = \frac{\pi r^4}{8} - \frac{\pi r^2}{2} \times (\frac{4r}{3\pi})^2 = \frac{\pi r^4}{8} - \frac{16\pi r^4}{18\pi^2}$$

$$= \frac{(9\pi^2 - 64)r^4}{72\pi} = \frac{(9\pi^2 - 64)d^4}{1152\pi}$$

12. 그림과 같은 도형 X축에 대한 단면 2차 모멘트를 구하여라. (단, X축은 도심을 지난다)

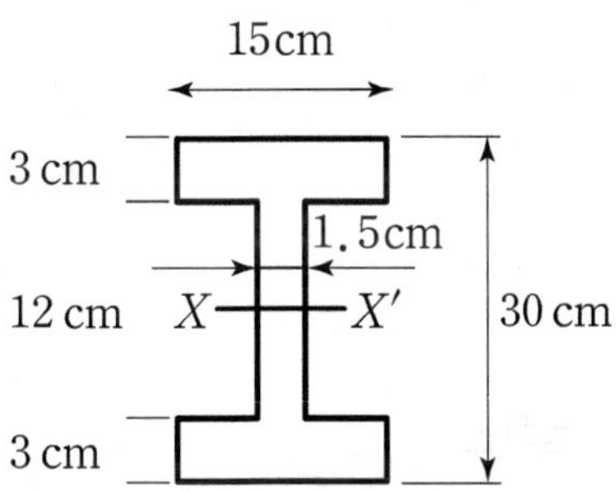

해설)

단면 2차 모멘트

$$I_X = \frac{15 \times 30^3}{12} - \frac{(15 - 1.5) \times (30 - 6)^3}{12} = 18,198\text{cm}^4$$

13. 그림과 같은 단면에서 X-X 축에 대한 단면계수는?

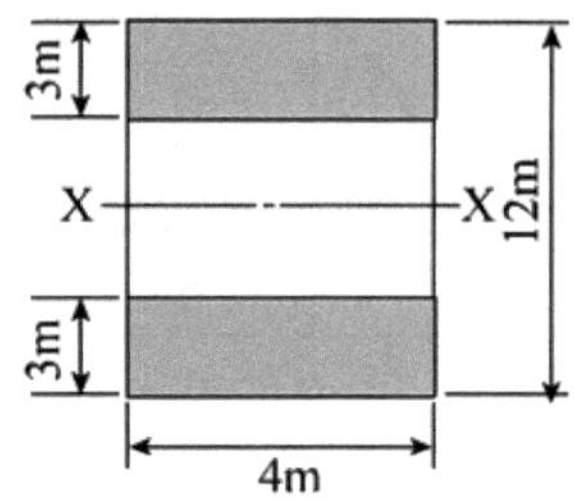

해설) 단면 2차 모우멘트 $I=\dfrac{BH^3}{12}-\dfrac{bh^3}{12}\;=\dfrac{4\times12^3}{12}-\dfrac{4\times6^3}{12}=504$

단면계수 $Z=\dfrac{I}{y}=\dfrac{504}{6}=84$

14. 그림과 같은 사다리꼴 단면의 $X-X$ 축에 대한 단면 2차 모우멘트는?

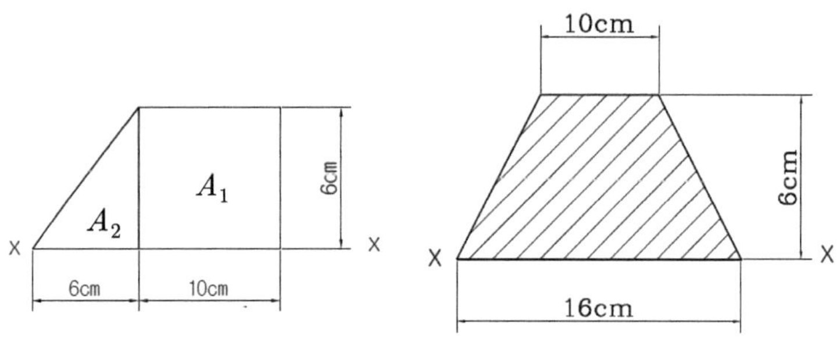

해설) 평행축 정리을 이용하면

$$I_x\;=I_{삼}\,(삼각형)+I_{사}\,(사각형)$$

$$I_x=\;\frac{bh^3}{12}+d^2A\;\;+\frac{bh^3}{36}+d^2A$$

$$=\;\frac{10\times6^3}{12}+(\frac{6}{2})^2\times10\times6+\frac{6\times6^3}{36}+(\frac{6}{3})^2\times6\times6\;=\;828\,cm^4$$

15. 다음 그림과 같이 직경 d인 원형단면에서 최대단면계수를갖는 구형 단면을 얻으려면 폭 b와 높이 h의 비를 얼마로 하면 되겠는가?

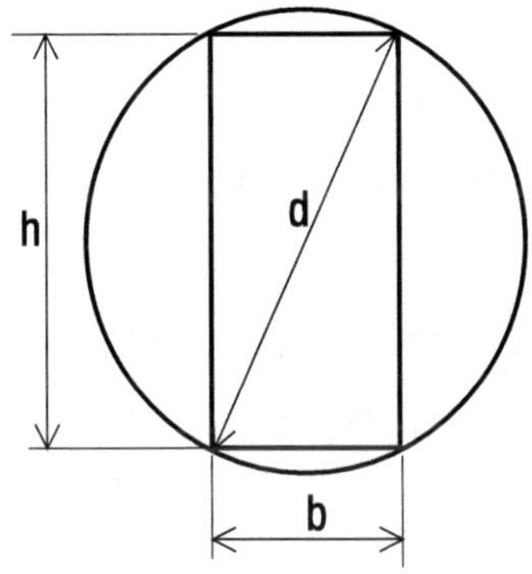

해설) $b^2 + h^2 = d^2 \quad h^2 = d^2 - b^2$

$$Z = \frac{bh^2}{6} = \frac{b(d^2 - b^2)}{6} = \frac{bd^2}{6} - \frac{b^3}{6}$$

Z(단면계수)가 최대 되는 조건 $\frac{dz}{db} = 0$ 일 때 (미분)

$$\frac{dz}{db} = \frac{d^2}{6} - \frac{3b^2}{6} = 0$$

$$b = \frac{d}{\sqrt{3}}, \ h = \sqrt{\frac{2}{3}}\,d \qquad b : h = 1 : \sqrt{2}$$

응용문제

1.다음 설명 중 틀린 것은 어느 것인가? 4

㉮ 단면 2차 모멘트의 단위는 cm^4이다.

㉯ 삼각형의 도심은 밑변에서 1/3 높이의 위치에 있다.

㉰ 단면계수는 도심축에 대한 단면 2차 모멘트를 연거리로 나눈 값이다.

㉱ 회전반경은 도심축에 대한 단면 2차 모멘트를 단면적으로 나눈 값이다.

2. 다음 중에서 그 값이 항상 0이 되는 것은 어느 것인가? 3

㉮ 구형단면의 회전반경

㉯ 원형의 단면계수

㉰ 도심축에 관한 단면 1차 모멘트

㉱ 도심축에 관한 단면 2차 모멘트

3. 단면계수에 대한 다음 설명 중 틀린 것을 골라라. 3

㉮ 차원은 길이의 3승이다.

㉯ 평면도형의 도심축에 대한 단면 2차 모멘트를 도심에서 외단까지의 거리로 나눈 값이다.

㉰ 평면도형의 도심축에 대한 단면 2차 모멘트와 면적을 서로 곱한 것을 말한다.

㉱ 대칭도형의 단면계수의 값은 하나밖에 없다.

4. 단면의 주축에 관한 설명 중 옳은 것은? 3

㉮ 주축에서는 단면 상승 모멘트가 최대이다.

㉯ 주축에서는 단면 상승 모멘트가 최소이다.

㉰ 주축에서는 단면 상승 모멘트가 0이다.

㉱ 주축에서는 단면 2차 모멘트가 0이다.

5. 그림과 같은 보의 단면적이 동일 할 때 단면계수가 가장 큰것은 ? 1

㉮ 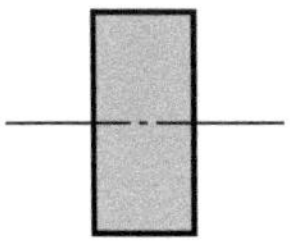 ㉯ 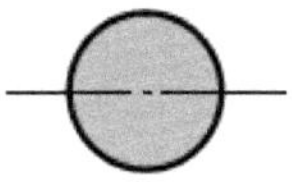

㉰ 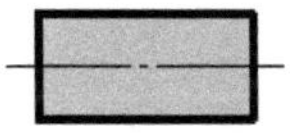 ㉱ 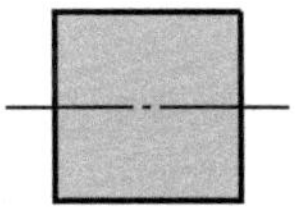

6. 그림과 같은 3종류의 단면이 같은 재료로 되었으며 x축에 대한 단면계수가 모두 같을 때, 이들 단면의 1변길이의 비 $d : h : h_1$은?

㉮ $\sqrt[3]{(32/\pi)}\ :\ \sqrt[3]{6}\ :\ \sqrt[3]{12}$

㉯ $\sqrt[3]{(32/\pi)}\ :\ \sqrt[3]{6}\ :\ 2\sqrt[3]{12}$

㉰ $\pi/64 : 1/12 : 1/24$

㉱ $1/32 : 1/12 : 1/6$

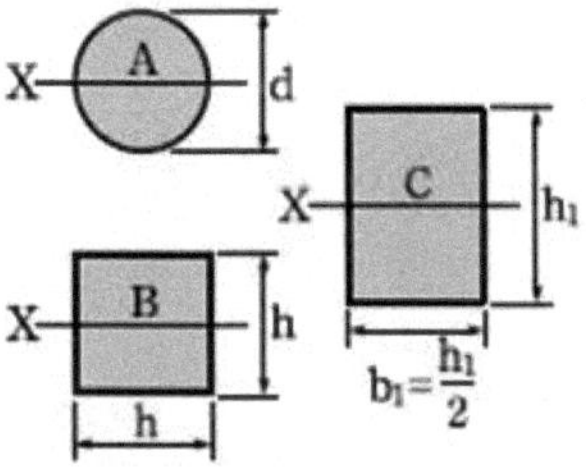

해설) $Z_1 = \dfrac{\pi d^3}{32},\quad Z_2 = \dfrac{h^3}{6},\quad Z_3 = \dfrac{\frac{h_1}{2}h_1^2}{6}$

$Z_1 = Z_2 = Z_3$ 일 때

$$d : h : h_1 = \sqrt[3]{\frac{32}{\pi}}\ :\ \sqrt[3]{6}\ :\ \sqrt[3]{12}$$

chapter 6 비틀림(torsion)

자동차의 전동축이나 공작기계의 주축 등과 같은 회전을 전달하는 기계장치에서는 동력을 전달하는 축(shaft)을 통하여 기구나 기계를 구동한다. 예를 들면, 그림 6-1과 같이 터빈과 발전기를 축으로 연결한 경우 발전기에서 얻은 동력은 축을 통하여 터빈에 전달되어 증기 터빈을 회전시킨다. 이와 같이 동력을 전달하는 축은 비틀림응력과 굽힘응력을 받게 되는데, 일반적으로 추진축은 주로 비틀림을, 차축에서는 주로 굽힘을, 전동축은 굽힘과 비틀림을 동시에 받는다.

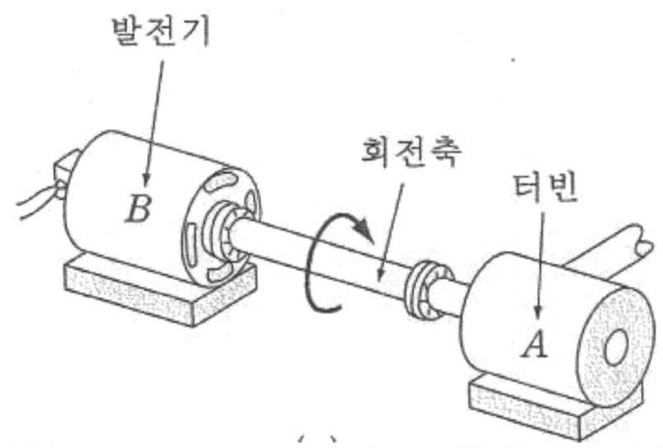

그림 6-1 전동축의 동력 전달장치

6.1 원형단면축의 비틀림

원형축의 한 쪽 끝을 고정시키고 다른 쪽 끝의 축선과 수직한 평면에 우력 T를 작용시키면, 비틀림응력이 발생함. 이 때 가해진 우력을 **비틀림 모멘트** 또는 **토크**(torque)라 한다.

$T = P\ell$비틀림에 의해 생기는 전단응력을 비틀림응력(Torsional Stress)이라 한다.

그림 6-2(b) 에서

$$\tan\gamma = \frac{bc}{ab} = \frac{r\psi}{\ell} \qquad \text{(a)}$$

여기서 ℓ은 원형축의 길이이다. r는 매우 작으므로 근사적으로 $\tan r \fallingdotseq r$로 표시하면 전단변형률은 다음과 같다.

$$\gamma = \frac{r\phi}{\ell}\,(rad) \tag{b}$$

따라서 전단응력은

$$\tau = G\gamma = G\frac{r\phi}{\ell} \tag{c}$$

여기서 ϕ는 비틀림각

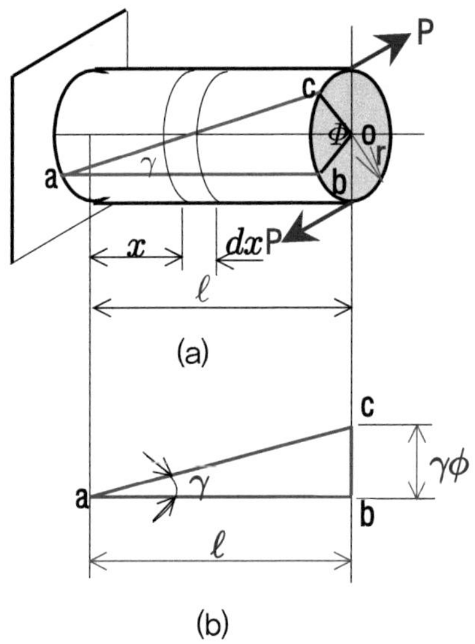

그림6-2 원형 단면축의 비틀림 모멘트

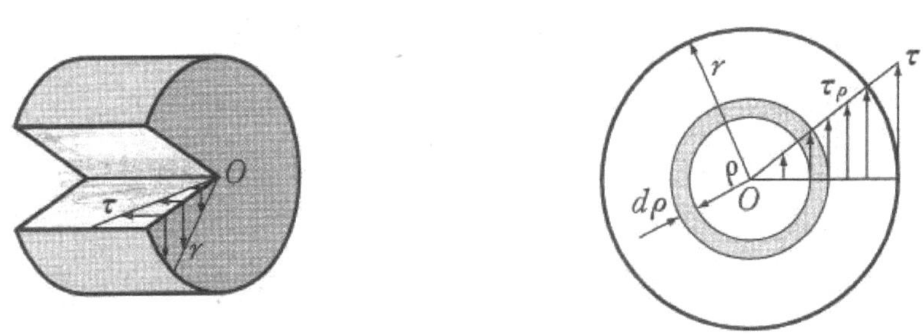

(a) (b)

6-3 비틀림을 받는 원형단면의 전단응력 분포

비틀림모멘트와 전단응력 사이의 관계는 그림 6-3 에서 반지름r일 때 전단응력이 τ이고, 임의 반지름 ρ일 때에 전단응력을 τ_ρ라고 하면, 임의 거리 ρ만큼 떨어진 미소면적 dA에 작용하는 전단력은 $\tau_\rho \cdot dA$이다. 따라서, 이 전단력이 중심축에 주어지는 미소 비틀림 모멘트 dT는 다음과 같다.

$$dT = \rho \cdot \tau_\rho \, dA \tag{d}$$

여기서 $T = P \cdot L$(힘 × 거리)

그림 6-3(b)에서 반지름과 전단응력은 비례하므로 $r : \rho = \tau : \tau_\rho$를 이용하면 $\tau_\rho = \frac{\tau\rho}{r}$이다.

이를 식(d)에 대입하면 다음과 같다.

$$dT = \rho \cdot \frac{\tau\rho}{r} dA = \frac{\tau}{r}\rho^2 dA \tag{e}$$

따라서, 원형단면 전체에 작용하는 전단력이 단면의 중심 O에 주어지는 비틀림 모멘트 T는 다음과 같다.

$$T = \int \frac{\tau}{r}\rho^2 dA = \frac{\tau}{r}\int \rho^2 dA \tag{f}$$

여기서 극관성 모우멘트 $I_P = \int \rho^2 dA$ 이므로 비틀림모우멘트는 다음과 같다.

$$T = \tau \frac{I_P}{r} = \tau Z_P = \tau \frac{\pi d^3}{16} \tag{6-1}$$

여기서 극단면계수 $Z_P = \frac{I_P}{r}$

원형단면의 극단면계수 $Z_P = \frac{\pi d^3}{16}$ (평면도형 참조)

그림 6-2 에서 미소길이 dx에서 발생한 전단변형률 γ는 식(b)를 이용하면 다음과 같다.

$$\gamma = \frac{r d\phi}{dx} \text{ (rad)}$$

$$d\phi = \frac{\gamma}{r} dx = \frac{\tau}{G} \cdot \frac{dx}{r} = \frac{T}{G I_P} dx \tag{g}$$

비틀림각 ϕ는 식(g)를 적분하면 다음과 같은 구할 수 있다.

$$\phi = \frac{T}{GI_P}\int_0^l dx = \frac{Tl}{GI_P}(rad) \tag{6-2}$$

비틀림각 단위의 라디안을 도(degree)로 환산하면 다음과 같다.

$$\phi = \frac{Tl}{GI_P}(rad) = \frac{32\,Tl}{G\pi d^4}\times\frac{180}{\pi} = \frac{584\,Tl}{Gd^4}\ (\deg) \tag{6-3}$$

여기서 원형단면의 극관성모멘트 $I_P = \dfrac{\pi d^4}{32}$

GI_p는 단위 길이의 봉에 단위 비틀림각을 주기 위한 비틀림모멘트이고, 이것을 **비틀림강도**(torsional rigidity)라 한다. 비틀림강도는 G의 값이 큰 재료를 사용하고, 봉의 지름을 크게 할수록 증가한다.

※ 용어

우력 (짝힘) : 크기가 같고 반대 방향의 힘

우력의 모멘트 : 힘의크기 x 작용선 사이의 수직거리

$T_1 = P_1 d_1 \qquad T_2 = P_2 d_2$: 토크 or 비틀림 모멘트

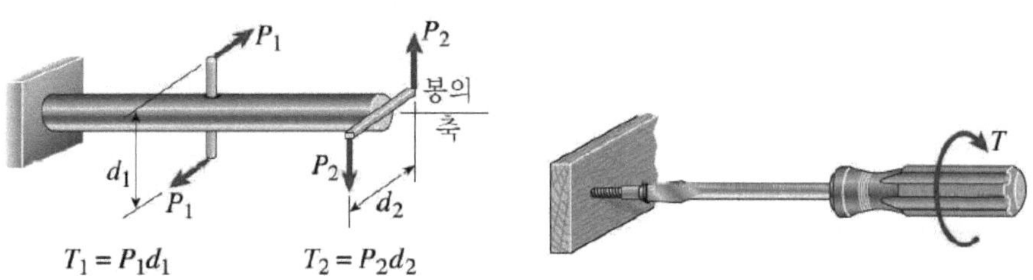

그림 6-4 비틀림모멘트의 정의

- 토크(torque) = 물체에 작용하여 물체를 회전시키는 원인이 되는 물리량 다르게 설명하면, 물체를 돌릴려면 회전 중심에서 어느정도 떨어진 거리(L)에 힘(F)을 가해야 하는데, 이 거리와 힘의 곱이 토크입니다;

$$T = FL \Rightarrow FR = F\frac{D}{2}\ (\text{원 인경우})$$

- 비틀림(torsion) = 물체에 토크가 작용했을때 나타나는 현상 또는 변형
  예) 빨래를 두 손으로 비틀어 짜는 경우, 또는 역가락을 두 손으로 비트는 경우를 생각하시면 됩니다.

---

2. 실축과 중공축의 강도 비교

	실 축	중공축
	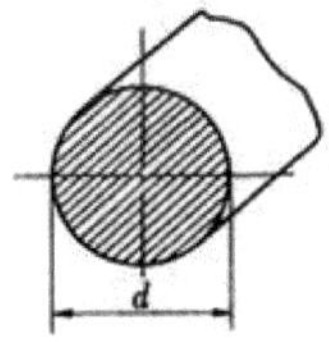	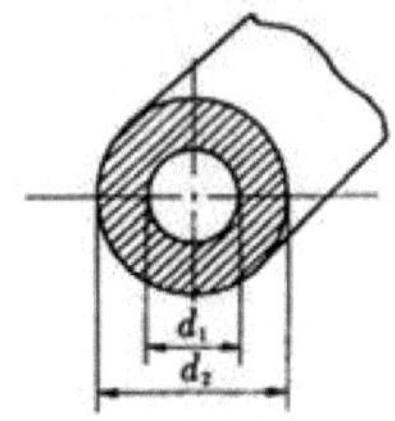
극 2차 모우멘트 I_p	$I_p = \frac{\pi d^4}{32}$	$I_p = \frac{\pi(d_2^4 - d^{4_1})}{32}$
극 단면계수 Z_p	$Z_p = \frac{\pi d^3}{16}$	$Z_p = \frac{\pi}{16}(1 - x^4)d_2^4$
비틀림 모우멘트	$T = \tau \times Z_p = \tau \frac{\pi d^3}{16}$	$T = \tau \times \frac{\pi}{16}(1 - x^4)d_2^4$

(단, x(내외경비) $= \frac{d_1}{d_2}$)

예제 1

그림과 같이 바깥지름이 30cm인 평벨트휠에 벨트의 긴장 측에 500N, 이완 측에 300N의 장력이 작용하고 있다면 축에 전달되는 비틀림 모멘트를 구하고, 만약 축에 작용하는 전단 응력이 $\tau = .38MPa$이라면 축의 지름은 얼마인가?

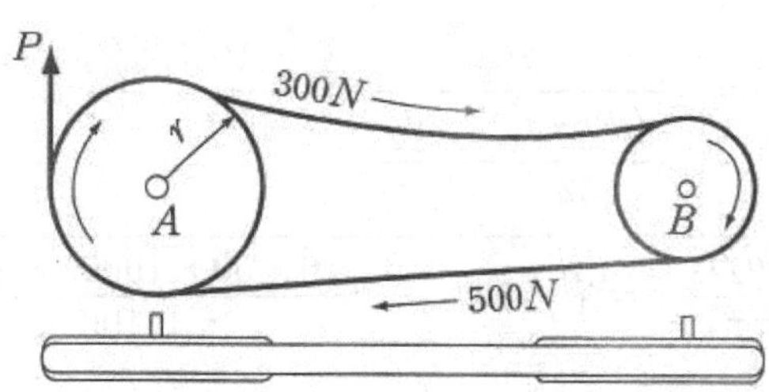

해설)

축에 작용하는 비틀림모멘트는 $T = F\frac{D}{2}$ 에서 작용한 전달력

$$T = P\frac{D}{2} = (500 - 300) \times \frac{0.3}{2} = 30N \cdot m$$

여기서 P= 긴장축의 장력-이완축의 장력

전단응력 $\tau_{\max} = \dfrac{16T}{\pi d^3}$ 에서

$$d = \sqrt[3]{\frac{16T}{\pi\tau}} = \sqrt[3]{\frac{16 \times 30}{\pi \times 2.38 \times 10^6}} = 0.04m = 40mm$$

예제 2

지름 20mm인 축이 120rpm으로 회전하고 있다. 고정축으로부터 20m 떨어진 단면에서 측정한 비틀림각이 1/15 rad 이었다면 이 축에 작용하고 있는 비틀림모멘트는 얼마인가? (단, 전단탄성계수 G=80GPa이다.)

해설)

비틀림각 $\phi = \dfrac{Tl}{GI_p}$ (rad)

$$T = \frac{\pi GI_p\,\phi}{l} = \frac{80 \times 10^9 \times \dfrac{\pi \times 0.02^4}{32} \times \dfrac{1}{15}}{20} = 4.2N{\cdot}m$$

예제 3

중공축의 외경 $d_2 = 50mm$ 인 봉에서 비틀림모멘트 T는 $1000\ N{\cdot}m$ 이고 허용비틀응력이 $100\,MPa$ 일 때 내경 d_1은 얼마인가?

해설)

전단 응력

$$\tau_{\max} = \frac{T}{Z_p} = \frac{T}{I_P/e} = \frac{T}{\dfrac{\pi(d_2^4 - d_1^4)}{32} / \dfrac{d_2}{2}} = \frac{16\,d_2\,T}{\pi(d_2^4 - d_1^4)}$$

$$d_1 = \sqrt[4]{d_2^4 - \frac{16d_2T}{\pi\tau}} = \sqrt[4]{50^4 - \frac{16 \times 50 \times 1000 \times 10^3}{\pi \times 100}}$$

$$= 43.9mm \fallingdotseq 44\,mm$$

예제 4

길이 314cm, 원형 단면축의 지름이 40mm일 때 이 축의 끝에 100J의 비틀림모멘트를 받는다면 이 때의 비틀림각은 ? (단, 전단 탄성 계수 $G = 80\,\mathrm{GPa}$이다)

해설)

$$\theta = \frac{T}{G} \cdot \frac{l}{I_P} \cdot \frac{180}{\pi}(\text{도})$$

$$= \frac{100}{80 \times 10^9} \cdot \frac{3.14}{\pi 0.04^4/32} \times \frac{180}{\pi} = 0.895^\circ$$

여기서 $100\,J\ (100\,N \cdot m)$

예제 5

다음 그림에서 소켓 렌치의 강재의 지름 8mm 이고, 길이가 200mm 일 때 렌치에 작용시킬 수 있는 최대 허용 토크 ($N \cdot mm$)는 얼마인가? (단, 강재의 허용전단응력 60MPa 이다)

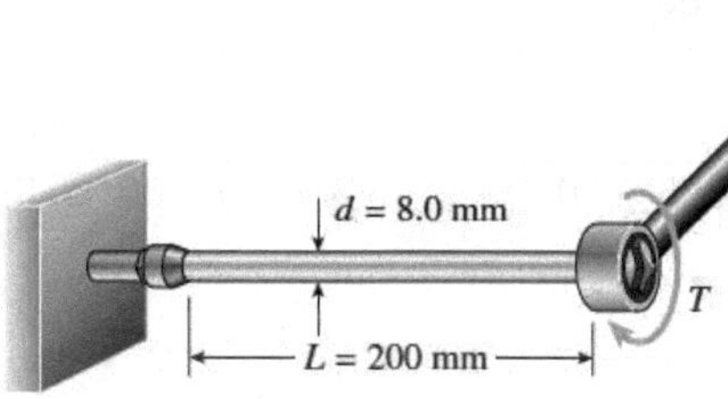

해설)

$$T = \tau Z_P = 60 \times \frac{\pi \times 8^3}{16} = 6031.8\ N \cdot mm$$

6.2 동력축 (전동축)

동력축을 설계할 때에는 축에 전달되는 동력 (kW)으로부터 그 축의 단면의 크기를 결정하는 경우가 많다. 따라서 축의 단면크기를 결정하기 위하여 전달되는 동력과 비틀림 모멘트 관계를 알아본다.

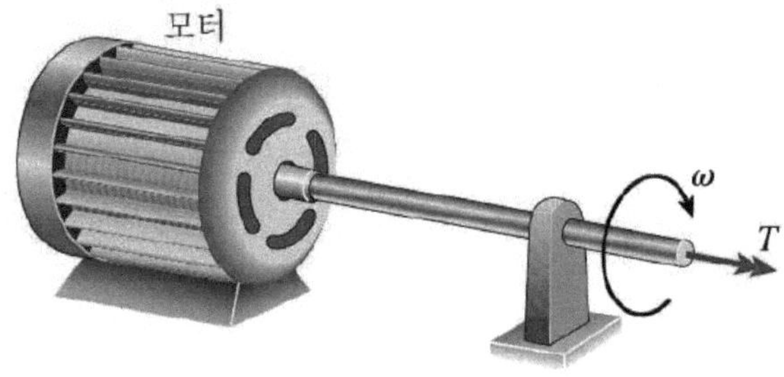

그림 6-5 원형축에 의한 동력 전달

1. 동력전달에 필요한 축의 직경을 구하는 계산식

(1) 축이 전달하는 동력 P 를 마력 H_{PS} 로 표시하면

$$H = 1PS = 75\,kgf \cdot m/\sec$$

$$H_{PS} = \frac{Pv}{75} = \frac{Pr\omega}{75} = \frac{T\omega}{75\times 1000} = \frac{2\pi nT}{75\times 1000\times 60} \fallingdotseq \frac{nT}{716200} \qquad (a)$$

$$T = 716.2\frac{H_{PS}}{N}(kgf \cdot m) = 716.2\times 9.8\frac{H_{PS}}{N}(N \cdot m)$$

$$\fallingdotseq 7020\times 10^3\frac{H_{PS}}{N}\ (N\cdot mm) = 7020\frac{H_{PS}}{N}\ (kN\cdot mm) \qquad (6\text{-}4)$$

여기서 원주속도 $v = r\omega$, 각속도 $\omega = \frac{2\pi N}{60}$ (rad/s), 1분당 회전수 $N\,(r/\min)$ 전달력 $P\,(kgf) \Rightarrow P\,(N)$ 전달마력 $H_{PS}\,(N\cdot m/s)$, 축의 반지름 $r\,(mm)$ 식(6- 1) 와 식 (6-4)에서 비틀림 모멘트 T는 같으므로 등식으로 놓으면 다음과 같은 지름을 구할 수 있다.

$$T = 7020\frac{H_{PS}}{N}(kN \cdot mm) = \tau\frac{\pi d^3}{16} \qquad (b)$$

$$d = \sqrt[3]{\frac{16\times 7020\times 10^3\frac{H_{PS}}{N}}{\pi\tau}} \fallingdotseq 329\sqrt[3]{\frac{H}{\tau N}}\ (mm) \qquad (6\text{-}5)$$

여기서 τ는 비틀림 응력 (축의 허용 전단응력) $[MPa\,(N/mm^2)]$

(2) 축이 전달하는 동력 P를 마력 KW로 표시하면

$$H = 1kW = 1000\,W(J/s) = 1000\,W(N \cdot m/s)$$

$$H_{kW} = \frac{Pv}{1000} = \frac{Pr\omega}{1000} = \frac{T\omega}{1000} = \frac{2\pi NT}{1000 \times 60} \fallingdotseq \frac{NT}{9550} \qquad \text{(c)}$$

$$T = 9550\,\frac{H_{kW}}{N}(N \cdot m) \qquad \text{(6-6)}$$

$$T = 9550 \times 10^3 \frac{H_{kW}}{N}(N \cdot mm) = \tau \frac{\pi d^3}{16} \qquad \text{(d)}$$

$$d = \sqrt[3]{\frac{16 \times 9550 \times 10^3 \frac{H_{Kw}}{N}}{\pi\tau}} \fallingdotseq 365\sqrt[3]{\frac{H_{kW}}{\tau N}}\ (mm) \qquad \text{(6-7)}$$

※ 참고

- 주파수 (f)

  1초 동안 진동 또는 회전한 횟수로, 주파수의 단위는 Hz(헤르츠)를 사용한다
- 주기 (T)

  1번 진동하는 시간 (같은 모양이 다시 나타날때까지의 시간)
- 주기와 주파수 관계

  $$T = \frac{1}{f} = \frac{2\pi}{\omega}$$

  여기서 ω는 각속도 (r/s) $\quad \omega = \dfrac{2\pi N}{60}$

예제 6

직경이 6cm인 축이 길이 1m당 1° 의 비틀림각이 생기고 매분 300 회전할 때의 전달마력(PS)은(단, $G = 80\mathrm{GPa}$)?

해설)

비틀림각 $\phi = \dfrac{Tl}{GI_P} \times \dfrac{180}{\pi} = \dfrac{T \times 1}{80 \times 10^9 \cdot \dfrac{\pi\, 0.06^4}{32}} \times \dfrac{180}{\pi} - 1^\circ$

토크 $T = 1776.53\ (N \cdot m) = 716.2 \times 9.8 \times \dfrac{H_{PS}}{N}\ (N \cdot m)$

$$1776.53\ N \cdot m = 716.2 \times 9.8 \times \frac{H_{PS}}{300}$$

전달마력 $H_{PS} \fallingdotseq 76\,Ps$

예제 7

직경 6cm의 축이 매분 300회전하여 1m에 대하여 0.2° 의 비틀림각을 가졌다고 한다. 이 때의 동력 kW는 얼마인가? (단, $G = 84\mathrm{GPa}$이다)

해설)

비틀림각 $\phi = \dfrac{T \cdot l}{GI_P} \times \dfrac{180}{\pi} = \dfrac{T \times 1}{(84 \times 10^9) \cdot \pi 0.06^4/32} \times \dfrac{180}{\pi} = 0.2^\circ$

토크 $T = 373\ (N \cdot m) = 9550 \dfrac{H_{kW}}{N}\ (N \cdot m)$

$$T = 373 = 9550 \frac{H_{kw}}{300}$$

전달마력 $H_{kW} \fallingdotseq 11.7\,kW$

6.3 비틀림에 의한 탄성에너지

탄성한도 내에서 축이 비틀림을 받으면 비틀림을 받는 축은 토크에 의하여 생긴 에너지를 축 속에 저장시킨다. 이 에너지를 **변형에너지** 또는 **탄성에너지**라 한다.

직경 d, 길이가 l인 원형축이 비틀림모멘트 T를 받아 ϕ만큼 비틀려졌다면, 이때 T가 축에 한 일과 비틀림으로 인한 탄성에너지는 그림 6-6에 나타낸 것과 같이 $T-\phi$ 선도로 표시할 수 있다. 이 그림에서 삼각형 면적은 축에 저장된 전체 탄성에너지의 양을 말하며 다음과 같이 된다.

$$U_1 = \frac{1}{2} T\phi \qquad \text{(a)}$$

여기서 $\phi = \dfrac{Tl}{GI_P}$ 이므로

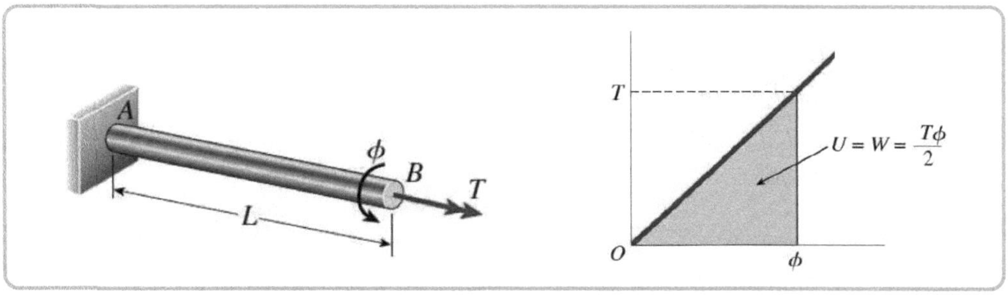

그림 6-6 비틀림 모멘트 T 가 봉에 한일

$$U_t = \frac{1}{2}\,T\,\frac{Tl}{GI_P} = \frac{T^2 l}{2GI_P} \tag{6-8}$$

이 축이 원형단면인 경우 $T = \dfrac{\pi d^3}{16}\tau,\ \ I_P = \dfrac{\pi d^4}{32}$을 대입하면

$$U_t = \frac{\left(\dfrac{\pi d^3}{16}\tau\right)^2 l}{2G\left(\dfrac{\pi d^4}{32}\right)} = \frac{r^2}{4G}\cdot\frac{\pi d^2}{4}l = \frac{r^2}{4G}Al \tag{6-9}$$

그러므로 단위체적당 탄성에너지 u는 다음과 같이 된다.

$$u = \frac{U_t}{V} = \frac{\dfrac{\gamma^2}{4G}Al}{Al} = \frac{r^2}{4G} \tag{6-10}$$

이 결과, 비틀림에 의한 탄성에너지는 인장, 압축을 받아 저장할 수 있는 탄성에너지의 $\dfrac{1}{2}$이 됨을 알 수 있다.

예제 8

지름 $d_1 = 4\,\text{cm}$, $d_2 = 2\,\text{cm}$인 두 개의 원형단면 축에서 같은 길이와 같은 재질로 만들어져 있으며 같은 비틀림 모멘트 T를 받을 때 각 축에 저장되는 탄성에너지의 비 U_1/U_2는 얼마인가?

해설) $U = \dfrac{T\phi}{2} = \dfrac{T\dfrac{Tl}{GI_P}}{2} = \dfrac{32T^2 l}{2G\pi d^4} = \dfrac{16T^2 l}{G\pi d^4}$

$$\frac{U_1}{U_2} = \frac{\dfrac{16T^2 l}{G\pi d_1^4}}{\dfrac{16T^2 l}{G\pi d_2^4}} = \frac{d_2^4}{d_1^4} = \frac{2^4}{4^4} = \frac{1}{16}$$

예제 9

직경5cm, 길이 3m 의 축에 비틀림모멘트가 작용하는 경우 비틀림에 의해 저장 할 수 있는 탄성에너지와 단위체적당 탄성에너지를 구하라.
단, 축의 허용 비틀림 응력은 $50MPa$이고, $G = 80\,GPa$ 이다.

해설) ① 탄성에너지 $U_t = \dfrac{1}{2}\,T\,\dfrac{Tl}{GI_P} = \dfrac{T^2 l}{2GI_P}$

$$U_t = \frac{T^2 l}{2GI_P} = \frac{(1227184.63)^2\ 3000}{2\times(80\times10^3)613592.3} = 46019.4\ N\cdot mm$$

$$T = \tau Z_P = 50\times\frac{\pi 50^3}{16} = 1227184.63\ N\cdot mm$$

$$I_P = \frac{\pi d^4}{32} = \frac{\pi 50^4}{32} = 613592.3\,mm^4$$

여기서

$50\,MPa\ (N/mm^2)\quad 80\,GPa\ (80\times10^9\ Pa\,(N/m^2) = 80000\,N/mm^2)$

② 단위체적당 탄성에너지

$$u = \frac{U_t}{Al} = \frac{46019.4}{\dfrac{\pi 50^2\times 3000}{4}} = 0.0078\ N\cdot mm/mm^3$$

예제 10

그림과 같은 비틀림 모멘트 $T_C = 100{,}000\ N\cdot mm$를 적용시 킬 때 하중점에서의 비틀림 각은 몇 rad 인가?(단, 전단탄성계수 $G = 80\,GPa$ 극 2차 모멘트 $I_p = 60000\,mm^4$)

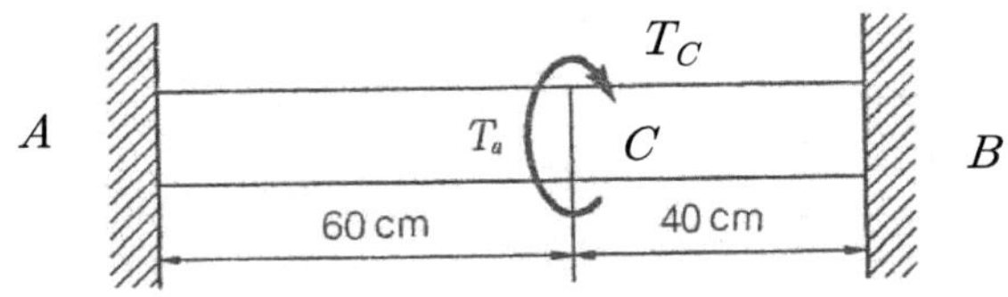

해설) 부정적 문제

$T_A + T_B = T_C$

C점에서 양쪽부분의 비틀림감이 같다.

$$\phi = \frac{T_A x a}{GI_P} = \frac{T_B b}{GI_P}$$

$$T_A a = T_B b$$

$$T_a = \frac{b}{a+b} T = \frac{400}{1000} 100,0000 = 40000 N \cdot mm$$

$$\phi = \frac{T_a a}{G I_p} = \frac{40000 \times 600}{80 \times 10^3 \times 60000} = 0.005 (rad)$$

6.4 두께가 얇은 관 (내경 ≒외경)의 비틀림

미소요소에 작용하는 전단력의 크기는 fds 이므로 O 점에 대한 모멘트는 다음과 같다.

$$dT = fds \cdot r$$

여기서 f 는 전단흐름 이며, 단위는 단위길이당 전단력 이다 (F/l)

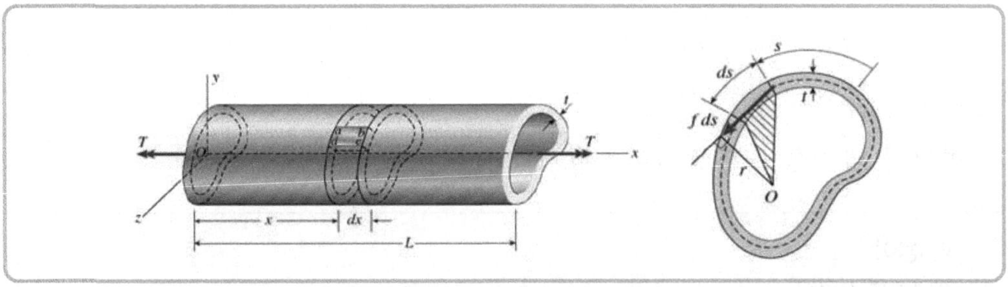

그림 6-7 얇은 관의 비틀림

전체 토크는 다음과 같다.

$$T = f \int_0^{Lm} r ds = 2f A_m \quad \text{(a)}$$

전단흐름은

$$f = \frac{T}{2A_m} = \tau t \quad \text{(b)}$$

전단응력은 다음과 같다.

$$\tau = \frac{T}{2tA_m} \tag{6-11}$$

여기서 A_m은 중심선(점선)으로 둘러쌓인 부분의 면적 만약 그림 6-8원형관이 경우 전단응력은

$$\tau = \frac{T}{2t\pi r^2} \tag{6-12}$$

여기서 $A_m = \pi r^2$

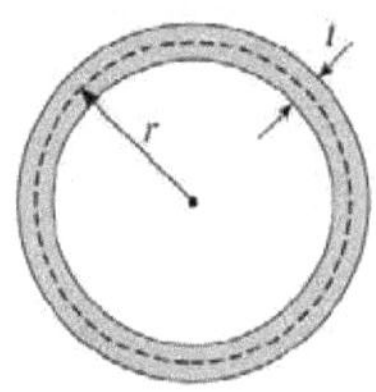

그림 6-8 원형관

비틀림 모멘트에 의한 비틀림각 ϕ은 다음과 같다.

$$\phi = \frac{Tl}{GI_p} = \frac{Tl}{2G\pi r^3 t} \ (rad) \tag{6-13}$$

여기서 극관성 모멘트 $I_P = \int_A r^2\, dA = r^2 \cdot A = r^2\, 2\pi rt = 2\pi r^3 t$

※ 용어

전단흐름 이란?

응력은 단면의 경계면에 평행하게 작용하며 단면의 둘레를 따라 흐른다.

(항공기, 우주선등에 적용)

예제 11

길이 $5cm$의 얇은 두께 원통의 평균반경이 $15cm$이고 두께가 $2mm$이다.
비틀림 모멘트 $T = 4.5\ kN \cdot mm$ 를 가할 때 생기는 최대 전단응력과 비틀림각 (rad)을 구하라.(단, 전단 탄성계수 $G = 80\ GPa$ 이다.)

해설) 얇은 두께의 원통의 전단응력은

$$\tau = \frac{T}{2t\pi r^2} = \frac{4.5 \times 1000}{2 \times 2\,(\pi\,150^2)} = 0.0159\,N/mm^2$$

비틀림각

$$\phi = \frac{Tl}{GI_p} = \frac{Tl}{2G\pi r^3 t} = \frac{4.5 \times 1000 \times 50}{2\,(80 \times 10^3)\,\pi\,150^3 \times 2} = 6.6 \times 10^{-8}\ (rad)$$

6.5 스프링(Spring)

비틀림 이론의 한 응용예로 나선형 밀착 코일스프링(coll spring)을 들 수 있다. 스프링은 하중의 에너지 저축용으로 자주 쓰이는 기계요소로서, 기본적인 비틀림의 개념을 이용하여 스프링의 응력과 처짐을 계산할 수 있다.

그림 6-9와 같이 코일스프링에 축방향으로 인장하중 P가 작용할 때, 코일의 평면이 나선의 축에 거의 수직하다고 하면, 코일의 소선 위에는 수직하중 P와 우력 $T=PR$이 작용한다. 스프링의 직경을 D, 스프링 소선의 직경을 d라 하면 스프링의 최대비틀림응력 τ_{max}는 다음과 같다.

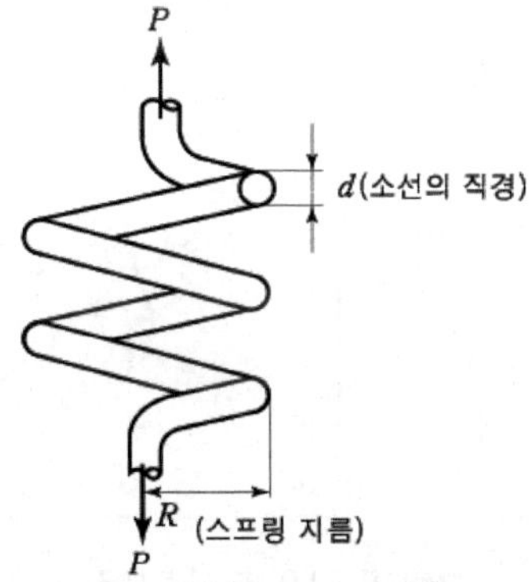

그림 6-9 코일스프링

여기서 τ_1은 우력에 의해 발생하는 응력이며, τ_2는 하중 P에 의해 스프링 소재에서 발생하는 응력이다.

$$\tau_1 = \frac{T}{Zp} = \frac{PR}{\frac{\pi d^3}{16}} = \frac{16PR}{\pi d^3} \tag{a}$$

$$\tau_2 = \frac{P}{A} = \frac{P}{\frac{\pi d^2}{4}} = \frac{4P}{\pi d^2} \tag{b}$$

$$\tau_{\max} = \tau_1 + \tau_2 = \frac{16PR}{\pi d^3} + \frac{4P}{\pi d^2} = \frac{16PR}{\pi d^3}\left(1 + \frac{d}{4R}\right) \tag{6-14}$$

전단응력이 스프링 내측에서 최대전단응력이 발생, 파괴되므로 우력과 전단력의 영향을 고려 다음과 같이 수정 하여 사용한다.

$$\tau_{\max} = \frac{16PR}{\pi d^3}\left(\frac{4m-1}{4m-4} + \frac{0.615}{m}\right) \qquad m = \frac{2R}{d} \tag{6-15}$$

여기서 상수 $m = \dfrac{2R}{d}$ 이며 ( ) 속의 값을 Wahl의 수정계수라 한다.

이 식에서 d/R의값이 커질수록 전단응력이 증가함을 알 수 있다. 그림 6-9에서 비틀림에 의한 응력은 소재의 단면에서 중심부터 바깥으로 갈수록 증가함을 알 수 있다.

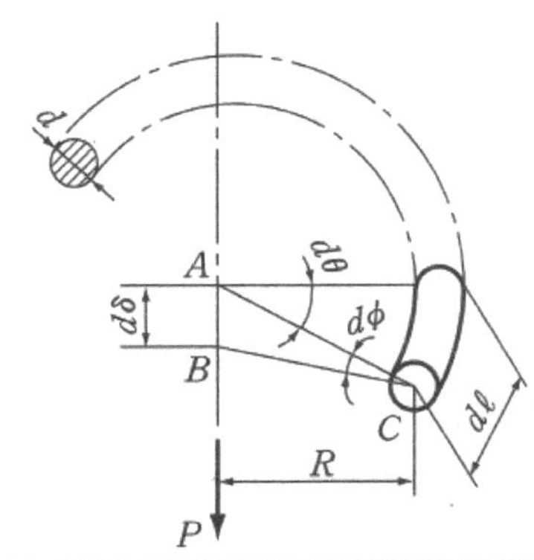

그림 6-10 코일스프링

또한 그림 6-10에서 미소 수직변위량 $d\delta$는 다음과 같다.

$$d\delta = R\,d\phi = R \cdot \frac{T\,dl}{GI\rho} = \frac{PR^2 dl}{G \cdot \frac{\pi d^4}{32}} = \frac{32PR^2}{\pi G d^4} dl \tag{c}$$

스프링의 전체처짐 δ를 구하기 위하여 전체길이 $2\pi nR$ 에 걸쳐 적분하면

$$\delta = \int_0^{2\pi nR} \frac{32PR^2}{\pi G d^4} dl \quad = \quad \frac{64nPR^3}{Gd^4} \quad = \frac{8nPD^3}{Gd^4} \tag{6-16}$$

여기서　G 는 소선의 전단탄성계수 (GPa)

ℓ는 소선의 유효 길이 ($\ell = \pi Dn = \pi 2Rn$)

n는 유효감김수 (실제 작동이 가능한 권수)

여기에서 구해진 처짐 δ는 **스프링상수**(spring constant)와 같이 쓰여지며, k는 스프링의 강성을 나타내는 것으로 다음과 같은 관계식이 성립한다.

$$k = \frac{P}{\delta} = \frac{Gd^4}{64R^3 n} = \frac{Gd^4}{8D^3 n} \tag{6-17}$$

예제 12

지름이$60\,mm$ 이고 소선의 지름이 6mm인 코일스프링이 있다. 이 재료의 전단응력이 60 MPa 이고 스프링상수 $k = 10\ N/mm$일 때, 이 스프링의 안전하중 P와 유효 감김수 n을 구하여라. (단 재료의 전단탄성계수 $G = 84000\,N/mm^2$)

해설)　$T = \tau Z_P$ 에서 $\tau = \dfrac{16PR}{\pi d^3}$ 에서

반전하중 $P = \dfrac{\pi d^3 \tau}{16R} = \dfrac{\pi \times 6^3 \times 60}{16 \times 30} = 84.82\ \text{N}$

$k = \dfrac{P}{\delta} = \dfrac{Gd^4}{8D^3 n}$ 에서

감김수 $n = \dfrac{Gd^4}{8D^3 k} = \dfrac{84000 \times 6^4}{8 \times 60^3 \times 10} = 6.3$회 $\fallingdotseq 6$회

예제 13

평균직경 25cm 코일수 10 소선의 직경 1.25cm인 원통형 coil spring이 200N의 압축하중을 받을 때 스프링 상수는 ? (단, G=80GPa이다)

해설)　$P = k\delta \quad \delta = \dfrac{64nPR^3}{Gd^4} = \dfrac{8nP\,D^3}{Gd^4}$

$k = \dfrac{Gd^4}{8nD^3} = \dfrac{80 \times 10^9 \times (0.0125)^4}{64 \times 10 \times (0.25)^3} = 1{,}562.5\text{N/m} \fallingdotseq 1.6\text{kN/m}$

예제 14

헬리컬 스프링의 $D = 120mm$, $d = 20mm$, $n = 16$, $P = 3000N$ 그리고 $G = 84GPa$ 일 때 이 스프링의 최대비틀림 응력 τ_{max}과 처짐량 δ를 구하시오. 단, 수정계수 $k = 1.27$ 이다.

해설) 전단응력 $\tau_{max} = k\dfrac{T}{Z_p} = k\dfrac{P\dfrac{D}{2}}{\dfrac{\pi d^3}{16}} = 1.27\dfrac{3000\dfrac{120}{2}}{\dfrac{\pi 20^3}{16}} = 145.5\,MPa$

처짐량 $\delta = \dfrac{8nPD^3}{Gd^4} = \dfrac{8\times 16\times 3000\times 120^3}{84\times 10^3\times 20^4} = 49.4\,mm$

여기서 $G = 84\,GPa = 84\times 10^9\ Pa(N/m^2) = 84\times 10^3\ N/mm^2$

핵심정리

- 축의 비틀림 강도 $T = PR = \tau Z_P = \tau\dfrac{\pi d^3}{16}$
- 축의 전달동력

$T = 7020\times 10^3\ \dfrac{H_{PS}}{N} = \tau\dfrac{\pi d^3}{16}\ (N\cdot mm)$

$(T = 716.2\times 9.8\ \dfrac{H_{PS}}{N} = \tau\dfrac{\pi d^3}{16}\ (N\cdot m)$

$T = 9550\times 10^3\ \dfrac{H_{kW}}{N}\ (N\cdot mm) = \tau\dfrac{\pi d^3}{16}$

$(T = 974\times 9.8\times\dfrac{ps}{n} = \tau\times\dfrac{\pi d^3}{16}\ (N\cdot m)$

$H = 1kW = 1000\,W(J/s) = 1000\,W(N\cdot m/s)$

- 주기 $T = \dfrac{1}{f} = \dfrac{2\pi}{\omega}$ (f : 주파수 $w = \dfrac{\pi dN}{60}\ (rad/s)$
- 극단면계수 (중공축) $Z_p = \dfrac{\pi}{16}(1-x^4)d_2^4$ 내외경비 $x = \dfrac{d_1}{d_2}$

- 축의 비틀림각 $\phi^\circ = \dfrac{T\ell}{GI_p}\ (rad) = \dfrac{T\ell}{GI_p} \times \dfrac{180}{\pi}$ (도)
- 비틀림응력 $\tau = \dfrac{Gr\phi}{\ell}$
- 비틀림에 의한 탄성 변형에너지

$$U = \frac{1}{2}T\phi = \frac{1}{2}\frac{T^2\ell}{GI_p} = \frac{\tau^2}{4G}Al$$

- 코일 스프링 처짐과 비틀림

\- 전단응력 $\tau = \dfrac{KT}{Z_P}$ (K : 수정계수)

\- 처짐 $\delta = \dfrac{8npD^3}{Gd^4}$

\- 상수 $k = \dfrac{P}{\delta}$

연 습 문 제

1. 200 $(r/\min = rpm)$ 으로서 $30\,kW$를 전달시키는 길이 2m, 지름 8cm의 둥근 축단의 비틀림각은 얼마인가? (단, 전단 탄성계수 $G = 83\,GPa$ 이다.)

해설) 비틀림각 $\phi^\circ = \frac{180}{\pi} \times \frac{T\ell}{GI_p} = \frac{180}{\pi} \times \frac{32\,T\ell}{G\pi d^4}$

$$= \frac{180}{\pi} \times \frac{32 \times 1432.5 \times 2}{0.83 \times 10^9 \times \pi \times 0.08^4} = 49.18^\circ$$

비틀림 모멘트 $T = 9550 \frac{H_{kW}}{N} = 9550 \frac{30}{200} = 1432.5\ N \cdot m$

2. 지름 5cm의 축이 300 $(r/\min = rpm)$으로 회전할 때 최대로 전달 할 수 있는 동력은 약 몇 kW 인가? (단, 축의 허용비틀림응력은 $39.2\,MPa$ 이다.)

해설) $T = 9550 \times 10^3 \frac{H_{kw}}{N} = \tau_a Z_p\,[N \cdot mm]$

$$T = 9550 \times 10^3 \frac{H_{kw}}{300} = 39.2 \times \frac{\pi \times 50^3}{16}$$

동력H_{kw} = 30.22 kW (약 40 PS)

3. 회전속도가 200 $(r/\min = rpm)$으로 7.35 kW를 전동하는 연강 중실축의 지름은 몇 mm 인가? (단, 허용응력 $\tau = 20.58\,N/mm^2$이고, 축은 비틀림 모멘트만을 받는다.)

해설) 비틀림 모멘트 $T = 9550 \times 10^3 \frac{H_{kw}}{n} = \tau_a Z_P$

$$T = 9550 \times 10^3 \frac{7.35}{200} = 20.58 \times \frac{\pi \times d^3}{16}$$

중실축의 지름 d = 44.3mm ≒ 45mm

4. 외경이 내경의 1.5배인 중공축과 재질과 길이가 같고 지름이 중공축의 외경과 같은 중실축이 동일 회전수에 동일마력을 전달한다면, 이때 중실축에 대한 중공축의 비틀림각의 비는 어느 것인가?

해설) 실축 $\theta_1 = \frac{T\,l}{G\,I_P} = \frac{32\,Tl}{G\,\pi d^4}$ 중공축 $\theta_2 = \frac{32\,Tl}{G\pi {d_2}^4(1-\chi^4)}$

비틀림각 비 $\frac{\phi_2}{\phi_1} = \frac{1}{1-\chi^4} = \frac{1}{1-(\frac{1}{1.5})^4} = 1.246$

5. 바깥지름이 46mm인 속이 빈 축이 12kw의 동력을 전달하는데 이때의 각속도는 40 rad/s 이다. 이 축의 허용비틀림 응력이 $\tau = 80\,MPa$ 일 때 최대 안지름은 얼마인가?

해설) $T = 9550 \times 10^3 \ \frac{H_{kW}}{N} = 80 \times \frac{\pi}{16}(1-x^4)d_2^3$

$T = 9550 \times 10^3 \ \frac{12}{382} = 80\frac{\pi}{16}(1-x^4)46^3$

$T = 9550 \times 10^3 \ \frac{12}{382} \cdot 16 = 80\ \pi\ 46^3\ (1-x^4)$

$0.196 = 1-x^4 \qquad x = \sqrt[4]{1-0.196} = 0.947$

내외경비 $x = 0.947$ 안지름 $d_1 = x \times d_2$ = 0.947 x 46 ≒ 44 mm

여기서 각속도

$w = \frac{2\pi N}{60}\ (rad/s) \qquad N = \frac{60\,w}{2\pi} = \frac{60 \times 40}{2\pi} ≒ 382\ r/\min$

7. 내경이 30mm이고 외경이 42mm인 중공축이 100Kw의 동력을 전달하는데 이용된다. 전단응력이 50MPa을 초과하지 않도록 축의 회전 진동수를 구하면 몇 Hz 인가?

해설) 주파수 f = $\frac{w}{2\pi} = \frac{185.78}{2\pi} = 29.6\,Hz$

각속도 $w = \frac{2\pi N}{60} = \frac{2\pi \times 1774.134}{60} = 185.78 rad/\sec$

비틀림 모멘트 $T = 9550 \times 10^3 \frac{H_{kw}}{N} = \tau \frac{\pi}{16}(1 - x^4)d_2^3$

$$T = 9550 \times 10^3 \frac{100}{N} = 50 \frac{\pi}{16}(1 - (\frac{30}{42})^4)42^3$$

회전수 $N = 1774.134\ (r/\min)$

8. $2\,Hz$로 돌고 있는 중실 평형축이 $150\,kW$ 의 동력을 전달 해야 된다고 한다. 허용 전단응력이 40MPa일 때 요구되는 최소직경은 얼마인가 ?

해설) 주파수 f = $\frac{w}{2\pi} = \frac{w}{2\pi} = 2 \rightarrow$ 각속도 w = 12.56 rad/sec

$$w = \frac{2\pi N}{60} = 12.56 \rightarrow N = 120\ (r/\min)$$

비틀림 모멘트 $T = 9550 \times 10^3 \frac{150}{120} = 40 \times \frac{\pi d^3}{16}$

$$d = 115\,mm$$

7. 같은 무게와 재질로 중공축과 중실축을 만들 경우 중공축은 중실축 보다 비틀림강도가 몇 배로 되는가? (단, 내경은 $d_1 = 0.5d_2$ 이다.)

해설) 실축과 중공축 단면적은 같다.

$$\frac{\pi d^2}{4} = \frac{\pi}{4}(d_2^2 - d_1^2)$$

$$d^2 = d_2^2 - (0.5d_2)^2$$

$$d = \sqrt{0.75}\, d_2 = 0.866\, d_2 \rightarrow d_2 = 1.1547\, d$$

강도비

$$\xi = \frac{\text{중공축강도}}{\text{실축강도}} = \frac{\tau Z_p'}{\tau Z_p} = \frac{(1-x^4)d_2^3}{d^3} \quad (\text{내외경비 } x = \frac{d_1}{d_2})$$

$$= \frac{(1-0.5^4)(1.1547d)^3}{d^3} = 1.44$$

즉 중실축은 중공측보다 1.44배 비틀림에서 강하다.

8. 원통형 코일 스프링의 평균 직경이 25cm, 코일의 수 10, 소선의 직경 1.25cm에 200N의 축하중을 받을 때 스프링 상수는 얼마인가? (단, $G=85\,\text{GPa}$이다)

해설) 처짐 $\delta = \frac{64nPR3}{Gd^4} = \frac{64 \times 10 \times 200 \times 0.125^3}{85 \times 10^9 \times 0.0125^4} = 0.12\text{m}$

스프링 상수 $k = \frac{P}{\delta} = \frac{200}{0.12} = 1,677\text{N/m}$

9. 지름이 $50\,mm$인 축이 600r/min 회전하는 축에 50kW을 전달하는 모터에 의해서 구동되고 있다. 기어 B와 C는 각각 35kW와 15kW의 동력이 필요한 기계들을 구동한다. 이때 축에서 최대 전단응력 $\tau_{\max}$과 A점과 C점 사이 비틀림각 ϕ_{AC}를 구하라. 단, 전단탄성계수 $G = 80\,GPa$ 이다.

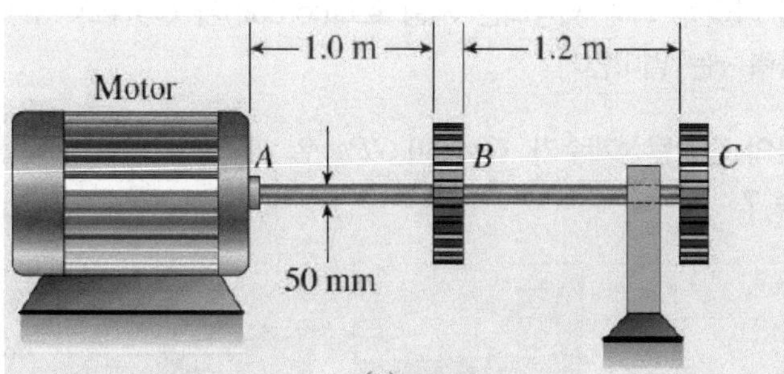

해설)

$$T_A = 9550\,\frac{50}{600} = 795.8 \fallingdotseq 796\,N \cdot m$$

$$T_A = 9550\,\frac{35}{600} = 557\,N \cdot m$$

$$T_A = 9550\,\frac{15}{600} = 238.75 \fallingdotseq 239\,N \cdot m$$

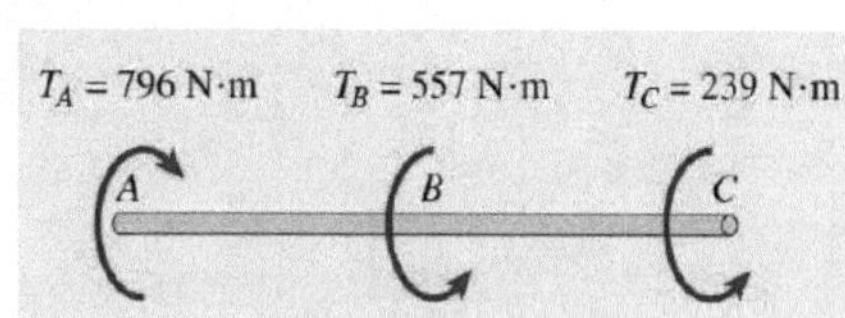

전단응력 $\tau_{AB} = \dfrac{T_{AB}}{\dfrac{\pi d^3}{16}} = \dfrac{796 \times 10^3}{\dfrac{\pi 50^3}{16}} = 32.4\ N/mm^2 = 32.4\ MPa$

비틀림각 $\phi_{AB} = \dfrac{T_{AB}\, l_{AB}}{GI_P} = \dfrac{796 \times 10^3 \times 1000}{80 \times 10^3 \ (\dfrac{\pi 50^4}{32})} = 0.0162\, rad$

전단응력 $\tau_{BC} = \dfrac{T_{BC}}{\dfrac{\pi d^3}{16}} = \dfrac{239 \times 10^3}{\dfrac{\pi 50^3}{16}} = 9.7\, N/mm^2 = 10\ MPa$

비틀림각 $\phi_{AB} = \dfrac{T_{AB}\, l_{AB}}{GI_P} = \dfrac{239 \times 10^3 \times 1200}{80 \times 10^3 \ (\dfrac{\pi 50^4}{32})} = 0.0058\, rad$

AB 구간에서 발생하는 최대전단응력 $\tau_{\max} = 32.4\, MPa$

전체 비틀림 $\phi = \phi_{AB} + \phi_{BC} = (0.0162 + 0.0058)\dfrac{180}{\pi} = 1.26\,^\circ$

10. 테이블 다리에 구멍을 뚫을 때, 가구 제조공이 지름 d=5mm인 비트를 가진 수동 드릴을 사용하고 있다.

(1) 테이블 다리에 의해 제공되는 저항 토크(torque)가 $0.3\ (N \cdot m)$ 라면 드릴 비트의 전단응력 τ는 얼마인가?

(2) 테이블의 전단탄성계수가 $G = 80\, GPa$ 일 때 드릴 비트의 비틀림율(미터당 각도) 각도는 ?

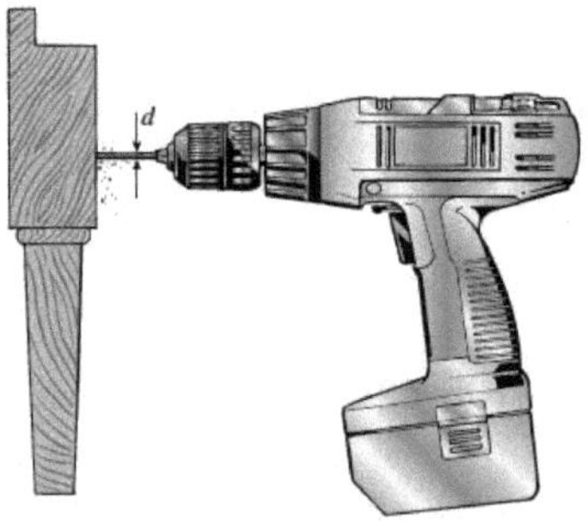

해설) ① 전단응력 $\tau = \dfrac{T}{\dfrac{\pi d^3}{16}} = \dfrac{16 \times (0.3 \cdot 10^3)}{\dfrac{\pi\, 5^3}{16}} = 12.2 N/mm^2 \fallingdotseq 12MPa$

② 비틀림각 $\phi = \dfrac{T}{G\, I_P} = \dfrac{0.3}{80\ \dfrac{\pi\, 0.005^4}{32}} = 0.0611\ \ rad/m\ = 3.5^\circ/m$

11. **속이 찬 원형 단면을 가진 알루미늄 봉이 양단에 작용하는 토크에 의해 비틀림을 받고 있다. 치수 및 전단탄성계수는 다음과 같다.**
($L = 1.4m\ \ d = 32mm\ \ G = 28\, GPa$ 이다)

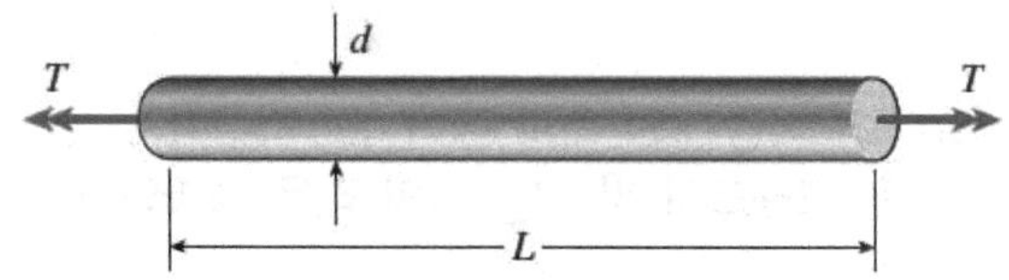

(1) 봉의 비틀림 강성도를 구하라

(2) 봉의 비틀림 각이 5° 일 때 최대 전단응력과 전단변형률 (rad) 는 얼마인가?

해설) ① 강성도 $k_T = \dfrac{G\, I_P}{l} = \dfrac{(28 \times 10^9)\ (\dfrac{\pi\, 0.032^4}{32})}{1.4} = 2058.87\ N \cdot m$

② 최대 전단응력 $\mathrm{T}_{\max} = \dfrac{T \bullet r}{I_P} = \dfrac{Td}{2I_P} = \left(\dfrac{GI_P\phi}{L}\right)\left(\dfrac{d}{2I_P}\right) (\because \Phi^2 \dfrac{T\ell}{GI_P})$

$$\tau_{\max} = \frac{Gd\phi}{2l} = \frac{(28 \times 10^9)\ (0.032\ )\ (5^\circ\ \bullet \dfrac{\pi}{180})}{2\,(1.2)} = 24.4\, MPa$$

전단변형률 $\gamma_{\max} = \dfrac{\tau_{\max}}{G} = \dfrac{24.3 \times 10^6}{28 \times 10^9} = 0.86 \times 10^{-3}\ rad$

※ 참고 $rad \rightarrow \deg\ = \times \dfrac{180}{\pi}$ $\qquad \deg \rightarrow rad\ = \times \dfrac{\pi}{180}$

응용문제

1. 직경이 d_1인 전동축의 동력을 직경 d_2인 축에 1/8로 감속시켜서 전달하려면 d_2는 d_1의 몇 배가 필요한가(단, 양축의 허용 전단 응력은 같은 것으로 한다)? 3

㉮ 1.2 ㉯ 1.5 ㉰ 2 ㉱ 2.5

해설) $T = \tau Z_P = 716.2 \times 9.8 \dfrac{\text{HP}}{N}$

$$\therefore \; d^3 \propto \frac{1}{N}$$

2. 동일 재료로 만든 길이 l 직경 d인 축과 길이 $2l$, 직경이 $2d$인 축을 같은 각도만큼 비트는데 필요한 비틀림 모멘트의 비 T_1 / T_2의 값은 얼마인가? 2

㉮ $\frac{1}{4}$ ㉯ $\frac{1}{8}$ ㉰ $\frac{1}{16}$ ㉱ $\frac{1}{32}$

해설) $\theta = \dfrac{Tl}{GI_P}$ $\quad \dfrac{T_1 l_1}{GI_{P_1}} = \dfrac{T_2 l_2}{GI_{P_2}}$

$$\frac{T_1}{T_2} = \frac{l_2 I_{P_1}}{l_2 I_{P_2}} = \frac{2l_1 . d_1^4}{l_1 2^4 d_1^4} = \frac{1}{8}$$

3. 직경 d, 길이 l, 비틀림 모멘트 T를 받고 Θ만큼 비틀어졌을 때 탄성 에너지 U를 나타낸 것이다. 틀린 식은 어느 것인가? 3 (단, τ : 전단응력, G : 가로탄성계수, I_P : 극단면 2차 모멘트이다)

㉮ $U = \frac{1}{2} T\Theta$ ㉯ $U = \dfrac{T^2 l}{2GI_P}$

㉰ $U = \dfrac{d^2 l}{2GT^2}$ ㉱ $U = \dfrac{\tau^2 l}{4G} \times \dfrac{\pi d^2}{4}$

해설) $U = \dfrac{P \cdot \delta}{2} = \dfrac{T\theta}{2} = \dfrac{T^2 l}{2GI_P} = \dfrac{\tau^2 Z_P^2 l}{2GI_P} = \dfrac{\tau^2 \pi d^3 l}{16 \times 2G\dfrac{d}{2}} = \dfrac{\tau^2 l}{4G} \times \dfrac{\pi d^2}{4}$

4. 지름 8cm의 차축의 비틀림각이 1.5m에 대해 1° 를 넘지 않게 하면 비틀림 응력은? (단, $G=80$GPa이다.)

㉮ $\tau \leqq$ 37.2MPa ㉯ $\tau \leqq$ 50.2MPa

㉰ $\tau \leqq$ 42.2MPa ㉱ $\tau \leqq$ 30.5MPa

해설)

$$\tau \leqq Gr = G\frac{r}{l} = 80\times10^9 \times\frac{0.04}{1.5} \times\frac{\pi}{180} = 37.2\times10^6 N/m^2 = 37.2\,MPa$$

5. 지름 d_1인 전동축의 동력을 지름 d_2의 축에 $\frac{1}{8}$로 감속시켜서 전달하려면 d_2는 d_1의 몇 배이어야 하는가?3 (단, 양축의 허용전단응력은 같다)?

① 1.2 ② 1.5 ③ 2 ④ 2.5

해설) $T_1 = 716.2 \times 9.8\,\frac{H_{PS}}{N} = \tau\frac{\pi d_1^3}{16}$ $T_2 = 716.2 \times 9.8\,\frac{8H_{PS}}{N} = \tau\frac{\pi {d_2}^3}{16}$

$$\frac{d_2}{d_1} = \sqrt[3]{8} = 2$$

회전수가 많아지면 d는 적어진다.

예)$d_1 \rightarrow d_2$가 3배 증가, N은 27배 감속

6. 원형 단면축을 비틀 때 어느 것이 어렵겠는가? 3 (단, G는 재료의 전단 탄성계수이다)

① 직경이 작고 G가 작을수록 어렵다.

② 직경이 크고 G가 작을수록 어렵다.

③ 직경이 크고 G가 클수록 어렵다.

④ 직경이 작고 G가 클수록 어렵다.

해설)

$\phi = \frac{Tl}{GI_P}$ (rad) 원형의 $I_P = \frac{\pi d^4}{32}$ 비틀기를 어렵다는 것은 ϕ가 작다는 의미이다.

chapter 7 보의 굽힘에 대한 개요

어떤 봉(Bar)에 있어서 그 축에 직각방향으로 하중이 가해졌을 때, 그 봉이 굽어지면서 변형(deformation)을 일으키는데 이처럼 휨(bending) 작용을 받는 봉을 "**보**(beam)" 라 한다. 즉 단면의 치수에 비해 길이가 긴 부재가 수직하중을 받기위해 수평으로 지지되어 있는 부재(구조물)이다.

그림 7-1 보(beam)의 형상

7.1 보의 개요

보(beam)는 보통 지지되어 있는 방법에 따라 분류된다. 그림 7-2은 일반적으로 사용되는 몇 가지 보(beam)를 보여주고 있다. 가로방향으로 놓여있는 똑바른 보(beam)에 대해 그 가로방향을 x축으로 놓았고, 연직 윗 방향을 y축으로, 지면의 법선 방향을 z축으로 놓았다. 그림 7-2(a)에서와 같이 한 쪽 끝은 핀(pin)지지로, 다른 쪽 끝은 롤러 지지로 되어있는 보를 **단순지지보** 혹은 **단순보**라 한다. 한 쪽 끝이 박혀있거나 고정되어 있고, 다른 쪽 끝은 자유롭게 놓여 있는 보 (beam)그림 7-2(b)를 **외팔보**라 한다. 보(beam)가 지지 없이 공중에 떠 있다면, 이 보(beam)는 돌출되어 있다고 한다.

따라서 그림 7-2(c)는 돌출보로 분류된다. 모든 보(beam)에서 지지점 사이의 거리 L을 **스팬**(span)이라고 한다. 연속보에서는 다양한 길이를 가진 여러개의 스팬이 있을 수 있다.

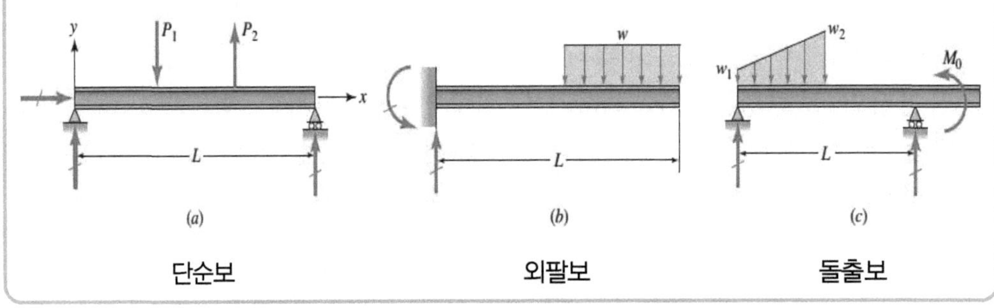

그림 7-2 보의 종류

보(beam)는 그 단면 형상에 따라 분류되기도 한다. 예를 들어, I형 보(beam)나 T형 보(beam)는 각각 I자와 T자의 모양을 갖는 단면을 가진다. 강이나 알루미늄, 목재 보는 규격 크기로 제작된다. 규격의 치수나 상수값들은 공학 핸드복들에 수록되어 있다. 여기에는 넓은 플랜지 형상(W-beam), I 형상(S-beam), C형상(채널형이라고도 한다) 및 L형상 또는 앵글 단면을 포함한다. 보(beam)의 얇고 수직한 부분을 **웹**(web)이라고 한고, 얇고 수평한 부분을 **플랜지**(flange)라고 한다.

※ 참조

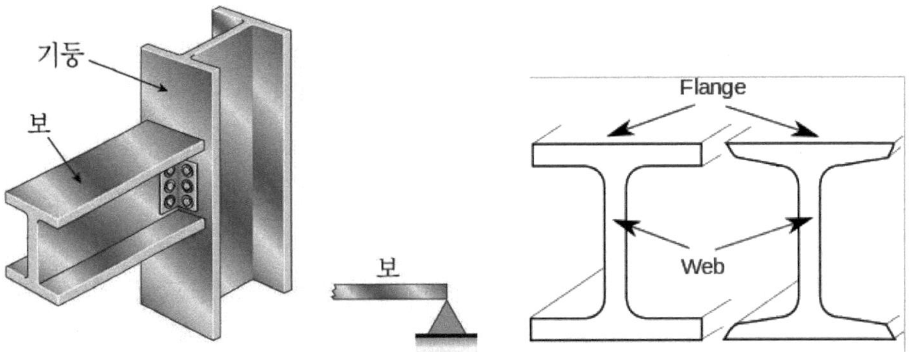

그림 7-3 보(beam) 와 기둥(column)

1. 보에 작용하는 하중의 종류

(1) **집중하중** : 보의 한 곳에 집중하여 작용하는 하중
(2) **균일분포하중**(등분포하중) : 보의 일정한 길이에 균일하게 분포하여 작용하는 하중
(3) **불균일분포하중**(부등분포하중) : 보의 일정한 길이에 불균일하게 분포하여 작용하는 하중
(4) **이동하중** : 보의 하중이 이동하여 작용하는 하중.
예) 기차가 철교 위를 달리는 것

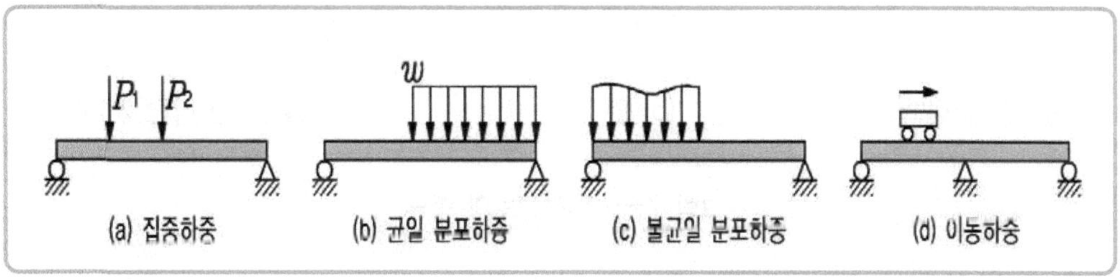

그림 7-4 하중의 종류

2. 보 (beam)의 종류

(1) 정정보(Statically Determinated Beam)

구조물에 하중이 작용할 때 힘의 평형조건식만으로 미지의 반력들이 구할 수 있는 상태를 말한다.

① **단순보**(Simple Beam) 또는 '양단지지보' : 1개의 부재가 2개의 지지점으로 지지되며 그것의 한쪽은 힌지 지지점이고, 다른 쪽은 가동지지점인 보
② **외팔보**(Cantilever Beam) : 한끝은 고정되어 있고 다른 끝은 자유단인 보
③ **돌출보**(Overhanging Beam) 또는 내다지보 : 벽이나 기둥으로부터 비어져 나온 보. 한쪽 끝은 받침점에 고정되고 다른 끝은 공중에 자유로이 들려 있다

(2) 부정정보 (Statically indeterminate)

① **(양단) 고정보**(both ends fixed beam) : 양다이 모두 고정된 보로서

보 중에서 가장 강한 보이다(반력수 6개).

② **고정받침보**(one end fixed,other end supported beam) : 한 단은 고정되고, 다른 단은 받쳐져 있는 보이다(반력수 4개).

③ **연속보**(continuous beam) : 3개 이상의 지점, 즉 2개 이상의 스팬(span)을 가진 보(반력수 = 지점수+1) 이다.

평형조건식만으로 풀 수 없고 별도로 미지수의 수에서 평형조건식의 수를 뺀 수만큼의 조건식을 세워야 풀리는 보이다.

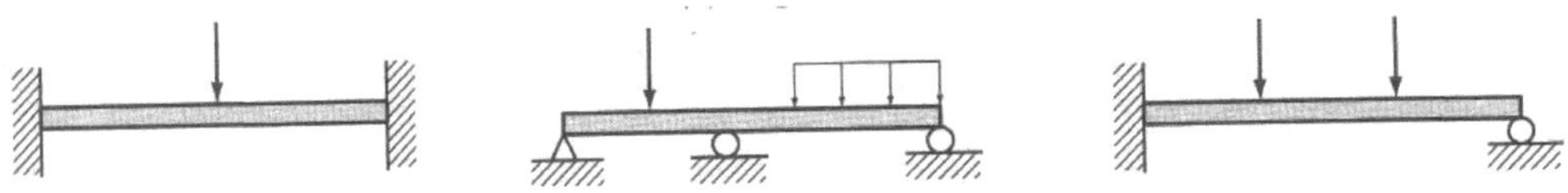

(a) 양단고정보 (b) 연속보 (c) 일단고정 타단 지지

그림 7-5 부정정보의 종류

3. 보(beam)의 지지

구조물이 외력을 받았을 때 평형을 이루기 위해서 구조물에서 수동적으로 생기는 힘을 **반력**(reaction)이라 하고, 구조물을 지지하고 있는 지지점, 즉 지점(supports)에서 생긴 반력을 **지점반력**이라 한다. 지점은 구조물을 지탱하고 구속하는 역할을 하며, 대표적으로 고정지점과 힌지로 분류 하며, 힌지는 다시 고정힌지와 가동힌지로 분류한다.

(1) 회전지점(Hinged Support)

두 방향의 위치를 제한하고 있으므로 두 방향의 반력을 가지고 있으나 휨모멘트에는 저항하지 않으므로 모멘트 반력은 '0' 이다. 이 때 하중이 보에 대하여 수직하게 작용하는 경우에는 수평반력 (R_2)은 '0' 이 되므로 수직반력(R_1)만 존재한다.

(2) 가동지점(Movable Support)

한 방향만의 위치를 제한하고 있는 지점이므로 반력도 하나로 되고, 휨 모멘트에는 저항하지 않는 지점

(3) 고정지점(Fixed Support)

2 방향의 위치를 제한함과 동시에 휨모멘트로 저항하는 지점으로서 2개의 반력과 1개의 고정모멘트가 작용하는 지점

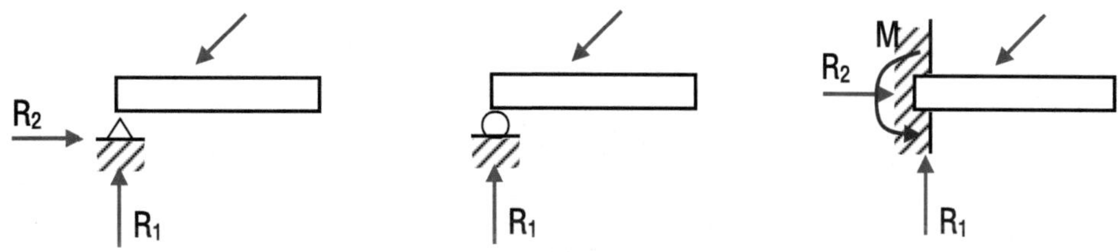

(a) 회전지점 (b) 가동지점 (c)고정 지점

그림 7-6 보에 대한 지점의 종류

지점명칭	지점형태	이상화된 모델	반력성분
로울러지점 (roller supports)	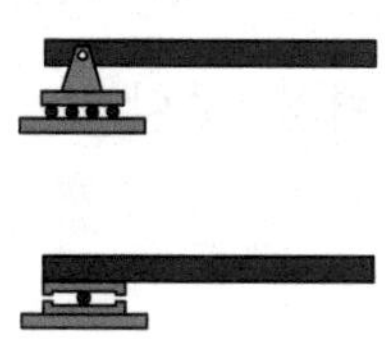	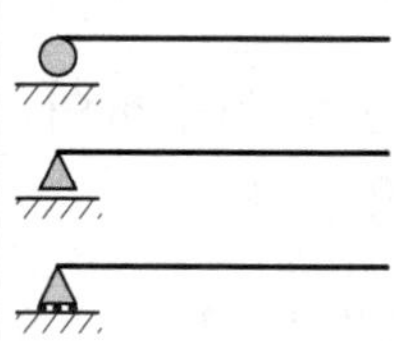	반력성분 : V
힌지지점 (hinge supports or pinned supports)	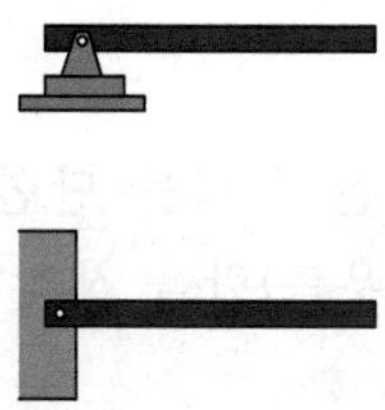		반력성분 : V, H
고정지점 (fixed supports)		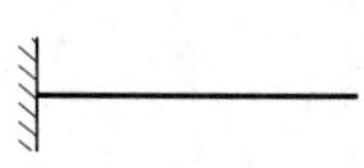	반력성분 : V, H, M

그림 7-7 지점 및 반력의 형태

4. 보의 해석

보를 해석한다는 의미는 작용하는 하중에 따라 반력을 구하고, 단면력을 계산하는 것을 말한다.

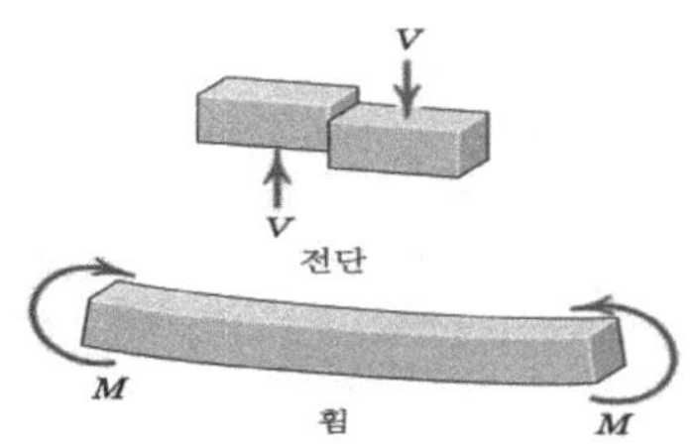

그림 7-8 보의 전단력 과 휨모멘트

(1) 반력 계산

정정보는 힘의 평형조건을 이용하여 반력을 구할 수 있다.
힘의 평형방정식을 이용한다.

① **대수합** $\sum F = 0$ ② **모멘트** $\sum M = 0$

(2) 단면력 계산

하중이 작용함에 따라 보의 단면에 생기는 합력을 **단면력**이라 하고, 단면력을 구할때는 그 단면의 한 쪽 (좌측 또는 우측)만을 생각하여 계산한다.

① **전단력** (V)

외부로부터 부재를 부재축의 수직 방향으로 절단하려는 힘

② **휨모멘트** (M)

외력이 부재를 구부려고 할 때의 힘

(3) 부호의 규약 (중요성)

그림 7-9은 하중 반력, 전단력 및 굽힘모멘트 방향의 부호 규약을 나타낸다.

① 하중, 반력, 전단력은 상향으로 작용하는 경우 (+), 하향으로 작용하는 경우 (-)
② 우력은 시계방향으로 작용하는 경우(+), 반시계방향으로 작용하는 경우(-)
③ 굽힘모멘트는 보의 위쪽을 오목하게 아래쪽을 볼록하게 휜 경우를 (+), 그 반대의 경우를 (-)로 한다.

표 7-1 반력 계산시 부호의 약속

계산	(+)	(-)
$\sum F$ 계산식	↑	↓
$\sum M$ 계산식	↷	↶

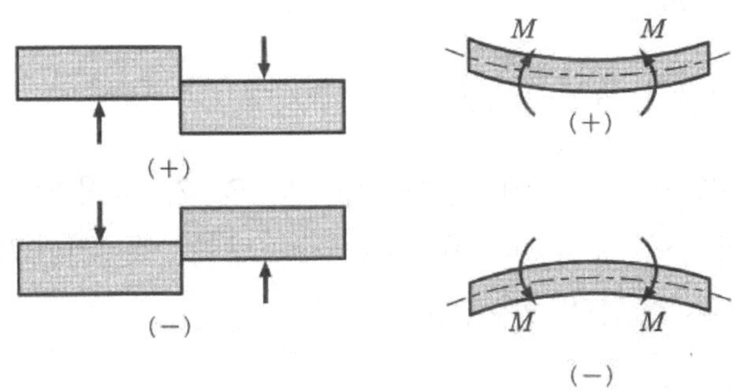

그림 7-9 하중, 반력, 전단력, 굽힘모멘트의 부호 규약

7.2 전단력과 굽힘 모멘트

보에 외력이 작용할 때 보가 평형상태를 유지하기 위해서는 지점에서 하중에 저항하는 힘이 작용하여야 한다. 이 때 하중에 저항하는 힘을 각 지점에 대한 **반력** 또는 **항력**이라고 한다. 이러한 보의 지점에 대한 반력을 구하기 위해서는 보의 힘의 상태가 평형상태가 있다고 가정하고 힘의 평형조건 즉,

① 보에 작용하는 모든 힘의 합력은 0이어야 한다.($\sum F_i = 0$)

② 임의 단면에 대한 모멘트의 합도 0이 있어야 한다.($\sum M_i = 0$)

예

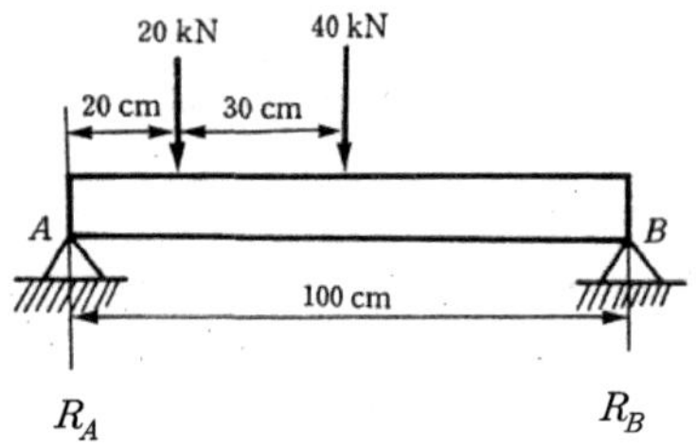

그림 7-10 단순보

① $\sum F_i = 0 \quad R_A + R_B - P_1 - P_2 = 0$

$R_A + R_B - 20 - 40 = 0$

②

$\sum M_A = 0 \quad -R_B 100 + 20 \times 20 + 40 \times 50 = 0$

$R_B = 24\,kN \qquad R_B = 36\,kN$

1. 전단력과 굽힘 모멘트 사이의 관계

(1) 보의 전단과 굽힘 모멘트

그림 7-11와 같이 단순보에 집중하중 P_1, P_2 가 작용할 때, 반력 R 에 대응하고 있는 임의의 단면 mn 에 분포하는 내력, 즉 전단력 V_x 와 굽힘 모멘트 M_x 을 구하는 방법을 알아보자.

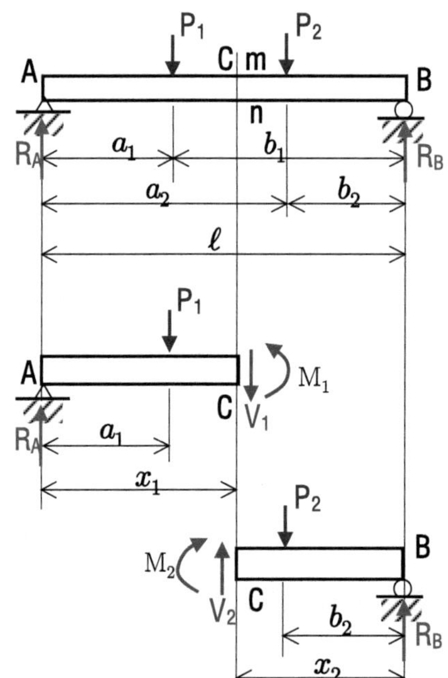

그림 7-11 보에 발생하는 전단력과 굽힘 모멘트

① **지점반력(R_A, R_B)**

$$\sum F=0\ ,\quad P_1+P_2-R_A-R_B=0 \tag{a}$$

$$\sum M_A=0,\quad P_1a_1+P_2a_2-R_B\ell=0 \tag{b}$$

$$R_B=\frac{P_1a_1+P_2a_2}{\ell},\quad R_A=\frac{P_1b_1+P_2b_2}{\ell} \tag{c}$$

② **전단력 및 굽힘모멘트(V_1, V_2, M_1, M_2)**

- AC 구간

$$\sum F_y=0,\quad P_1+V_1-R_A=0 \tag{d}$$
$$V_1=R_A-P_1$$

$$\sum M_c=0,\quad R_Ax_1-P_1(x_1-a_1)-M_1=0 \tag{e}$$
$$M_1=R_Ax_1-P_1(x_1-a_1)$$

- BC 구간

$$\sum F_y=0,\quad P_2-V_2-R_B=0 \tag{f}$$
$$V_2=P_2-R_B$$

$$\sum M_c=0\ ,\quad M_2+P_2(x_2-b_2)-R_Bx_2=0 \tag{g}$$
$$M_2=R_Bx_2-P_2(x_2-b_2)$$

좌변식 (d)와 우변식(f)이 같을 때 식은 다음과 같다.

$$V_1=-V_2=V \tag{h}$$

좌변식 (e)와 우변식 (g)이 같을 때 식은 다음과 같다.

$$M_1=-M_2=M \tag{i}$$

2. 하중, 전단력 및 굽힘모멘트 사이의 관계

보에 작용하는 전단력, 굽힘모멘트 및 하중사이에는 상호 관계를 살펴보기 위해 그림 7-12과 같이 미소요소 dx를 택하여 평형상태를 생각한다.

이 요소의 왼쪽에는 단면에는 전단력 V 와 굽힘모멘트 M이 작용하고 오른쪽 단면에는 $V+dV$ 및 $M+dM$이 작용한다고 한다.

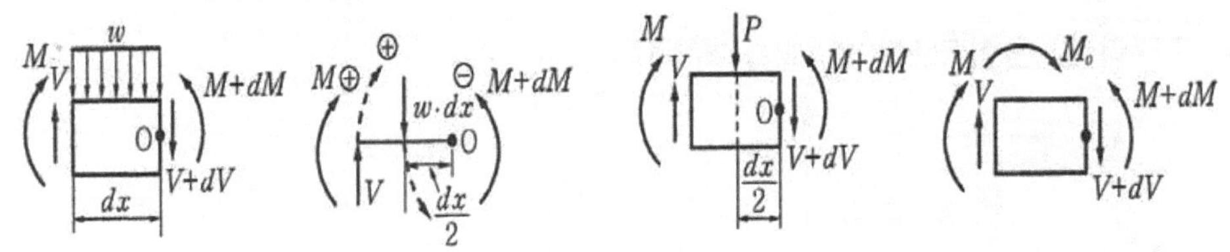

그림 7-12 하중, 전단력, 굽힘모멘트의 관계

(1) 요소 dx에 등분포 하중 w 가 작용하는 경우

그림7-12(a)과 같이 단위길이당 하중w의 분포하중 작용이 요소 dx에 작용하는 경우를 생각 한다. 이 요소에 대한 힘의 평형조건식은 다음과 같다.

$$\sum F_i = 0 \quad V - wdx - (V + dV) = 0 \tag{7-1}$$

$$\frac{dV}{dx} = -w$$

이 요소의 오른쪽 O점에 대해 모멘트를 취하고 그 합을 0으로 하면 다음과 같다.

$$\sum M = 0 \quad M - (M + dM) + Vdx - wdx\left(\frac{dx}{2}\right) = 0$$

dx 는 미소량이므로 $(dx)^2$ 이상의 항은 극히 작은 값이 되므로 무시하면

$$\frac{dM}{dx} = V \tag{7-2}$$

식 (7-1)과 (7-2)로부터

$$\frac{d^2M}{dx}=\frac{dV}{dx}=-w \qquad (7\text{-}3)$$

따라서 굽힘모멘트의 식 M을 x 에 대해 미분하면 전단력이 되고 전단력의 식 V를 x에 대해 미분하면 분포하중의 크기 w가 된다는 것을 알 수 있다.

(2) 요소 dx에 집주하중 P가 작용하는 경우

그림 7-12(b)와 같이 보의 요소에 집중하중 P작용하는 경우 힘의 평형조건식은 다음과 같다.

$$\sum F_i=0, \quad V-P-(V+dV)=0 \qquad (7\text{-}4)$$

$$dV=-P$$

(3)두 단면 사이에 하중이 작용하지 않는 경우

외력의 작용이 없으므로 좌우 단면에서의 전단력의 변화는 없다. 그림 7-12(c)에서 점 O에 대한 모멘트의 평형식을 세우면 다음과 같다.

$$\sum M=0, \quad M-(M+dM)+Vdx=0$$

$$\frac{dM}{dx}=V$$

7.3 전단력 선도(SFD)와 모멘트 선도(BMD)

일반적으로 보를 설계 할 때는 최대 전단력 V_{max} 또는 최대 모멘트 M_{max}이 작용하는 단면의 위치를 알면 편리하다. 따라서 보의 단면 위치에 따라 전단력 V 와 굽힘 모멘트 M 의 변화 상태를 나타내는 선도가 있다면 설계할 때 대단히 편리하다.

따라서, 단면의 위치를 나타내는 거리 x를 가로좌표, 이에 대응하는 전단력 V 값 굽힘 모멘트 M 값을 세로 좌표로 하여 그린 선도를 각각 **전단력 선도**(shearing force diagram : S.F.D).굽힘 모멘트 선도(bending moment diagram : B.M.D)라 한다.

1. 단순보 (simple beam)

보가 수평이고 하중이 수직으면 보의 하중은 직각으로 만나게 되므로 보에는전단이아 휨이 생기게 뢴다.

- 특징
  ① 전단력은 부재를 수직으로 자르려는 힘으로 거리와는 무관하다.
  ② 단순보에서 전단력은 지점에서 최대이다.
  ③ 전단력이 0인 곳에서 최대 휨모멘트가 생긴다.

(1) 1개의 집중하중이 작용할 때

① 지점의 반력 (부호규약 에서 +↑ −↓)

대수합 $\sum F=0,\ \ R_A+R_B-P=0$ (a)

모멘트 $\sum M_B=0,\ \ R_A\ell-Pb=0$ (b)

반력

$$R_A=\frac{Pb}{\ell},\qquad R_B=P-\frac{Pb}{\ell}=\frac{Pa}{\ell} \quad \text{(c)}$$

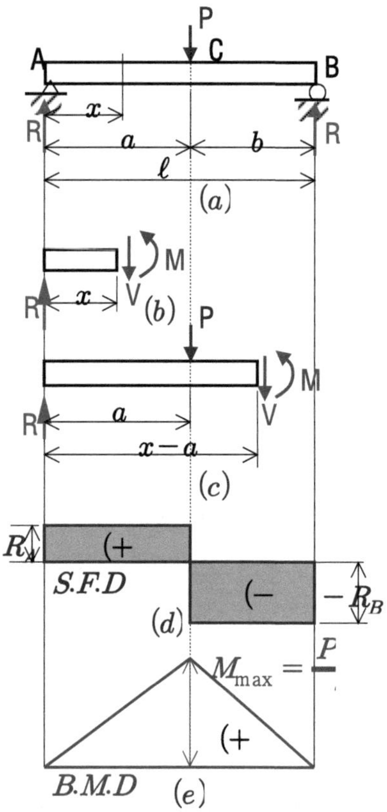

그림 7-13 단순보

② 전단력 및 굽힘모멘트 방정식(그림7-13 b, c)
부호 규약에서 모멘트는 시계방향 + (⌒)

$0<x<a$ 구간

전단력 $V=R_A=\dfrac{Pb}{\ell}$ (d)

모멘트 $M=R_Ax=\dfrac{Pb}{\ell}x$ (e)

$a<x<\ell$ 구간

전단력 $V=R_A-P=\dfrac{Pb}{\ell}-P=-\dfrac{Pa}{\ell}$ (f)

모멘트

$$M=R_Ax-P(x-a)=\frac{Pb}{\ell}x-P(x-a) \quad \text{(g)}$$

전단력은 일정하나 굽힘모우멘트는 x 의 일차 함수 이므로 x에 따라 직선으로 변한다. 전단력의 기울기 $\frac{dV}{dx}$ 이고, 모우멘트의 기울기는 $\frac{dM}{dx}$ 가 된다. 최대 굽힘 모우멘트는 전단력 선도의 부호가 바뀌는 단면 즉 하중이 작용하는 C 점에서 발생한다. 이와 같은 단면은 위험단면이므로 **위험단면**이라 한다.

③ S.F.D 및 B.M.D(그림 7-13 d, e 참조)

$\boldsymbol{M = R_A x = \frac{Pb}{\ell} x}$ 에서 $x=0$ 이면 $M=0$ 이 된다.

$x=a$ 이면 $M = \frac{Pab}{l}$ 　하중이 중앙에 작용하면 $a = b = \frac{l}{2}$

$$\text{최대 모우멘트 } M_{max} = \frac{P\frac{l}{2}\times\frac{l}{2}}{l} = \frac{Pl}{4} \tag{7-5}$$

$\boldsymbol{M = \frac{Pb}{\ell} x - P(x-a)}$ 에서

$x=l$ 이면 $M=0$ 이 된다.

(2) 2개의 집중하중이 작용할 때

① 지점반력

$$\sum F = 0,\ \ P_1 + P_2 = R_A + R_B \tag{a}$$

$$\sum M_B = 0,\ \ R_A \ell - P_1 b_1 - P_2 b_2 = 0$$

$$R_A = \frac{P_1 b_1 + P_2 b_2}{\ell} \tag{b}$$

$$R_B = \frac{P_1 a_1 + P_2 a_2}{\ell} \tag{c}$$

② 전단력 및 굽힘모멘트 방정식

$0 < x < a_1$ 구간 (d)

$V_1 = R_A$, $M_1 = R_A x$

$a_1 < x < a_2$ 구간 (e)

$V_2 = R_A - P_1$

$M_2 = R_A x - P_1(x - a_1)$ (f)

$a_2 < x < \ell$ 구간

$V_3 = R_A - P_1 - P_2 = -R_B$ (g)

$M_3 = R_A x - P_1(x - a_1) - P_2(x - a_2)$ (h)

③ 전단력 선도(S.F.D) 및 굽힘모멘트 선도 (B.M.D)

$x = 0$일 때 $M = 0$

$x = a_1$일 때 $M_1 = R_A a_1$ (i)

$x = a_2$일 때 $M_2 = R_A a_2 - P_1(a_2 - a_1)$ (j)

$x = \ell$일 때 $M = 0$

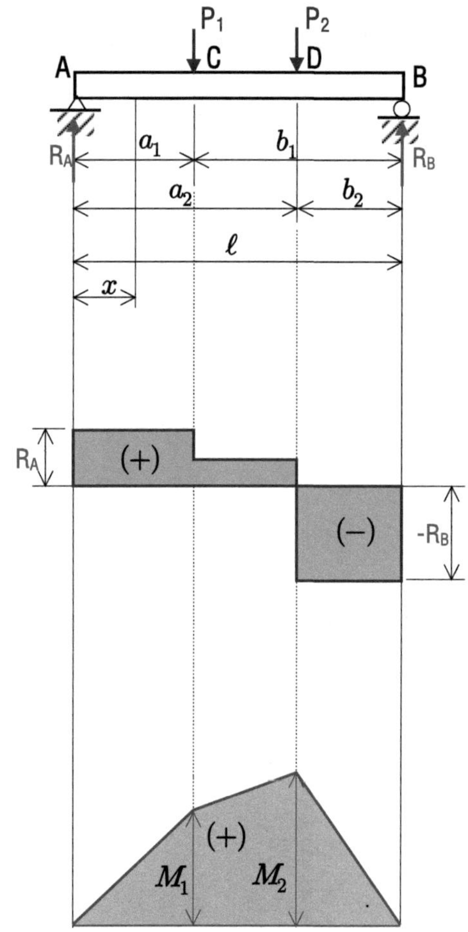

그림 7-14 단순보

예제 1

그림과 같은 보의 지점반력 R_A 및 R_B 를 구하라.

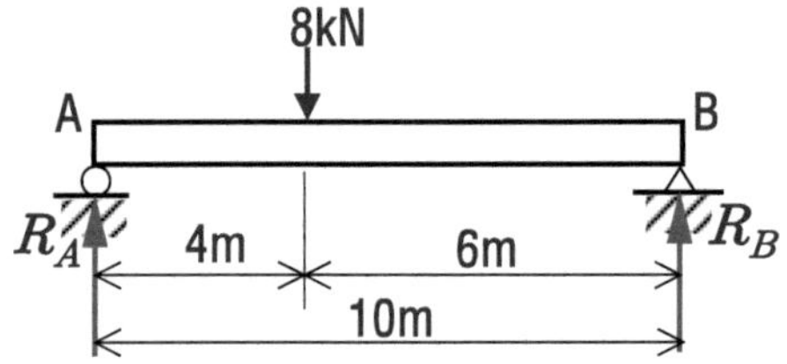

해설) 대수합 $\sum F=0$, $R_A+R_B-P=0$

모멘트 $\sum M_B=0$, $R_A\ell-Pb=0$

반력 $R_A=\dfrac{Pb}{\ell}$,

$$R_A=\frac{Pb}{\ell}=\frac{8\times 6}{10}=4.8\,kN$$

$$R_B=\frac{Pa}{\ell}=\frac{8\times 4}{10}=3.2\,kN$$

예제 2

그림과 같은 단순보에서 3개의 하중을 받고 있을 때, 지점반력 R_A 및 R_B 를 구하라.

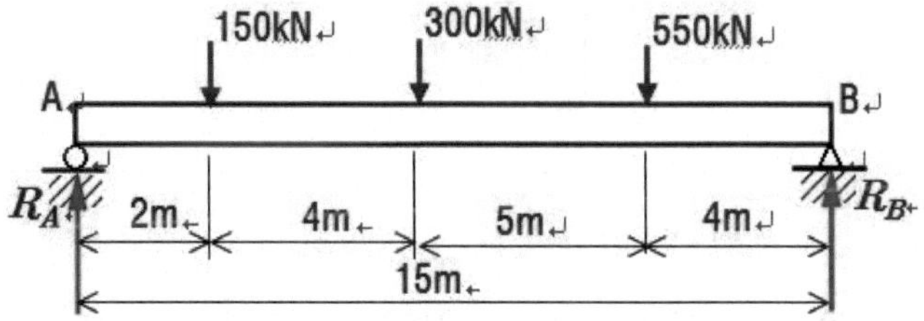

해설) $\sum F=0$, $P_1+P_2+P_3-R_A-R_B=0$

$\sum M_B=0$

$$R_A=\frac{150(4+5+4)+300(5+4)+550\times 4}{15}=456.7\,kN$$

$$R_B=P_1+P_2+P_3-R_A=150+300+550-456.7=543.3\,kN$$

예제 3

그림과 같은 단순보에서 지점반력 R_A 및 R_B를 구하라.

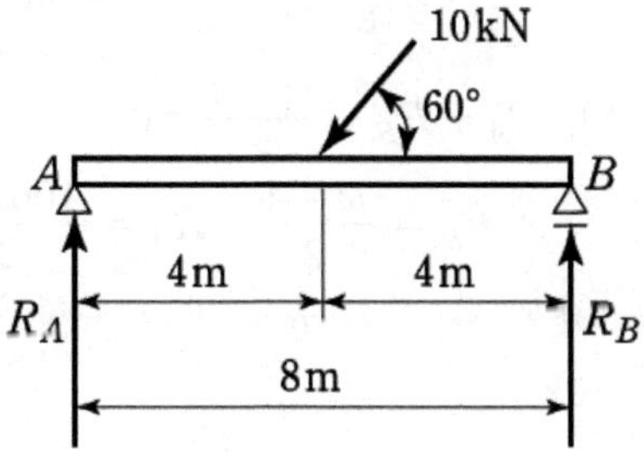

해설) $\sum F_i = 0\ R_A + R_B - 10kN\sin 60° = 0$

$$R_A + R_B = 8.66\,kN$$

$$\sum M_B = 0,\ R_A \times 8 - 10\sin 60 \times 4 = 0$$

$$R_A = 4.33\,kN \qquad R_B = 4.33\,kN$$

※ 참고

경사 하중의 분해도

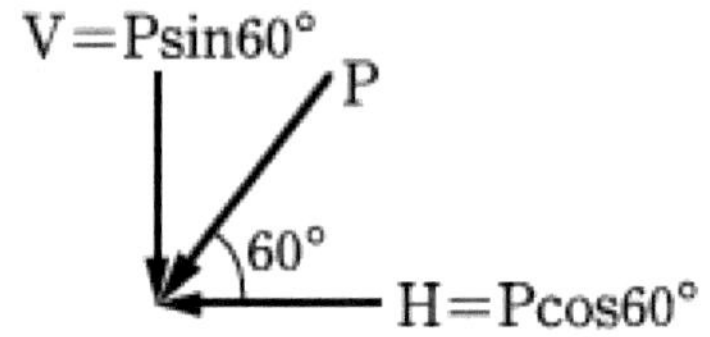

예제 4

오른쪽 그림과 같은 단순보에서 반력 R_A, R_B를 구하여라.

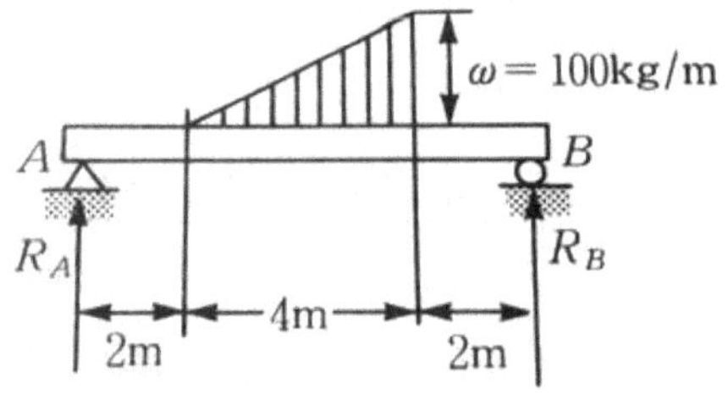

해설) $\sum M_B = 0$으로부터,

$$-R_A \times 8 + \frac{\omega \times 4}{2} \times \left(2 + \frac{4}{3}\right) = 0$$

$$\therefore R_A = \frac{2\omega \times \frac{10}{3}}{8} = \frac{2 \times 100 \times \frac{10}{3}}{8} = 83.3\,\mathrm{kg_f}$$

$\sum F = 0$ 으로부터, $R_A + R_B - \dfrac{\omega \times 4}{2} = 0$

$$\therefore R_B = \frac{\omega \times 4}{2} - R_A = \frac{100 \times 4}{2} - 83.3 = 116.7\mathrm{kg_f}$$

예제 5

그림과 같이 길이 100㎝의 단순보가 $P_1 = 200\,kN$, $P_2 = 300kN$ 의 집중하중을 받고 있을 때, 전단력 선도 (S.F.D) 및 굽힘 모멘트 선도 (B.M.D)는?

해설)

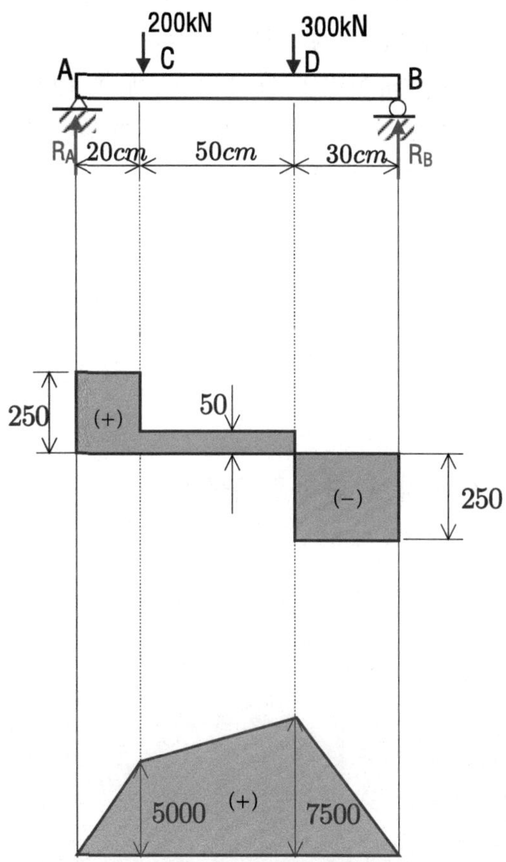

①지점반력

$$\sum F = 0,\quad 200 + 300 = R_A + R_B$$
$$\sum M_B = 0$$
$$R_A \times 100 - 200 \times 80 - 300 \times 30 = 0$$
$$R_A = 250\,kN\ ,\quad R_B = 250\,kN$$

② 전단력 및 굽힘모멘트 방정식

$$V_{AC} = R_A = 250\,kN$$
$$V_{CD} = R_A - P_1 = 250 - 200 = 50\,kN$$
$$V_{DB} = R_A - P_1 - P_2 = 250 - 200 - 300$$
$$= -250\,kN$$

③ S.F.D 및 B.M.D

$$M_{AC} = R_A\,x$$
$$M_A = R_A \times 0 = 0$$
$$M_C = R_A \times 20 = 250 \times 20$$
$$= 5000\,kN \cdot cm$$
$$M_{CD} = R_A x - P_1(x - 20)$$
$$M_D = 250 \times 70 - 200(70 - 20)$$
$$= 7500\,kN \cdot cm$$
$$M_{DB} = R_A x - P_1(x - 20) - P_2(x - 70)$$
$$M_B = 0$$

2. 균일분포하중이 작용할 때

등분포 하중이 작용할 때는 면적을 구하여 집중하중으로 한산하여 반력을 구한다.

(1) 전체 하중시

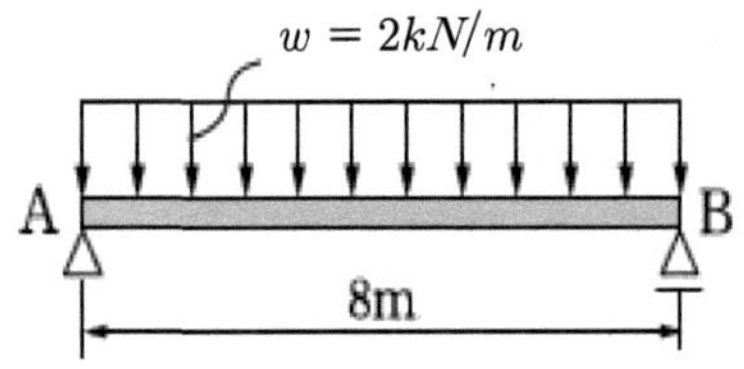

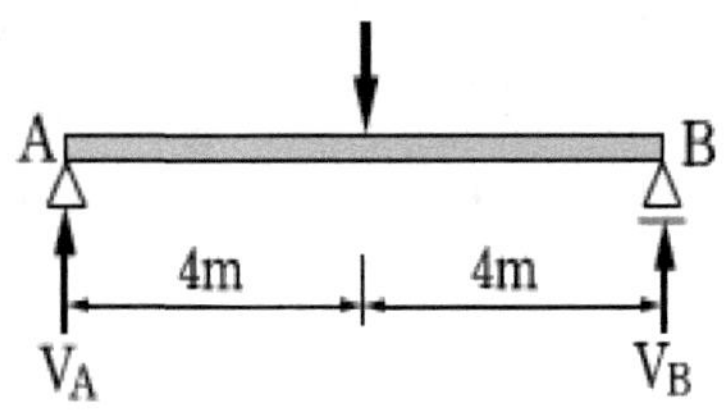

- 사각형 면적을 구한다.
  $(8 \times 2 = 16\,kN)$
- 사각형의 중심은 가운데이므로 결국 $16\,kN$의 집중 하중이 중앙에 작용하는 경우와 똑 같다.
  $2kN/m$이란? 길이 $1m$ 에 대해서 하중 $2kN$ 가 일정하게 작용한다는 의미이다.

(2) 일부분 작용시

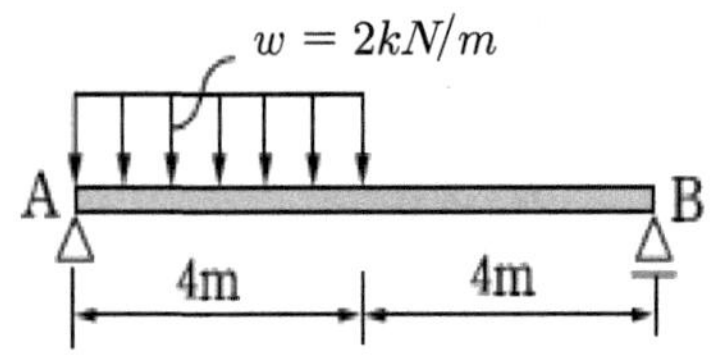

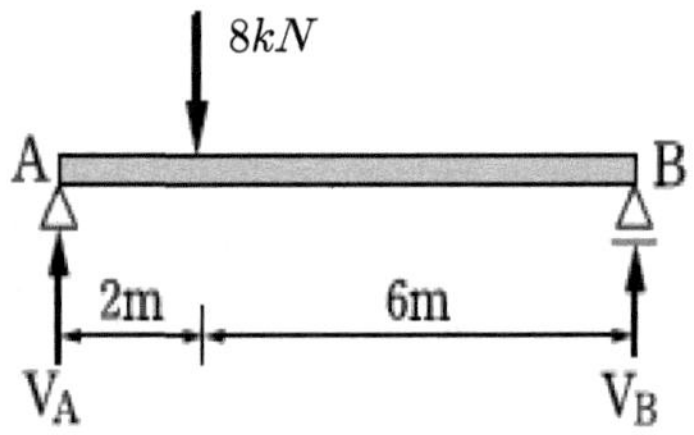

- 사각형 면적을 구한다.
  $(4 \times 2 = 8\,kN)$
- 반력 $R_A = \dfrac{8 \times 6}{8} = 6\,kN$

  $R_B = P - 6 = 2\,kN$

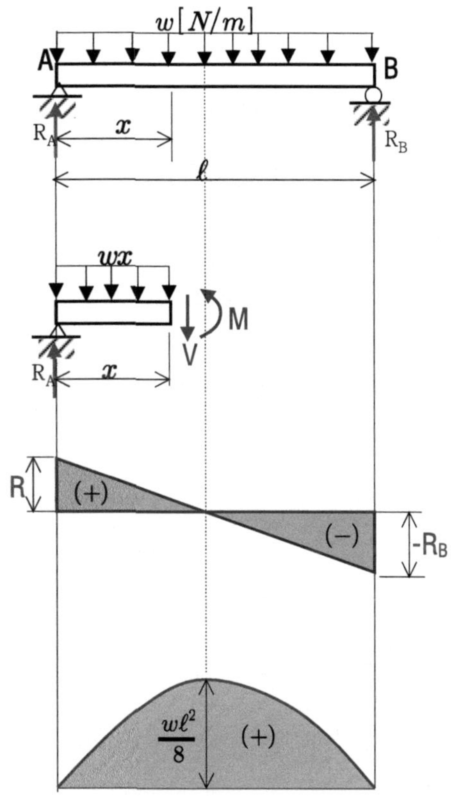

7-15 균일분포하중

① 지점반력

$$\sum F=0,\ \ R_A+R_B=w\ell\ \ \text{------}\ (a)$$

$$\sum M_B=0,\ \ R_A\ell-w\ell\times\frac{1}{2}=0\ \ \text{----}\ (b)$$

$$R_A=R_B=\frac{w\ell}{2}\ \ \text{-------------}\ (c)$$

② 전단력 및 굽힘모멘트 방정식

$$V=R_A-wx=\frac{w\ell}{2}-wx\ \ \text{---------}\ (d)$$

$$M=R_Ax-wx\times\frac{x}{2}=\frac{w\ell}{2}x-\frac{wx^2}{2}\ \ \text{---}\ (e)$$

③ 전단력 선도(S.F.D) 및 굽힘모멘트 선도 (B.M.D

$x=0$ 일 때 $V=\frac{w\ell}{2}$, $M=0$

$x=\frac{\ell}{2}$일 때 $V=0$, $M_{max}=\frac{w\ell^2}{8}$ −(7−6)

$x=\ell$ 일 때 $V=-\frac{w\ell}{2}$, $M=0$

※ 참고

균일분포하중에서 최대 모우멘트가 작용하는 거리 x의 2차 함수이므로 포물선 으로 그려진다. 전단력선도 + 에서 − 바뀌는 점 즉 전단력선도 0지점에서 최대굽힘 모멘트(M_{max})가 발생한다.(전단력 $V=0$ $V=\frac{dM}{dx}$)

$$V=R_A-wx=\frac{wl}{2}-wx \qquad 0=\frac{wl}{2}-wx \qquad x=\frac{\ell}{2}$$

---

3. 균일변화분포하중이 작용할 때

삼각형 하중 작용시 삼각형 면적을 구하여 집중하중으로 환산하여 반력을 구한다.

(1) 전체 하중시

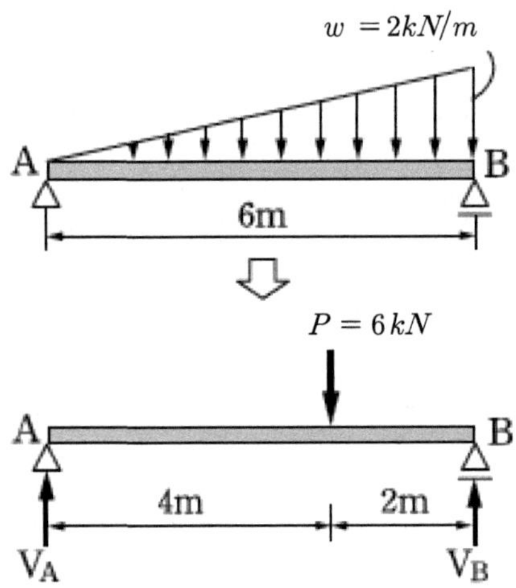

- 삼각형 면적을 구한다.

  ($\frac{1}{2}\,2 \times 6 = 6\,kN$)

- 반력

  $R_A = 6 \times \frac{1}{3} = 2\,kN$

  $R_A = 6 \times \frac{2}{3} = 4\,kN$

(2) 전단력

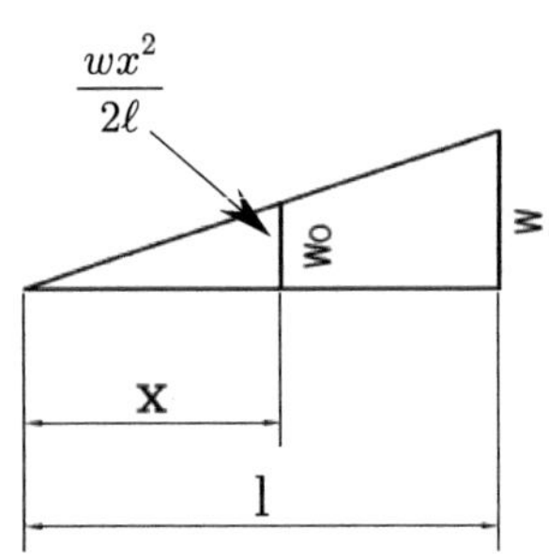

그림 7-16 비례관계

지점 A 로부터 임의의 거리 x 위치의 하중의 크기w_o는

$$w : w_o = \ell : x \qquad \text{(a)}$$

$$w_o = \frac{wx}{\ell}$$

삼각형 면적

$$A_1 = \frac{1}{2}bh = \frac{1}{2}xw \quad \text{(b)}$$

$$= \frac{1}{2}x \times \frac{wx}{\ell}$$

$$= \frac{wx^2}{2\ell}$$

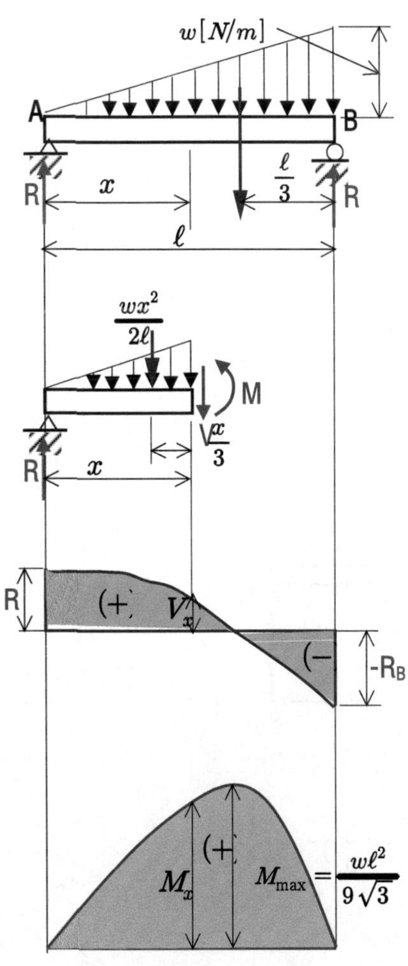

그림 7-17 점변 분포 하중

① 지점반력

$$\sum F = 0,\quad R_A + R_B = \frac{w\ell}{2} \quad \text{(a)}$$

$$\sum M_B = 0,\quad R_A \ell - \frac{w\ell}{2} \times \frac{\ell}{3} = 0 \quad \text{(b)}$$

$$R_A = \frac{w\ell}{6},\qquad R_B = \frac{w\ell}{2} - R_A = \frac{w\ell}{3} \quad \text{(c)}$$

② 전단력 및 굽힘모멘트 방정식에서

$$V = R_A - \frac{wx^2}{2\ell} = \frac{w\ell}{6} - \frac{wx^2}{2\ell} \quad \text{(d)}$$

$$M = R_A x - \frac{wx^2}{2\ell} \times \frac{x}{3} = \frac{w\ell}{6}x - \frac{wx^3}{6\ell} \quad \text{(e)}$$

③ 전단력 선도(S.F.D) 및 굽힘모멘트 선도 (B.M.D)

최대굽힘모멘트 M_{max}가 생기는 단면의 위치x 는

$$\frac{dM}{dx} = \frac{w\ell}{6} - \frac{wx^2}{2\ell} = 0$$

$$\frac{w\ell}{6} = \frac{wx^2}{2\ell} \quad x = \frac{\ell}{\sqrt{3}} \quad \text{(f)}$$

된다.

$x=0$ 일 때 $V=\frac{w\ell}{6}$, $M=0$

$x=\frac{\ell}{\sqrt{3}}$ 일 때 $V=0$

$$M_{max}=\frac{w\ell}{6}x-\frac{wx^3}{6l}=\frac{w\ell}{6}\times\frac{\ell}{\sqrt{3}}-\frac{w}{6\ell}\times(\frac{\ell}{\sqrt{3}})^3$$

$$=\frac{w\ell^2}{6\sqrt{3}}-\frac{w\ell^3}{6\ell3\sqrt{3}}=\frac{wl^2}{6\sqrt{3}}-\frac{wl^2}{18\sqrt{3}}$$

$$=\frac{3w\ell^2}{18\sqrt{3}}-\frac{w\ell^2}{18\sqrt{3}}=\frac{2w\ell^2}{18\sqrt{3}}=\frac{w\ell^2}{9\sqrt{3}} \qquad (7\text{-}7)$$

$x=\ell$ 일 때 $V=-\frac{w\ell}{3}$, $M=0$

예제 6

그림과 같은 보의 지점 반력 R_A 및 R_B 값은?

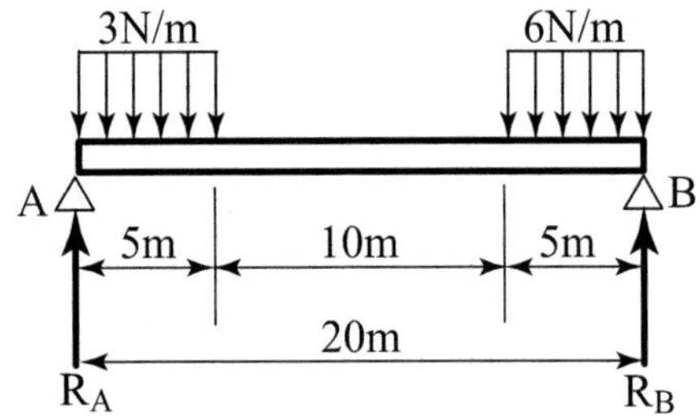

해설)

$\sum M_B=0 \qquad R_A20-3\times5(15+\frac{5}{2})-6\times5(\frac{5}{2})$

$$R_A=\frac{30\times2.5+15\times17.5}{20}=16.875N$$

$\sum F_i=0 \quad R_A+R_B-3\times5-6\times5=0$

$R_B=15+30-16.875=28.125N$

예제 7

그림과 같은 단순보의 D점의 휨모멘트 값은?

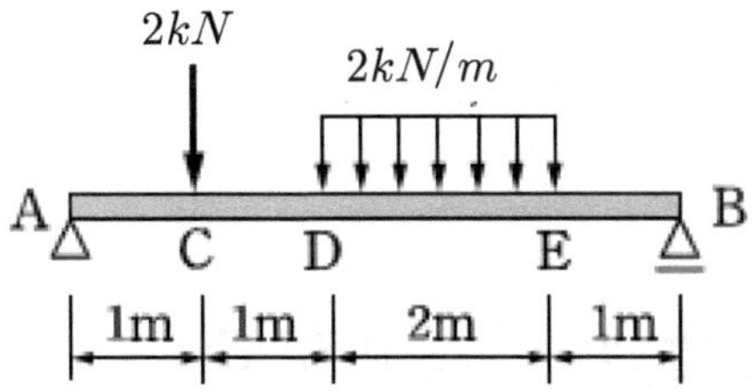

해설) D점의 휨모멘트를 구하기 위해서 우선 D점만 잘라서 좌측만 생각하고 계산한다.

A 점의 반력을 구하면

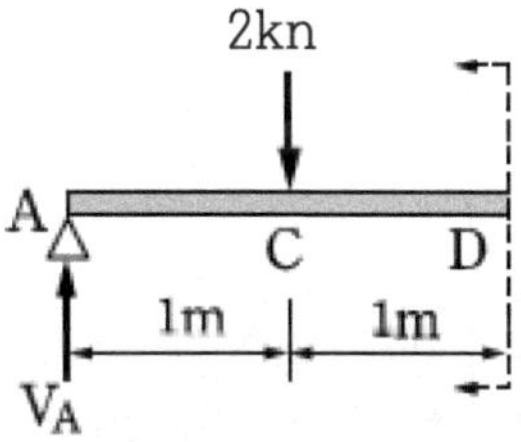

$\sum M_B = 0$ 에서

$R_A \times 5 - 2 \times 4 - (2 \times 2)\,(1 + \frac{2}{2}) = 0$

$R_A = 3.2\,kN$

D점에서 모멘트는

$M_D = 3.2 \times 2 - 2 \times 1 = 4.4\,kN \cdot m$

예제 8

다음 그림에서 최대 굽힘모멘트가 발생하는 위치 A에서 얼마만큼 떨어진 곳인가?

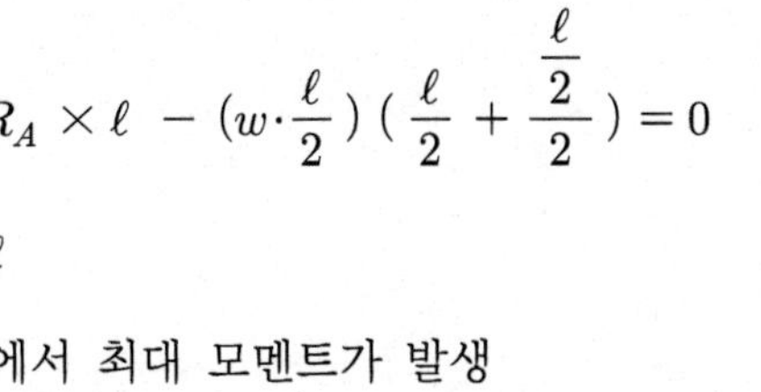

해설) $\sum M_B = 0 \quad R_A \times \ell - (w \cdot \frac{\ell}{2})\,(\frac{\ell}{2} + \frac{\frac{\ell}{2}}{2}) = 0$

$R_A = \frac{3}{8} w\ell$

전단력 O 지점에서 최대 모멘트가 발생

$V = R_A - wx = 0 \qquad x = \frac{3}{8}\ell$

예제 9

그림과 같이 단순보에 부분적으로 균일분포하중을 받고 있을 때, 전단력 선도 (S.F.D) 및 굽힘 모멘트 선도 (B.M.D)는?

해설)

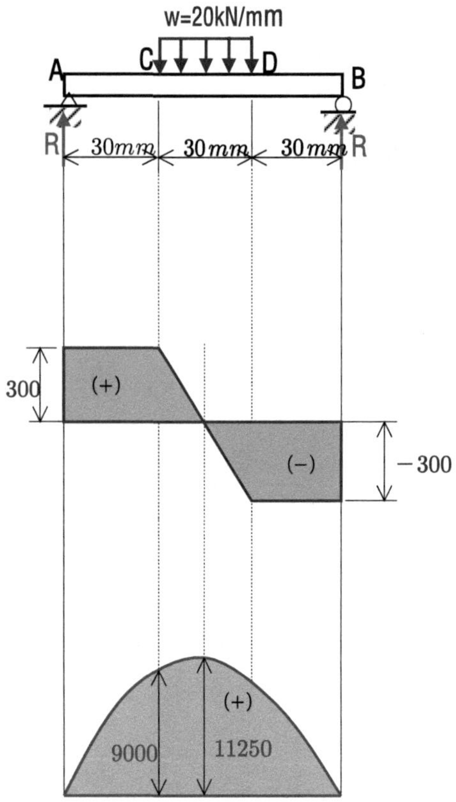

① **지점반력**

전하중 $20 \times 30 = 600\,kN$가 보의 중앙에 작용한다고 생각하면

$$\sum F = 0, \quad 600 = R_A + R_B$$

$$\sum M_B = 0, \quad R_A \times 90 - (20 \times 30) \times (30 + \frac{30}{2})$$

$$R_A = 300\,kN\ , \quad R_B = 300\,kN$$

② **전단력 및 굽힘모멘트 방정식**

$$V_{AC} = R_A = 300\,kN$$

$$V_{CD} = R_A - 20(x - 30)$$

$$V_C = 300 - 20(30 - 30) = 300\,kN$$

$$V_D = 300 - 20(60 - 30) = -300\,kN$$

$$V_{DB} = R_A - 20 \times 30$$

$$V_B = 300 - 600 = -300\,kN$$

전단력이 0이 되는 점에서 최대 모우멘트 발생

$$V_{CD} = 300 - 20(x - 30) = 0 \qquad \therefore\ x = 45\,mm$$

③ **S.F.D 및 B.M.D**

$$M_{AC} = R_A x$$

$$M_A = 300 \times 0 = 0$$

$$M_C = 300 \times 30 = 9000\,kN \cdot mm$$

$$M_{CD} = R_A x - w(x-30)(\frac{x-30}{2}) = R_A x - \frac{w(x-30)^2}{2}$$

$$M_D = 300 \times 60 - \frac{20(60-30)^2}{2} = 9000\,kN \cdot mm$$

$x = 45$일 때

$$M_{\max} = 300 \times 45 - \frac{20(45-30)^2}{2} = 11250\,kN \cdot mm$$

$$M_{DB} = R_A x - w \times 30(x-45)$$

$$M_B = 300 \times 90 - 20 \times 30(90-45) = 0$$

7.4 외팔보 (cantilever)

(1) 특징

① 외팔보는 지점이 한 곳이므로 지점(고정단)에서 외력을 모두 받아야 한다.

② 고정단에서는 수직 (V) 모멘트 (M) 반력이 생길수 있다.

③ 전단력 값은 고정단에서 최대이다.

④ 휨모멘트 값은 고정단에서 최대이고 그 값은 모멘트 반력값과 같다.

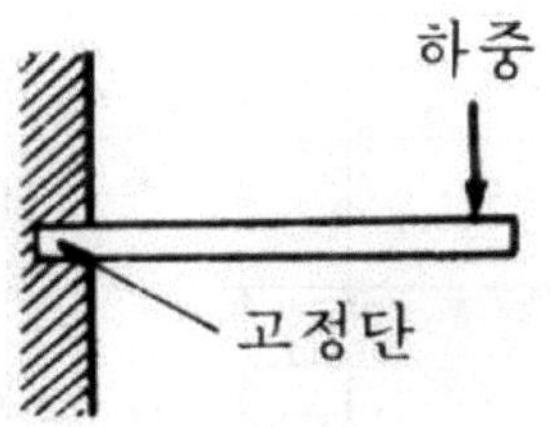

그림 7-18 외팔보

1. 외팔보 (자유단에 집중하중이 작용할 때)

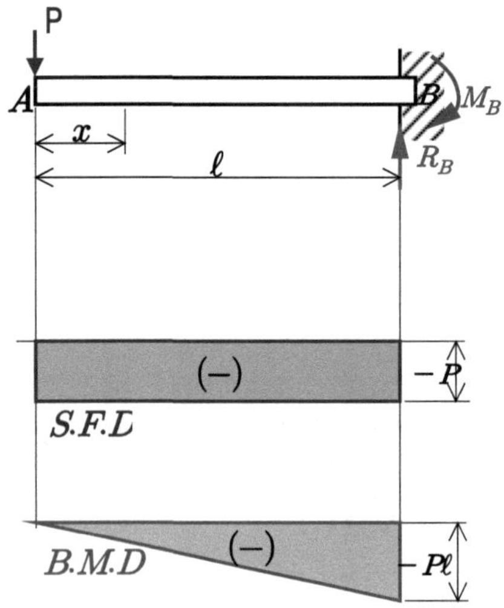

7-19 외팔보

① 지점반력

$$\sum F = 0,\quad R_B = P \qquad \text{(a)}$$

$$\sum M_B = 0,\quad -P\ell + M_B = 0$$

$$M_B = P\ell \qquad \text{(b)}$$

② 전단력 및 굽힘모멘트 방정식

$$V = -P,\qquad M = -Px \qquad \text{(c)}$$

③ S.F.D 및 B.M.D

최대굽힘모멘트는 고정단 B에서 작용한다.

2. 외팔보 (두 개의 집중하중이 작용할 때)

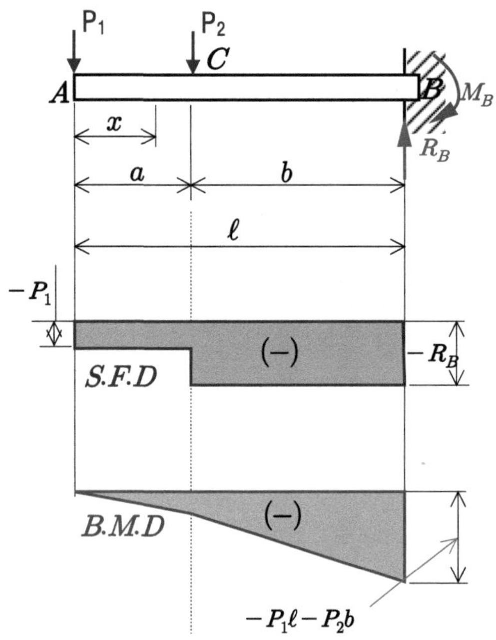

7-20 외팔보

① 지점반력

$$\sum F = 0,\quad R_B = P_1 + P_2 \qquad \text{(a)}$$

$$\sum M_B = 0,\quad M_B = P_1\ell + P_2 b \qquad \text{(b)}$$

② 전단력 및 굽힘모멘트 방정식

$0 < x < a$ 구간

$$V_1 = -P_1,\qquad M_1 = -P_1 x \qquad (c)$$

$a < x < \ell$ 구간

$$V_2 = -P_1 - P_2 \qquad (d)$$

$$M_2 = -P_1 x - P_2(x-a) \qquad (e)$$

③ S.F.D 및 B.M.D

$x = 0$ 일 때 $\quad M = 0$

$x = a$ 일 때 $\quad M_1 = -P_1 a$

3. 외팔보 (균일분포하중이 작용할 때)

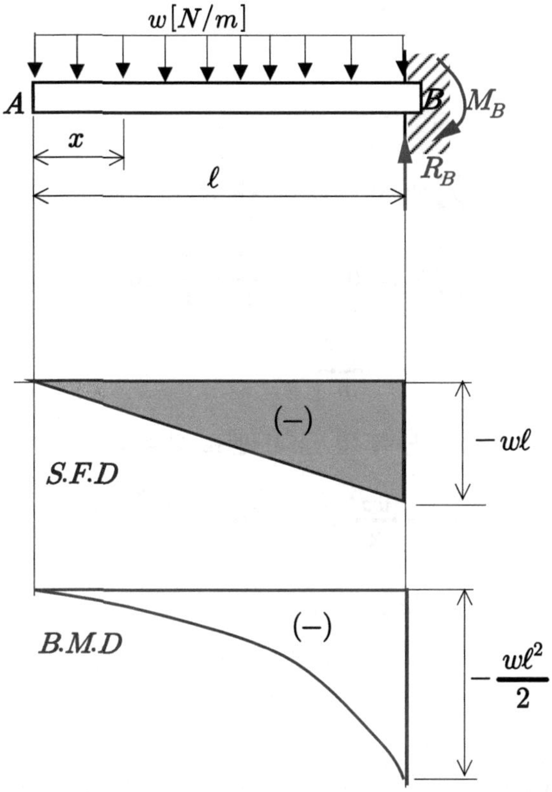

7-21 외팔보에 균일분포하중이 작용

① 지점반력

$$\sum F = 0, \quad R_B = w\ell\ ,$$

$$\sum M_B = 0, \quad -w\ell \times \frac{\ell}{2} + M_B = 0$$

$$M_B = \frac{w\ell^2}{2}$$

② 전단력 및 굽힘모멘트 방정식

$$V = -wx\ ,$$

$$M = -wx \times \frac{x}{2} = -\frac{wx^2}{2}$$

③ S.F.D 및 B.M.D

$x = 0$ 일 때 $\quad V = 0\ , \quad M = 0$

$x = \ell$ 일 때 $\quad V = -w\ell\ , \quad M = -\frac{w\ell^2}{2}$

4. 외팔보 (균일변화분포하중이 작용할 때)

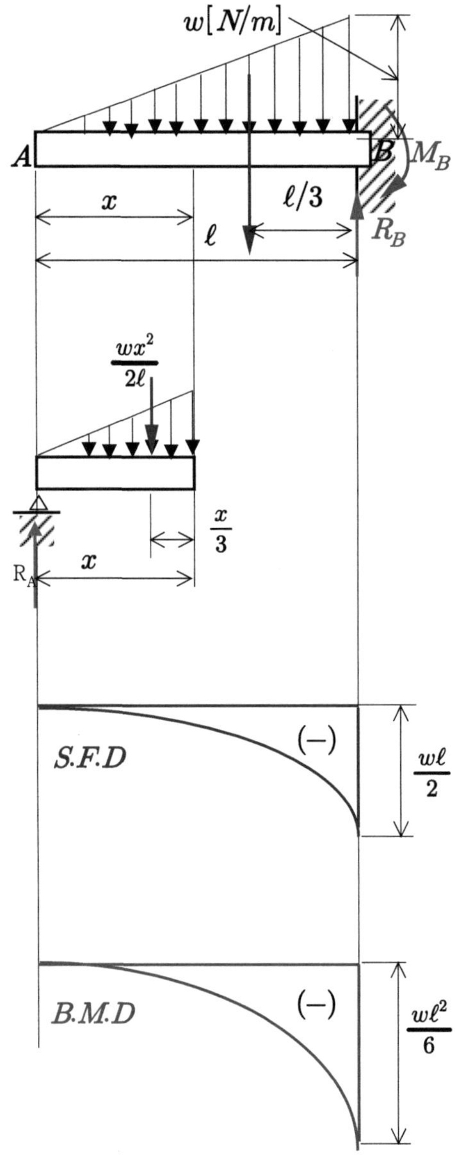

7−22 외팔보에 균일변화 분포하중이 작용시

① 지점반력

$$\sum F=0,\quad R_B=\frac{w\ell}{2}\ ,$$

$$\sum M_B=0,\qquad -\frac{w\ell}{2}\times\frac{\ell}{3}+M_B=0$$

$$M_B=\frac{w\ell^2}{6}$$

② 전단력 및 굽힘모멘트 방정식

$$V=\ -\frac{wx^2}{2\ell},\qquad M=\ -\frac{wx^2}{2\ell}\times\frac{x}{3}=-\frac{wx^3}{6\ell}$$

※ 참고

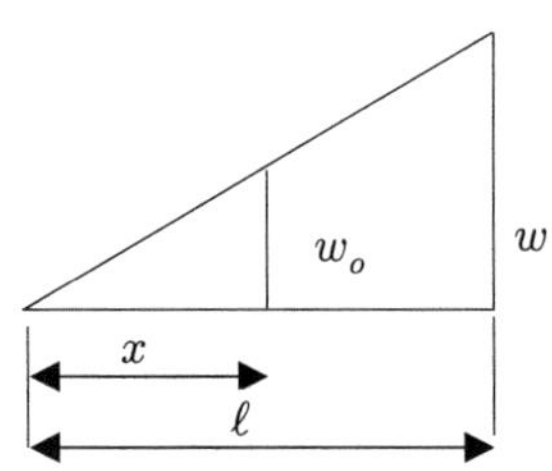

$w=w_0=\ell:x$

$w_0=\frac{wx}{\ell}$

③ S.F.D 및 B.M.D

$x=0$ 일 때 $\quad V=0\ ,\quad M=0$

$x=\ell$ 일 때 $\quad V=-\frac{w\ell}{2}\ ,\quad M=-\frac{w\ell^2}{6}$

예제 10

그림과 같은 외팔보의 자유단 A와 중앙점 C에 각각 300N, 500N의 하중이 서로 반대 방향으로 작용할 때, 고정단 B에 생기는 굽힘모멘트의 크기와 방향은? (단, 보의 무게는 무시한다)

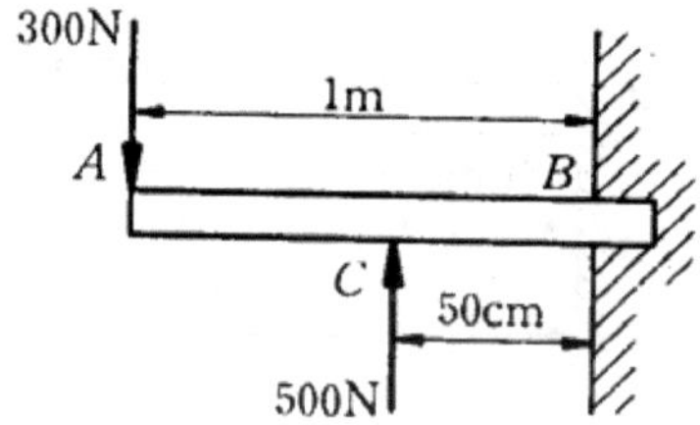

해설)

B점 생기는 모멘트

$M_B = \underbrace{-300\times1}_{\text{반시계방향}} + \underbrace{500\times0.5}_{\text{시계방향}} = -50N\cdot m$ (↶ 반시계방향)

예제 11

그림과 같이 외팔보에 하중이 작용한다. 고정단의 굽힘모멘트는 얼마인가?

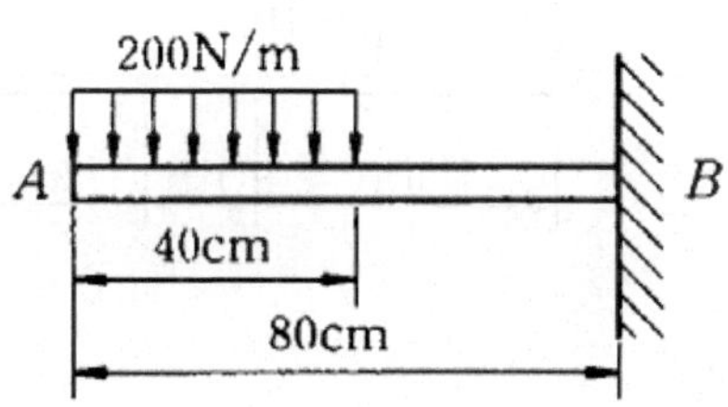

해설)

$$M_B = 200\times0.4\times(0.4+\frac{0.4}{2}) = 48\,N\cdot m$$

예제 12

그림과 같은 외팔보에 있어서 고정단에서 20cm되는 점의 굽힘모멘트 M은 몇 $kN \cdot m$ 인가 ?

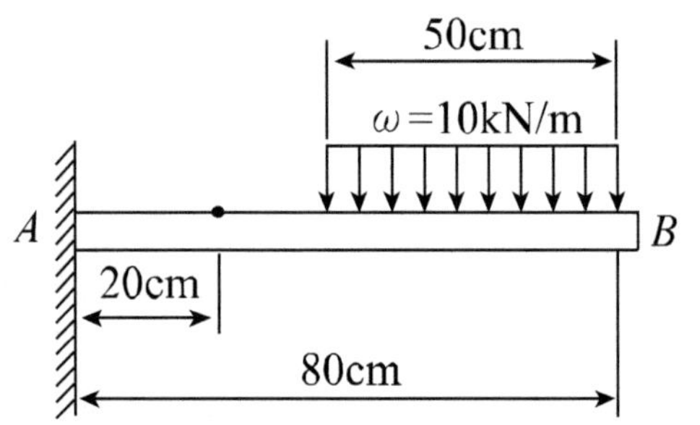

해설)

$$M = 10 \times 0.5 \times \left(\frac{0.5}{2} + 0.1 \right) = 1.75 \ kN \cdot m$$

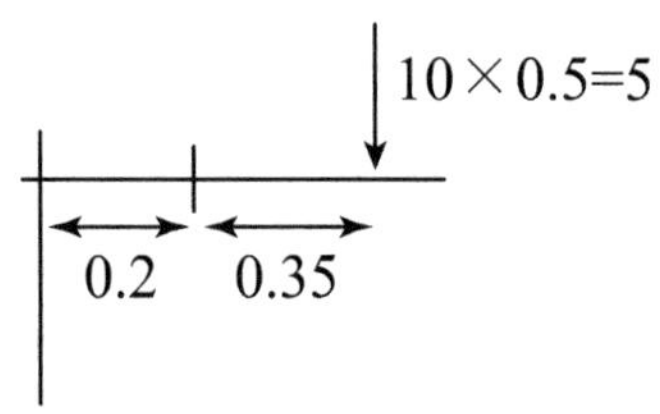

예제 13

다음과 같은 외팔보의 점 C에서의 전단력과 휨모우멘트 값은?

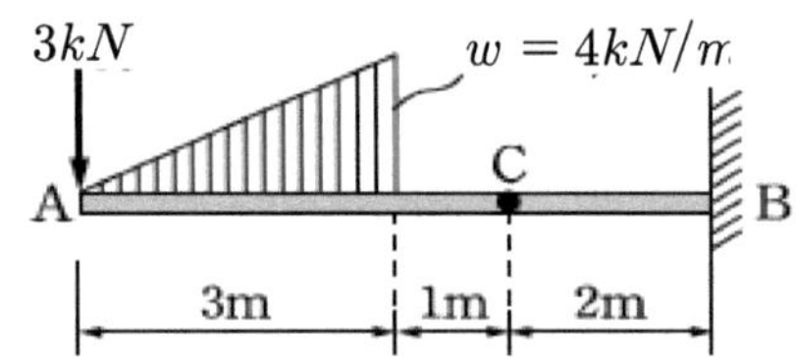

해설)

C 점 좌측을 생각하면

삼각형의 면적 $A_3 = \frac{1}{2} bh = \frac{1}{2} 3 \times 4 = 6 kN$

C 점에서

전단력 $V_C = -3 - 6 = -9 kN$

모멘트 $M_C = 3 \times 4 + \frac{1}{2} 3 \times 4 \left(\frac{3}{3} + 1 \right) = -24 kN \cdot m$

$\because$ 삼각형의 도심 $\bar{x} = \frac{h}{3}$

예제 14

그림과 같이 외팔보에 두 개의 집중하중을 받고 있을 때, S.F.D & B.M.D는?

해설)

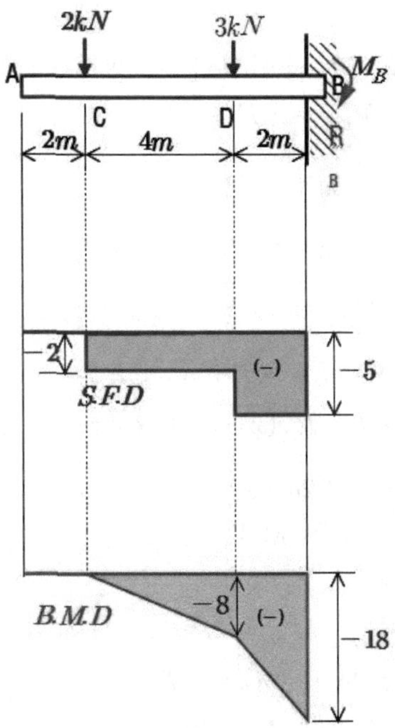

① 지점반력

$$\sum F = 0,\quad R_B = 2+3 = 5\,kN$$

$$\sum M_B = 0,\quad M_B = 2\times 6 + 3\times 2 = 18$$

② 전단력 및 굽힘모멘트 방정식

$$V_{AC} = 0$$

$$V_{CD} = -2\,kN$$

$$V_{DB} = -2 - 3 = -5\,kN$$

③ S.F.D 및 B.M.D

$$M_{AC} = 0\,,\quad M_A = 0,\quad M_C = 0$$

$$M_{CD} = -P_1(x-2)$$

$$M_D = -2\times(6-2) = -8\,kN\cdot m$$

$$M_{DB} = -P_1(x-2) - P_2(x-6)$$

$$M_B = -2\times(8-2) - 3\times(8-6) = -18\,kN\cdot m$$

7.5 내다지보 (overhanging beam) 또는 돌출보

내다지보는 단순보에서 지점 1곳 또는 2곳이 부재 안쪽으로 이동한 구조이다. 위치에 따라 다음과 같이 나뉜다.

오른쪽 내민보	왼쪽 내민보	양쪽 내민보
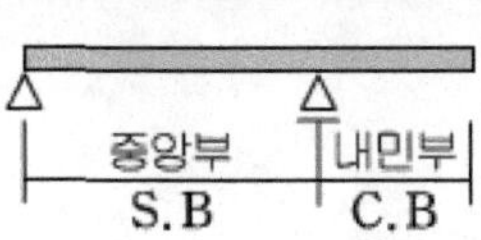	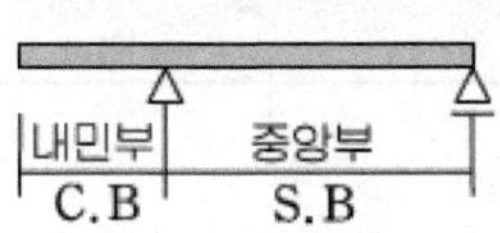	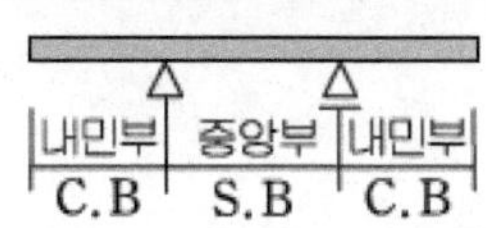

중앙부 : 지점과 지점사이 부분으로 단순보와 같이 해석

내민부 : 지점과 자유단사이 부분으로 외팔보와 같이 해석한다.

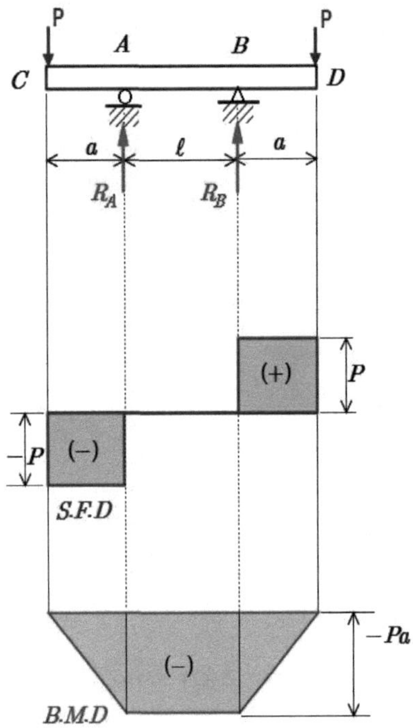

7-23 **돌출보**

① 지점반력

$\sum F=0,\quad P+P=R_A+R_B$

$\sum M_B=0,\quad -P(a+\ell)+R_A\ell+Pa=0$

$R_A=P\ ,\quad R_B=P$

② 전단력 및 굽힘모멘트 방정식

CA구간 $V_{CA}=-P,$

$M_{CA}=-Px$

AB구간 $V_{AB}=-P+R_A=0,$

$M_{AB}=-Px+R_A(x-a)=-Pa$

BD구간 $V_{BD}=-P+R_A+R_B=P$

$M_{BD}=-Px+R_A(x-a)+R_B(x-a-\ell)$

$=Px-P(2a+\ell)$

③ S.F.D 및 B.M.D

$x=0$ 일 때 $M_C=0$

$x=a$ 일 때 $M_A=-Pa$

$x=a+\ell$ 일 때 $M_B=-Pa$

$x=2a+\ell$ 일 때 $M_D=0$

7.6 우력에 의한 전단력선도 및 굽힘모멘트 선도

단순보에 모멘트 하중이 작용하면 지점에서는 우력모멘트반력가 생긴다.

예

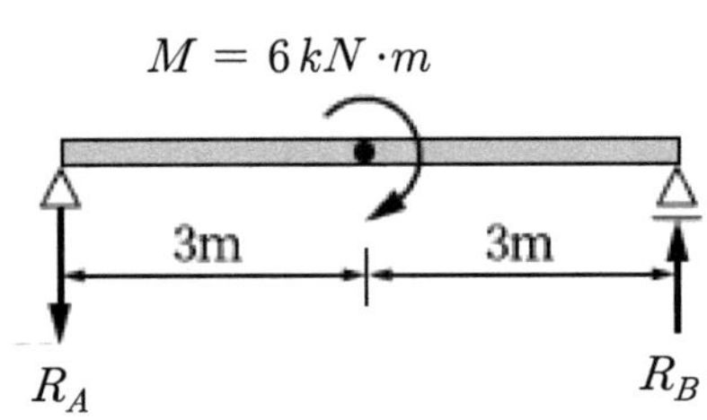

① 모멘트 하중이 시계방향으므로 우력모멘트는 반시계 방향의 된다

② 우력은 크기는 같고 $(R_A=R_B)$ 방향이 반대가 된다. 즉

R_A (↓), R_B (↑)

③ 우력모멘트 = 한 개의 힘 x 두힘의 거리

$R_A \times 6 = 6 kN \cdot m$ $R_A = 1 kN$ (↓), $R_B = 1 kN$ (↑)

1. 그림과 같은 단순보에 모멘트 $M = 16kN \cdot m$가 작용할 때, S.F.D & B.M.D는?

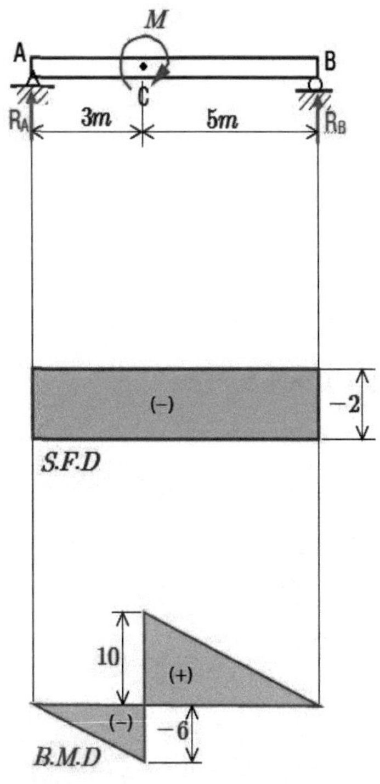

그림 7-24 단순보에 우력이 작용

① 지점반력

$\sum M_B = 0, \quad R_A \times 8 + 16 = 0$

$R_A = -2kN, \; R_B = 2kN$

② 전단력 및 굽힘모멘트 방정식

$V_{AC} = -2kN$

$V_{CB} = -2kN$

③ S.F.D 및 B.M.D

$M_A = 0$

$M_C = -2 \times 3 = -6 kN \cdot m$

$M_C = -6 + 16 = 10 kN \cdot m$

$M_B = 0$

2. 우력이 작용하는 경우

단순보	외팔보
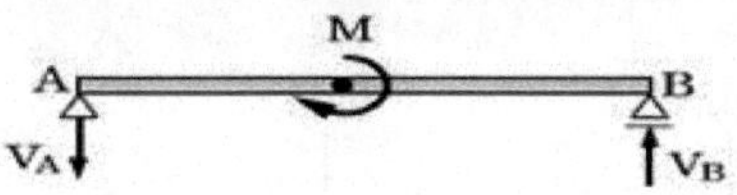	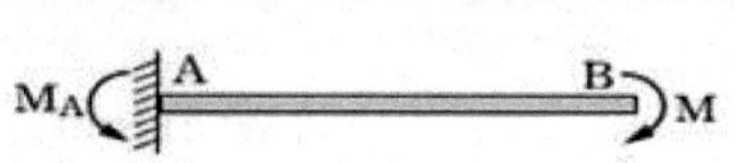
모멘트 하중에 대하여 우력의 무멘트 반력이 생긴다. (반력의 방향이 반대)	모멘트 하중에 의한 모멘트 반력만 생긴다.

예제 14

그림과 같은 하중을 받는 보에서 B점의 반력값으로 옳은 것은?

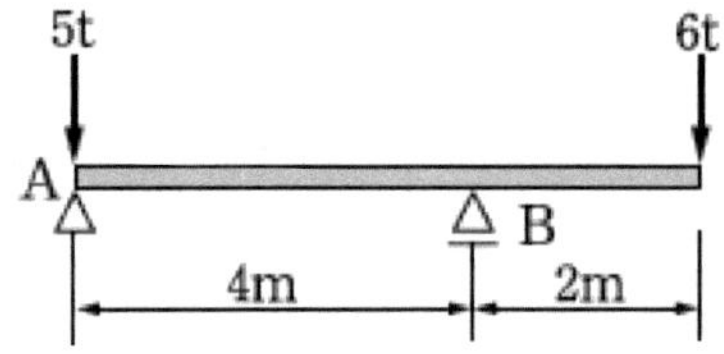

해설) $\sum M_B = 0 \qquad R_A \times 4 - 5 \times 4 + 6 \times 2 = 0$

$R_A = 2kN$,

$R_B = 11 - R_A = 11 - 2 = 9kN$

예제 15

그림에서 반력 R_C 가 0이 되려면 B점의 집중하중 P는 몇 kN 인가?

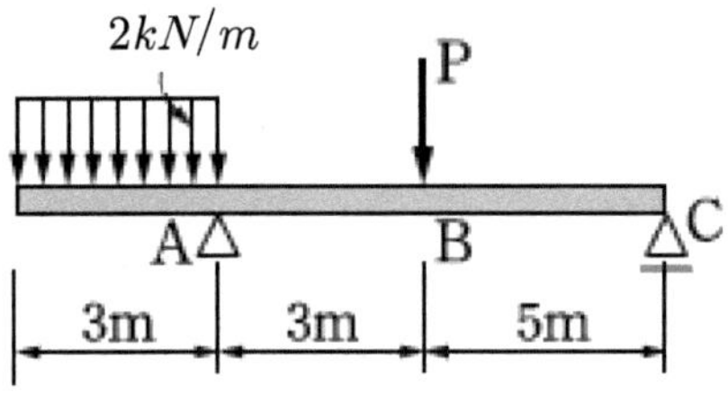

해설) $R_C = 0$ 이면 A점 좌우의 모멘트가 같아 진다.

$2 \times 3 \times \frac{3}{2} = P \times 3 \qquad P = 3kN$

예제 16

다음의 돌출보에 발생하는 최대 굽힘 모멘트는?

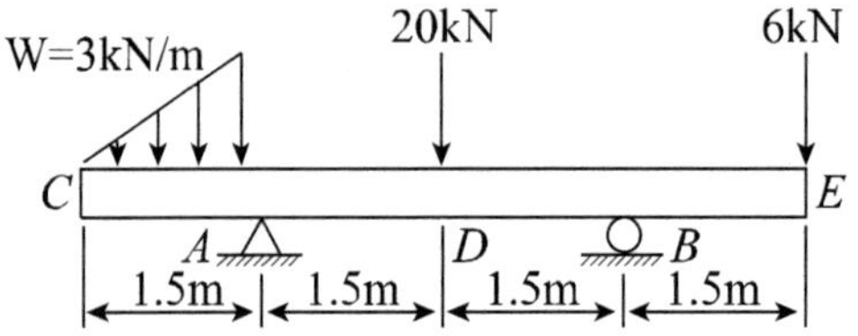

해설) $\sum F_i = 0 \quad R_A + R_B \ - \frac{1}{2}3\times1.5 - 20 - 6 = 0$

$R_B = 2.25 + 20 + 6 - 15.625 = 12.625\,kN$

$\sum M_B = 0 \quad R_A\times3 \ + \frac{1}{2}3\times1.5\,(3 + \frac{1.5}{3}) + 20\times1.5 \ + 6\times1.5 = 0$

$R_A = \dfrac{2.25\times(0.5+1.5+1.5+20\times1.5\ +6\times1.5}{3} = 15.625\,kN$

$M_A = \frac{1}{2}3\times1.5\times\frac{1.5}{3} = -1.125\,kN\cdot m$

$M_D = -2.25\times(0.5+1.5) + 15.625\times1.5 = 18.9375\,kN\cdot m$

$M_B = 6\times1.5 = -9\,kN\cdot m$ (내다지보에서만 반시계방향으로 할것 식 참조)

최대 모우멘트는 M_D에서 발생

예제 17

그림에서 A점의 반력은 얼마인가?

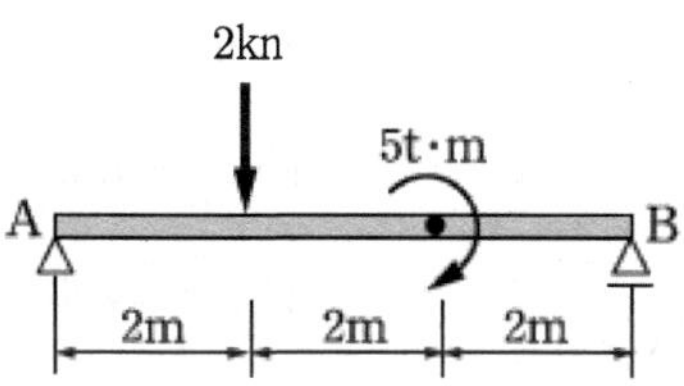

해설) 단순보에 집중하중 (↓)과 모멘트 하중 (↷)이 동시에 작용하고 A점의 반력 (수직반력)을 구해야 하므로 힘의 평형조건을 적용한다. 여기서, A점의 반력을 구할 때 B점에, B점의 반력을 구할 때는 A점에 모멘트를 취한다.

$\sum M_B = 0$

$R_A\times6m \ - 2kN\times4m + 5kN\cdot m = 0$

시계 방향 (+) 우력 (시계방향)

$R_A = 0.5\,kN$

예제 18

그림과 같이 내다지보에 균일분포하중을 받고 있을 때, S.F.D & B.M.D는?

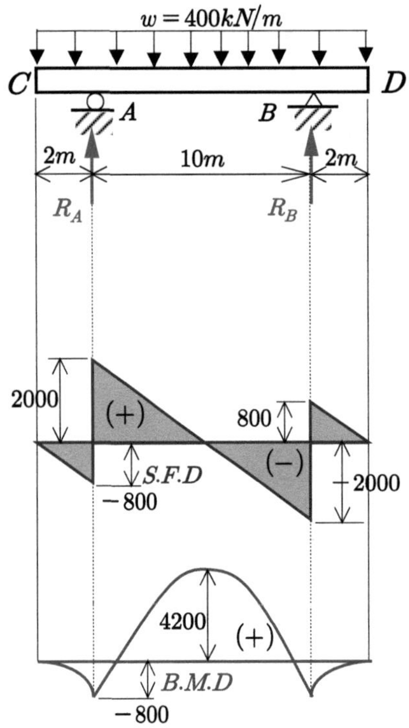

① 지점반력

$$\sum F=0,\quad R_A+R_B=400\times 14=5600$$

$$R_A = R_B = \frac{5600}{2} = 2800\,kN$$

② 전단력 및 굽힘모멘트 방정식

$$V_{CA}=-wx,\qquad V_C=0$$

$$V_A=-400\times 2=-800\,kN$$

$$V_{AB}=-wx+R_A$$

$$V_A=-400\times 2+2800=2000\,kN$$

$$V_B=-400\times 12+2800=-2000\,kN$$

$$V_{BD}=-wx+R_A+R_B$$

$$V_B=-400\times 12+2800+2800=800\,kN$$

$$V_D=-400\times 14+2800+2800=0$$

③ S. F. D 및 B. M. D

$$M_{CA}=-wx\times\frac{x}{2}=-\frac{wx^2}{2}\qquad M_C=0\qquad M_A=-\frac{400\times 2^2}{2}=-800\,kN\cdot m$$

$$M_{AB}=-\frac{wx^2}{2}+R_A(x-2)$$

$$M_A=-\frac{400\times 2^2}{2}+2800(2-2)=-800\,kN\cdot m$$

$$M_B=-\frac{400\times 12^2}{2}+2800(12-2)=-800\,kN\cdot m$$

$$M_{BD}=-\frac{wx^2}{2}+R_A(x-2)+R_B(x-12)$$

$$M_D=-\frac{400\times 14^2}{2}+2800(14-2)+2800(14-12)=0$$

$x = 7$일 때 (중앙)

$$M_{\max} = -\frac{400 \times 7^2}{2} + 2800(7-2) = 4200\,kN \cdot m$$

예제 19

그림과 같이 보의 중앙과 돌출단에 집중하중이 작용할 때 최대모우멘트와 S.F.D & B.M.D을 구하시오.

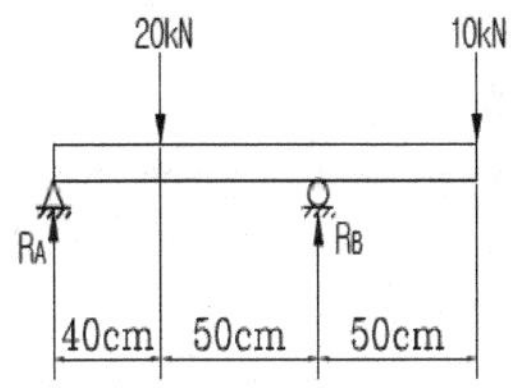

S.F.D

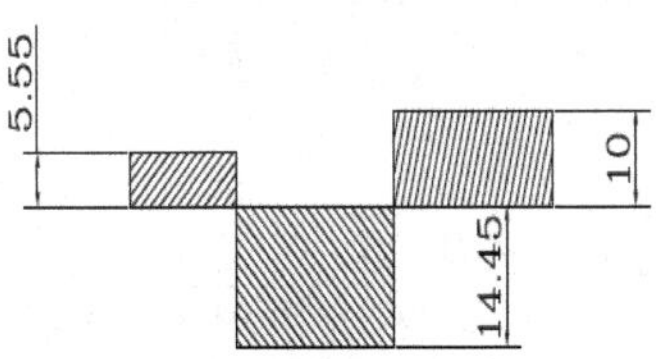

B.M.D

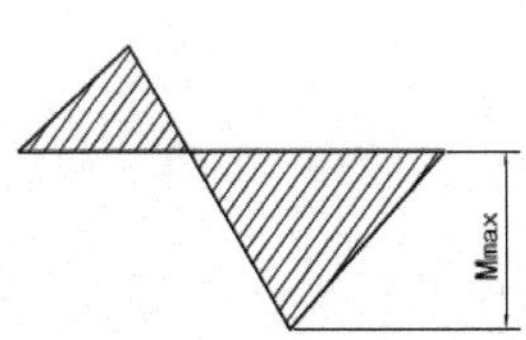

① 지점 반력

$\sum F = 0 \quad R_A + R_B - 20 - 10 = 0$

$\sum M_B = 0$

$R_A \times 0.9 - 20 \times 0.5 + 10 \times 0.5 = 0$

$R_A = 5.55kN, \quad R_B = 24.45kN$

② 전단력 및 굽힘모멘트 방정식

0 < 구간 < 40

V = $V = R_A = 5.55\,kN$

40 < 구간 < 90

V = $R_A - P = 5.55 - 20 = -14.45\,kN$

90 < 구간 < 140

V =

$R_A - P + R_B = 5.55 - 20 + 24.45 = 10\,kN$

③ 모우멘트 (최대 모우멘트 B 지점에서 발생)

$M = R_A x = 5.55 \times 0.4 = 2.22\,kN \cdot m$

$M = R_A x - 20(x - 0.4) = -P_2 \times 0.5$

$= 5.55 \times 0.9 - 20(0.9 - 0.4) = -P_2 \times 0.5$

$M_{\max} = -10 \times 0.5 = -5\,kN \cdot m$

핵심정리

- 평형방정식 :

$$\sum F = 0,\quad \sum H = 0,\quad \sum M = 0$$

- 모멘트는 기준점으로부터

왼쪽모멘트의합=오른쪽모멘트의합" 이 항상 성립한다.

- 굽힘모멘트 : $M =$ 힘 × 거리

- 전단력의 부호

① +값 : 기준점으로부터 오른쪽 하강, 왼쪽상승시

② −값 : 기준점으로부터 오른쪽 상승, 왼쪽하강시

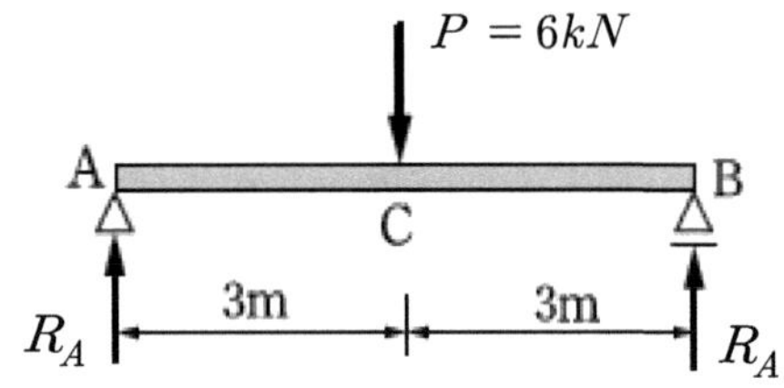

- 모멘트의 부호 :

물이 담겨있는 모양일 때 +값,
물이 흘러내이는 모양일 때 −값

⇨ 하중(P)이 작용할 때
상승값은 +값, 하강은 −값

$\sum F = 0$	R_A	$+ R_B$	$- P$	$= 0$	
하중	(↑)	(↑)	(↓)		
$\sum M_B = 0$	$R_A \times 6m$		$-$	$6kN \times 3m$	
	시계방향			반시계방향	

- $F_x = 0$ 인 위치가 M_{max}의 위치이다.

$V = \dfrac{dM}{dx} = 0$ (전단력은 굽힘 모우멘트 기울기)

- S,F,D 와 B,M,D 의 위치이다. (그림참조)

① "우력" 작용시 : $S,F,D \rightarrow X$, $B,M,D \rightarrow 0$차 함수

② "집중하중" 작용시 : $S,F,D \rightarrow 0$차, $B,M,D \rightarrow 1$차 함수

③ "균일분포하중" 작용시 : $S,F,D \rightarrow 1$차, $B,M,D \rightarrow 2$차 함수 (포물선)

④ "3각형분포하중" 작용시 : $S,F,D \rightarrow 2$차, $B,M,D \rightarrow 3$차 함수

• 집중하중을 받는 단순보

① 일반식 : $M_{\max} = \dfrac{Pab}{l}$

② $a = b = \dfrac{l}{2}$일 때, $M_{\max} = \dfrac{Pl}{4}$

• 균일분포하중을 받는 단순보 :

$M_{\max} = \dfrac{wl^2}{8}$

⇨ B, M, D가 포물선(2차)으로 나타난다.

• 3각형분포하중을 받는 단순보

① $M_{\max}$의 위치 : $x = \dfrac{l}{\sqrt{3}}$

② $M_{\max} = \dfrac{wl^2}{9\sqrt{3}}$

• 단순보의 전단력 선도 (S.F.D) 및 굽힘 모멘트 선도(B.M.D)

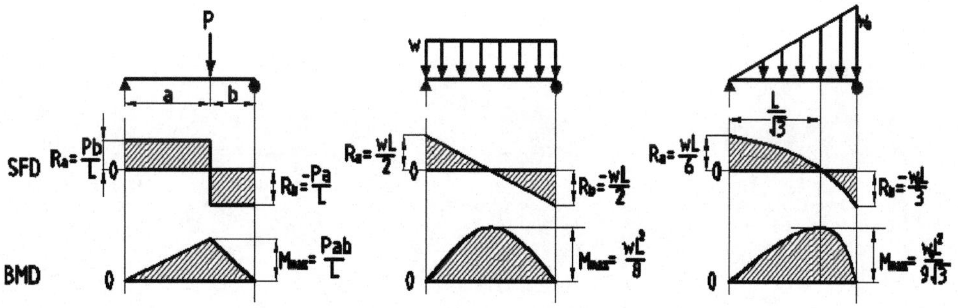

● 외팔보의 전단력 선도 (S.F.D) 및 굽힘 모멘트 선도(B.M.D)

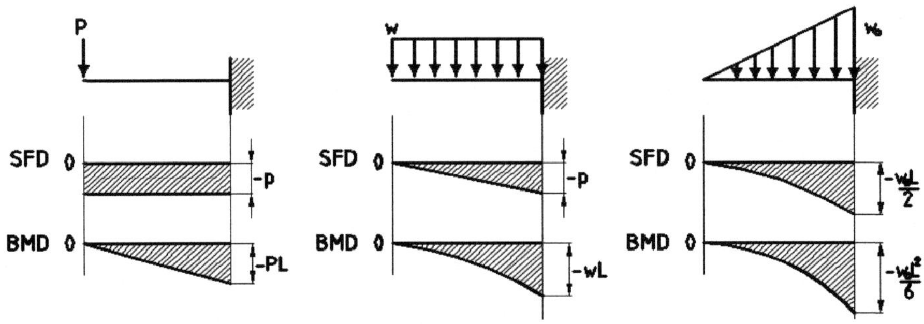

● 우력이 작용

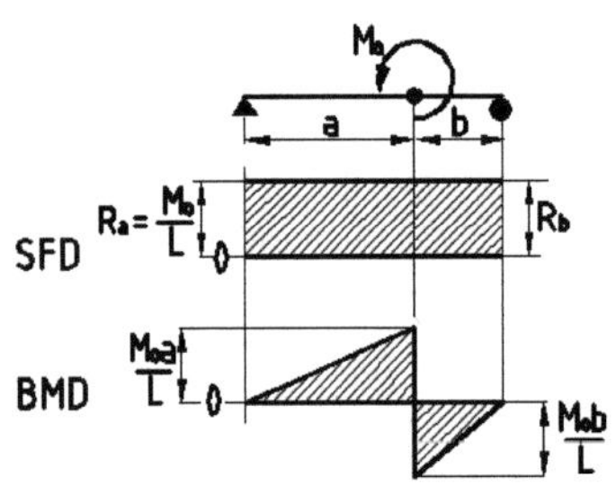

연 습 문 제

1. 그림과 같은 단순보에서 지점 반력 R_A, R_B를 구하시오.

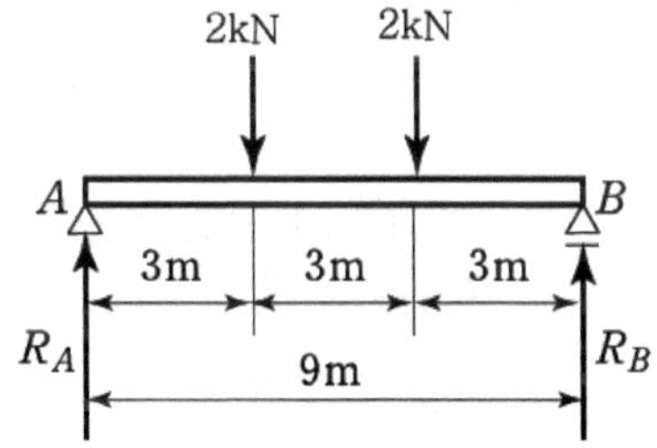

해설) $\sum F_i = 0 \qquad R_A + R_B - P_1 - P_2 = 0 \quad R_a + R_b = 4\,kN$

$\sum M_B = 0$

$R_A \times 9 - 2 \times 6 - 2 \times 3 = 0 \qquad R_A = 2\,kN \quad R_B = 2kN$

2. 그림과 같은 단순보(simple beam)의 A지점의 반력 R은 얼마인가
(단, H_A는 수평분력이다)

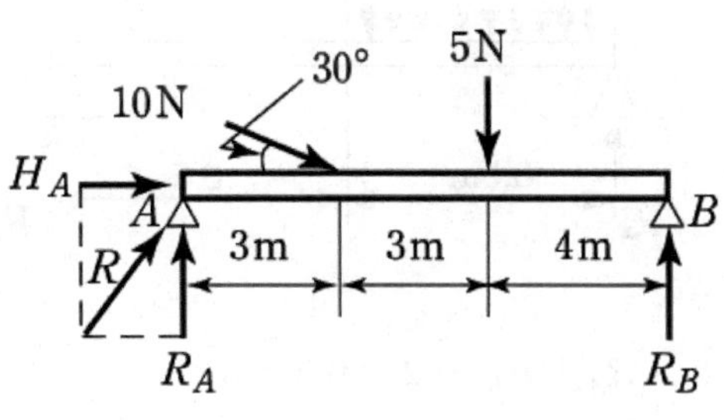

해설) $\sum M_B = 0 \qquad R_A \times 10 - 10\sin 30^\circ \times 7 - 5 \times 4 = 0$

$$R_A = \frac{5 \times 4 + 5 \times 7}{10} = 5.5\,\text{N}$$

$$R_B = 5 + 10\sin 30° - R_A = 4.5\ N$$

수평분력 $H_A = -10\cos 30° = -\ 8.66\ N\ (\rightarrow)$

$$R = \sqrt{5.5^2 + (8.66)^2} = 10.26$$

3. 다음 그림과 같은 삼각형 분포하중이 작용하고 있을 때, 이 단순보의 반력 R_A는 몇 N 인가?

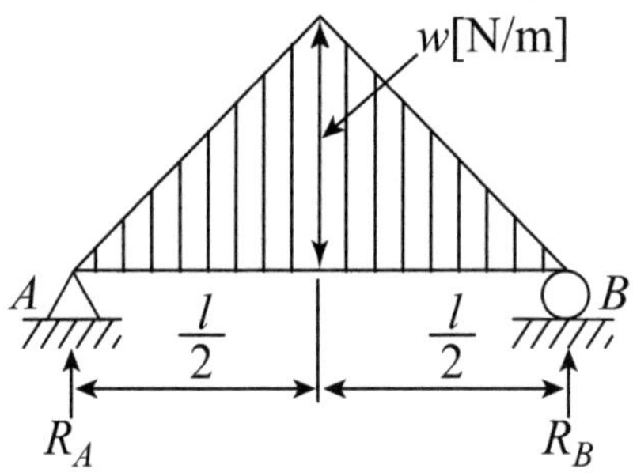

해설) 좌우대칭이므로 반력은 분포하중의 $\frac{1}{2}$이다.

$$R_A = w\ \frac{l}{2} \times\ \frac{1}{2} = \frac{wl}{4}$$

4. 그림과 같이 $2kN/m$의 등분포 하중을 받는 단순보에서 B단의 반력 R_B는 몇 N인가 ?

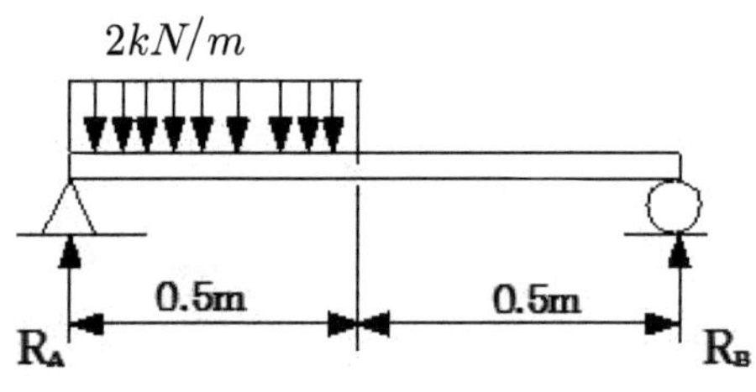

해설) $\sum F = 0 \quad R_A + R_B - 2 \times 0.5 = 0$

$$\sum M_B = 0 \quad R_A \times 1 - 2000 \times 0.5 \times (\frac{0.5}{2} + 0.5) = 0$$

$$R_A = 750N, \qquad R_B = 250N$$

5. 그림과 같은 단순보에서 R_A는 얼마인가?

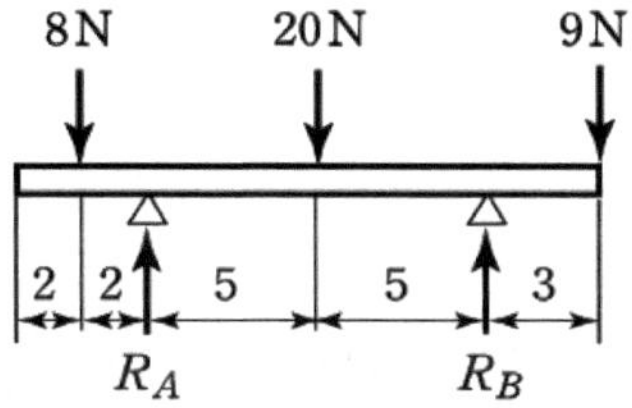

해설) $\sum M_B = 0, \quad R_A \times 10 - 20 \times 5 - 8 \times 12 + 9 \times 3 = 0$

$$R_A = \frac{20 \times 5 + 8 \times 12 - 9 \times 3}{10} = 16.9\,N$$

$$R_B = 4 + 20 + 9 - 16.9 = 16.1\,N$$

6. 그림과 같은 돌출부를 가지고 있는 보가 수직하중 $P = 15kN$ 과 균일 분포하중 $w = 10kN/m$ 받고 있다. 지지부의 반력R_B, R_C 을 구하라

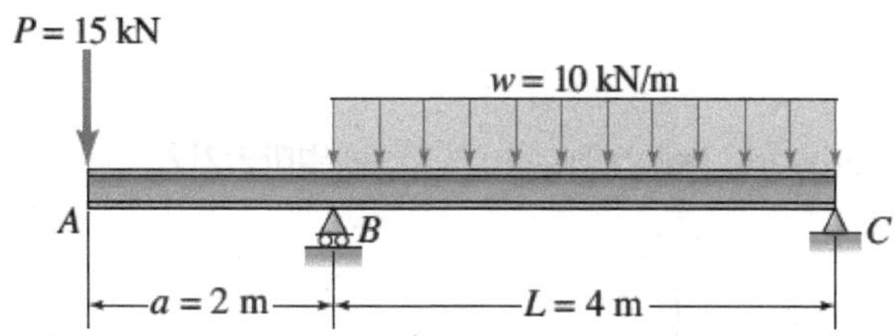

해설) $\sum M_B = 0 \ \underbrace{-15 \times 2}_{\text{반시계}} + \underbrace{(10 \times 4)}_{\text{시계}}\frac{4}{2} - \underbrace{R_C \times 4}_{\text{반시계}} = 0 \quad R_C = 12.5\,kN$

$$\sum F_i = 0 \quad R_B = 15 + 40 - 12.5 = 42.5\,kN$$

7. 그림과 같은 보의 지점반력 R_B를 구하여라.

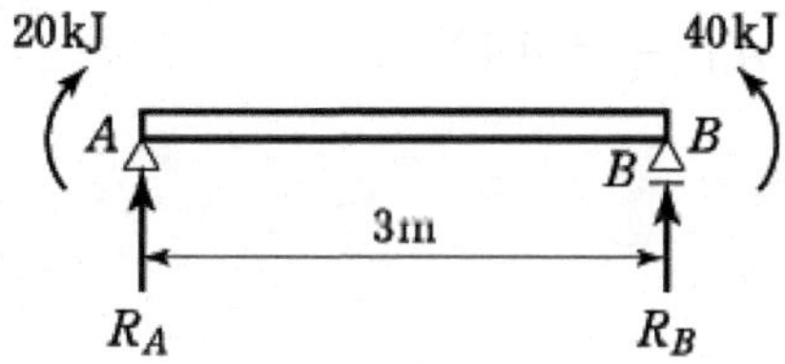

해설) $R_A \times 3 \ + 20\,kJ \ - 40\ kJ \ = 0$

$$R_A = \frac{40-20}{3} = 6.7\,\text{kN} \qquad \text{R}_\text{B} = -6.7\,\text{kN}$$

8. 그림과 같은 보에서 $R_B = 3\text{kN}$ 이 될 때의 x의 길이는 얼마인가?

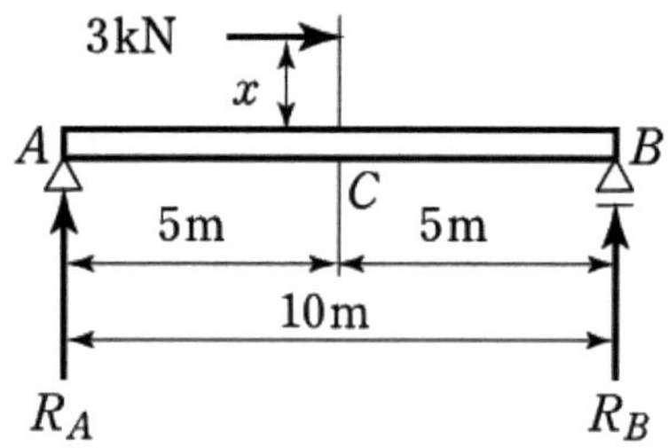

해설) 우력이 작용하는 경우 $R_B = \dfrac{3 \times x}{10} = 3 \qquad x = 10\text{m}$

9. 다음과 같은 돌출보(overhanging beam)의 R_A는 얼마인가?

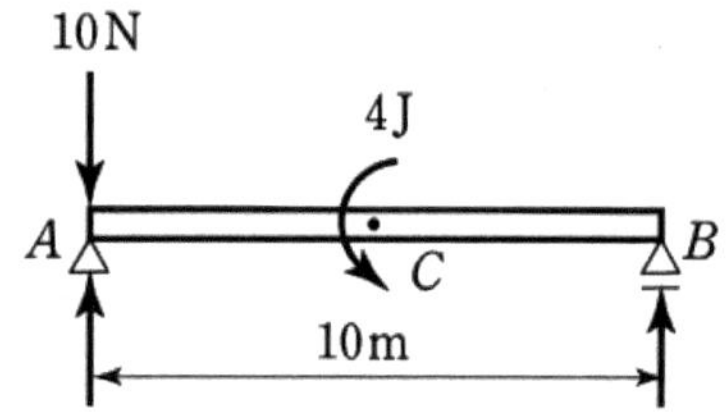

해설) $R_A \times 10\,m \ - 10\,N \times 10m \ - 4\,J = 0$

$$R_A = \frac{10 \times 10 + 4}{10} = 10.4\,\text{N}$$

$$R_B = 10 \ - R_A \ = \ -0.4\,\text{N}$$

10. 그림과 같은 단순보의 지점 반력(R_a R_b)은 몇 N 인가

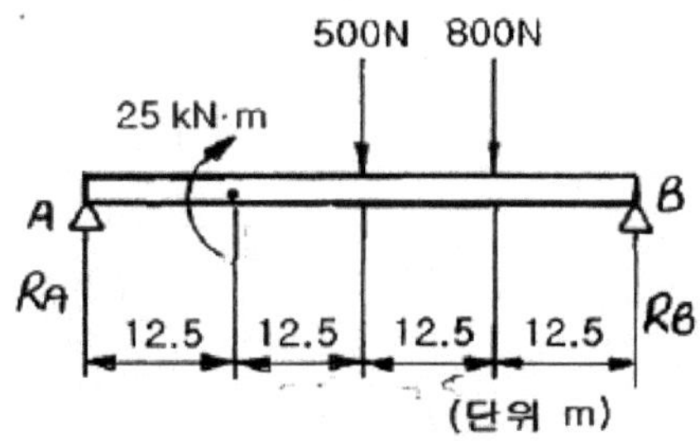

해설) $\sum M_B = 0 \quad R_a \times 50 - 0.5 \times 25 - 0.8 \times 12.5 + 25 = 0$

$R_a = -0.05\,kN = -50N$

$R_b = 1350N \quad (R_a + R_b = 1300\,N)$

11. 다음 그림과 같이 단순보의 중앙 C점에 50 $kN \cdot m$ 의 우력이 작용하면, A점과 B점의 반력은 각각 몇 kN인가?

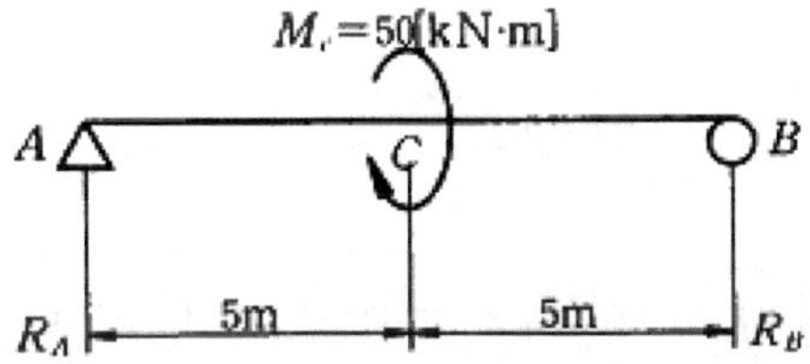

해설) $R_A = -R_B$

$R_A \times 10 + 50 = 0 \quad R_A = -5\,kN \quad R_B = 5\,kN$

12. 그림과 같이 분포하중 $\omega(x)=400\sin\frac{\pi x}{l}$ 를 받는 단순 지지보가 있다.

A단에서의 반력은 약 몇 N인가?

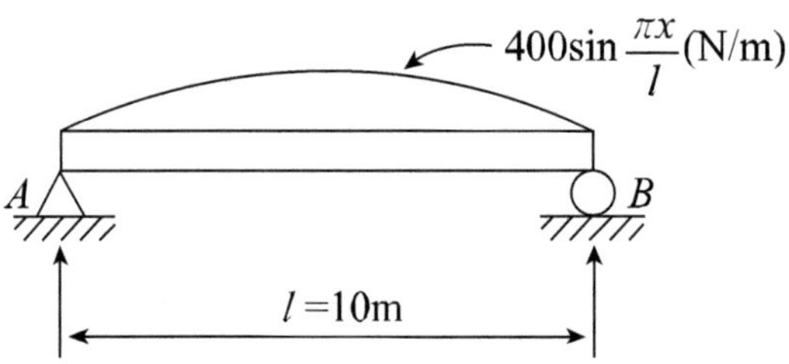

해설) 평형상태에 대한 수직력의 합은

$$\Sigma F_y = 0 \quad V = \int_0^l w\,dx = 0, \quad V = \int_0^l w_0 \sin\frac{\pi x}{l}\,dx = \frac{2w_0 l}{\pi}$$

$$V = \int_0^l 400\sin\frac{\pi x}{l}dx$$

$$= 400\left[\frac{-l}{\pi}cos\frac{\pi x}{l}\right]_0^l = 2\times 400\frac{l}{\pi} = 2\times 400\frac{10}{\pi} = 2546.5\,N$$

$$R_A = \frac{V}{2} = 1273.2\,N$$

적분공식 $\int \sin x\,dx = -\cos x + C$, $\cos\pi = -1$, $\cos 0^\circ = 1$

※ 참고 $\Sigma M = 0$

$$M_0 = \int_0^l x(w\,dx) = 0 \quad M_0 = \int_0^l w_0 x \sin\frac{\pi x}{l}dx \quad M_0 = \frac{w_0 l^2}{\pi}$$

※ 참고 하중, 전단 및 모멘트 사이의 관계

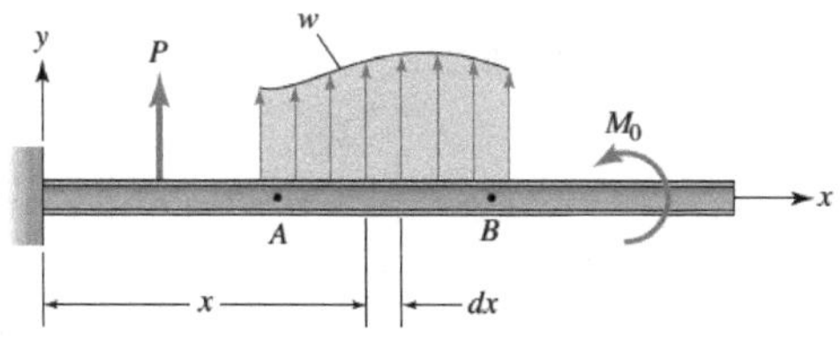

(a)

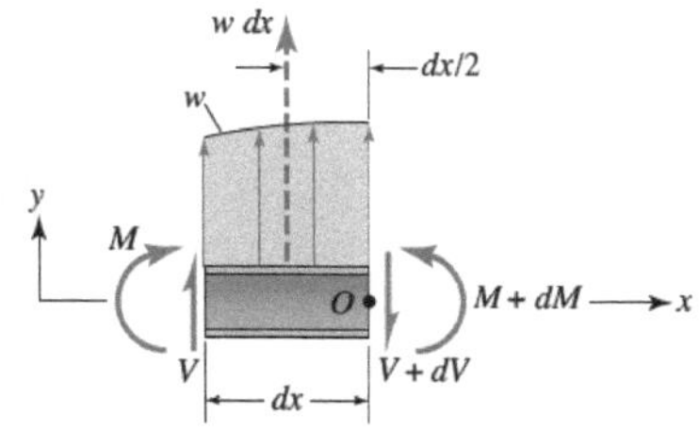

(b)

전단력은 선현적으로 변하므로 식 $\dfrac{dV}{dx} = w$ 을 축방향의 좌표 x에 대해 A와 B 사이에 적분하면 다음과 같다.

$$V_B - V_A = \int_A^B w\,dx$$

또한 $\dfrac{dM}{dx} = V$ 모멘트 변화곡선의 기울기는 V 와 같다.

A와 B 사이에서 정적분을 하면 다음과 같은 식을 얻는다.

$$M_B - M_A = \int_A^B V\,dx$$

13. 그림과 같은 보에서 지점 B가 6kN까지의 반력을 지지한다. 하중 10kN은 A점에서 몇 m까지 이동할 수 있는가?

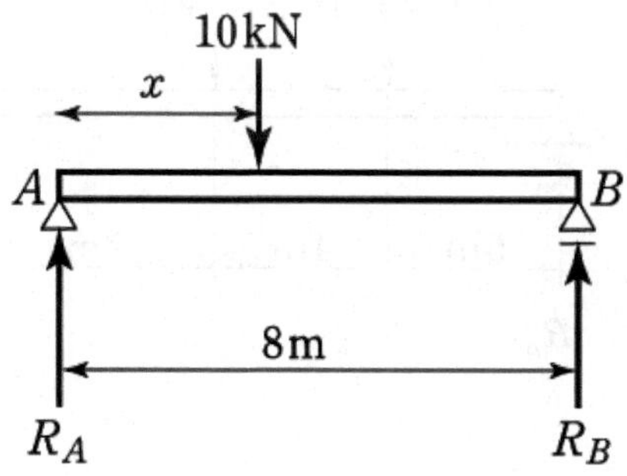

해설) $R_B = \dfrac{10 \times x}{8} = 6 \qquad x = 4.8\,m$

14. 다음 보에서 최대 모우멘트를 구하라.

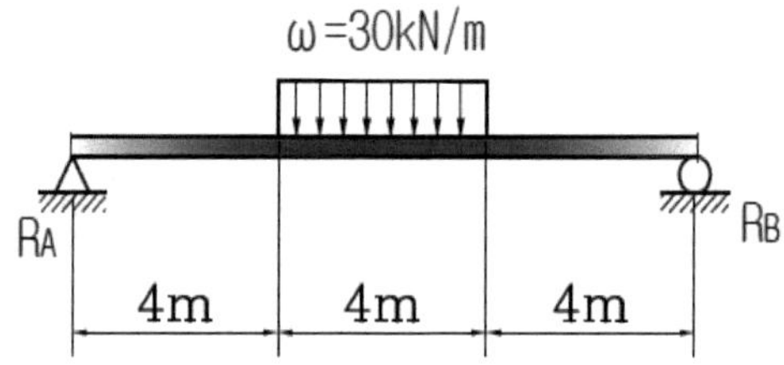

해설) $\sum F_i = 0 \qquad \sum M_B = 0$

$$R_A + R_B - 30 \times 4 = 0 \qquad R_A = R_B = \frac{30 \times 4}{2} = 60\ kN$$

최대 모우멘트는 전단력이 V = 0 지점 발생

$$V = R_A - w(x-4) = 60 - 30(x-4) = 0 \quad x = 6m \text{지점}$$

$$M_{max} = R_A x - w(x-4)\frac{1}{2}(x-4) = 60 \times 6 - 30(6-4)\frac{1}{2}(6-4)$$

$$= 300\,kN \cdot m$$

15. 그림과 같은 보의 중앙점에서의 굽힘모우멘트는 얼마인가?

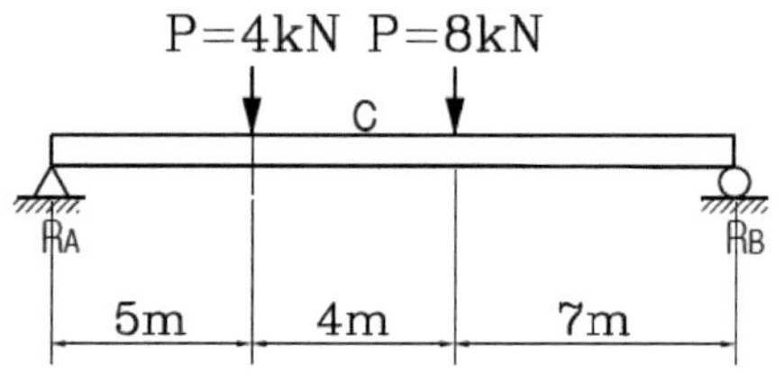

해설) $\sum F = 0 \quad R_A + R_B = 4 + 8 = 12kN$

$$\sum M_B = 0 \quad R_A \times 16 - 4 \times 11 - 8 \times 7 = 0$$

$R_A = 6.25\,kN \quad R_A = 5.75\,kN$

중앙점에 모우멘트는

$M_c = R_a \times x - 4(x-5) = 6.25 \times 8 - 4(8-5) = 38Kn \bullet m$

16. 그림과 같은 보에서의 C단면에 대한 굽힘 모멘트의 값은 어느 것인가?

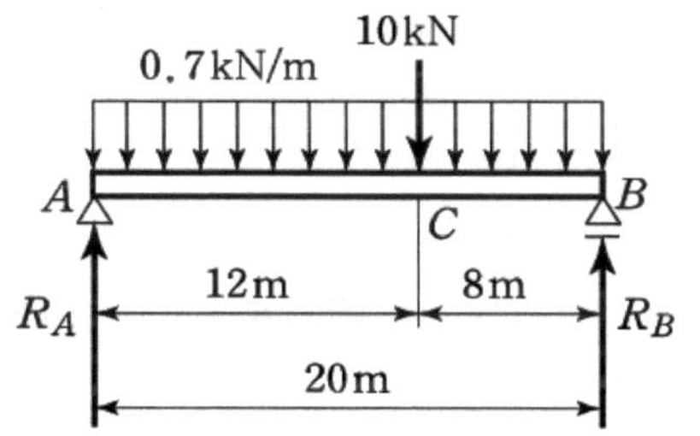

$\sum M_{B^2O},\ R_A + R_B = 017 \times 20 + 10$

해설) $R_A = \dfrac{10 \times 8 + 0.7 \times 20 \times 20/2}{20} = 11\,kN \qquad R_B = 13\,kN$

$M_c = R_B \times 8 = 0.7 \times 8\,\dfrac{8}{2} = 13 \times 8 - 0.7 \times 8 \times 4 = 81.6\,N \cdot m = 81.6\,J$

17. 그림과 같은 일단 고정보에서 P =4000N, $w = 300\,N/m$ 일때 고정단에서의 최대 굽힘 모우멘트는 몇 $N \cdot m$ 인가?

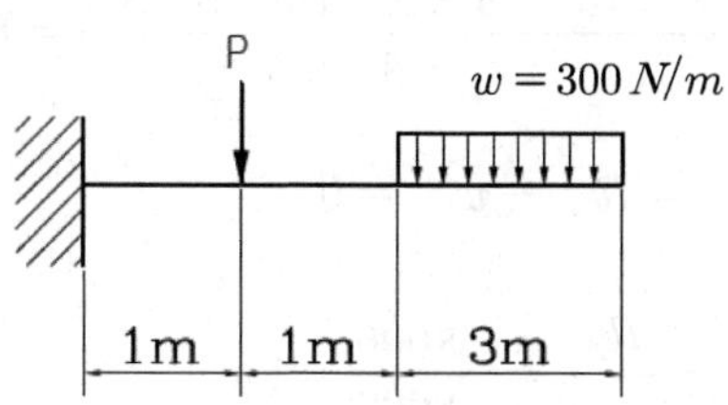

해설) $M_{\max} = P \times 1 + w \times 3(2 + \dfrac{3}{2}) = 4000 \times 1 + 300 \times 3(2 + \dfrac{3}{2}) = 7150 N \cdot m$

18. 그림과 같이 일단을 고정한 L형보에 표시된 하중이 작용할 때 고정단에서의 굽힘모우멘트는 ?

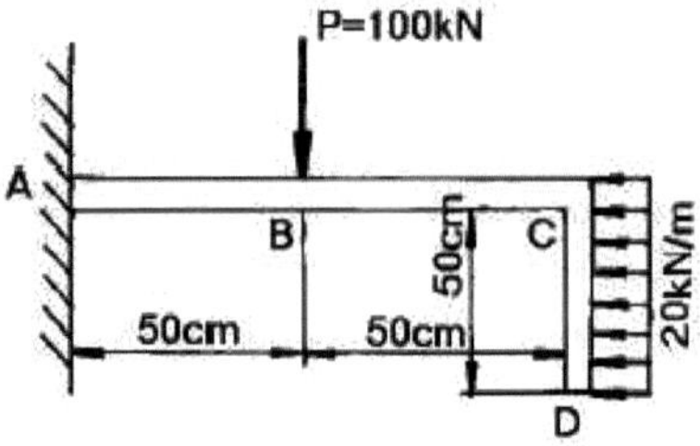

해설) 최대 모우멘트 $M_{max} = P \times 0.5 + wl \times \frac{l}{2}$

$$= 100 \times 0.5 + 20 \times 0.5 \times \frac{0.5}{2} = 52.5\ kN \cdot m$$

19. 그림과 같은 보에 분포하중과 집중이 동시에 작용하고 있다. 전단력이 0이 되는 위치 X_m를 구하면?

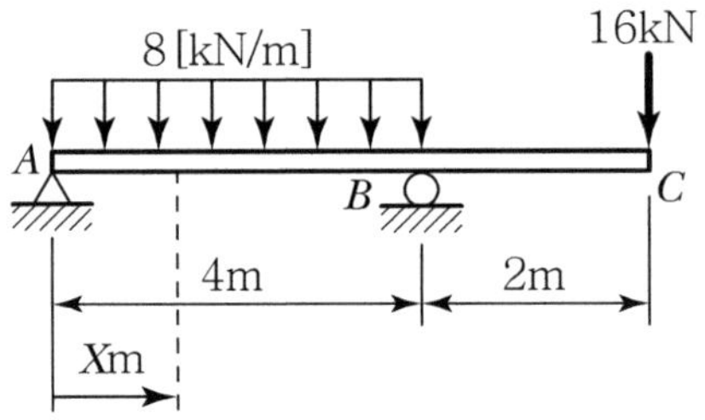

해설) $\sum M_B = 0 \quad R_A \times 4 - 8000 \times 4 \times \frac{4}{2} + 16000 \times 2 = 0$

$$R_A = \frac{8 \times 10^3 \times 4 \times 2 - 16 \times 10^3 \times 2}{4} = 8000\ \text{N}$$

전단력 $V = R_A - wx = 0$

$$x = \frac{R_A}{w} = \frac{8000}{8000} = 1\,m$$

20. 그림과 같은 내다지보에 등분포 하중 w가 작용하고 있다. 이 때 최대 굽힘모멘트의 발생지점과 크기는?

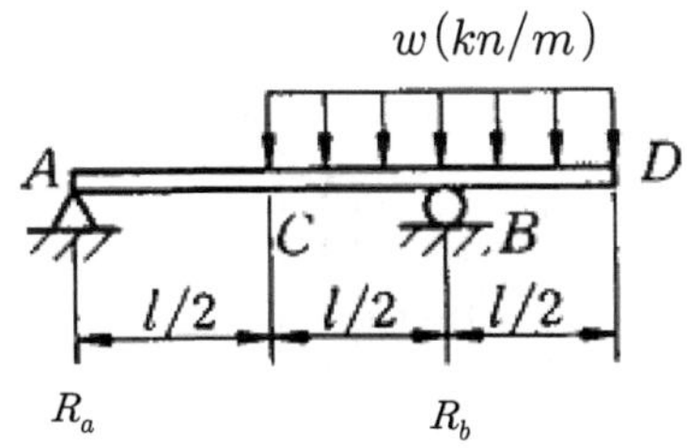

해설) 최대 모우멘트는 B 점에서 발생

$$M_B = \frac{wl}{2} \times \frac{\frac{l}{2}}{2} = \frac{wl^2}{8}$$

21. 그림과 같은 보에서 발생하는 최대 굽힘 모멘트는?

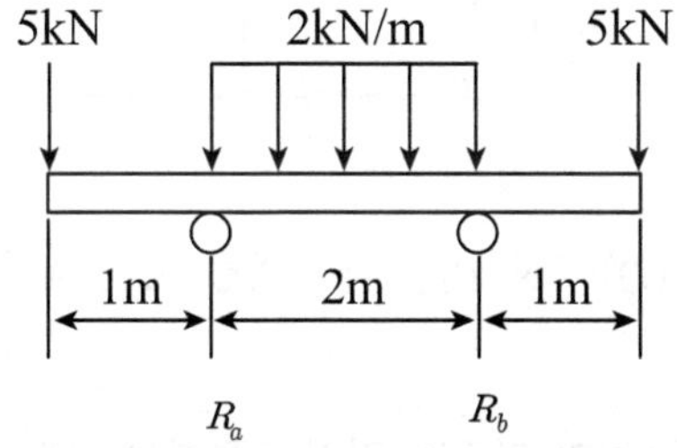

해설) 전단력선도가 0인 곳에서 최대 모멘트가 작용한다.

$$R_A = R_B = \frac{5+5+2\times2}{2} = 7kN$$

$$M_A = 5\times1 = 5\mathrm{KN.m}$$

중앙 $M_C - x - 2 = R_A \times 1 - 5(1+1) - 2\times1\times\frac{1}{2} = -4\ kN\cdot m$

최대 모우멘트 M_A에서 작용한다. 즉 $5kN\cdot m$ 최대 모멘트

22. 그림과 같이 1000N의 힘이 브레이크 A에 작용하고 있다. 이 힘의 점 B에 대한 모우멘트 몇 N m인가?

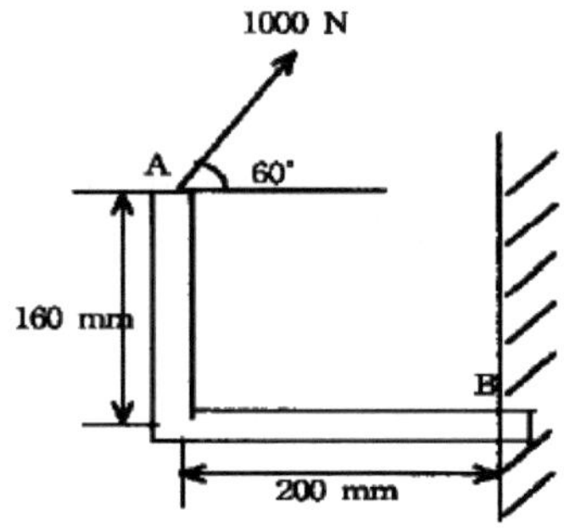

해설)

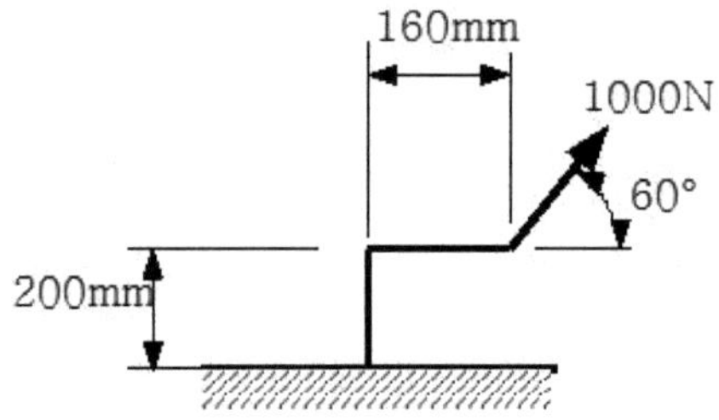

M = 1000 × sin 60° × 0.2 + 1000 × cos 60° × 0.16 = 253. 2 N m

23. A B 점에서 단순지지된 보가 그림과 같이 C점에서 우력을 받는다. 힘 F 가 820 N 일 때 A점에서 1m 되는 단면에서의 굽힘모우멘트는 몇 $N \cdot m$ 인가 ?

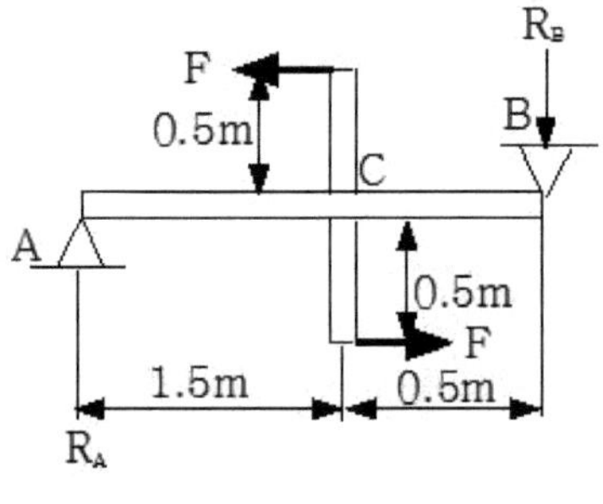

해설) $\sum M_b = 0$ $R_a \times 2 - 820 \times 1 = 0$ $R_a = 410N$

1m 거리의 moment

$$M_{x \to 1m} = R_a \times 1 = 420 \times 1 = 420\, N \cdot m$$

24. 그림과 같이 반원부재에 하중 P 가 작용할 때 지지점 B에서의반력은 ?

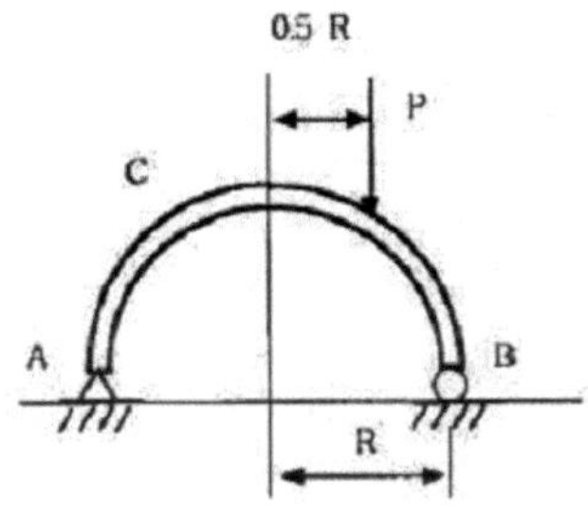

해설) 대수합 $\sum F = 0 \quad R_a + R_b = P$

$$R_A = \frac{P \times 0.5R}{2R} = \frac{P}{4} \quad R_B = \frac{3P}{4}$$

25. 단순보 AB 가 그림과 같이 A에서 10kN/m 이고, B에서 30kN/m 인 사다리꼴의 분포하중을 받고 있을 때 반력 R_A 및 R_B 를 구하라.

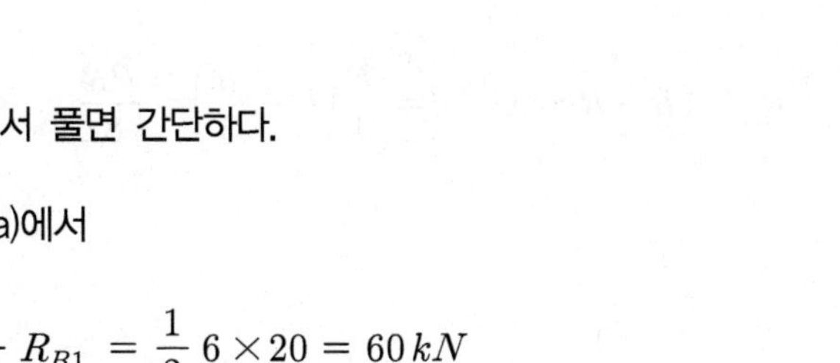

해설) 중첩에서 풀면 간단하다.

그림 (a)에서

$$R_{A1} + R_{B1} = \frac{1}{2} 6 \times 20 = 60\, kN$$

$$R_{A1} \times 6 - \frac{1}{2} 6 \times 20 \times \frac{6}{3} = 0 \quad R_{A1} = 20\,kN$$

$$R_{A1} = 20\,kN, \quad R_{BI} = 40\,kN$$

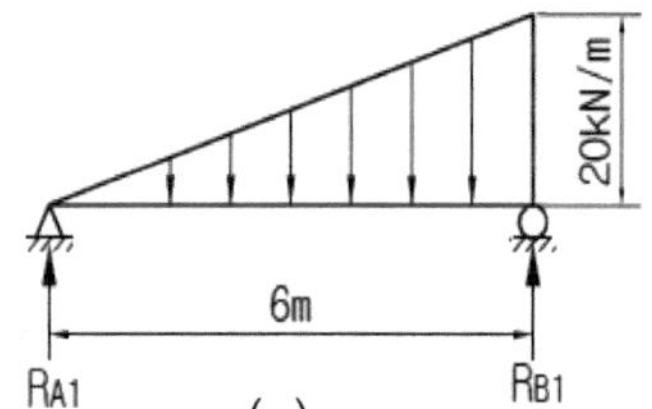

(a)

그림 (b)에서

$$R_{A2} = R_{B2} = \frac{wl}{2} = \frac{10 \times 6}{2} = 30\,kN$$

$$R_A = R_{A1} + R_{A2} = 20 + 30 = 50\,kN$$

$$R_B = R_{B1} + R_{B2} = 40 + 30 = 70\,kN$$

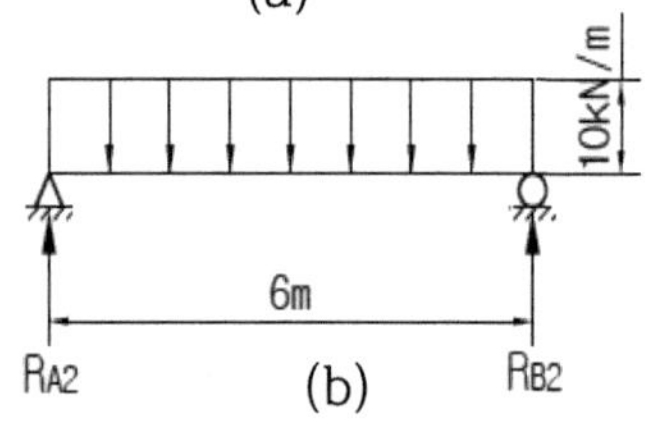

(b)

26. 그림과 같이 반원부재에 하중 P가 작용할 때 C점을 통하는 단면에서의 내부 모멘트는?

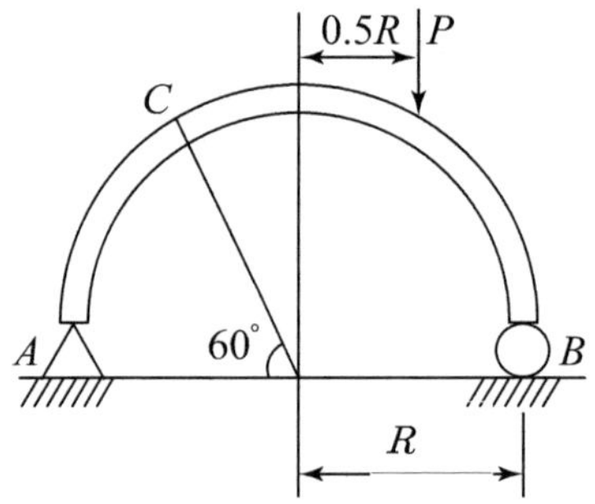

해설) $\sum M_B = 0$

$$R_A \times 2R - P \times 0.5R = 0 \quad \therefore R_A = \frac{P}{4}$$

$$\sum M_C = R_A \times (R - R\cos 60^\circ) = \frac{P}{4}\left(R - \frac{R}{2}\right) = \frac{PR}{8}$$

27. 그림에서 반력 R_1의 크기는 몇 N인가 ? (단, 점 A는 하중 P의 작용점이다.)

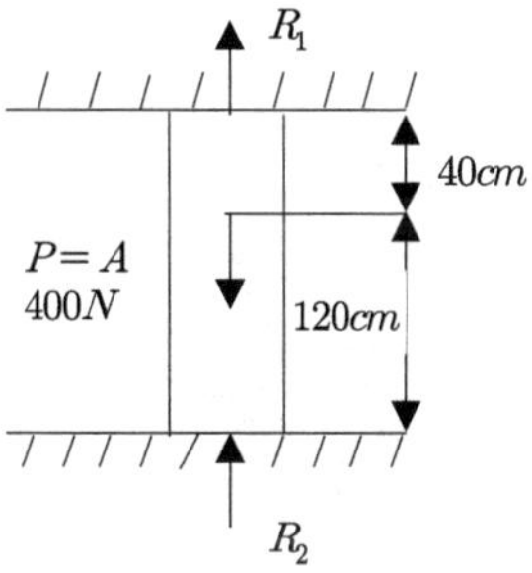

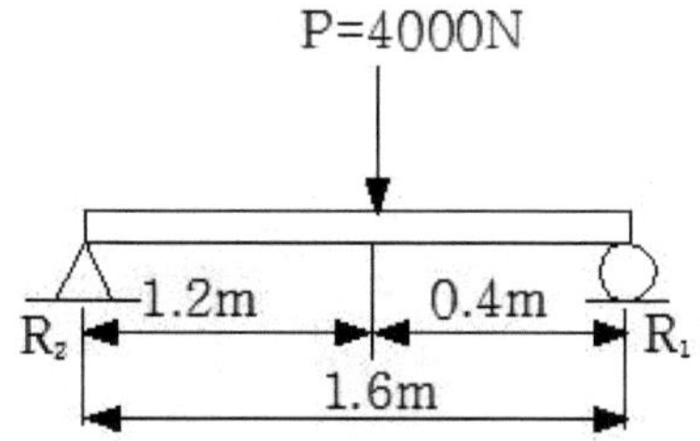

해설) $\sum M_2 = 0 \quad -R_1 \times 1.6 + 400 \times 1.2 = 0$

$R_1 = 300N$

28. 그림과 같은 보의 전단력선도(S.F.D.) 및 굽힘 모멘트선도(B.M.D.)를 작도하고 R_B를 구하여라.

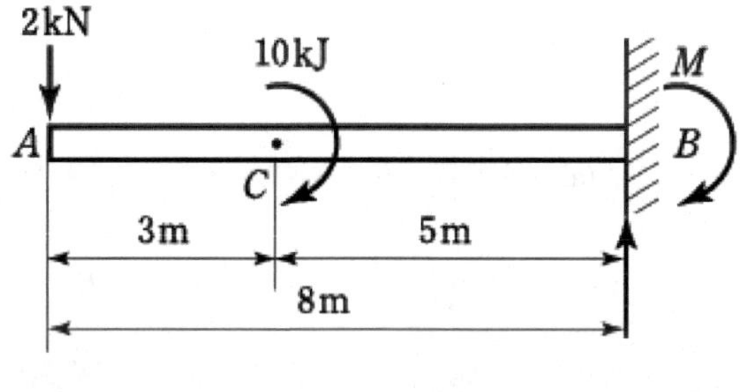

해설) $R_B = 2\text{kN}$

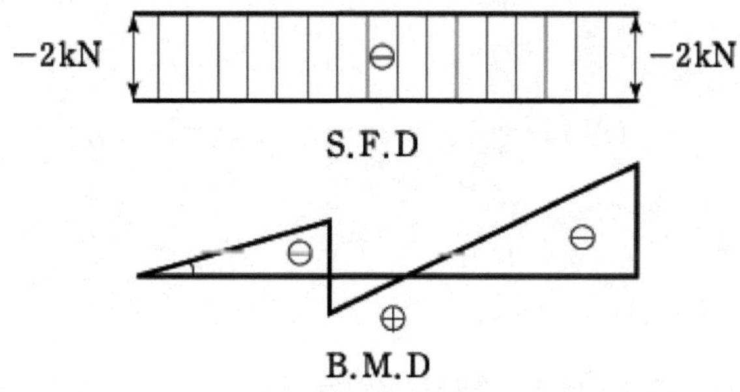

29. 그림과 같이 바벨이 스탠드 위에 지지되어 있다. 이 때 단력선도(S.F.D.) 및 굽힘 모멘트선도(B.M.D.)를 작도하고, 최대 모우멘트 값을 구하라. (단, $a = 0.15m$, $L = 1.3m$ 중량 $P = 1kN$ 으로 한다.)

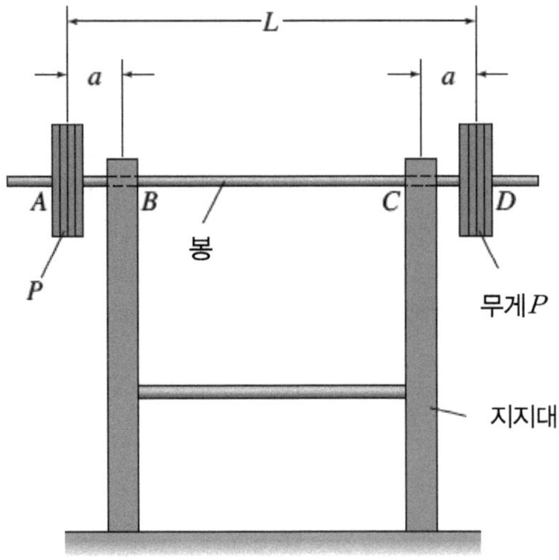

해설)

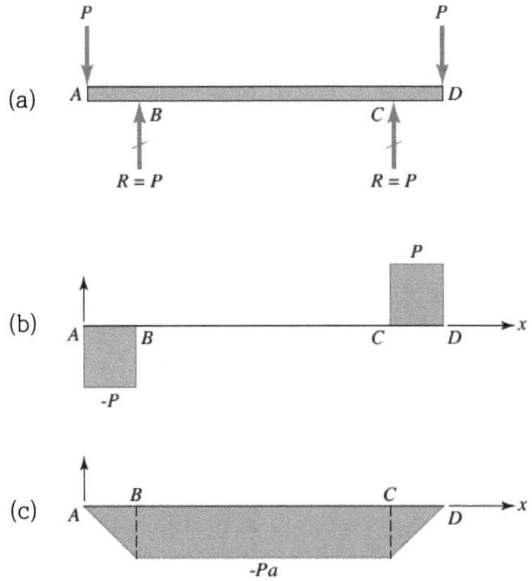

전단력 $V_{\max} = P = 1kN$ 최대모우멘트 $M_{\max} = Pa = 150\ N \cdot m$

30. 그림과 같은 보의 전단력선도(S.F.D.) 및 굽힘 모멘트선도(B.M.D.)를 작도하고 지점 반력 R_A 및 R_B를 구하여라.

해설) $R_A = \dfrac{4 \times 2 - 7}{6} = 0.167\,kN$

$$R_B = 4 - R_A = 4 - 01.67 = 3.833\,kN$$

$$M_{\max} = R_A\,x + 7\,kJ = 0.167 \times 4 + 7 = 7.68\,kN \cdot m$$

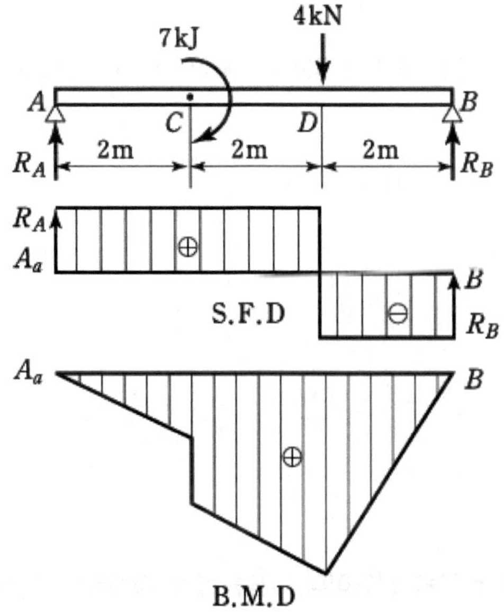

응용문제

1. 전단력과 굽힘 모멘트 선도의 변화상태에 대한 설명 중 옳은 것은? 2

㉮ 전단력이 직선으로 변화할 때는 굽힘모멘트도 직선적으로 변화한다.

㉯ 전단력이 직선으로 변화할 때는 굽힘모멘트는 2차곡선적으로 변화한다.

㉰ 전단력이 0일 때는 굽힘모멘트는 3차 곡선적으로 변한다.

④ 전단력이 기준선에 평행할 때는 굽힘모멘트도 기준선에 평행인 직선이다.

2. 그림과 같은 돌출보에 집중하중 P가 작용할 때 굽힘모멘트 선도(B.M.D)로 옳은 것은? 2

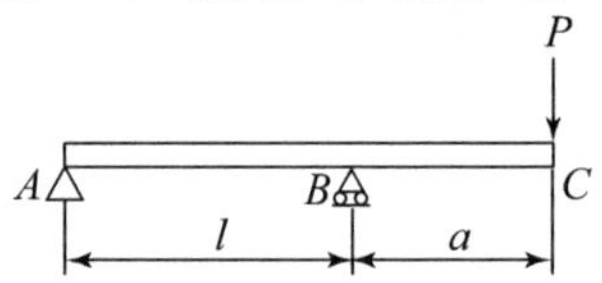

㉮
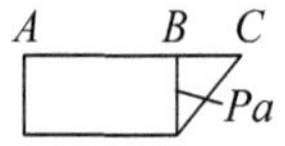

㉯
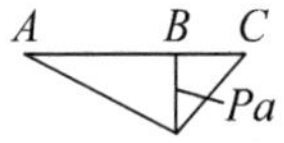

㉰
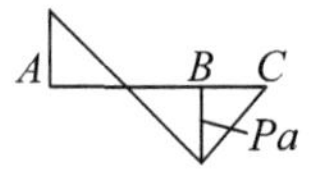

㉱
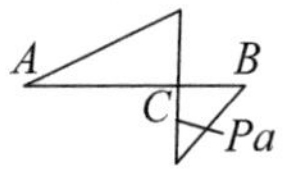

3 다음 그림은 단순보의 전단력 선도이다. 다음 설명 중 옳은 것은? (길이= L) 4

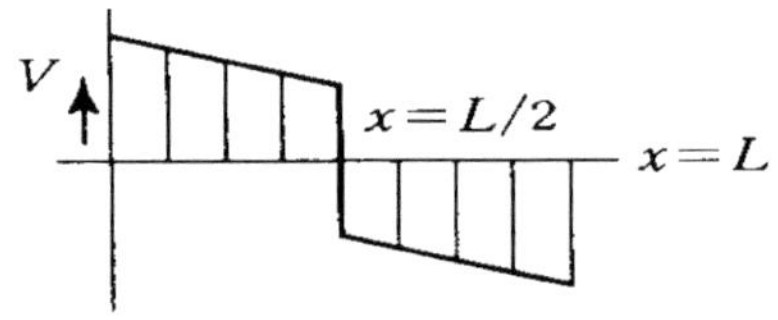

㉮ 중앙에 집중하중이 작용하고 있다.

㉯ 균일 분포하중이 작용하고 있다.

㉰ 1차적으로 변하는 분포하중이 작용하고 있다.

㉱ 균일 분포하중과 중앙에 집중하중이 작용하고 있다.

해설) 단순보의 전단력 선도(S.F.D)

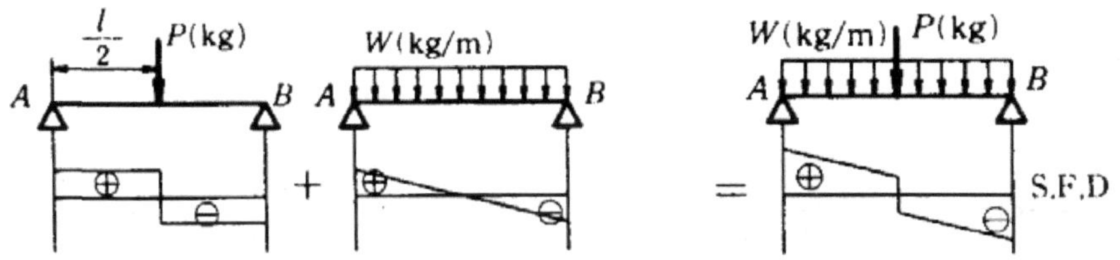

4. 다음 그림과 같은 외팔보(cantilever beam)의 R_B는 얼마인가? 3

㉮ $R_B = \frac{\omega l}{8}$

㉯ $R_B = \frac{\omega l}{6}$

㉰ $R_B = \frac{\omega l}{3}$

㉱ $R_B = \frac{\omega l}{2}$

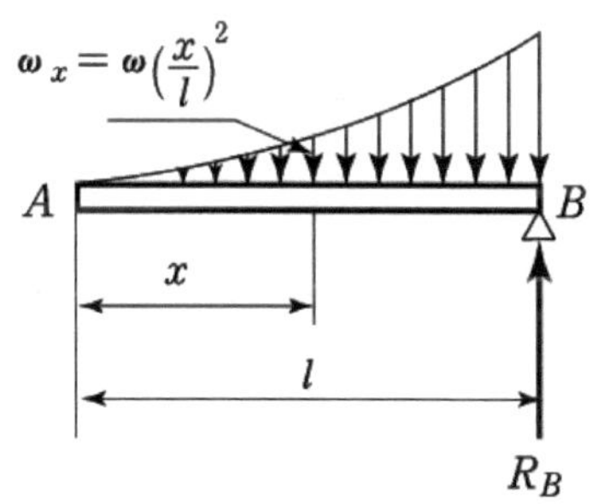

해설) 분포하중의 면적이 반력이 되므로 임의의 x 에서 dx를 취하면 $dA = wdx$

$$dA = w\left(\frac{x}{l}\right)^2 dx$$

$$R_B = A = \int_0^l w\left(\frac{x}{l}\right)^2 dx = \frac{w}{l^2}\left|\frac{x^3}{3}\right|_0^l = \frac{wl}{3}$$

5. 그림과 같은 단순보(simple beam)의 A 지점의 반력은 얼마인가? 3

㉮ $R_A = \frac{\omega l}{24}$

㉯ $R_A = \frac{\omega l}{16}$

㉰ $R_A = \frac{\omega l}{12}$

㉱ $R_A = \frac{\omega l}{8}$

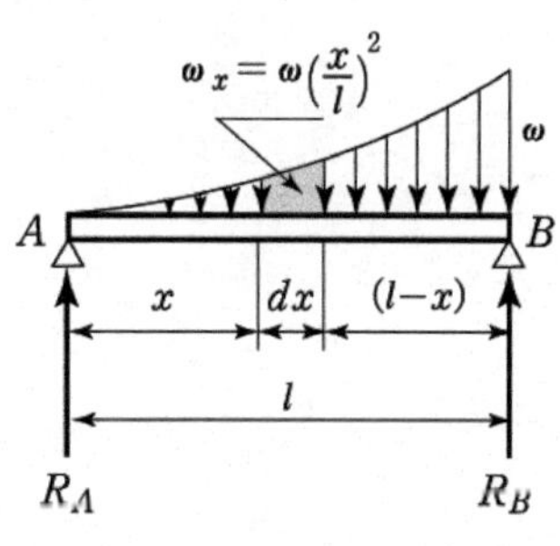

해설) 분포하중의 면적이 반력이 되므로

$$R_A = \frac{\frac{\omega l}{3} \times \frac{l}{4}}{l} = \frac{\omega l}{12}$$

분포하중 면적 $A = \int_0^l w(\frac{x}{l})^2\, dx = \frac{w}{l^2} \left| \frac{x^3}{3} \right|_0^l = \frac{wl}{3}$

※ 참고. 분포하중에서 모멘트 $M =$ 삼각형 면적 $\times$ 도심 $= A \times \frac{b}{4}$

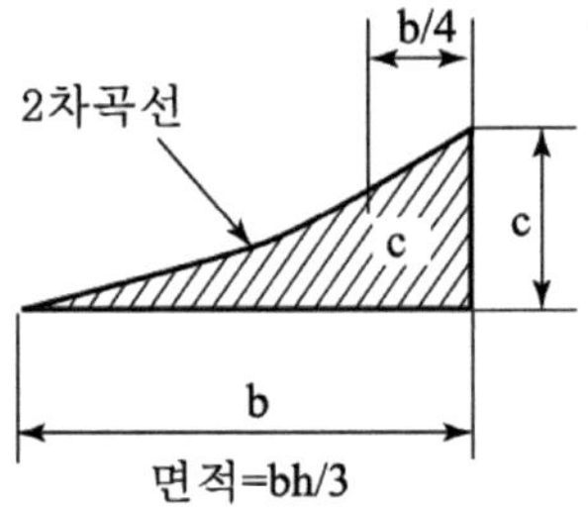

chapter 8 보의 응력

8.1 단순보의 순수 굽힘

보에 하중이 가해지면 보의 단면에는 전단력과 굽힘 모멘트가 동시에 작용한다. 이때 전단력의해서는 전단응력이 생기고 굽힘 모멘트에 의해서는 단면에 수직한 응력이 생긴다. 그러나 일반적으로 전단력에 의한 영향은 대단히 작기 때문 무시하고 보에는 굽힘 모멘트에 의한 수직응력만 생긴다고 본다. 이와 같이 굽힘 모멘트에 의해 생기는 단면에 수직한 응력을 **굽힘응력**(bending stress)이라고 한다.

그림 8-1에서와 같이 단순보의 양지점에서 거리 a인 위치와 동일하중 P가 각각 작용하는 경우를 생각한다.

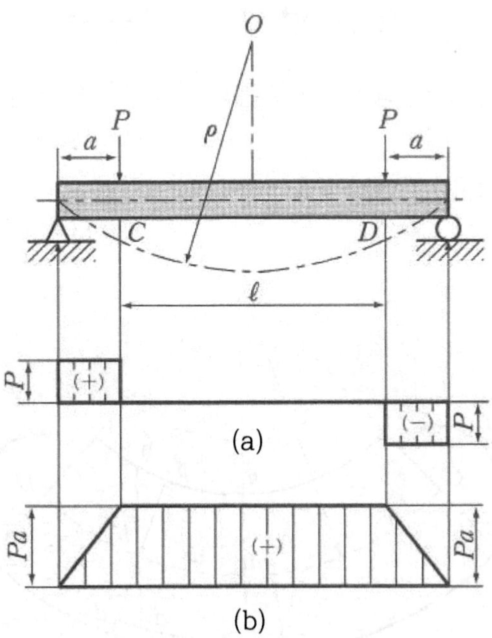

그림 8-1 단순보의 순수굽힘

이때의 전단력선도 및 굽힘 모멘트선도인 그림 8-1 (a), (b)를 보면 중앙부분인 CD사이에는 전단력은 0이고 굽힘모멘트는 균일한 크기 $M = Pa$ 가 된다. 이 CD 구간에서처럼, 전단력은 존재하지 않고 단지 일정한 굽힘모멘트만 작용하는 상태를 **순수 굽힘**(pure bending)이라고 한다.

순수굽힘 상태에서 발생하는 굽힘응력을 계산하기 위해서 다음과 같은 가정을 한다.

① 이 보는 재질이 균질하며 단면이 균일하고 중심축에대하여 대칭면을 갖는다.
② 모든하중은 대칭면내에서 작용하며 굽힘변형도 그 평면내에서 일어난다.
③ 재료는 후크의 법칙을 따르며 인장과 압축하에서의 탄성계수가 동일하다.
④ 처음에 평면이던 각 단면은 굽힘변형이 일어난 뒤에도 평면을 유지하며 굽혀진 축선에 대하여 직교한다.

8.2 보의 굽힘응력

그림 8-1의 순수 굽힘을 받는 *CD*부분의 임의의 요소를 절단하여 확대하면 그림 8-2와 같이 표시된다. 그림에서 *CD*의 윗부분 섬유는 압축력을 받아 줄어들고, 아랫부분 섬유는 인장력을 받아 늘어나게 된다.

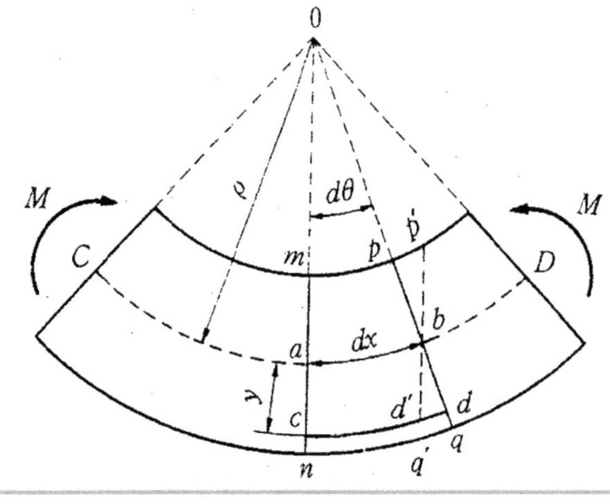

그림 8-2 순수 굽힘의 보

그러나 보의 윗면과 아래면 사이에 늘어나지도 줄어 들지도 않는 층, 즉 길이가 변하지 않는 층이 있다. 이 층의 면을 **중립면**(neutral surface)이라고 한다. 이 중립면과 각 단면과의 교선을 **중립축**(neutral axis)이라고 하고 중립면 대칭면과의 교선을 **탄성곡선**이라고 한다.

그림 8-2에서 두 인접단면 mn과 pq의 연장선은 변형 후에 O점에서 서로 만나게 된다. 이들이 이루는 미소각을 $d\theta$라 하고 탄성곡선의 곡률(curvature)을 $\frac{1}{\rho}$, 즉 곡률 반지름을 ρ라 하면 중립축에서의 미소거리 ab는 그림 8-2으로부터 다음과 같이 된다.

$$ab = dx = \rho d\theta \tag{a}$$

$$dd' = cd' - cd = (\rho + y)\,d\theta - \rho d\theta = y d\theta \tag{b}$$

그러므로 축 방향의 변형률은 다음과 같다.

$$e_x = \frac{dd'}{cd'} = \frac{y d\theta}{dx} = \frac{y}{\rho} \tag{c}$$

그런데 후크의 법칙에 의해 굽힘 응력은 다음과 같이 나타낼 수 있다.

$$\sigma_x = E e_x = \frac{E}{\rho} y \tag{8-1}$$

식 (8-1)에서 훅의 법칙이 성립되는 한도 내에서는 임의단면에 작용하는 굽힘응력은 중립면으로부터의 거리 y에 비례하고, 곡률 반지름 ρ에 반비례함을 알 수 있다.

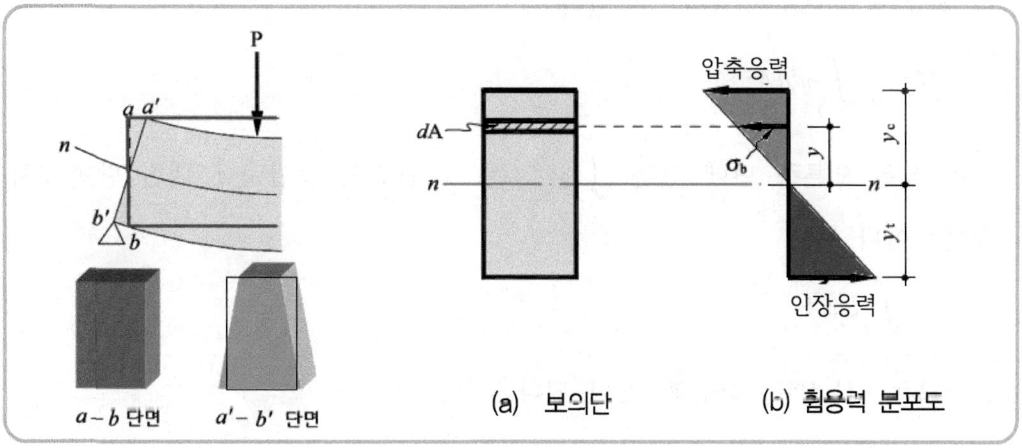

그림 8-3 보의 휨응력

이 굽힘응력은 중립면으로부터 가장멀리 떨어진곳에서 최대치를 갖게되며 위쪽에서 최대압축응력$(\sigma_c)_{\max}$, 아래쪽에서 최대인장응력$(\sigma_t)_{\max}$가 작용하게 된다.

또한 중립축으로부터 y만큼 떨어진 미소면적을 dA라 하면, 이 면적 위에 작용하는 미소의 힘 dF는 식 (8-1)로부터 다음과 같이 생각할 수 있다.

$$dF = \sigma dA = \frac{E}{\rho} y dA \tag{d}$$

그러므로 단면 전체에 작용하는 전체의 힘은 식 (d)를 단면 전체에 대하여 적분해 줌으로써 구할 수 있으며, 순수굽힘 상태에서는 전단력이 작용하지 않으므로

$$F = \int_A dF = \frac{E}{\rho}\int_A y dA = 0 \tag{e}$$

여기서 $\frac{E}{\rho} \neq 0$ 이므로 $\int_A y dA = 0$ 이다.

단면 1차 모우멘트에서 면적 $dA = 0$될 수 없으므로 결국 중립축으로부터 떨어진 거리 $y = 0$ 이어야 한다. 따라서 중립축은 도심을 지난다는 것을 알 수 있다. 한편 미소면적 dA에 작용하는 미소의 힘 dF가 중립축에 작용하는 미소의 모멘트는

$$dM = ydF = ydA\sigma = \frac{E}{\rho} y^2 dA$$

따라서 전체의 힘이 중립축에 작용하는 전체의 모멘트는 전면적에 대하여 적분해 줌으로써 구할 수 있다.

$$M = \frac{E}{\rho}\int_A y^2 dA \tag{f}$$

이 식은 오른쪽 변에 있는 $\int_A y^2 dA$는 그 단면의 중립축에 대한 단면 2차 모멘트이다. 즉,

$$I = \int_A y^2 dA$$

이므로, 식 (f)는 다음과 같이 된다.

$$\frac{1}{\rho} = \frac{M}{EI} \tag{8-2}$$

식 (8−2)는 탄성곡선의 곡률 $\frac{1}{\rho}$이 굽힘 모멘트 M에 비례하고, **굽힘강성 계수**(flexural rigidity)라고 하는 EI에 반비례함을 알 수 있다.

$$\sigma = \frac{My}{I} = \frac{M}{Z} \text{ 또는 } M = \sigma Z \tag{8-3}$$

식 (8−3)을 **보의 굽힘식**(bending formule)이라 하며 σZ는 굽힘 모멘트에 저항하는 보 재료의 응력모멘트이므로 이를 **굽힘 저항모멘트**(bending resting moment)라고 한다. 굽힘식에 의하면 단면이 일정한 보에서는 굽힘 응력은 굽힘 모멘트에 비례하므로 최대 굽힘 모멘트가 작용하는 단면에서 최대 굽힘 응력이 일어나고, 보의 파손에 대하여 가장 위험하기 때문에 이 단면을 **위험단면**(dangerous section)이라 하며, 보의 강도는 항상 이 단면에 대하여 고려해야 한다.

정리하면

$\frac{1}{\rho}$ 는 곡률반경 $\qquad \frac{E}{\rho} = \frac{\sigma}{y} = \frac{M}{I}$

$\frac{1}{\rho}$는 곡률 $\qquad \sigma = \frac{My}{I} = \frac{M}{I/y} = \frac{M}{Z}$

※ 참고

(1) 보의 모멘트 및 단면계수

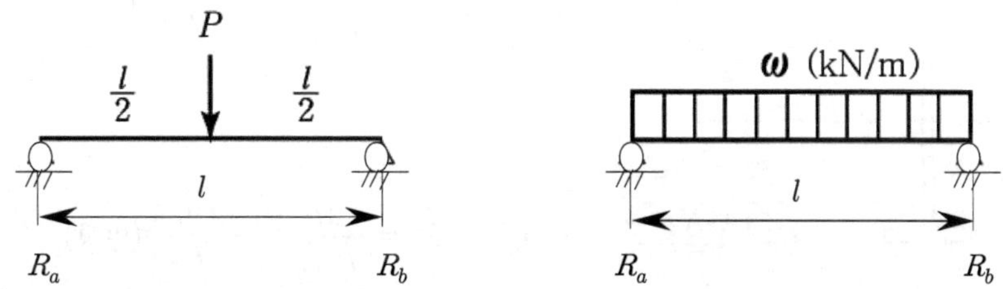

(a) 단순보 (b) 균일분포하중

단순보에서 최대 모우멘트 $M_{max} = \frac{1}{4}P\ell$

균일분포하중 최대모우멘트 $M_{max} = \frac{1}{8}w\ell^2$

단면계수 직사각형 $Z_x = \frac{bh^2}{6}$ 원 $Z = \frac{\pi d^3}{32}$

(2) 보의 중립면 및 중립축

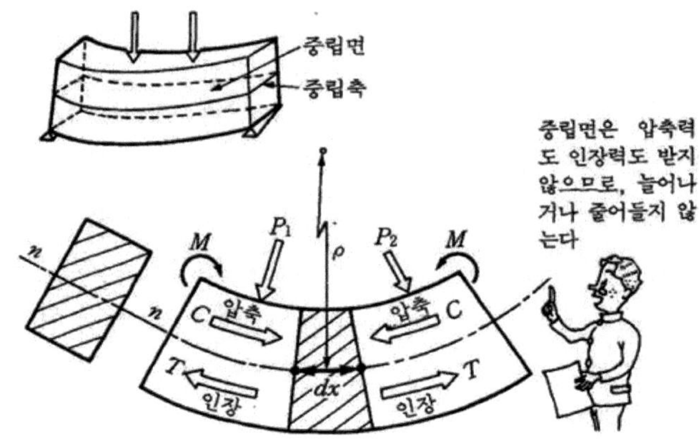

그림 8-4 보의 휨모멘트

(3) 보의 휨응력

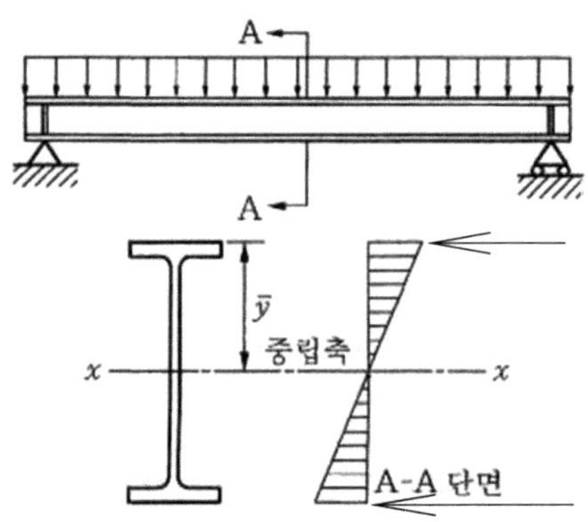

$$\sigma_c = \frac{M}{Z} = \frac{M}{I/\overline{y_c}} = \frac{M\overline{y_c}}{I} \quad \text{(압축)}$$

$$\sigma_t = \frac{M}{Z} = \frac{M}{I/\overline{y_t}} = \frac{M\overline{y_t}}{I} \quad \text{(인장)}$$

그림 8-5 보의 휨응력 ($I-beam$)

예제 1

그림과 같이 지름 4mm의 강철선을 지름 120cm의 원통에 감을 때 강관에 일어나는 최대 굽힘 응력과 굽힘 모멘트를 구하라. (단, 강판의 종탄성계수를 $E = 200\text{GPa}$로 한다.)

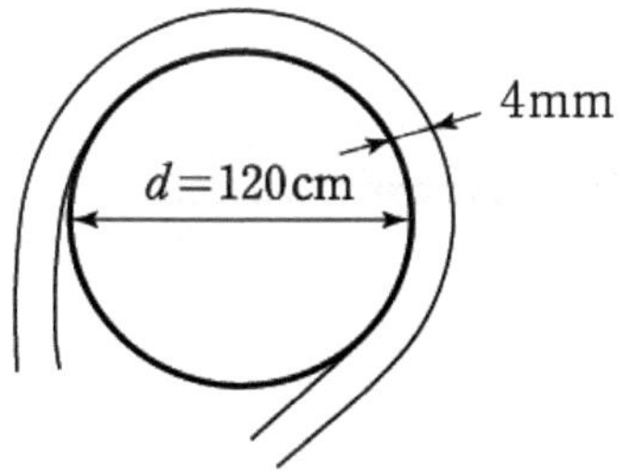

해설) 강선이 받는 최대 응력

$$\sigma = \frac{Ey}{\rho} = E \cdot \frac{\frac{d}{2}}{\frac{D+d}{2}} = \frac{Ed}{D+d}$$

$$= \frac{200 \times 10^9 \times 4 \times 10^{-3}}{1.2 + 4 \times 10^{-3}} / 10^6 = 664.45\,\text{MPa}$$

$$M = \sigma Z = 664.45 \times \frac{\pi \times 4^3}{32} = 4174.86\,N \cdot mm \fallingdotseq 4.17\,J\,(N \cdot m)$$

여기서 ρ 는 곡률반경 $1/\rho$ 는 곡률 E 는 종탄성계수

y는 중심선에서 끝단까지의 거리

예제 2

그림과 같아 높이 30 cm, 폭 20 cm의 사각단면을 가진 길이 2m 의 외팔보가 있다. 자유단에 1000 N의 집중하중이 작용할 때 최대 굽힘 응력을 구하라.

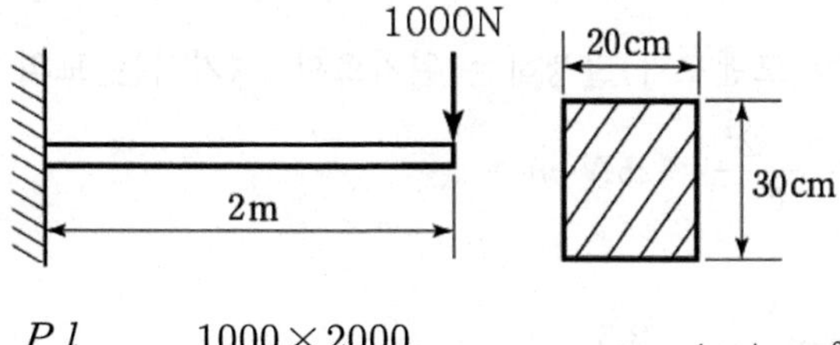

$$\sigma_{max} = \frac{M_{max}}{Z} = \frac{Pl}{\frac{bh^2}{6}} = \frac{1000 \times 2000}{\frac{200 \times 300^2}{6}} = 66.67\,MPa\,(N/mm^2)$$

예제 3

높이 20cm, 폭 15cm, 스팬이 5m인 단순지지보에 $500kN/m$의 균일 등분포 하중이 작용할 때 최대 굽힘응력(GPa)은?

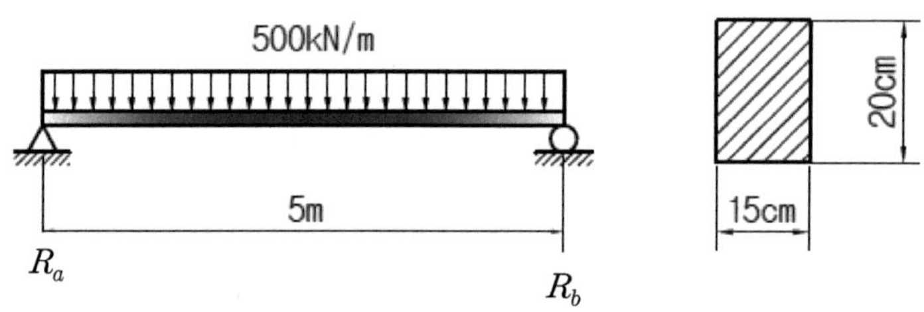

해설) $\sigma = \dfrac{M}{Z}$ 여기서 $M = \dfrac{\omega l^2}{8}$, $Z = \dfrac{bh^2}{6}$

$$= \frac{6\omega^2 l}{8bh^2} = \frac{6 \times 500 \times 10^3 \times 5^2}{8 \times 0.15 \times 0.2^2} / 10^9 = 1.56\text{GPa}$$

예제 4

그림과 같이 균일분포하중을 받고 있는 단순보에서 위험단면에서의 굽힘응력을 구하면 몇 kPa가 되겠는가?

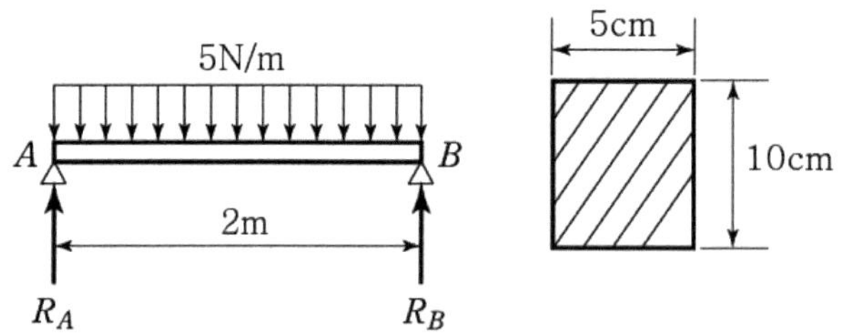

해설)

위험단면은 최대굽힘모멘트가 발생하는 위치로써, 여기서는 보의 중앙 위치가 된다.

$$M_{max} = \frac{\omega l^2}{8} = \frac{5 \times 2^2}{8} = .25N \cdot m$$

굽힘응력

$$\sigma_b = \sigma_{max} = \frac{M_{max}}{Z} = \frac{2.5}{\frac{0.05 \times 0.1^2}{6}} = 30000N/m^2 = 30kPa$$

예제 5

그림과 같이 폭 30cm, 높이 50cm의 단면을 가진 외팔보에서 $150kN/m$ 등분포 하중이 작용 할 때 이 보의 허용굽힘응력 (MPa)값은?

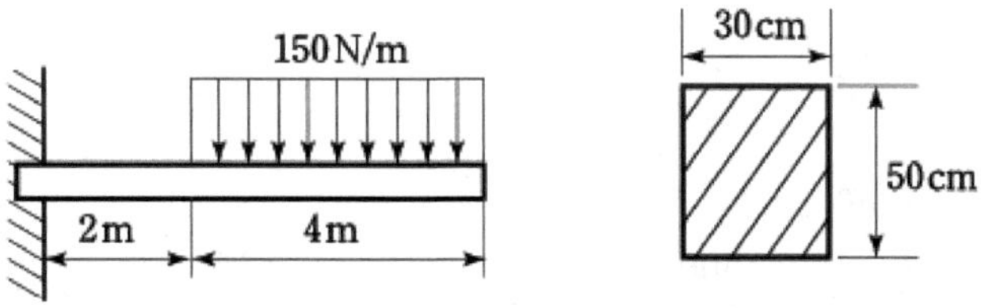

해설) $\sigma = \frac{M}{Z} = \frac{M}{\frac{bh^2}{6}} = \frac{2400}{\frac{0.3 \times 0.5^2}{6}} = 192000\ Pa = 0.192\ MPa$

여기서 모멘트 $M = (150) \times 4\ (\frac{4}{2} + 2) = 2400\ N \cdot m$

예제 6

그림과 같이 T형 단면의 외팔보에서 인장과 압축에 대한 허용응력을 각각 $\sigma_t = 28MPa$, $\sigma_c = 56MPa$로 하고, 단면의 웨브 두께 t와 Z_1과 Z_2를 구하시오.

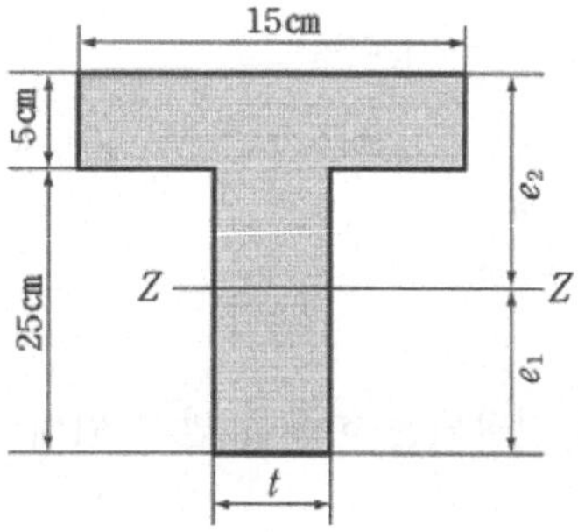

해설) 도심 $\bar{y} = \frac{15 \times 5 \times 2.5 + 25t \times 17.5}{15 \times 5 + 25t} = \frac{187.5 + 437.5t}{75 + 25t}$

$e_1 = 30 - \bar{y}$, $e_2 = \bar{y}$ 이므로

인장응력 $\sigma_t = \frac{Me_2}{I}$ 압축응력 $\sigma_c = \frac{Me_1}{I}$

$\frac{e_1}{e_2} = \frac{\sigma_t}{\sigma_c} = \frac{56}{28} = 2$

$e_1 + e_2 = 30, \quad 2e_2 + e_2 = 30 \rightarrow e_2 = 10cm, \quad e_1 = 20cm$

$e_2 = \bar{y} = 10 = \dfrac{437.5t + 187.5}{25t + 75} \qquad t = 3cm$

$$I_x = \frac{b_1 h_1^2}{12} + d^2 A_1 + \frac{b_2 h_2^2}{12} + d^2 A_2$$

$$= \frac{15 \times 5^3}{12} + 15 \times 5 \times (10 - \frac{5}{2})^2 + \frac{3 \times 25^3}{12} + 25 \times 3 \times (20 - \frac{25}{2})^2$$

$$= 12500cm^3$$

단면계수 $Z_1 = \dfrac{I}{e_1} = \dfrac{12\,500}{20} = 625cm^3, \qquad Z_2 = \dfrac{12\,500}{10} = 1,250cm^3$

예제 7

그림과 같이 다리를 들어 올리는 각각의 거더(girder)의 길이는 50m이고 양단이 단순지지되어 있다. 각 거더(girder)에 대한 설계하중은 세기 20kN/m인 등분포하중이다. 거더(girder)들은 단면계수 $Z_x = 1280\ cm^3$인 I 형 단면을 형성하도록 3개의 강철판들을 용접하여 제작되었다. 등분포하중으로 인한 거더에서의 최대 굽힘응력(MPa)은 얼마인가?

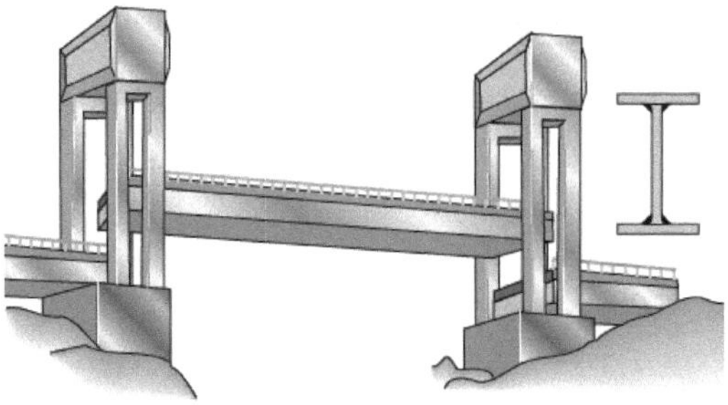

※ 용어

거더 (대들보) : 작은 보에서 전달되는 하중을 받기 위해 기둥과 기둥 사이에 건너지른 보

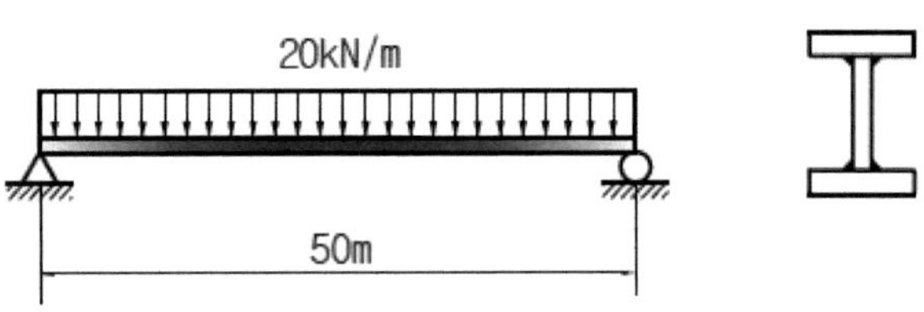

해설) $\sigma_{max} = \dfrac{M}{Z} = \dfrac{\frac{wl^2}{8}}{Z} = \dfrac{\frac{20 \times 10^3 \times 50^2}{8}}{1280 \times (10^{-2})^3} / 10^6 \fallingdotseq 4882.8\,MPa$

예제 8

그림과 같이 단위길이당 하중이 $45N/m$인 지렛대(seesaw)에 각각 $400\,N$의 무게를 가진 두 어린이가 타고 있다. 어린이들의 무게중심은 지렛대 받침으로부터 각각 2.5 m 떨어져 있다. 지렛대의 길이는 $6m$ 폭은 $200mm$ 높이는 $40mm$ 이다.
지렛대에서의 최대 굽힘응력 (MPa)은 얼마인가?

해설)

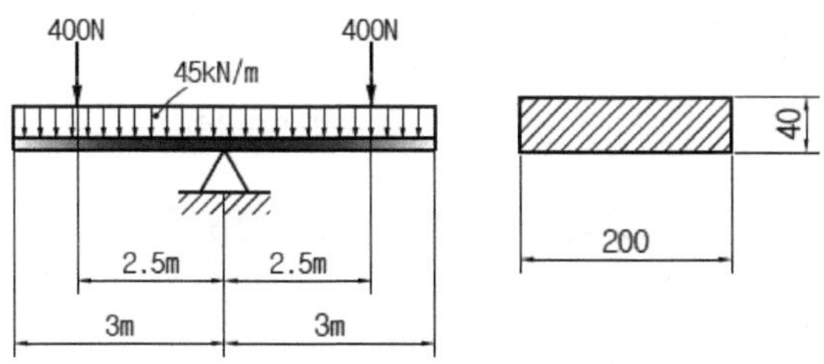

해설)

$$\sigma = \frac{M}{Z} = \frac{1810}{\frac{bh^2}{6}} = \frac{1810 \times 6}{0.2 \times 0.04^2} / 10^6 = 34\,MPa$$

$$M_{\max} = 400 \times 2.5 + \frac{45 \times 6^2}{2} = 1810\,N \cdot m$$

8.3 보 속의 전단응력

그림 8-6 (a)와 같이 하중을 받는 실제 보를 그림 8-6(b), (c)처럼 각각 수직방향과 수평방향으로 분리되어 있다고 가정하면, 각각의 분리된 요소는 그림과 같이 미끄러질 것이다. 그러나 실제로 보는 분리되어 있지 않으므로 이러한 미끄러짐에 저항할 것이고, 그 저항력은 미끄러짐에 평행하므로 전단응력임을 알 수 있다.

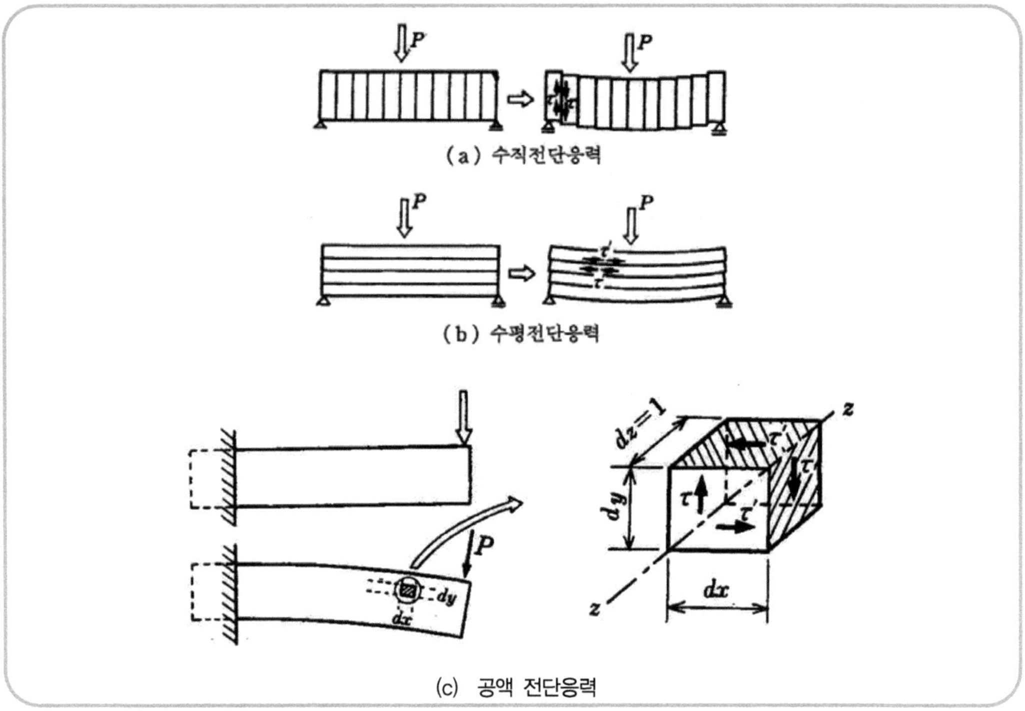

그림 8-6 수평 · 수직 전단응력

그림 8-6 (a)와 그림 8-6(b)가 동시에 저항하므로 전단응력은 그림 8-6 (c)와 같이 수직, 수평방향전단응력이 동시에 나타나는 공액관계에 있게 된다. 그림 8-6 (c)의 요소가 상· 하면에 있을 경우 수평방향의 외력이 없으므로 전단응력은 "0" 이 된다. 따라서 전단응력은 상면과 하면 사이에서 변한다는 것을 알수 있다.

그림 8-7(a)와 같이 미소 길이 dx만큼 떨어진 두 개의 안접한 단면 mn과 m_1n_1 사이에 작용하는 굽힘 모멘트를 각각 M, $M+dM$ 이라 하고, 그림 8-7 (b)에서 중립축 x로부터 y만큼 떨어진 왼쪽면 pn 의 미소면적 dA 상의 수직력은 다음과 같다.

$$\sigma_x dA = \frac{My}{I} dA \tag{8-4}$$

따라서 왼쪽면 pn면에 작용하는 잔체의 수직력은

$$\int_{y1}^{\frac{h}{2}} \frac{My}{I} dA \tag{a}$$

같은 방법으로 오른쪽면 p_1n_1면에 작용하는 전체의 수직력은

$$\int_{y1}^{\frac{h}{2}} \frac{(M+dM)y}{I} dA \qquad \text{(b)}$$

p_1n_1면 위에 작용하는 수평전단응력은 중립축에서 임의 높이 y_1인 평면 상의 전단응력을 τ라 하면

$$\tau b\,dx \qquad \text{(c)}$$

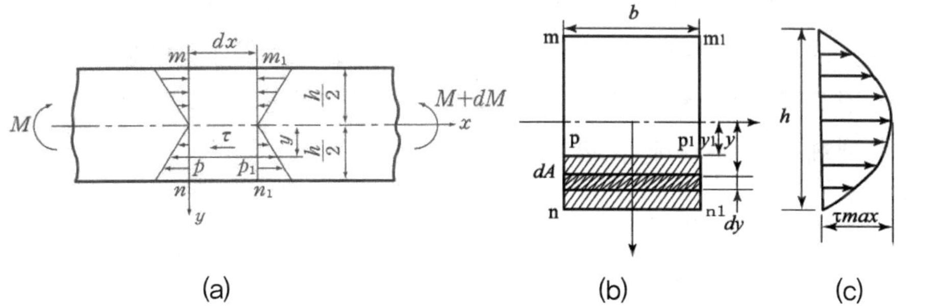

그림 8-7 보속의 전단응력 분포

보의 임의단면에서 수평방향의 힘들은 평형상태에 있어야 한다.

$$\tau bdx + \int_{y1}^{\frac{h}{2}} \frac{My}{I} dA - \int_{y1}^{\frac{h}{2}} \frac{(M+dM)y}{I} dA = 0$$

$$\tau = \frac{dM}{dx} \frac{1}{bI} \int_{y1}^{\frac{h}{2}} ydA \qquad \text{(d)}$$

식 (d)에 식 $V = \frac{dM}{dx}$을 대입하면,

$$\tau = \frac{V}{bI} \int_{y1}^{\frac{h}{2}} ydA \qquad \text{(e)}$$

식 (e)는 임의단면 중립축에서 임의거리 y_1만큼 떨어진 요소의 수평면 위의 전단응력을 구하는 일반식이다. 이 식의 적분 부분은 y_1부터 아래쪽에 있는 단면, 즉 그림 (b)의 음영 부분(pnn_1p_1)의 중립축에 대한 단면 1차모멘트이며, 이 값은 y_1의 위치에 따라 변화되고 따라서 τ에도 변화를 준다.

전단응력의 분포는 y_1에 따라 변화되고 굽힘응력이 0인 중립축에서 최대가 되며, 굽힘응력이 최대로 되는 상하 단면에서 0이 됨을 알 수 있다.

식 (8-5)에서 단면 1차모멘트를 Q로 표시하면 다음과 같이 된다.

$$\tau = \frac{VQ}{Ib} \tag{8-5}$$

여기서 단면 1차 모멘트 $Q = \int y\,dA$

중립축으로부터의 거리 y_1에 따라서 τ가 어떻게 변화하는가를 결정하려면 V, I와 b가 상수이므로 y_1에 따른 Q의 변화를 고찰해야 한다.

엄밀한 보의 설계에 있어서는 최대굽힘응력 및 최대전단응력에 대하여 충분한 강도를 갖도록 하고, 다음 장에 나오는 굽힘과 비틀림에 의한 조합응력에 대해서도 고려해야 한다.

※ 참고

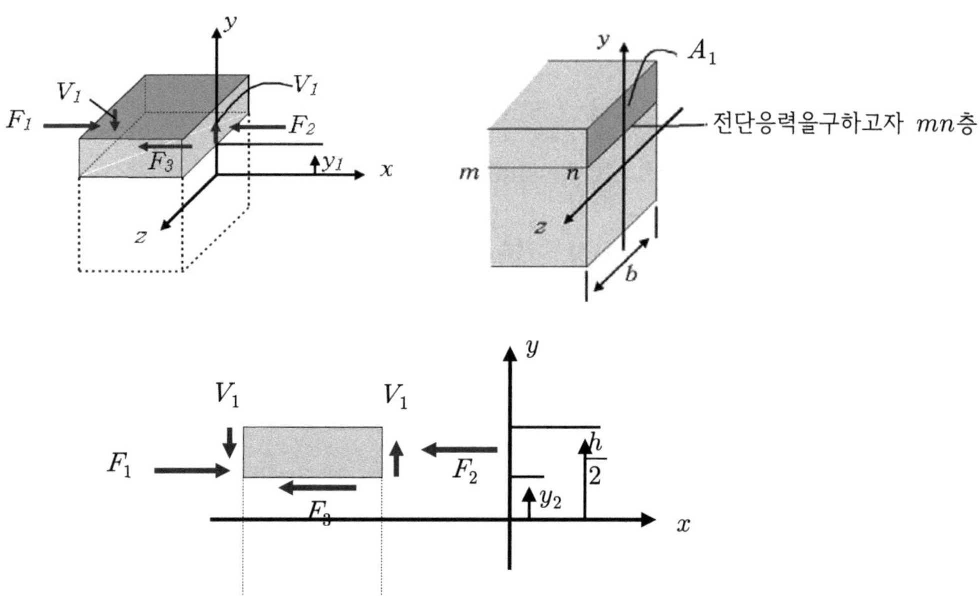

그림 8-8 전단력과 굽힘모멘트에 의한 보 속의 응력

수직력

$$\sum F_x = 0 \qquad F_1 - F_2 - F_3 = 0$$

$$F_1 = \sigma_x\ dA \ = \int_{A_1} \sigma_x\, dA = \int_{A_1} \frac{My}{I_z}\, dA$$

$$F_2 = \int_A (\sigma_x + d\sigma_x)\, dA = \int_y^{\frac{h}{2}} \frac{(M+dM)y}{I_z} dA$$

$$F_3 = \tau\, b\, dx$$

$$\tau b dx = \frac{dM}{I_Z}\int_A y dA \rightarrow \tau = \left(\frac{dM}{dx}\right)\frac{1}{I_Z b}\int_A y dA = \frac{VQ}{I_Z b}$$

여기서 전단력 $V = \dfrac{dM}{dx}$

단면 1차 모멘트 $Q = \int y\, dA$

1. 직사각형 단면

그림 8-9 (a) 와 같은 직사각형단면의 미소면적 $dA = bdy$ 이므로 단면 1차 모멘트는다음과 같다.

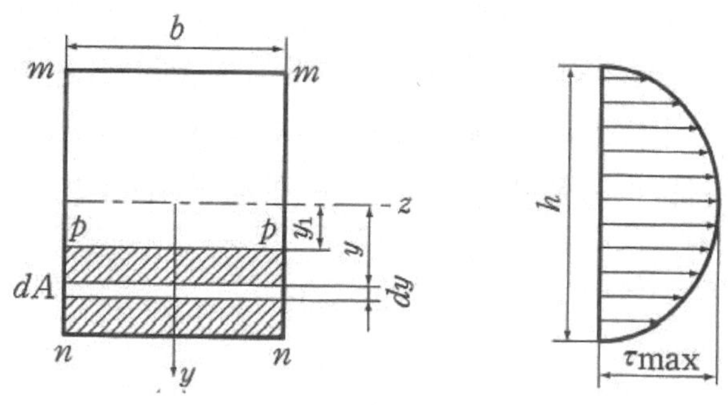

그림 8-9 임의 직사각형 단면의 전단응력 분포

$$Q = \int_{y1}^{\frac{h}{2}} ydA = \int_{y1}^{\frac{h}{2}} bydy = \frac{b}{2}\left(\frac{h^2}{4} - y_1^2\right) \tag{8-6}$$

이것을 식 $\tau = \dfrac{dM}{dx}\dfrac{1}{bI}\displaystyle\int_{y1}^{\frac{h}{2}} ydA$ 에 대입하면 전단응력은 다음과 같이 된다.

$$\tau = \frac{VQ}{Ib} = \frac{V}{Ib}\cdot\frac{b}{2}\left(\frac{h^2}{4} - y^{2_1}\right) = \frac{V}{2I}\left(\frac{h^2}{4} - y_1^2\right) \tag{8-7}$$

위 식에서 $y_1 - \pm\dfrac{h}{2}$ 에서는 $\tau = 0$, $y_1 = 0$에서는 최대값이 된다.

$$\tau_{\max} = \frac{Vh^2}{8I} = \frac{3}{2}\frac{V}{2} = 1.5\tau_{mean} \tag{8-8}$$

여기서 A는 bh로 단면의 면적이다. 그러므로 최대전단응력은 중립축에서 작용하며, 평균전단응력 $\frac{V}{A}$보다 50(%)만큼 더 크다는 것을 알 수 있다. 또한 그 선도는 y_1에 따라서 그림 8-9(b)와 같은 포물선형이 된다.

2. I형 단면

아래 그림 8-10과 같은 I형 단면도 플랜지(flange) 부분과 웨브(web) 부분으로 나누어

구형단면의 보와 같은 방법으로 전단응력의 분포를 구할 수 있다.

여기서도 앞에서 언급한 바와 같은 가정을 한다. 즉, 전단응력 τ는 y축에 평행하며, 웨브의 두께 t에 따라 균일하게 분포되어 있다고 가정한다. 중립축으로부터 y_1만큼 떨어진 점에 대하여 생각해 보면, 단면의 음영 부분의 중립축에 대한 단면 1차모멘트는 음영 부분의 면적에 그 단면적의 중립축으로부터 음영 부분의 도심까지의 거리를 곱해서 구하면 다음과 같다.

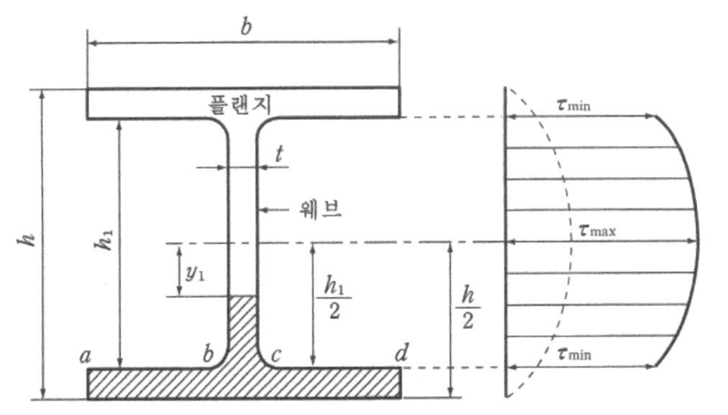

그림 8-10 I형 단면의 전단응력 분포

$$Q = \int_{y_1}^{\frac{h}{2}} y\,dA = \int_{\frac{h_1}{2}}^{\frac{h}{2}} by\,dy + \int_{y_1}^{\frac{h_1}{2}} ty\,dy$$

$$= \frac{b}{2}\left(\frac{h^2}{4} - \frac{h_1^2}{4}\right) + \frac{t}{2}\left(\frac{h_1^2}{4} - y_1^2\right) \tag{8-9}$$

이 식을 $\tau = \frac{dM}{dx}\frac{1}{bI}\int_{y1}^{\frac{h}{2}} ydA$ 식에 대입하면 다음과 같다.

$$\tau = \frac{V}{It}\left[\frac{b}{2}\left(\frac{h^2}{4} - \frac{h_1^2}{4}\right) + \frac{t}{2}\left(\frac{h_1^2}{4} - y_1^2\right)\right] \tag{8-10}$$

위 식에서 전단력은 그림 8–10(b)에서 웨브의 높이에 따라 포물선 형태로 변화한다는 것을 알 수 있다. 최대전단응력은 중립축에서 생기며, 위 식에 $y_1=0$을 대입함으로써 얻을 수 있다. 또 최소전단응력은 $y_1 = \pm\frac{h_1}{2}$을 대입함으로써 구할 수 있다.

$$\tau_{max} = \frac{V}{It}\left(\frac{bh^2}{8} - \frac{bh_1^2}{8} + \frac{th_1^2}{8}\right) \tag{8-11}$$

$$\tau_{min} = \frac{V}{It}\left(\frac{bh^2}{8} - \frac{bh_1^2}{8}\right) \tag{8-12}$$

웨브의 두께 t는 플랜지의 폭 b에 비하여 매우 작다. 그러므로 τ_{max}와 τ_{min}사이에는 큰 차가 없으며, 웨브의 단면 위의 전단응력의 분포는 거의 균일하다. τ_{max}에 가장 가까운 값은 웨브 자체의 단면적 h_1t로 총전단력 V를 나누어서 얻을 수 있다.

한편 I형 단면의 전단응력분포는 그림 8–10(b)에서 보인 바와 같이 플랜지 내의 전단응력은 웨브 내의 전단응력보다 대단히 작다는 것을 알 수 있다. 그러므로 전단력 V는 웨브에 의해서 지지되고 있다고 가정해도 좋으며, 플랜지로 전단력을 지지하는 데 아무 역할도 하지 않는다고 보아도 설계상에 지장이 없다. 사실상 플랜지와 웨브의 연결 부분인 b점과 c점 같은 곳은 응력집중 등 여러 가지 복잡한 불균일 응력분포 상태이며, 일반적으로 이러한 응력집중 현상을 피하기 위하여 그림 8–10 에서처럼 필렛(fillet)이 사용된다.

3. 원형단면

그림 8–11과 같이 반지름이 r인 원형단면의 전단응력분포를 구하면 다음과 같다.

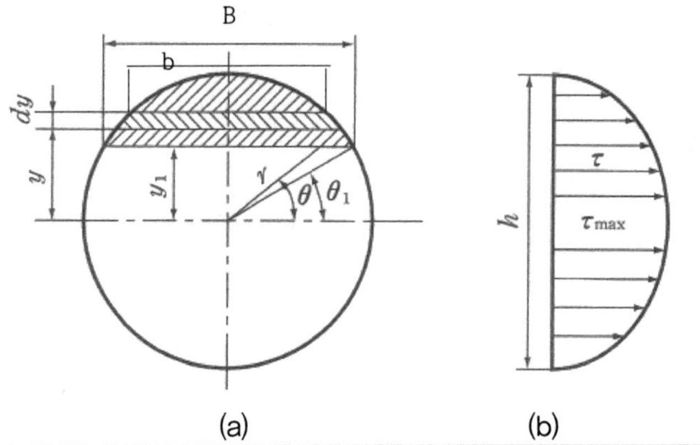

그림 8-11 원형단면의 전단응력 분포

중심축으로부터 y만큼 떨어진 곳의 미소면적 dA는

$y = r\sin\theta$,

$dy = r\cos\theta\, d\theta$

$b = 2r\cos\theta = 2\sqrt{r^2 - y^2}$ 이므로

$dA = bdy = 2r\cos\theta \cdot r\cos\theta\, d\theta = 2r^2\cos^2\theta\, d\theta$

$Q = \int_{y^1}^{r} ydA = \int_{y^1}^{r} r\sin\theta \cdot 2r^2\cos^2\theta\, d\theta$ (∵ 적분구간 각도 변환)

$$= \int_{\theta 1}^{\frac{\pi}{2}} 2r^3\cos^2\theta \cdot \sin\theta\, d\theta = \frac{2}{3}r^3\cos^3\theta_1 \qquad (8\text{-}13)$$

여기서 적분공식 $\int \cos^n\theta \sin\theta\, d\theta = \frac{\cos^{n+1}\theta}{(n+1)}$

위식(8-13)에서 구한 단면 1차모멘트 (Q)와 $I = \frac{\pi r^4}{4}$ 및 $A = \pi r^2$을 $\tau = \frac{VQ}{bI}$에 대입하면

$$\tau = \frac{VQ}{IB} = \frac{V}{I \cdot 2r\cos\theta_1} \cdot \frac{2}{3}r^3\cos^3\theta_1 \qquad (8\text{-}14)$$

$$= \frac{4V}{\pi r^4 \cdot 2r\cos\theta_1} \cdot \frac{2}{3}r^3\cos^3\theta_1 = \frac{4V}{3A}cos^2\theta_1$$

$$= \frac{4}{3}\frac{V}{A}(1-\sin^2\theta_1) = \frac{4}{3}\frac{V}{A}\left(1-\frac{y^{2_1}}{r^2}\right)$$

그림 8-11(b)에서 표시한 바와 같이 최대전단응력은 $\theta_1 = 0$혹은 $y_1 = 0$에서 발생하며, 최소전단응력은 $\theta_1 = \frac{\pi}{2}$혹은 $y_1 = r$에서 발생한다.

$$\tau_{\max} = \frac{4}{3}\frac{V}{A} = 1.33\,\tau_{mean} \qquad (8\text{-}15)$$

$$\tau_{\min} = 0$$

따라서 원형 단면에서는 최대 전단응력이 V를 A로 나눈 평균 전단응력 보다 33%만큼 더 크다는 것을 알수 있다.

4. 보속의 최대전단응력을 정리하면

$$\tau = \frac{VQ}{Ib}\,(\,V: \text{전단력},\ I: \text{중심에서의 2차관성모멘트},\ b: \text{폭})$$

$$Q = \int_y^e y\,dA$$

(1) 직사각형

$$\tau = \frac{VQ}{Ib} = \frac{V\times\frac{bh^2}{8}}{\frac{bh^3}{12}b} = \frac{12}{8}\frac{Vbh^2}{b^2h^3} = \frac{3}{2}\frac{V}{A}$$

여기서 단면 1차 모멘트 $Q = \frac{bh^2}{8}$

단면 2차 모멘트 $I = \frac{bh^3}{12}$

(2) 원형

$$\tau = \frac{VQ}{Ib} = \frac{V \times \frac{\pi d^2}{4} \cdot \frac{1}{2} \times \frac{2d}{3\pi}}{\frac{\pi d^4}{64} \times d} = \frac{4V}{3 \cdot \frac{\pi d^2}{4}} = \frac{4}{3}\frac{V}{A}$$

여기서 단면 1차 모멘트 $Q = A\bar{y} = (\frac{\pi d^2}{4} \cdot \frac{1}{2}) \times (\frac{4r}{3\pi}) = \frac{\pi d^2}{8} \times (\frac{2d}{3\pi})$

반원의 도심

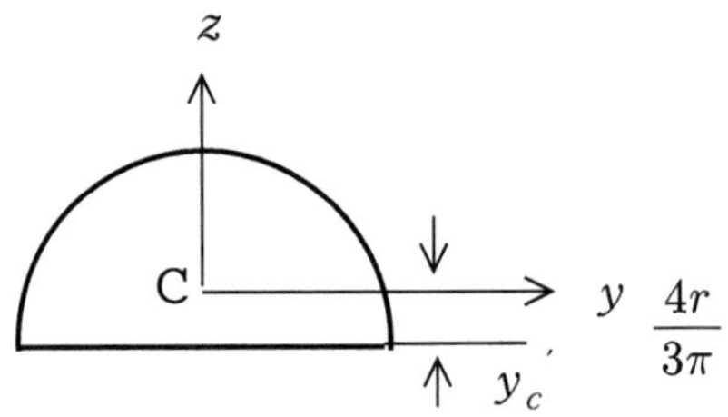

예제 9

단순보가 그림과 같이 중앙에 집중하중 30kN를 받을 때 최대 전단 응력 은 몇 MPa인가?
(단, 이 보의 폭 높이=30cm×50cm이다)?

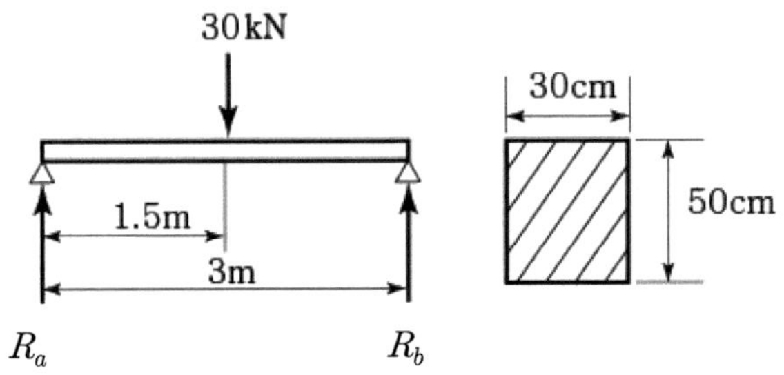

해설) $\tau = \frac{3V}{2A} = \frac{3 \times 15 \times 1000 \times 10^{-6}}{2 \times 0.3 \times 0.5} = 0.15\text{MPa}$

예제 10

그림과 같은 사각형 단면의 외팔보에서 중립축에 발생하는 최대 전단응력 τ_{max}는 얼마인가?

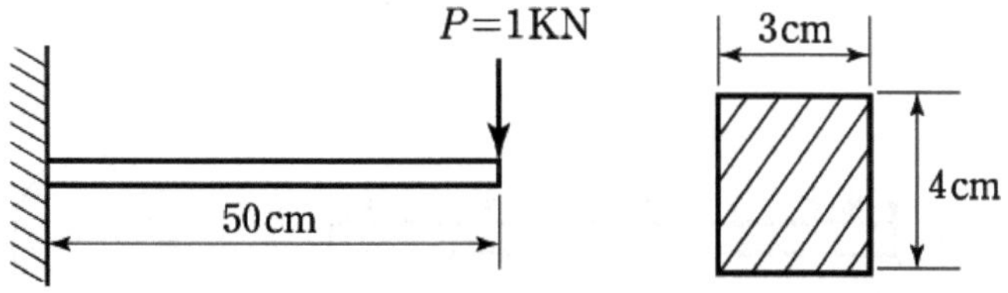

해설)

$$\tau = \frac{3V}{2A} = \frac{3 \times 1 \times 1000}{2 \times 0.03 \times 0.05} / 10^6 = 1MPa$$

야기서 전단력 $V = P$

예제 11

그림과 같은 길이 $5m$ 인 단순보에 등분포 하중이 작용하고 있으며, 최대 굽힘 모우응력 $\sigma_{max} = 9\,MPa$일 때 최대 전단응력 τ_{max}은 몇 MPa 인가?

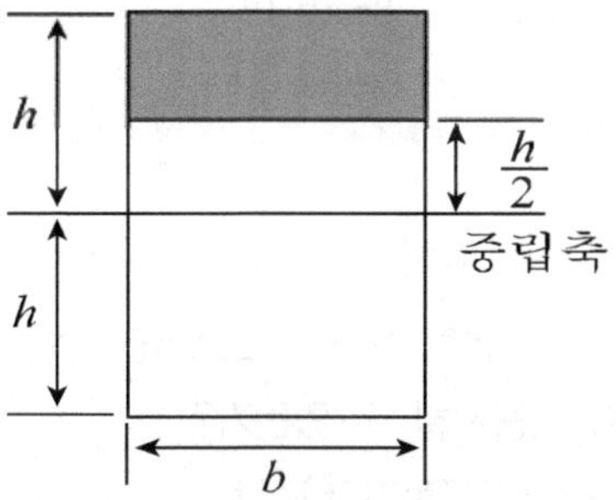

해설)

$$Q = \int_{\frac{h}{2}}^{h} y dA = \int_{\frac{h}{2}}^{h} b dy = b\left[\frac{y^2}{2}\right]_{\frac{h}{2}}^{h} = \frac{3}{8} bh^2$$

예제 12

그림과 같은 길이 $5m$ 인 단순보에 등분포 하중이 작용하고 있으며, 최대 굽힘 모우응력 $\sigma_{max} = 9\,MPa$일 때 최대 전단응력 τ_{max}은 몇 MPa 인가?

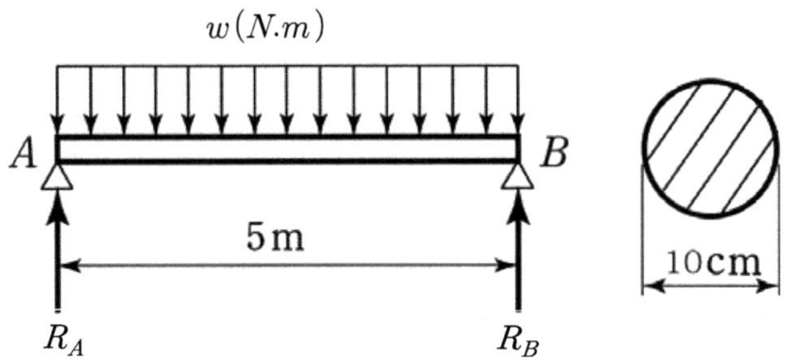

해설)

$$\tau_{max} = \frac{4}{3}\frac{V}{A} = \frac{4}{3}\frac{706.8}{(\pi 0.1^2)/4} = 120000\,N/m^2 = 0.12\,MPa$$

여기서 전단력 $V = R_A = R_B = \dfrac{wl}{2} = \dfrac{282.7 \times 5}{2} = 706.86\ N$

$$\sigma_{max} = \frac{M}{Z} = \frac{\frac{wl^2}{8}}{\frac{\pi d^3}{32}} = \frac{32wl^2}{8\pi d^3} = \frac{32\,w\,5^2}{8\pi\,(0.1)^3} = 9\times 10^6 \qquad w = 282.7\,N/m$$

예제 13

그림과 같이 길이가 2m이고, 단면이 10cm×20cm인 단순보에서 보의 전단만을 고려한다면 집중하중 P는 몇 N까지 작용시킬 수 있는가?
(단, 이 보의 허용전단응력은 225kPa이다.)

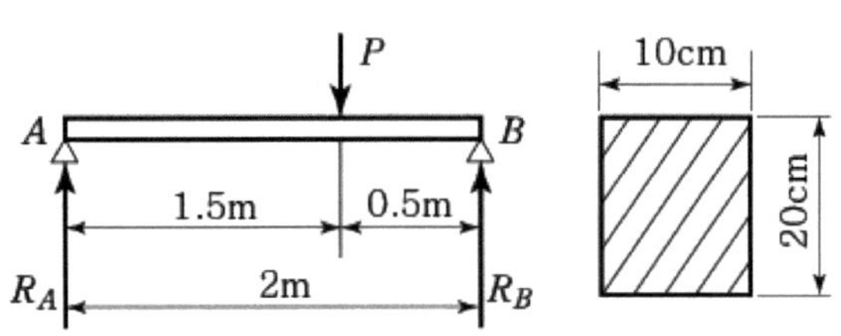

해설)

$$\tau_a = \frac{3}{2}\times\frac{V_{max}}{A}, \qquad 225\times 10^3 = \frac{3}{2}\times\frac{\frac{1.5P}{2}}{0.1\times 0.2} = 56.26P$$

집중하중 $P = 4kN$

반력 $R_A = \frac{P \times 0.5}{2}$, $R_B = \frac{P \times 1.5}{2}$

따라서 $V_{max} = \frac{R_B}{2} = \frac{1.5P}{2}$ (반력 $R_B > R_A$)

예제 14

길이 $l = 2m$인 단순보의 전 길이에 걸쳐 등분포하중 $\omega = 2kN/m$을 받고 있다. 이 보의 단면은 그림과 같은 T형 단면이다. 이 보 속에 발생하는 최대전단응력은 몇 MPa 인가?

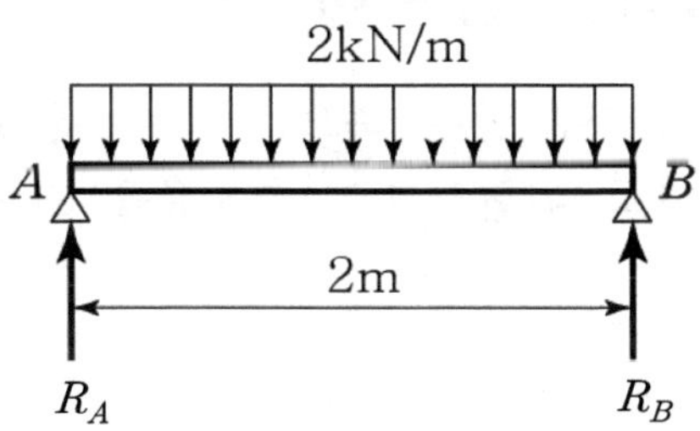

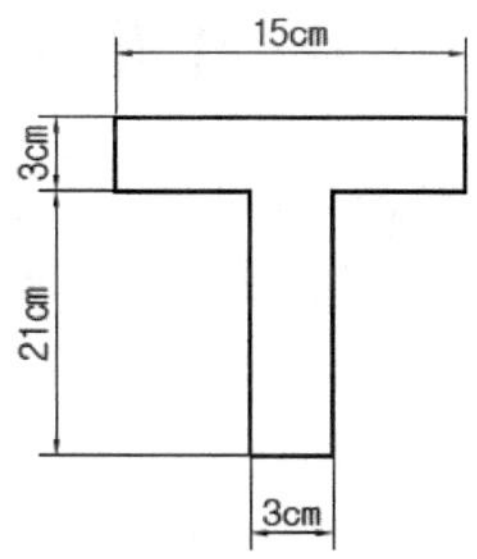

해설)

최대 전단응력

$$\tau_{max} = \frac{VQ_z}{tI} = \frac{2000 \times 360.4 \times 10^{-6}}{0.03 \times 6129 \times 10^{-8}}$$

$$= 392016\,N/m^2 = 0.39\,MPa$$

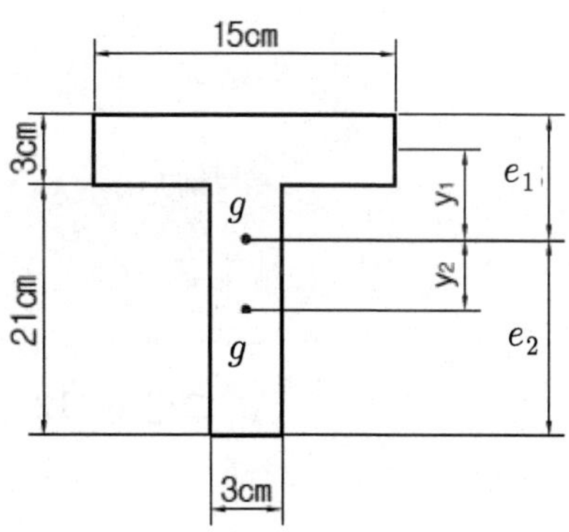

여기서

최대 전단력 $V_{max} = \frac{wl}{2} = 2kN$

중립축에 대한 단면1차모멘트는

$Q_z = A\bar{y} = 15.5 \times 3 \times \frac{15.5}{2} = 360.4\,cm^3$

$$e_1 = \frac{A_1\overline{y_1} + A_2\,\overline{y_2}}{A_1 + A_2} = \frac{15\times3\times1.5+21\times3\times(3+\frac{21}{2})}{15\times3+21\times3} = 8.5cm$$

$$e_2 = 24-8.5 = 15.5cm$$

$$I_x = \frac{b_1h_1^3}{12} + y_1^2A_1 + \frac{b_2h_2^3}{12} + y_2^2A_2$$

$$= \frac{b_1h_1^3}{12} + (e_1 - \frac{3}{2})^2A_1 + \frac{b_2h_2^3}{12} + (e_2 - \frac{21}{2})A_2$$

$$I_x = \frac{15\times3^3}{12} + 7^2(15\times3) + \frac{3\times21^3}{12} + (15.5 - \frac{21}{2})^2(3\times21) = 6129\,cm^4$$

8.4 굽힘과 비틀림을 동시에 받는 축

다음의 그림은 굽힘과 비틀림을 동시에 받는 축으로서 순수굽힘을 받거나 순수 비틀림을 받는 경우보다 더욱 위험하므로 축지름을 크게 하여야 한다.

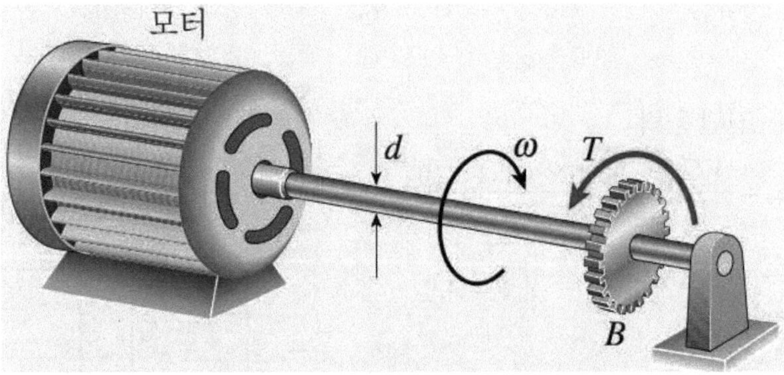

그림 8-12 굽힘과 비틀림을 동시에 받는 축

보속에 발생하는 최대응력을 구하려면 다음과 응력을 고려해야 한다.

(1) 비틀림 모멘트 T로 인한 전단응력

(2) 굽힘모멘트 M로 인한 굽힘응력

(3) 전단력 V에 의한 전단응력

이 세가지 고려 사항 중 (3)에 대한 전단응력은 굽힘응력이 0인 중립면에서 최대이고, 다른 응력들에 비하여 회전축에 미치는 영향이 극히 적으므로 일반적으로 무시한다. 따라서 (1)과 (2)의 각 응력들이 최대값을 나타내는 최대굽힘응력이 발생하는 축의 표면에 대하여 최대주응력을 계산하고 설계의 기준으로 해야 한다. 비틀림으로 인한 최대전단응력은 축의 표면에 발생하고, 비틀림 식에서 다음과 같이 된다.

$$\tau_{\max} = \frac{T}{Z_P} = \frac{16T}{\pi d^3} \tag{a}$$

굽힘모멘트로 인한 최대굽힘응력은 굽힘모멘트가 발생하는 단면의 중립면에서 가장 먼 표면에 발생하고, 식 (8-15)에서 다음과 같이 된다.

$$(\sigma_b)_{\max} = \frac{M}{Z} = \frac{32M}{\pi d^3} \tag{b}$$

따라서 최대조합응력은 τ와 σ_b의 합성응력이 최대로 되는 단면에서 일어나게 된다. 식 (a) 및 식 (b) 두 응력의 합성에 의한 최대 및 최소주응력은 식을 적용하면 다음과 같이 된다.

$$\sigma_{\max} = \frac{\sigma_x}{2} + \sqrt{\left(\frac{\sigma_x}{2}\right)^2 + r^2} = \frac{16}{\pi d^3}(M + \sqrt{M^2 + T^2})$$

$$= \frac{1}{2Z}(M + \sqrt{M^2 + T^2}) \tag{8-16}$$

$$\sigma_{\min} = \frac{\sigma_x}{2} - \sqrt{\left(\frac{\sigma_x}{2}\right)^2 + r^2} = \frac{16}{\pi d^3}(M^2 - \sqrt{M^2 + T^2})$$

$$= \frac{1}{2Z}(M - \sqrt{M^2 + T^2})$$

등을 얻을 수 있다. 이 $\sigma_{\max}$와 똑같은 크기의 최대굽힘응력을 발생시킬 수 있는 순수굽힘모멘트를 **상당굽힘모멘트**(equivalent bending moment)라 하고, 그 크기는 다음과 같다.

$$M_e = \frac{1}{2}(M + \sqrt{M^2 + T^2}) \tag{8-17}$$

즉, $\sigma_{max} = \dfrac{M_x}{Z} = \dfrac{32}{\pi d^3} M_e$ (8-18)

이 식은 주응력이 어떤 값에 달했을 때 파손이 일어난다는 **최대주응력설**(maximum principal stress theory)에 의한 것이며, 축의 안전지름을 구할 때는 최대응력(σ_{max})대신 허용응력(σ_a)을 대입하면, 식 (8-18)에서

$$d = \sqrt[3]{\frac{32M_e}{\pi\sigma_a}} \fallingdotseq \sqrt[3]{\frac{10.2M_e}{\sigma_a}} \qquad (8\text{-}19)$$

두 응력의 합성에 의한 최대전단응력은 식 (a)에 의하여 다음과 같이 된다.

$$\tau_{max} = \sqrt{\left(\frac{\sigma_x}{2}\right)^2 + \tau^2} = \frac{16}{\pi d^3}\sqrt{M^2 + T^2} = \frac{1}{Z_p}(\sqrt{M^2 + T^2}) \qquad (8\text{-}20)$$

이 τ_{max}과 똑같은 크기의 비틀림 최대전단응력을 발생시킬 수 있는 비틀림모멘트를 **상당비틀림모멘트**(equivalent twisting moment)라 하고, 그 크기는 다음과 같다.

$$T_e = (\sqrt{M^2 + T^2}) \qquad (8\text{-}21)$$

즉, $\tau_{max} = \dfrac{T_e}{Z_p} = \dfrac{16}{\pi d^3} T_e$ (8-22)

이 식은 최대전단응력이 어떤 값에 달했을 때 파손이 일어난다는 **최대전단응력설**(maximum shearing stress theory)에 의한 것이며, 축의 안전지름을 구할 때는 τ_{max} 대신 τ_a를 대입하면 식 (8-22)에서

$$d = \sqrt[3]{\frac{16T_e}{\pi\tau_a}} \fallingdotseq \sqrt[3]{\frac{5.1T_e}{\tau_a}} \qquad (8\text{-}23)$$

축의 재료가 강재와 같은 연성 재료인 경우에는 최대전단응력으로 파단된다고 생각하여 $\tau = \dfrac{1}{2}\sigma_u$로 택하고, 주철과 같은 취성재료인 경우에는 최대주응력으로 파단된다고 생각하여 계산한다.

예제 15

지름 d=15cm인 원형단면 차축에 굽힘모멘트 M=60N·m, 비틀림모멘트 T=80N·m이 동시에 작용할 때 차축에 발생하는 최대주응력과 최대전단응력을 구하시오.

해설) ① 최대 주응력

$$\sigma_{max} = \frac{M_e}{\pi d^3/32} = \frac{16}{\pi d^3}(M + \sqrt{M^2 + T^2})$$

$$= \frac{16}{\pi \times 0.15^3}(60 + \sqrt{60^2 + 80^2}) = 0.256MPa$$

여기서 $M_e = \frac{1}{2}\left(M + \sqrt{M^2 + T^2}\right) = \frac{1}{2}(M + T_e)$

② 최대 전단응력

$$\tau_{max} = \frac{16\,T_e}{\pi d^3} = \frac{16}{\pi \times 0.15^3}\sqrt{60^2 + 80^2} = 0.15MPa$$

예제 16

600 r/min 으로 50kW를 전달시키는 축이 20 $kN \cdot m$ 의 굽힘모멘트를 받는다고 할 때, 축의 지름은 얼마로 하면 되는가?

(단, 축의 허용전단응력 $\tau_a = 3MPa$, 허용굽힘응력 $\sigma_a = 5MPa$이다.)

해설) 축지름 $d_{M^2} = \sqrt[3]{\frac{10M_e}{\sigma^a}}$, $d_{T^2} = \sqrt[3]{\frac{5.1\,T_e}{\tau^e}}$ 에서

비틀림모멘트 $T = 9550\ \frac{H_{kW}}{N} = 9550\ \frac{50}{600} = 795.8\,N \cdot m$

상당굽힘모멘트 :

$$M_e = \frac{1}{2}(M + \sqrt{M^2 + T^2}) = \frac{1}{2}(20 + \sqrt{20^2 + 795.8^2}) = 408\ N \cdot m$$

$$d_M = \sqrt[3]{\frac{10Me}{\sigma_a}} = \sqrt[3]{\frac{10 \times 408}{5 \times 10^6}} = 94mm$$

$$d_T = \sqrt[3]{\frac{5\,Te}{\tau_a}} = \sqrt[3]{\frac{5 \times 796}{3 \times 10^6}} = 110mm$$

따라서, 축의 지름은 지름이 큰 110mm로 하여야 한다. ($d_T > d_M$)

핵심정리

- 굽힘응력 : $\sigma = E \cdot \frac{y}{\rho} = E \cdot \frac{\frac{d}{2}}{R + \frac{d}{2}}$

굽힘응력의 분포 : 중립축에서 0이면, 상·하표면에서 최대(직선적으로 변화)

- 수평전단응력 : $\tau = \frac{VQ}{bI}$ $Q = A\bar{y}$

① 사각형단면 :

$\tau_{max} = \frac{3}{2} \cdot \frac{V}{A}$ (단 $A = bh$)

② 원형단면 :

$\tau_{max} = \frac{4}{3} \cdot \frac{F_{max}}{A}$ (단 $A = \frac{\pi d^2}{4}$)

수평전당응력의 분포 : 상•하표면에서 0 이며, 중립축에서 최대(포물선의 변화)

- 상당비틀림모멘트

$T_e = \sqrt{M^2 + T^2}$

- 상당굽힘모멘트

$M_e = \frac{1}{2}(M + \sqrt{M^2 + T^2} = \frac{1}{2}(M + T_e)$

- 축직경설계(비틀림과 굽힘이 동시에 작용할 때)

① τ_a가 주어질 때 : $d = \sqrt[3]{\frac{16T_e}{\pi \tau_a}}$

② σ_a가 주어질 때 : $d = \sqrt[3]{\frac{32M_e}{\pi \sigma_a}}$

연 습 문 제

1. 다음 그림과 같이 지름의 d=1.6mm 인 강철 와이어가 반지름 $R = 500\,mm$인 원통형 드럼 주위에 감겨 있을 때 와이어에 생기는 최대 굽힘응력은 몇 MPa 인가 ?

 (단, 종탄성계수 $E \;=\; 200\,GPa$ 이다)

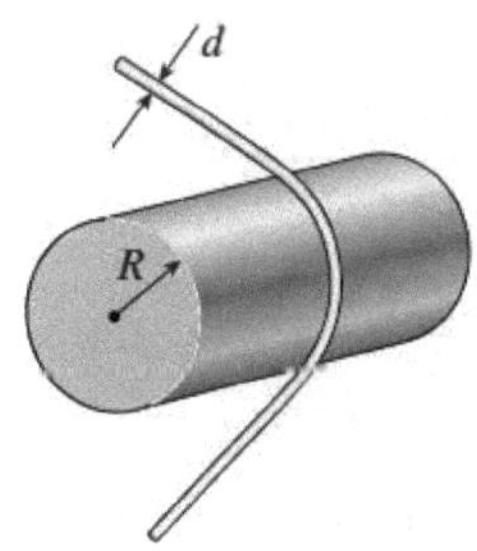

해설) $\sigma = E\varepsilon = E \bullet \dfrac{y}{\rho} = E \bullet \dfrac{\dfrac{d}{2}}{R + \dfrac{d}{2}}$

$$= 200 \times 10^{9} = \frac{\dfrac{1.6 \times 10^{-3}}{2}}{0.5 + \dfrac{1.6 \times 10^{-3}}{2}}$$

$=319.5 \times 10^{6}\ Pa \;=\; 319.5\,MPa$

2. 그림과 같은 단면을 가진 단순보 AB에 하중 P가 작용할 때 A단에서 0.2m 떨어진 곳의 굽힘응력은 몇 MPa인가?

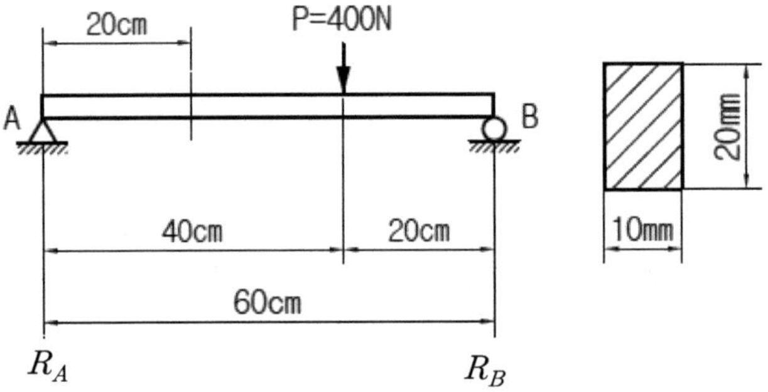

해설) 굽힘응력 $\sigma = \frac{M}{Z} = \frac{26.67}{\frac{0.01 \times 0.02^2}{6}} = 40 \times 10^6 Pa = 40 MPa$

대수합 $\sum F = 0 \quad R_A + R_B = 400$

$R_A = \frac{400 \times 0.2}{0.6} = 133.33 N \qquad R_B = 266.67 N$

모우멘트 $M = R_A \times 0.2 = 133.33 \times 0.2 = 26.67 N \cdot m$

3. 단면의 폭 5cm×높이 3cm, 길이 1m의 단순 지지보가 중앙에 집중하중 4kN을 받을 때 발생하는 최대굽힘 응력은 몇 MPa인가?

해설) 최대 굽힘응력

$$\sigma = \frac{M}{Z} = \frac{1000}{7.5 \times 10^{-6}} / 10^6 = 133.3 MPa$$

단순보 일때 최대 모우멘트 $M = \frac{Pl}{4} = \frac{4 \times 1}{4} = 1 kN \cdot m$

단면계수 $Z = \frac{1}{6} bh^2 = \frac{1}{6} 0.05 \times 0.03^2 = 7.5 \times 10^{-6} m^3$

4. 그림과 같은 단순받침보의 C점에 20kN의 집중하중이 작용할 때 허용 응력 $\sigma_a = 100\text{MPa}$, 높이 $h = 6\text{cm}$라 하면 폭은 몇 cm로 하면 되는가?

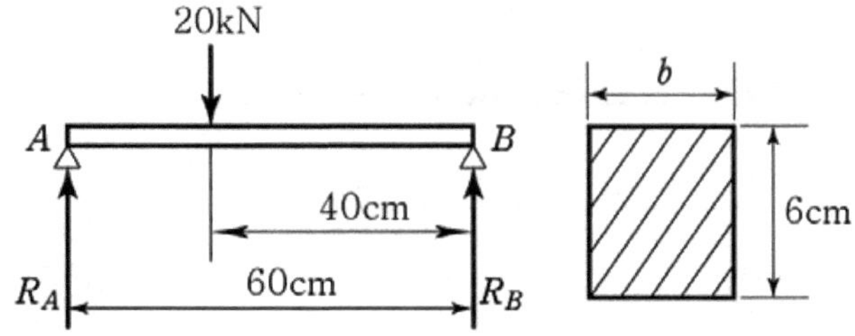

해설) $R_A = \dfrac{20 \times 0.4}{0.6} = 13.3\text{kN}$ $R_B = 6.7\text{kN}$

$$\sigma = \frac{M}{Z} = \frac{R_A \times 0.2}{bh^2/6} = \frac{13.3 \times 0.2}{b\,0.06^2/6} = 100 \times 10^6$$

$$= 0.0443\text{m} = 4.43\,\text{cm}$$

5. 그림과 같은 외팔보에서 단면의 폭 b는? (단, 허용응력 $\sigma_a = 360\,KPa$ 이고, 높이 h=10cm 이다)

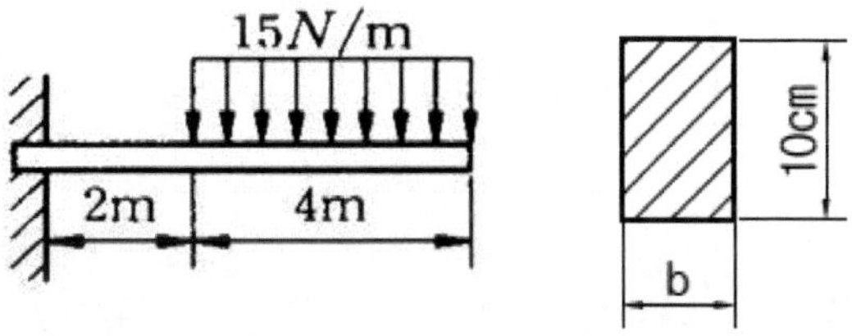

해설) $\sigma = \dfrac{M}{Z} = \dfrac{M}{bh^2/6} = 360 \times 10^3\ Pa$

$$= \frac{6 \times 240}{b\ 0.1^2} = 360 \times 10^3$$

$$b = \frac{6 \times 240}{360 \times 10^3 \times 0.1^2} = 0.4\,m = 40cm$$

모우멘트 $M = (15 \times 4) \times (2 + \dfrac{4}{2}) = 240\ N \cdot m$

6. 그림과 같이 등분포 하중을 받고 있는 단순보의 허용굽힘응력 8 MPa 라 할 때, 이 보가 받을수 있는 단위 길이당 하중 w (kN/m)은 얼마 인가? (단, 보의 단면은 $b \times h = 6\,cm \times 12\,cm$)

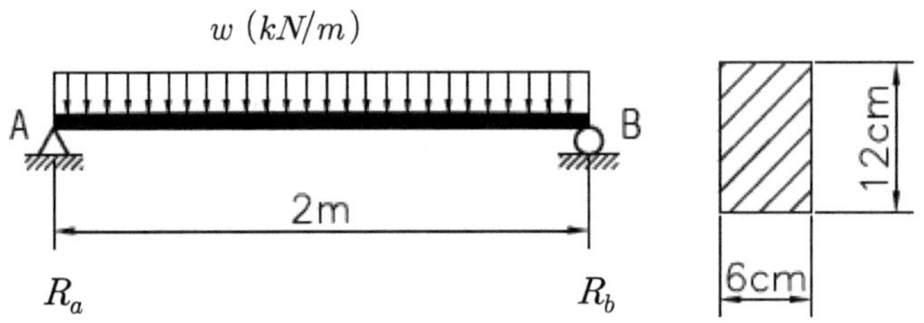

해설) 모우멘트 $M = \sigma Z = 8 \times 10^3 \times \frac{0.06 \times 0.12^2}{6} = \frac{w\ell^2}{8} = \frac{w \times 2^2}{8}$

단위 길이 당 하중 $w = 2.3\,kN/m$

7. 지름 30cm의 원형 단면을 가진 보가 그림과 같은 하중을 받을 때 이봉에 발생되는 최대 굽힘응력 (MPa)은 ?

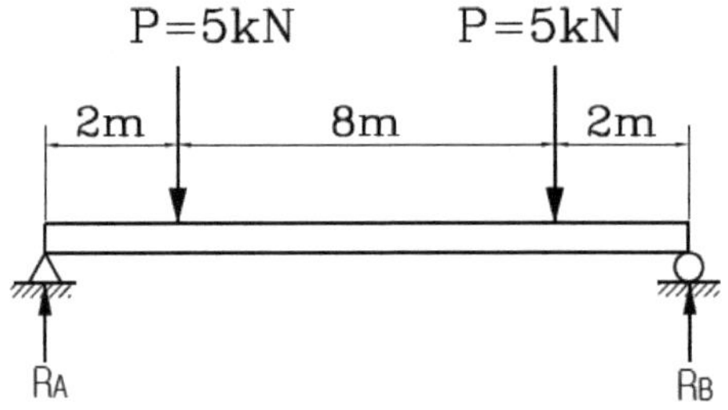

해설) 최대 굽힘응력

$$\sigma = \frac{M}{Z} = 3772.56KPa = 3.77MPa$$

모우멘트 $M = P \times \ell = 5 \times 2 = 10KN$

원 단면계수 $Z = \frac{\pi d^3}{32} = \frac{\pi \times 0.3^3}{32} = 2.65 \times 10^{-3}\ m^3$

8. 단면의 폭이 15cm 높이 60cm 길이 3m의 나무로 된 단순보가 있다. 전 길이에 걸쳐 $60\,kN/m$의 균일분포하중이 작용할 경우 왼쪽 지점으로부터 90cm 보의 하면 (下面)으로부터 위쪽으로 20cm 떨어진 점에서의 굽힘응력(MPa)은?

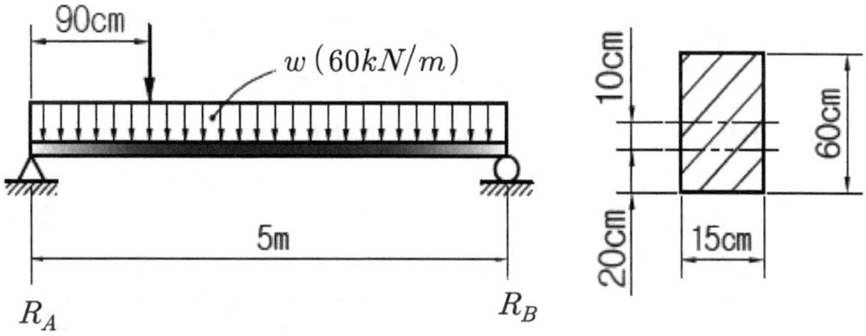

해설) 굽힘응력 $\sigma = \dfrac{M}{Z} = \dfrac{56.7}{0.027} = 2100\,KPa = 2.1\,MPa$

단면계수 $Z = \dfrac{I}{e} = \dfrac{\dfrac{0.15 \times 0.6^3}{12}}{0.1} = 0.027\,m^3$

모우멘트

$$M = R_a x - \frac{1}{2}wx^2 = 90 \times 0.9 - \frac{1}{2} \times 60 \times 0.9 = 56.7\,kN \cdot m$$

9. 단면 $b \times h = 4 \times 6\ mm$, 길이 1m의 외팔보가 자중으로 인하여 생긴 최대 굽힘 응력이 2.4MPa일 때 보의 체적당 중량은 몇 $\mathrm{N/m^3}$인가?

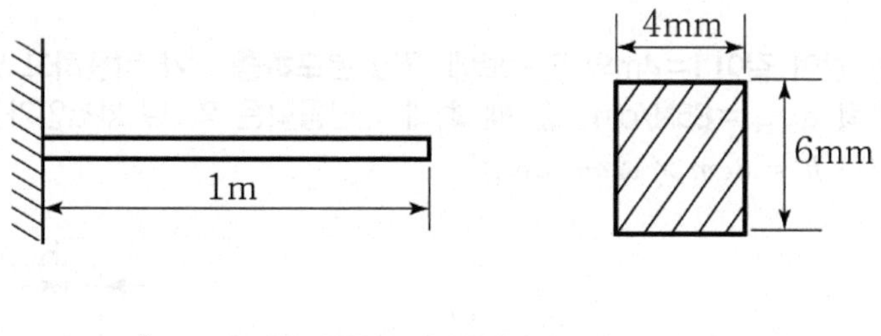

해설) $\sigma = \dfrac{M}{Z} = \dfrac{\dfrac{wl^2}{8}}{\dfrac{bh^2}{6}} = \dfrac{6\omega l^2}{8bh^2} = \dfrac{6\,w\,1^2}{8 \times (0.004 \times 0.006^2)} = 2.4 \times 10^6$

$w = 0.46\,N/m$

비중량 $\gamma = \dfrac{\omega}{A} = \dfrac{0.46}{4 \times 10^{-3} \times 6 \times 10^{-3}} = 19166.7\,\mathrm{N/m^3}$

10. 길이 $2m$ 인 직사각형 단면의 외팔보에 w의 균일 분포하중이 작용할 때 최대 굽힘응력이 $45\,MPa$ 이면 이 보의 최대 전단응력은 몇 MPa인가 ?

(단, 폭× 높이(b× h) = $5cm \times 10cm$ 이다.)

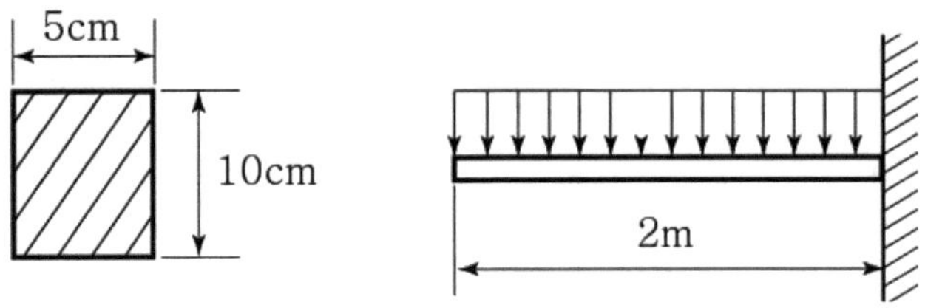

해설)

보의 최대 전단응력

$$\tau_{\max} = \frac{3}{2} \times \frac{V}{A} = \frac{3}{2} \times \frac{3750}{0.05 \times 0.1} = 1125000\,N/m^2 \,/\, 10^{-6} = 1.125 MPa$$

여기서 전단력 $V = R_A = wx = w \times 2 = 1825 \times 2 = 3750\,N$

최대 모우멘트 $M_{\max} = \sigma Z = 45 \times 10^6 \dfrac{0.05 \times 0.1^2}{6} = \dfrac{wl^2}{2} = \dfrac{w \times 2^2}{2}$

균일분포하중 $w = 1825\,N/m$

11. 그림과 같이 길이 l=4m의 단순보에 균일 분포하중 ω가 작용하고 있으며 보의 최대 굽힘응력 $\sigma_{\max}$=85N/cm² 일 때 최대 전단응력은 약 몇 kPa인가? (단, 보의 횡단면적 $b \times h = 8cm \times 12cm$ 이다)

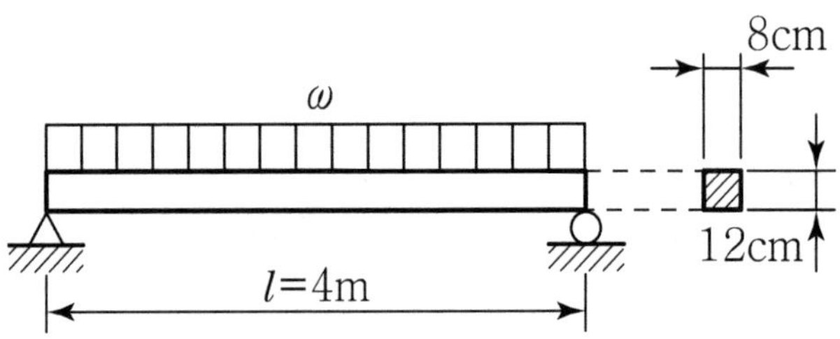

해설)

최대 전단응력 $\tau = \dfrac{3V}{2A} = \dfrac{3\times163.2\times10^3}{2\times80\times120} = 25.5\text{kPa}$

굽힘응력 $\sigma = \dfrac{6\omega l^2}{bh^2 8}$ $\omega = \dfrac{\sigma bh^2 8}{6l^2} = \dfrac{85\times8\times12^2\times8}{6\times400^2} =$ 0.816 N/cm

전단력 $V = \dfrac{\omega l}{2} = \dfrac{0.816\times400}{2} = 163.2\text{N}$

12. 그림과 같은 단순 지지보에 하중 400N이 작용할 때 C단면의 아래쪽 섬유에서의 굽힘응력은 ?

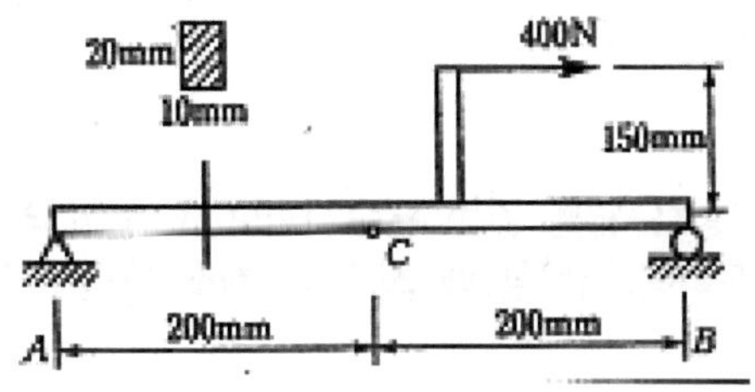

해설) $\sum M = 0$ $R_a\times0.4 - 400\times0.15 = 0,\ R_a = 150N$

$$\sigma = \frac{M_c}{\frac{bh^2}{6}} = \frac{150\times0.2}{\frac{0.1\times0.2^2}{6}}$$ = 45000 Pa (압축)

13. 길이가 30cm이고, 1mm × 20mm인 직사각형 단면의 얇은 강철자의 양단에 우력을 작용시켜 중심각이 60° 인 원호의 모양으로 굽혔다. 강철자가 받는 굽힘 모멘트는?(탄성계수 $E = 210\text{GPa}$이다.)

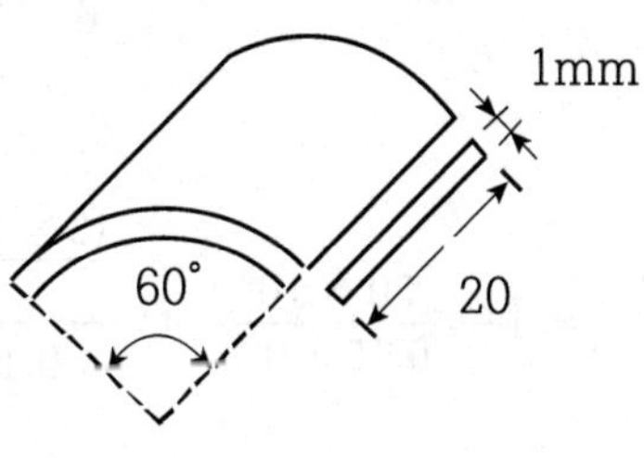

해설) $\frac{E}{\rho}=\frac{\sigma}{y}=\frac{M}{I}$

$$l = R\theta = \rho\frac{60^\circ \pi}{180^\circ} \qquad \rho = \frac{180l}{60\pi} = \frac{180\times 0.3}{60\pi} = 0.2865$$

$$I = \frac{bh^3}{12} = \frac{0.02\times 0.001^3}{12} = 1.67\times 10^{-12}\,m^4$$

$$M = \frac{EI}{\rho} = \frac{210\times 10^9\times 1.67\times 10^{-12}}{0.2865} = 1.224\,N\cdot m$$

$$\because \ell = \theta\times\frac{2\pi R}{360}$$

여기서 θ= 중심각

14. 그림과 같은 직사각형 단면을 갖는 단순지지보 $3kN/m$의 균일 분포하중과 축방향으로 50kN 의 인장력이 작용할 때 최대 및 최소 응력 ((MPa) ?

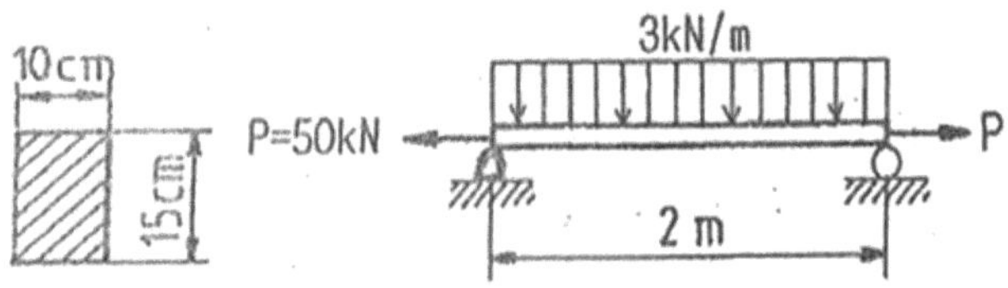

해설) 최대 응력은 수평방향의 응력 + 굽힘응력 이다.

$$\sigma_{max} = \frac{P}{A} + \frac{M}{Z} = \left[\frac{50\times 10^3}{0.15\times 0.1} + \frac{\frac{(3\times 1000)\times 2^2}{8}}{\frac{0.1\times 0.15^2}{6}}\right]/10^6 = 7.33\,MPa$$

(인장)

$$\sigma_{min} = -\frac{P}{A} + \frac{M}{Z} = \left[-\frac{50\times 10^3}{0.15\times 0.1} + \frac{\frac{(3\times 1000)\times 2^2}{8}}{\frac{0.1\times 0.15^2}{6}}\right]/10^6 = 0.67\,MPa$$

(압축)

15. 유성(oil-well)펌프의 수평보 ABC는 그림에 보인 단면을 갖는다.

C단에 작용하는 수직펌프의 힘이 40kN이고 이 하중의 작용선에서 B점 까지의 거리가 5m라면 펌프 힘으로 인한 최대 굽힘응력(MPa)은? (단위 mm)

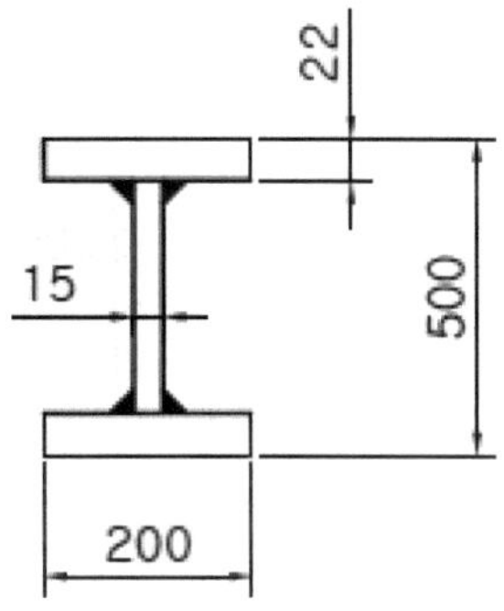

단면

해설)

외팔보 생각

$$\sigma_b = \frac{M}{Z} = \frac{M\bar{y}}{I} = \frac{200000 \times 0.25}{6.21 \times 10^{-4}} / 10^6 = 80.5 N/m^2 \fallingdotseq 81\, MPa$$

여기서 $M = PL = 40 \times 1000 \times 5 = 200000\, N \cdot m$

$$\bar{y} = \frac{500}{2} = 250\, mm$$

$$I = \frac{bh^3}{12} - \frac{b_1 h_1^3}{12} = \frac{0.2 \times 0.5^3}{12} - \frac{0.185 \times 0.456^3}{12}$$

$= 6.2 \times 10^{-4} m^4$

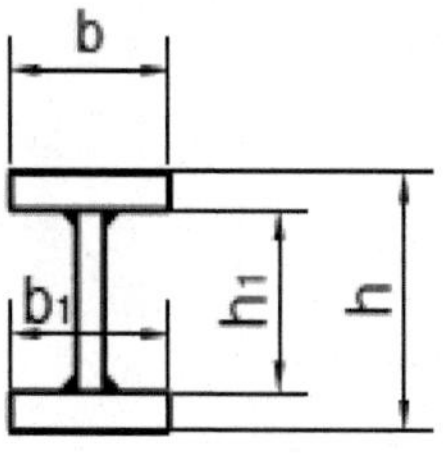

$b_1 = b - t = 200 - 15 = 185\, mm$

$h_1 = h - 2 \times 22 = 500 - 44 = 456\, mm$

16. 다음 그림과 같이 하나의 하중과 등분포 하중을 받는 외팔보에 AB에 잔넬 (channel)로 되어 있다. 이 때 최대 인장응력과 압축응력을 구하라.

(단, channel의 관성모우멘트는 $I_Z = 1.2 \times 10^6 \, mm^4$ 이다.)

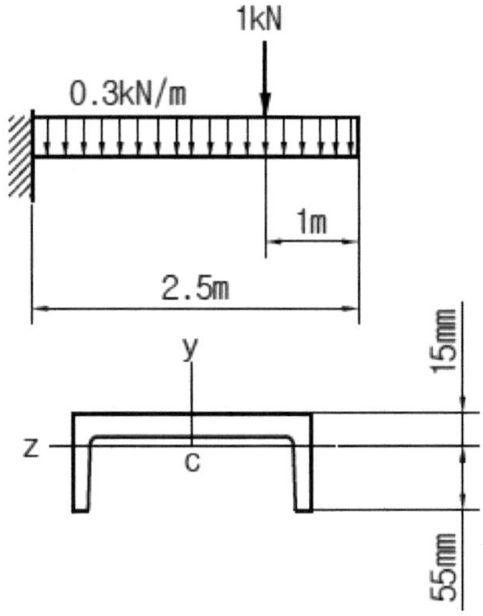

해설) 최대 인장응력 $\sigma_t = \dfrac{My_1}{I} = \dfrac{2.44 \times 10^3 \times 0.015}{1.2 \times 10^{-6}} / 10^6 = 30.5 \, MPa$

최대 압축응력 $\sigma_c = \dfrac{My_2}{I} = \dfrac{2.44 \times 10^3 \times 0.055}{1.2 \times 10^{-6}} / 10^6 = 111.8 \, MPa$

$$M = 1 \times 1.5 + 0.3 \times 2.5 \frac{2.5}{2} = 2.44 \, kN \cdot m = 2.44 \times 10^3 \; N \cdot m$$

$$I_Z = 1.2 \times 10^6 \, mm^4 \rightarrow 1.2 \times 10^6 \left(\frac{1}{1000} m \right)^4 = 1.2 \times 10^{-6} \, m^4$$

응용문제

1. 보 속의 굽힘응력의 크기에 대한 설명 중 옳은 것은? 2

㉮ 중립면에서 최대로 된다.

㉯ 중립면에서 거리에 정비례 한다.

㉰ 상연에서 부터의 거리에 정비례 한다.

㉱ 하연에서 부터의 거리에 정비례 한다.

해설) $\frac{E}{\rho} = \frac{\sigma}{y} = \frac{M}{I}$

굽힘응력은 곡률반경(ρ)에 반비례 2차 관성모멘트(I)에 반비례 굽힘모멘트(M)에 비례하며 중립면에서 거리에 정비례한다.

2. 보에 하중이 작용하여 보는 아래쪽이 오목하게 굽혀질 때 나음 설명 중 틀린 것은? 4

㉮ 상연응력은 압축응력이 된다.

㉯ 하연응력은 인장응력이 된다.

㉰ 중립면에는 응력이 일어나지 않는다.

㉱ 상연응력을 최대응력으로 한다.

해설) 그림 8-4 참조

3. 단면이 크기가 일정한 보에서는 다음과 같은 관계가 있다. 설명 중 틀린 것은? 4

㉮ 모멘트 M이 클수록 곡률도 커진다.

㉯ 모멘트 M이 작을수록 곡률 반경이 커진다.

㉰ 모멘트 M이 0이면 곡률 반경은 무한대가 된다.

㉱ 모멘트 M과 곡률 반경은 정비례한다.

4 곡률 반경(ρ)에 대한 설명 중 맞는 것은? 2

㉮ 휘어진 보의 각 부는 곡률 반경이 모두 갇다.

㉯ 굽힘 모멘트가 클수록 곡률 반경이 작게 된다.

㉰ 탄성계수에 반비례한다.

㉣ 하중에 비례한다.

sol) $\sigma = E\varepsilon = E\,\frac{y}{\rho} = \frac{M}{Z} = \frac{My}{I}$

5. 다음 전단응력의 설명 중 틀린 것은? 4

㉮ 수직전단응력은 수평전단응력의 크기와 같다.

㉯ 전단응력은 상하면에서 0이다.

㉰ 전단응력은 중립축에서 최대이다.

㉣ 전단응력은 굽힘응력에 비례한다.

6. 비틀림응력은 다음의 어느 응력과 성질이 같은가? 2

㉮ 수직응력　　㉯ 전단응력

㉰ 굽힘응력　　㉣ 인장응력

7. 비틀림응력은 단면의 어느 곳에서 최대응력이 생기는가? 3

㉮ 중심　　㉯ 중립축

㉰ 원둘레　　㉣ 중심과 원둘레와의 중간점

8. 단순보(simple beam)에 있어서 원형단면에 분포되는 최대전단응력은 평균전단응력 (F/A) 의 몇 배가 되는가? 4

㉮ $\frac{2}{3}$배　　㉯ 1배　　㉰ $\frac{3}{2}$배　　㉣ $\frac{4}{3}$배

9. 굽힘 모멘트에 의한 수직응력의 분포를 옳게 표현한 것은? 2

㉮ 단면의 중립축에서 수직응력이 최대이다.

㉯ 단면의 중립축에서 항상 0이다.

㉰ 중립축으로부터 곡선적으로 변화한다.

㉣ 상, 하 단면에서도 항상 0이다.

10. 직사각형 단면(폭 12cm, 높이 5cm)이고, 길이 1m 인 외팔보가 있다. 이 보의 허용 응력이 500MPa이라면 높이와 폭의 치수를 서로 바꾸면 받을수 있는 하중의 크기는 어떻게 변화하는가?

㉮ 1.2배 증가 ㉯ 2.4배 증가

㉰ 1.2배 감소 ㉱ 변화없다

해설) $\sigma = \dfrac{6PL}{bh^2}$ 에서

$$P_1 = \frac{\sigma bh^2}{6l} = \frac{500\times10^3\times0.12\times0.05^2}{6\times1} = 25\,N$$

$$P_2 = \frac{500\times10^3\times0.05\times0.12^2}{6\times1} = 60\,N$$

$$\frac{60}{25} = 2.4$$

11. 같은 재료로 되어있는 지름 d의 원칭단면과 1변의 길이가 a인 정사각형 단면의 보가 있다. 이들 보가 굽힘에 대하여 같은 강도를 갖기 위한 $d : a$의 비는?

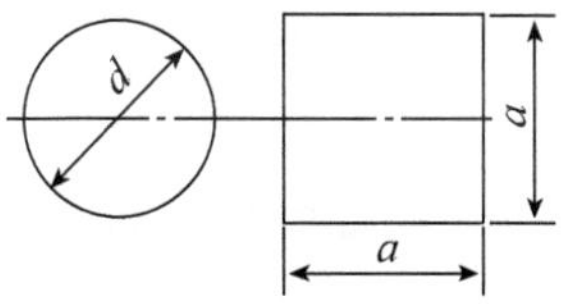

㉮ $\sqrt[3]{4} : \sqrt[3]{\pi}$ ㉯ $\sqrt[3]{16} : \sqrt[3]{\pi}$

㉰ $\sqrt[3]{16} : \sqrt[3]{3\pi}$ ㉱ $\sqrt[3]{4} : \sqrt[3]{2\pi}$

해설) $\sigma = \dfrac{M}{Z}$에서 강도(σ)가 같으려면 단면계수 (Z)가 같아야 한다.

$\dfrac{\pi d^3}{32} = \dfrac{a^3}{6}$ 에서 $\dfrac{d}{a} = \sqrt[3]{\dfrac{16}{3\pi}}$ $\quad d : a = 3\sqrt{16} : 3\sqrt{3\pi}$

chapter 9 보의 처짐

9.1 보의 처짐의 개요

보(beam)의 설계 및 해석은 매우 중요하다. 보(beam)의 설계시 하중의 종류, 방향에 따라 그 처짐량과 처짐각을 아는 것은 회전체의 진동이나, 구조물의 안전성 등의 이유로 중요한 설계 요소가 되는 것이다.

보가 하중을 받으면, 처음에는 가로 축방향으로 직선이었던 보가 그림 9-1과 같이 곡선 모양으로 된다. 이 곡선은 **처짐곡선**(deflection curve) 또는 **탄성곡선**(elastic curve)이라고 부른다. 보의 축 상의 임의 점에서 처짐을 구하기 위해 이 곡선에 임의 점 O점 원점으로 하여, 그림9-1에 표시한 바와 같이 두 좌표축 x와 y를 잡는다.

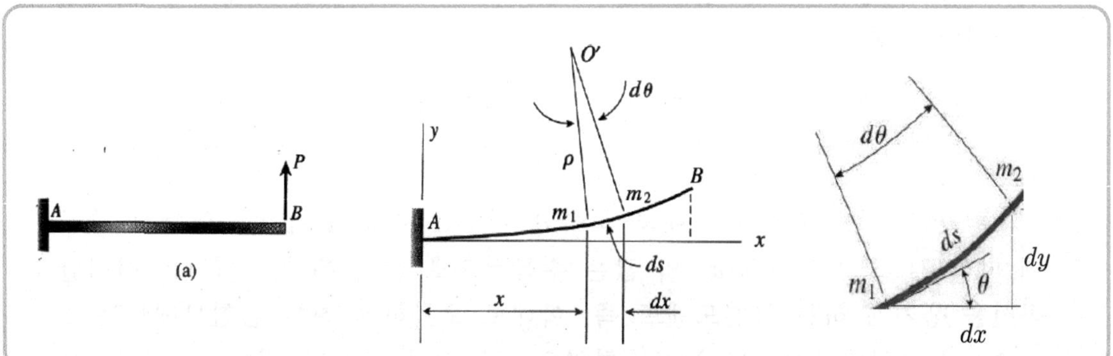

그림 9-1 보의 탄성곡선

처짐 곡선에 대한 일반식을 구하기 위하여 그림 9-1과 같은 단순보의 처짐 곡선 중에서 dx(곡선에서는 ds)부분을 생각한다. 곡선상의 점 m_1과 m_2 점에서 처짐곡선에 대한 접선들에 수직선을 그리면 그 교점은 곡률중심 O가 되며, O에서 중립선까지의 거리를 **곡률반경**(radius of curvature) ρ라 한다.

따라서 $ds = \rho d\theta$ 이므로

$$\frac{1}{\rho} = \frac{d\theta}{ds} \qquad \text{(a)}$$

보는 하중을 받으면 탄성영역에서는 아주 작은 처짐만 나타나기 때문에 처짐곡선은 매우 평평하여 각 θ와 기울기는 매우 작으므로 다음과 같이 가정할 수 있다.

$$ds \approx dx \qquad \theta \approx \tan\theta = \frac{dy}{dx} \qquad \text{(b)}$$

이 식을 식 $\frac{1}{\rho} = \frac{d\theta}{ds}$ 에 대입하면

$$\frac{1}{\rho} = \frac{d\theta}{ds} = \frac{\frac{dy}{dx}}{dx} = \frac{d^2y}{dx^2} \qquad \text{(c)}$$

모멘트와 굽힘 강성계수 EI 에 관한 식은 $\frac{1}{\rho} = -\frac{M}{EI}$ 이므로 정리하면

$$\frac{d^2y}{dx^2} = -\frac{M}{EI} \qquad \text{(9-1)}$$

식(9－1)을 굽힘 모멘트를 받는 **보의 처짐곡선식**, 또는 **탄성곡선의 미분방정식**이라 한다.

이 식에서 우변에 음 (－) 의 부호가 붙여진 것은 $\frac{d^2y}{dx^2}$과 M의 부호 규약 때문이다.

그림 9–1의 좌표축에서 아래로 오목한 곡선은 기울기 dy/dx 가 x의 증가에 따라 감소하므로 d^2y/dx^2의 값은 수학적으로 음이 된다. 그러나, 이러한 곡선을 생기게 하는 굽힘모멘트 즉, 아래로 오목하게 하는 굽힘모멘트는 그림 9–2 부호규약에서 양(+)으로 하였으므로 서로 반대가 된다. 따라서, 우변에 음의 부호를 붙여 작용하는 굽힘모멘트와 굽힘곡선이 같은 방향이 되도록 하였다. 굽힘모멘트와 d^2y/dx^2의 부호를 그림 9–2에 나타냈다.

식(9－1)를 대칭면 내에서 굽힘 작용을 받는 보의 처짐곡선에 대한 **미분방정식**이라 한다. 일반적으로 보의 처짐은 굽힘 모멘트 M과 전단력 V에 의해 일어나지만 전단력에 의한 처짐은 굽힘 모멘트에 의한 처짐에 비해 매우 작으므로 무시하고 순수 굽힘이란 가정하에서 식(9－1)를 적분하여 여러 종류의 보의 처짐각 및 처짐량을 구할 수 있다.

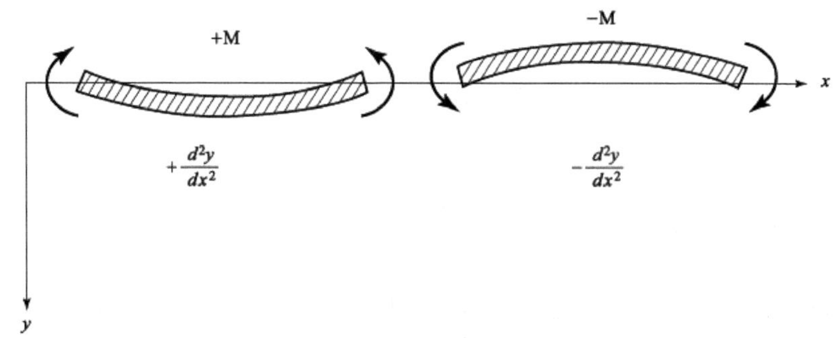

그림 9-2 모멘트의 부호 규약

즉, 식(9-1)를 x에 대하여 미분하고 전단력과 모멘트의 관계식을 이용하면 다음과 같은 관계식을 얻을 수 있다.

$$EI\frac{d^3y}{dx^3} = -\frac{dM}{dx} = -V(N.KN) \tag{9-2}$$

$$EI\frac{d^4y}{dx^4} = -\frac{dV}{dx} = w(N/m) \tag{9-3}$$

앞에서 표시한 식들을 간단히 하기 위하여 미분 대신 프라임(prime)을 사용하기도 한다.

$$y' = \frac{dy}{dx},\quad y'' = \frac{d^2y}{dx^2},\quad y''' = \frac{d^3y}{dx^4},\quad y'''' = \frac{d^4y}{dx^4} \tag{9-4}$$

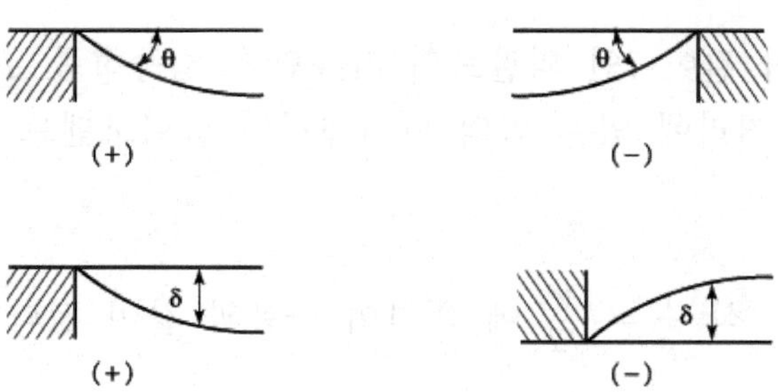

그림 9-3 처짐과 처짐각의 부호 규약

이것을 사용하면 주어진 미분방정식들은 다음과 같이 표시할 수 있다.

$$EIy'' = -M, \quad EIy''' = -V, \quad EIy'''' = -w \tag{9-5}$$

보의 처짐각 θ 와 처짐량 δ 에 관한 부호규약은 그림 9-3과 같다.

※ 참고

보의 처짐 해법방법

① 이중적분법	② 면적 모멘트법
③ 공액법	④ 가상일 원리 (굽힘의 탄성변형에너지)
⑤ 카스틸리아노의 제 2정리	⑥ 중첩법

---

1. 외팔보의 처짐

(1) 자유단에 집중하중을 받는 경우

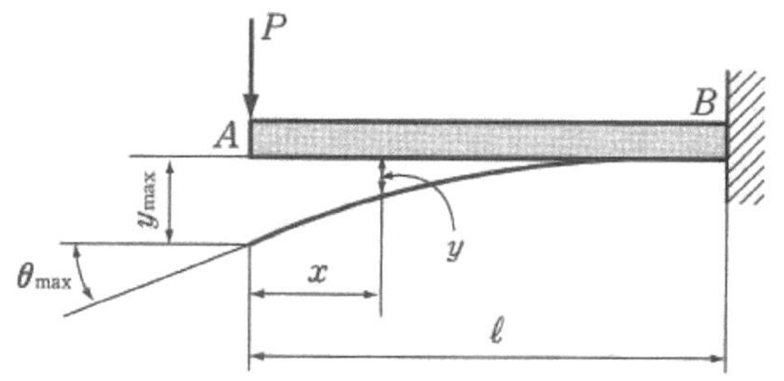

그림 9-4 자유단에서 집중 하중을 받는 경우

그림 9-4와 같이 길이 l인 외팔보의 자유단에 집중하중 P가 작용할 때 자유단으로부터 x 거리에 있는 임의 단면에서의 굽힘모멘트 M은

$$M = -Px \tag{a}$$

이므로, 처짐은 식 $\frac{1}{\rho} = \frac{M}{EI}$ 에 의하여 다음과 같이 된다.

$$EI\frac{d^2y}{dx^2} = Px \tag{b}$$

이를 x에 관해 두 번 적분하면

$$EI\frac{dy}{dx} = \frac{P x^2}{2} + C_1 \quad \text{(c)}$$

$$EIy = \frac{Px^3}{6} + C_1 x + C_2 \quad \text{(d)}$$

여기서 보의 고정단 ($x=l$)에서는 기울기 및 처짐이 발생하지 않는다는 경계조건을 이용하면 적분상수 C_1과 C_2를 구할 수 있다.

즉, $x=l$에서 $\frac{dy}{dx}=0$ 이므로 $C_1 = -\frac{Pl^2}{2}$

$x=l$ 에서 $y=0$ 이므로 $C_2 = \frac{Pl^3}{3}$

C_1, C_2를 식 (C) 에 대입하면 다음과 같은 기울기와 처짐을 구할 수 있다.

$$\theta = \frac{dy}{dx} = \frac{P}{2EI}(x^2 - l^2) \quad \text{(e)}$$

$$\delta = y = \frac{P}{6EI}(x^3 - 3l^2 x + 2l^3) \quad \text{(f)}$$

최대처짐각 및 처짐량은 $x=0$인 자유단에서 생기며, 그 값들은 다음과 같다.

$$\theta_{max} = \left(\frac{dy}{dx}\right)_{x=0} = -\frac{Pl^2}{2EI} \quad \text{(9-6)}$$

$$\delta_{max} = y_{x=0} = \frac{Pl^3}{3EI} \quad \text{(9-7)}$$

(2) 균일분포하중을 받는 경우

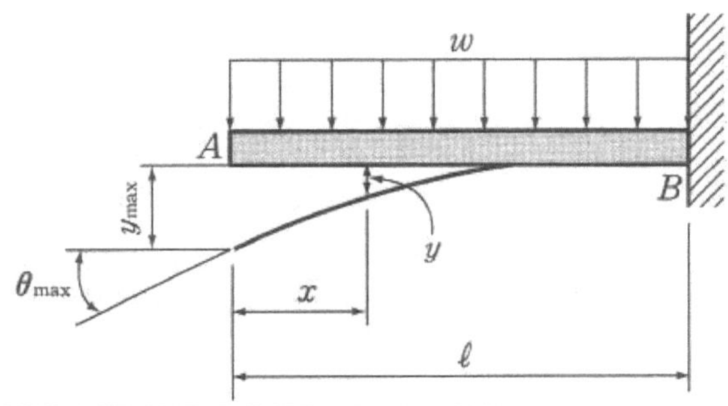

그림 9-5 균일 분포하중을 받는 경우

그림 9-5와 같이 길이 l인 외팔보의 전체길이에 단위길이당 w의 하중이 작용할 때, 자유단으로부터 x의 거리에 있는 임의단면에서의 굽힘모멘트은

$$M = -\frac{wx^2}{2} \tag{a}$$

그러므로 처짐의 식은

$$EI\frac{d^2y}{dx^2} = \frac{wx^2}{2} \tag{b}$$

식 (b)를 x에 관해 두 번 적분하면

$$EI\frac{dy}{dx} = \frac{wx^3}{6} + C_1 \tag{c}$$

$$EIy = \frac{wx^4}{24} + C_1x + C_2 \tag{d}$$

여기서 적분상수 C_1과 C_2는 다음과 같이 구해진다.

$x = l$에서 $\frac{dy}{dx} = 0$ 이므로 $C_1 = -\frac{wl^3}{6}$

$x = l$에서 $y = 0$ 이므로 $C_2 = \frac{wl^4}{8}$

C_1, C_2를 식 (C)에 대입하면 다음과 같은 기울기와 처짐을 구할 수 있다.

$$\theta = \frac{dy}{dx} = \frac{w}{6EI}(x^3 - l^3) \tag{e}$$

$$\delta = y = \frac{w}{24EI}(x^4 - 4l^3x + 3l^4) \tag{f}$$

최대처짐각 및 처짐량은 $x = 0$인 자유단에서 생기므로

$$\theta_{\max} = \left(\frac{dy}{dx}\right)_{x=0} = -\frac{wl^3}{6EI} \tag{9-8}$$

$$\delta_{\max} = y_{x=0} = \frac{wl^4}{8EI} \tag{9-9}$$

(3) 자유단에서 굽힘모멘트(우력)를 받는 경우

그림 9-6과 같이 자유단에 굽힘모멘트 M_0가 작용하는 경우 어느 단면에나 $M = -M_0$가 일정하게 작용하므로

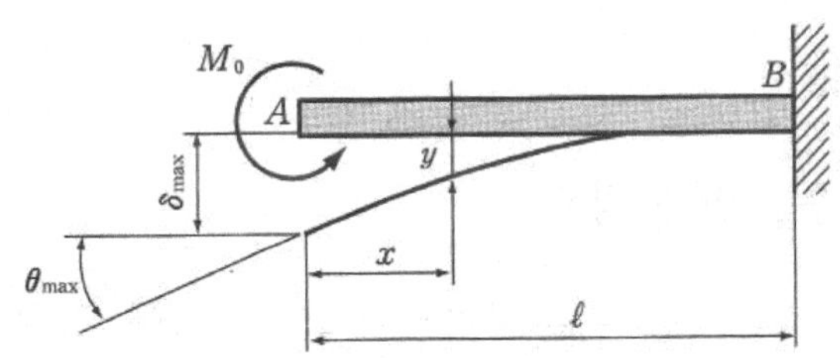

그림 9-6 자유단에 굽힘 모멘트가 작용하는 경우

처짐식은

$$EI\frac{d^2y}{dx^2} = M_0 \tag{a}$$

를 얻는데, 이를 x에 관하여 두 번 적분하면 다음과 같다.

$$EI\frac{dy}{dx} = M_0x + C_1 \tag{b}$$

$$EIy = \frac{M_0x^2}{2} + C_1x + C_2 \tag{c}$$

$x = l$에서 $\dfrac{dy}{dx} = 0$ 이므로 $C_1 = -M_0 l$

$x = l$에서 $y = 0$ 이므로 $C_2 = \dfrac{M_0 l^2}{2}$

이들 적분상수를 식(c)에 대입하면 다음과 같은 기울기와 처짐을 구할 수 있다.

$$\theta = \frac{dy}{dx} = \frac{M_0}{EI}(x - l) \tag{d}$$

$$\delta = y = \frac{M_0}{2EI}(x^2 - 2lx + l^2) \tag{e}$$

최대처짐각 및 처짐량은 $x = 0$인 자유단에서 생기므로

$$\theta_{\max} = \left(\frac{dy}{dx}\right)_{x=0} = -\frac{M_0 l}{EI} \tag{9-10}$$

$$\delta_{\max} = y_{x=0} = \frac{M_0 l^2}{2EI} \tag{9-11}$$

2. 단순보의 처짐

(1) 균일분포하중을 받는 경우

그림 9-7과 같이 스팬 l인 단순지지보가 전 길이에 걸쳐 균일분포하중 w를 받을 때, 왼쪽지점 A에서 x의 거리에 있는 단면의 굽힘모멘트 M는

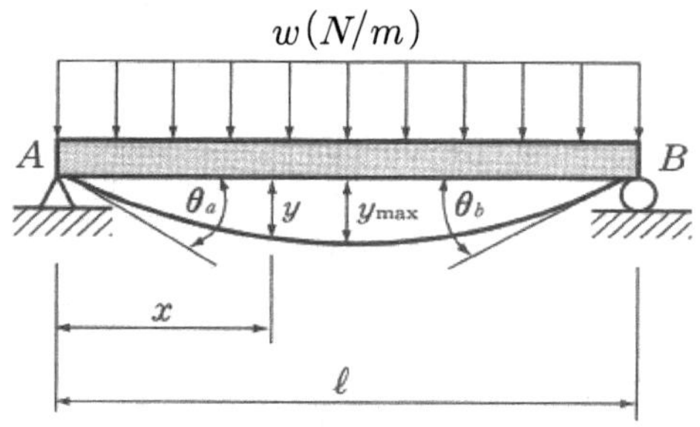

그림 9-7 등분포하중을 받는 보

$$M = R_A x - wx\frac{x}{2} = \frac{wlx}{2} - \frac{wx^2}{2} \quad \text{(a)}$$

그러므로 처짐의 식은 다음과 같다.

$$EI\frac{d^2y}{dx^2} = -\frac{wlx}{2} + \frac{wx^2}{2} \quad \text{(b)}$$

식 (a)를 x에 관해 두 번 적분하면

$$EI\frac{dy}{dx} = -\frac{wlx^2}{4} + \frac{wx^3}{6} + C_1 \quad \text{(c)}$$

$$EI = -\frac{wlx^3}{12} + \frac{wx^4}{24} + C_1x + C_2 \quad \text{(d)}$$

즉 중앙점에서 처진각은 o $x = \frac{1}{2}$에서 $\frac{dy}{dx} = 0$ $C_1 = \frac{wl^3}{24}$

$x = 0$에서 $y = 0$ 이므로 $C_2 = 0$

적분상수 C_1, C_2를 식(c)에 대입하면 다음과 같은 기울기와 처짐각을 얻는다.

$$\theta = \frac{dy}{dx} = \frac{w}{24EI}(4x^3 - 6lx^2 + l^3) \quad \text{(e)}$$

$$\delta = y = \frac{wx}{24EI}(x^3 - 2lx^2 + l^3) \quad \text{(f)}$$

최대처짐각 및 처짐량은 $x = 0$ 및 $x = l$에서 생기며 다음과 같이 된다.

$$\theta_{A_{max}} = \left(\frac{dy}{dx}\right)_{x=0} = \frac{wl^3}{24EI} \quad \text{(9-12)}$$

$$\theta_{B_{max}} = \left(\frac{dy}{dx}\right)_{x=l} = -\frac{wl^3}{24EI} \quad \text{(9-13)}$$

또 최대처짐은 보의 중앙, 즉, $x = \frac{l}{2}$인 곳에서 생기며 그 값은 다음과 같다.

$$\delta_{max} = y_{x=\frac{l}{2}} = \frac{5wl^4}{384EI} \quad \text{(9-14)}$$

(2) 집중하중을 받는 경우

그림 9-8과 같은 단순보의 C점에 집중하중이 작용하는 경우에는, 하중이 작용하는 C점을 경계로 하여 AC구간과 CB구간의 굽힘모멘트의 식이 다르므로 식을 두 구간으로 나누어 취급하여야 한다.

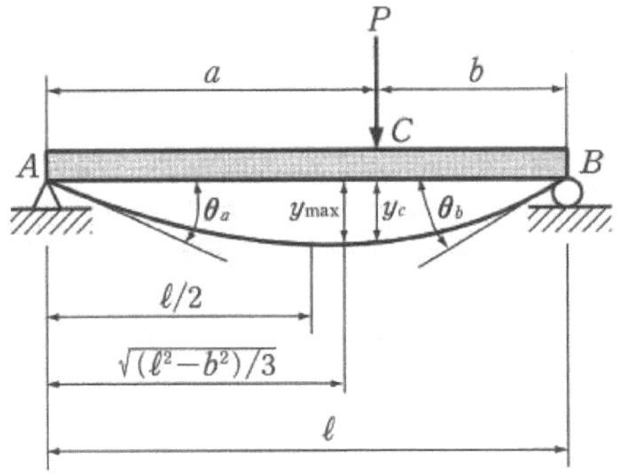

그림 9-8 단순보에 집중하중을 받는 경우

① **AC구간** $(0 < x < a)$

$$M = R_a x = \frac{Pb}{l}x \tag{a}$$

따라서 처짐식은

$$EI\frac{d^2y}{dx^2} = -\frac{Pb}{l}x \tag{b}$$

식 (b)를 x에 관해 두 번 적분하면

$$EI\frac{dy}{dx} = -\frac{Pb}{2l}x^2 + C_1 \tag{c}$$

$$EIy = -\frac{Pb}{6l}x^3 + C_1x + C_2 \tag{d}$$

② CB구간 $(a < x < l)$

$$M = R_a x - P(x-a) = \frac{Pb}{l}x - P(x-a) \tag{e}$$

따라서 처짐식은

$$EI\frac{d^2y}{dx^2} = -\frac{Pb}{l}x + P(x-a) \quad \text{(f)}$$

식 (f)를 x에 관해 두 번 적분하면

$$EI\frac{dy}{dx} = -\frac{Pb}{2l}x^2 + \frac{P}{2}(x-a)^2 + D_1 \quad \text{(g)}$$

$$EIy = -\frac{Pb}{6l}x^3 + \frac{P}{6}(x-a)^3 + D_1x + D_2 \quad \text{(h)}$$

이들 식에서 적분상수 C_1, C_2, D_1, D_2는 다음 조건에 의하여 구할 수 있다. 즉 경계조건으로서 왼쪽지점 $x=0$ 및 오른쪽 $x=l$ 에서의 처짐량은 $y=0$이 된다.

먼저 식 $EIy = -\frac{Pb}{6l}x^3 + C_1x + C_2$ 는 $x=0$에서 처짐 $(y=0)$가 되므로 $C_2 = D_2 = 0$, 다시 하중점 $x=a$점에서 두 식은 공통접선을 이루므로 기울기와 처짐은 같아야 된다. 이 조건에서 식 $EIy = -\frac{Pb}{6l}x^3 + C_1x + C_2$는 $x=l$ 에서 $y=0$이 되므로 적분상수 D_1 및 C_1은 다음과 같다.

$$D_1 = C_1 = \frac{Pb}{6l}(l^2 - b^2)$$

※ 참고

$$\because EIg = -\frac{pb}{G\ell}x^3 + \frac{P}{6}(x-a)^3 + D_1x + D_2\,(A_2 = 0)$$

$$\frac{Pb}{6\ell}x^3 - \frac{P}{6}(x-a)^3 = D_1x$$

이면

$x \to \ell \;\; y = 0.$

$$\frac{Pb}{6\ell}\ell^3 - \frac{P}{6}(\ell - a)^3 = D_1\ell$$

$$\frac{Pb}{6}\ell^2 - \frac{Pb^3}{6} = D_1$$

적분 상수 값을 대입하면 $(0 < x < a)$ 구간에서

식(c)에서

$$EI\frac{dy}{dx} = -\frac{Pb}{2l}x^2 \quad + \frac{Pb}{6l}(l^2-b^2)$$

$$\theta = \frac{dy}{dx} = \frac{Pb}{6EIl}(l^2-b^2-3x^2) \tag{i}$$

식(d)에서

$$EIy = -\frac{Pb}{6l}x^3 + \frac{Pb}{6l}(l^2-b^2)\,x + 0$$

$$\delta = y = \frac{Pbx}{6EIl}(l^2-b^2-x^2) \tag{j}$$

적분상수 값을 대입하면 $(a < x < l)$ 구간에서

$$EI\frac{dy}{dx} = -\frac{Pb}{2l}x^2 + \frac{P}{2}(x-a)^2 + \frac{Pb}{6l}(l^2-b^2)$$

$$\theta = \frac{dy}{dx} = \frac{Pb}{6EIl}\left[(l^2-b^2) + \frac{3l}{b}(x-a)^2 - 3x^2\right] \tag{k}$$

$$EIy = -\frac{Pb}{6l}x^3 + \frac{P}{6}(x-a)^3 \; \frac{Pb}{6l}(l^2-b)x + 0$$

$$\delta = y = \frac{Pbx}{6EIl}\left[\frac{l}{b}(x-a) + (l^2-b^2)x - x^3\right] \tag{l}$$

A점에서의 처짐각 θ_a는 식 $\theta = \frac{Pb}{6EIl}(l^2-b^2-3x^2)$ 에서 $x=0$, B점에서 처짐각 θ_b는 식 $\theta = \frac{Pb}{6EIl}\left[(l^2-b^2) + \frac{3l}{b}(x-a)^2 - 3x^2\right]$ 에서 $x=l$을 대입하면 다음과 같이 된다.

$$\theta_a = \left(\frac{dy}{dx}\right)_{x=0} = \frac{Pb}{6EIl}(l^2-b^2) = \frac{Pab}{6EIl}(l+b) \tag{m}$$

$$\theta_b = \left(\frac{dy}{dx}\right)_{x=l} = \frac{Pab}{6EIl}(2l-b) = -\frac{Pab}{6EIl}(l+a) \tag{n}$$

하중이 작용하는 C 점에서의 보의 처짐 δ_C 는 식 $y = \frac{Pbx}{6EIl}(l^2-b^2-x^2)$ 또는 식

$\delta = \dfrac{Pbx}{6EIl}\left[\dfrac{l}{b}(x-a)+(l^2-b^2)x-x^3\right]$ 에 $x=a$ 로 놓으면 다음과 같이 된다.

$$\delta_c = \frac{P\,a^2\,b^2}{3\,EIl} \tag{0}$$

한편 최대의 처짐은 $a > b$라 할 때, 하중의 작용점 왼쪽 부분에서 일어날 것이 분명하다.

보의 최대 처짐이 생기는 곳에는 처짐각이 0 이므로 왼쪽 구간에서의 처짐각은 식

$\theta = \dfrac{dy}{dx} = \dfrac{Pb}{6EIl}(l^2-b^2-3x^2) = 0$ 놓으면

$$l^2-b^2-3x^2=0 \tag{p}$$

따라서 최대처짐이 생기는 곳 $x=\sqrt{\dfrac{l^2-b^2}{3}}$ 을 얻게 되므로 이 값을 식 $\delta = \dfrac{P\,bx}{6EIl}(l^2-b^2-x^2)$ 에 대입하면 최대처짐량은 다음과 같이 계산된다.

$$\delta_{\max} = y = \frac{P\,b}{9\sqrt{3}\,lEI}\sqrt{(l^2-b^2)^3} \tag{9-15}$$

만약 하중이 보의 중앙점, 즉 $a=b=\dfrac{l}{2}$ 인 곳에서 작용하는 경우, 탄성곡선의 최대기울기는 양단에서, 최대처짐은 하중작용점 밑에서 일어난다.

식 $\theta_a = \dfrac{P\,b}{6EIl}(l^2-b^2)$,

식 $\delta = \dfrac{P\,a^2\,b^2}{3\,EIl}$ 에서 b=l/2을 대입하면 다음과 같다.

$$\theta_{\max} = \theta_a = \theta_b = \frac{Pl^2}{16EI} \tag{9-16}$$

$$\delta_{\max} = y_{y=\frac{l}{2}} = \frac{Pl^3}{48EI} \tag{9-17}$$

※ 참고

경계조건

베어링으로 지지 되어 끝부분은 처짐이 발생하지 않음

즉 A, B 지점에서 처짐$\delta = 0$ 된다.

별해

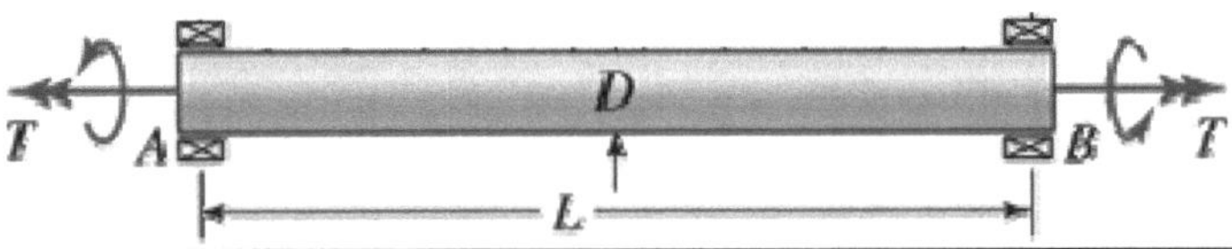

※ 참고 (별해)

◎ 적분법에 의한 보의 처짐 공식 ($a > b$)

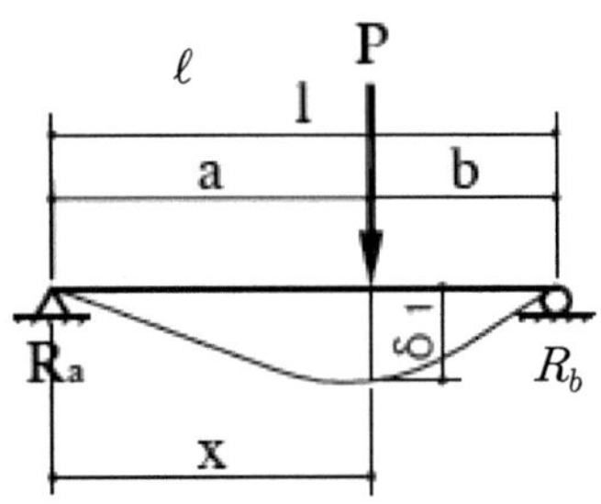

$$EI\frac{d^2y}{dx^2} = -M$$

$o < x < a$ 구간에서

모우멘트 $M = R_a x = -\frac{Pb}{l}x$ ① 식

x에 관해서 두 번 적분하면

$$EI\frac{d^2y}{dx^2} = -\frac{Pb}{l}\frac{1}{2}x^2 + c_1$$ ② 식

$$EI\frac{dy}{dx} = -\frac{Pb}{l}\frac{1}{2}\frac{1}{3}x^3 + c_1x + c_2$$ ③ 식

$a < x < l$ 구간에서

$$M = \frac{Pb}{l}x - P(x-a)$$

두 번 적분하면 처짐이 된다.

$$EI\frac{d^2y}{dx^2} = -\int\left[\frac{pb}{l}x - P(x-a)\right]dx \qquad ④\ 식$$

$$EI\theta = -\frac{Pb}{l}\frac{1}{2}x^2 + \frac{P}{2}(x-a)^2 + D_1 \qquad ⑤\ 식$$

$$EIy = -\frac{Pb}{l}\frac{1}{2}\frac{1}{3}x^3 + \frac{P}{2}(x-a)^3\frac{1}{3} + D_1x + D_2 \qquad ⑥\ 식$$

$$EIy = -\frac{Pb}{6l}x^3 + \frac{P}{6}(x-a)^3 + D_1x \qquad ⑦\ 식$$

$x = l$ 에서 $y = 0$ 이 된다.

$$0 = -\frac{Pb}{6l}l^3 + \frac{P}{6}(l-a)^3 + D_1 l$$

$$D_1 = \frac{Pb}{6l}(l^2 - b^2) \qquad ⑧\ 식$$

하중점에서의 처짐을 δ라 하면

$$EI\delta = -\frac{Pb}{6l}a^3 + \frac{Pb}{6l}(l^2 - b^2)a$$

$$EI\delta = \frac{Pab}{6l}(l^2 - b^2 - a^2) = \frac{Pab}{6l}\left[(a+b)^2 - b^2 - a^2\right] = \frac{Pa^2b^2}{3l}$$

$$\delta = \frac{Pa^2b^2}{3EIl} \qquad ⑨\ 식$$

최대 처짐이 생기는 위치 $a > b$일 때 하중이 왼쪽 부분에서 일어난다.

② 식에서 $EI\frac{dy}{dx} = -\frac{Pb}{l}\frac{1}{2}x^2 + \frac{Pb}{6l}(l^2 - b^2)$

처짐각 $\frac{dy}{dx} = \frac{Pb}{6EIl}(l^2 - b^2 - 3x^2)$ ⑩ 식

③ 식에서 처짐

$$\delta = \frac{Pbx}{6EIl}(l^2 - b^2 - x^2) \qquad ⑪ 식$$

$$M = R_a x = \frac{Pb}{l}x$$

※ 처짐각이 0인 지점에서 최대 처짐발생 $l^2 - b^2 - 3x^2 = 0$ 에서

따라서 $x = \frac{\sqrt{l^2 - b^2}}{3}$

최대처짐 δ_{max}는

$$\delta_{max} = \frac{Pb}{6EIl}\left[l^2 - b^2 - 3\left(\frac{\sqrt{l^2 - b^2}}{3}\right)^2\right]$$

$$\delta_{max} = \frac{Pb}{9\sqrt{3}EIl}\sqrt{(l^2 - b^2)^3}$$

9.2 면적 모멘트법

보의 처짐을 구하는 또 다른 방법으로 굽힘모멘트 선도의 면적을 이용하는 **모멘트 면적법**(moment-area method)이 있다.

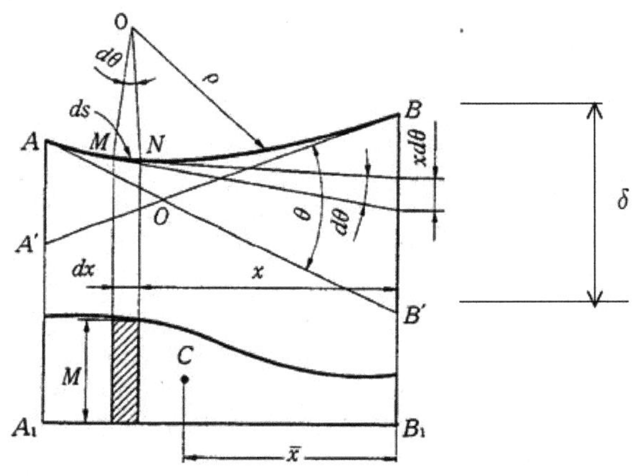

그림 9-9 처짐 곡선의 모멘트 선도

이 방법은 보의 한 점에서의 처짐이나 처짐각을 간편하게 구하는데 많이 사용된다. 그림 9-9는 굽힘모멘트가 작용할 때 탄성곡선 AB와 이에 관한 굽힘모멘트 선도를 표시한 것이다. 이 탄성곡선에서 임의의 한 요소 ds를 택하여 그 양단에서 탄성곡선에 접하는 두 접선을 긋고 그 사이의 각을 $d\theta$라 하면 다음과 같이 된다.

$$ds = \rho d\theta$$

$$d\theta = \frac{1}{\rho} ds = \frac{M}{EI} ds$$

$$\frac{d\theta}{ds} = \frac{M}{EI} \tag{a}$$

보가 탄성영역 내에서만 변화한다고 가정하면 $ds \fallingdotseq dx$를 놓을 수 있으므로 식 (a)는 다음과 같이 표시할 수 있다.

$$d\theta = \frac{Mdx}{EI} \tag{b}$$

이 관계를 그림에서 설명하면, 탄성곡선의 미소길이 ds의 양쪽 끝에서 그은 두 접선 사이의 미소 각 $d\theta$는 미소길이에 대한 굽힘모멘트선도의 면적, 즉 빗금 친 부분의 면적 Mdx를 EI로 나눈 값과 같다. 그러므로 A와 B에서 그은 접선 사이의 각 θ는 다음과 같이 표시할 수 있다.

$$\theta = \int_A^B \frac{Mdx}{EI} = \frac{1}{EI}\int_A^B Mdx = \frac{A_m}{EI} \tag{9-18}$$

그러므로 다음과 같은 정리를 얻을 수 있다.

Mohr의 정리1. 탄성곡선 위의 임의의 두 점 A와 B에서 그은 두 접선 사이의 각 θ는 그 두 점 사이의 굽힘모멘트 선도의 전면적을 EI로 나눈 값과 같다.

다음에는 두 점 A, B에서 그은 접선에 대해 B 점 밑에서의 수직거리 BB'를 구해보자.

여기서 탄성곡선이 평형하다면 곡선 위의 미소길이 dx의 양쪽 끝에서 그은 접선 사이의 각도도 아주 작으므로 이 접선들과 B점에서의 거리는 $xd\theta$가 된다. 그러므로 식 (b)에서

$$xd\theta = \frac{xMdx}{EI} \qquad \text{(c)}$$

이 관계를 그림 9-9에서 설명하면, dx의 양쪽 끝에서 그은 두 접선과 B점 밑에서의 수직 거리 $xd\theta$는, 그 요소 ds에 해당하는 굽힘 모멘트 선도의 면적 $(M/EI)dx$(그림에서 음영 부분)을 B_1에서 1차 모멘트를 취한 것과 같음을 알 수 있다. 따라서 전체 거리 BB'는 다음과 같이 된다.

$$\delta = BB' = \int_A^B x\,d\theta = \int_A^B x\frac{M\,dx}{EI} \qquad (9\text{-}19)$$

$$= \frac{1}{EI}\int_A^B Mx\,dx = \frac{\overline{x}\,A_m}{EI} = \theta \cdot \overline{x}$$

여기서 $\overline{x}$는 B점에서 모멘트로 이루어진 면적의 도심까지의 거리

식 9-19로부터 다음과 같은 정리로 나타낼 수 있다.

Mohr의 정리2. 점 A에서의 접선으로부터 점 B의 처짐량 δ는 AB사이에 잇는 굽힘모멘트 선도 전면적의 B점에 관한 1차 모멘트를 EI로 나눈 값과 같다.

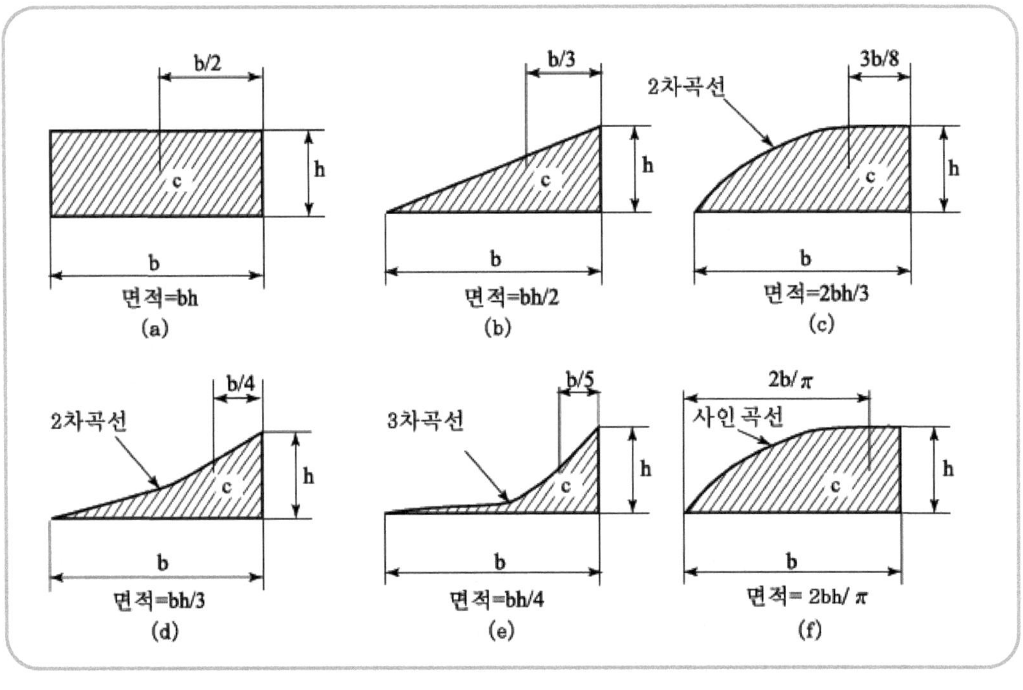

그림 9-10 BMD의 면적과 도심

식(9-18)와 식(9-19)을 이용하면 보의 임의단면에서의 처짐각과 처짐을 구할 수 있다. 한편, 보의 탄성곡선 사이에 변곡점이 있으면, 굽힘모멘트 선도가 양부분의 면적과 음부분의 면적의 두 부분으로 나누게 된다. 이 경우에는 +부분에서 −부분으로 빼준다.

모멘트의 면적법을 적용하려면 굽힘모멘트 선도의 면적을 구해야 되므로 몇 가지 기본도형의 면적과 도심을 그림 9-10에 표시하였다.

1. 집중하중을 받는 외팔보

그림 9-11과 간이 외팔보의 자유단에 집중하중이 작용할 때 굽힘 모멘트 선도는 그림 (b)와 같이 된다. B점에서의 처짐각 θ_b는 식$\theta = \dfrac{A_m}{EI}$ 에 의해 고정단에서 B점 까지의 굽힘 모멘트 선도 면적A_m을 EI로 나누어 구한다. 즉 면적

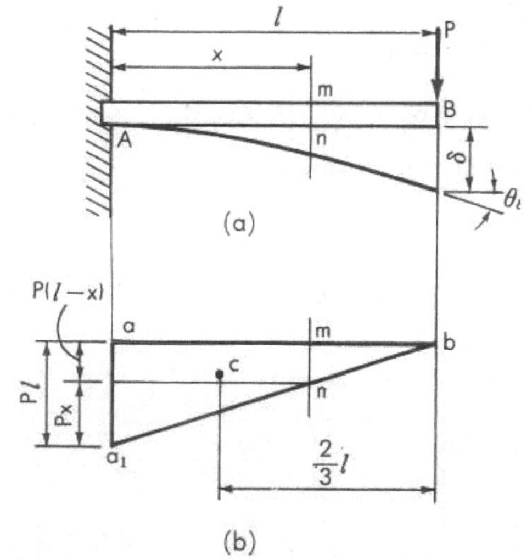

그림 9-11 집중하중을 받는 외팔보

$$A_m = \frac{1}{2} P l \cdot l = \frac{P l^2}{2} \qquad \text{(a)}$$

을 EI로 나누어 다음과 같이 구한다.

$$\theta_b = \frac{A_m}{EI} = \frac{Pl^2}{2EI} \qquad \text{(b)}$$

*B*점에서의 처짐량 δ는 굽힘모멘트의 면적 *abc*의 B점에 대한 1차 모멘트를 *EI*로 나누어 주면 다음과 같이 된다.

$$\delta_{\max} = \frac{A_m}{EI} \cdot \bar{x} = \frac{Pl^2}{2EI} \cdot \frac{2l}{3} = \frac{Pl^3}{3EI} \qquad \text{(c)}$$

이 식들은 처짐 곡선의 방정식으로부터 구한 식 (9-6) 식 (9-7) 의 값과 일치 한다.

A점에서 x만큼 거리에 있는 임의 단면 mn을 직사각형과 삼각형으로 나누어 생각할 수 있으므로

$$\theta_x = \frac{A_m}{EI}\left[P(l-x)\cdot x + \frac{1}{2}\cdot x \cdot Px\right] = \frac{Px}{2EI}(2l-x) \qquad \text{(9-20)}$$

$$\delta_x = \theta \cdot \bar{x} = \frac{1}{EI}\left[P(l-x)x \cdot \frac{x}{2} + \frac{Px^2}{2}\cdot\frac{2x}{3}\right] = \frac{Px^2}{6EI}(3l-x) \qquad \text{(9-21)}$$

2. 균일분포하중을 받는 외팔보

그림 9-12와 같이 외팔보에 균일 분포하중 ω가 작용할 때 모멘트 면적법을 이용하여 처짐을 구하기로 한다.

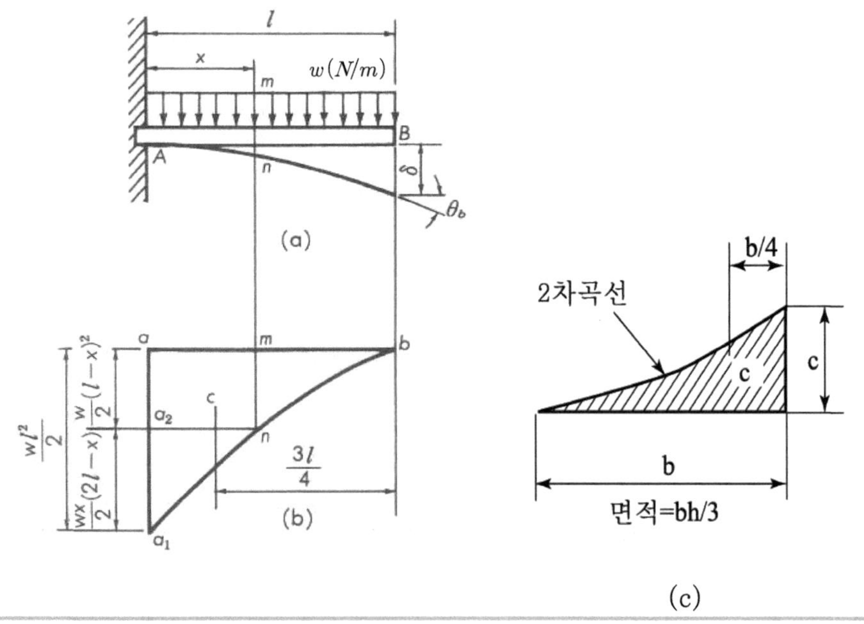

그림 9-12 균일분포하중을 받는 외팔보

먼저 보의 A점에서 x만큼 떨어진 임의단면 mn에서의 처짐을 구하려면 그림 9-12(b)에서 $amna_2$의 사각형과 a_2na_1의 포물선으로 이루어진 도형 두 부분으로 나누어 생각하여 처짐각은 다음과 같이 구할 수 있다.

$$\theta_x = \frac{A_m}{EI} = \frac{1}{EI}\left[x \cdot \frac{\omega(l-x)^2}{2} + \frac{1}{3} \cdot x \cdot \frac{\omega x(2l-x)}{2}\right]$$

$$= \frac{\omega x}{6EI}(2x^2 - 4lx + 3l^2) \qquad (9\text{-}22)$$

또한 임의단면에서의 처짐은 처짐 각에서 도형의 도심으로부터 처짐을 구하고자 하는 임의단면까지의 거리를 곱해주면 된다.

$$\delta_x = \theta_x \cdot \bar{x} = \frac{1}{EI}\left[\frac{\omega x(l-x)^2}{2} \cdot \frac{x}{2} + \frac{\omega x^2(2l-x)}{6} \cdot \frac{3}{4}x\right]$$

$$= \frac{\omega x^2}{8EI}(x^2 - 2lx + 2l^2) \qquad (9\text{-}23)$$

한편 최대 처짐은 $x=l$인 자유단에서 발생하므로 위의 식에 $x=l$을 대입하여 구할 수 있다. 또는 전체 모멘트의 면적 aba_1에 식 $\theta = \frac{A_m}{EI}$ 와 식 $\delta = \frac{A_m}{EI} \cdot \bar{x}$ 을 이용하여 구하여도 같은 결과를 얻을 수 있다.

$$\theta_{max} = \frac{A_m}{E1} = \frac{1}{EI} \cdot \frac{1}{3} \cdot \frac{\omega l^2}{2} \cdot l = \frac{\omega l^3}{6EI} \qquad (9\text{-}24)$$

$$\delta_{max} = \theta \cdot \bar{x} = \frac{\omega l^3}{6EI} \times \frac{3l}{4} = \frac{\omega l^4}{8EI} \qquad (9\text{-}25)$$

여기서 그림 9-12 (c) 참조

면적 $A_m = \frac{bh}{3} = \frac{l \times \frac{wl^2}{2}}{3} = \frac{wl^3}{6}$

최대 처짐은 자유단에서 발생 $\bar{x} = l - \frac{l}{4} = \frac{3l}{4}$

이 식들은 처짐 곡선의 방정식으로부터 구한 식 (9-8) 식 (9-9) 의 값과 일치 한다.

9.3 공액보

공액보란 가상보를 실제보에 대응하는 것이며, 탄성하중의 정리에 의해 공액보의 지점에서의 전단력과 모멘트는 탄성 하중정리로부터 실제보의 기울기와 처짐에 해당 합니다.

1. 단순보에 우력이 작용하는 경우

우력이 작용하는 경우 BMD 선도는 그림 9-13(a)와 같다.

주어진보 ➜ 공액보

처짐각 ➜ 전단력 (V/EI) $\theta = \dfrac{R_A}{EI}$

처짐 ➜ 굽힘모멘트 (M_x/EI)

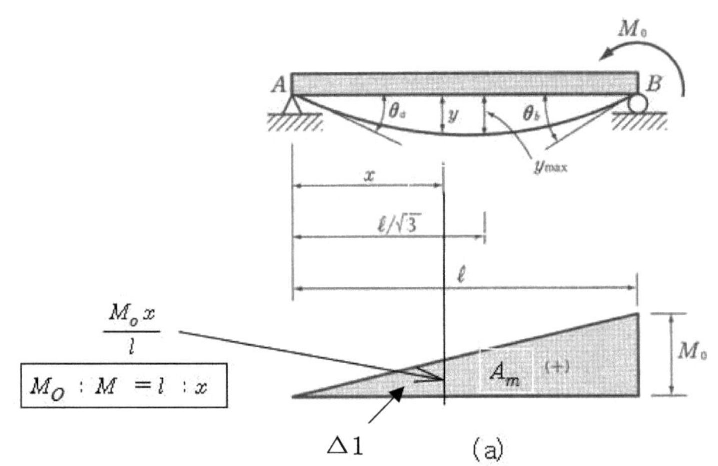

그림 9-13 단순보에 굽힘모멘트가 작용

공액보에 의한 방법에서 처짐각 θ_A는 전단력을 EI 나누면 구해진다.

즉 $\theta_A = \dfrac{V_A}{EI} = \dfrac{R_A}{EI} = \dfrac{M_o L}{6EI}$ (a)

$$\theta_B = \frac{V_B}{EI} = \frac{R_B}{EI} = \frac{M_o L}{3EI} \quad \text{(b)}$$

여기서 반력 $R_A = \underline{A_m} \times \underline{\frac{1}{3}} = \frac{M_o L}{2} \times \frac{1}{3} = \frac{M_o L}{6}$

면적 도심

$$R_B = A_m \times \frac{2}{3} = \frac{M_o L}{2} \times \frac{2}{3} = \frac{M_o L}{3}$$

또는 $R_A + R_B = 0$

만약 임의의 거리를 x라 할 때 A의 접선과 x 단면에서의 접선사이 각을 θ' 하면 다음과 같이 구 할 수 있다.

$$\theta' = \frac{1}{EI}(R_A - \Delta_1 \text{면적}) = \frac{1}{EI}(R_A - x\frac{M_o x}{L} \times \frac{1}{2})$$

$$= \frac{1}{EI}(\frac{M_o L}{6} - x\frac{M_o x}{L} \times \frac{1}{2}) \quad \text{(c)}$$

따라서 이 때 처짐은 다음과 같다.

$$\delta = y = \frac{1}{EI}(\text{모멘트}) = \frac{1}{EI}[R_A\, x - (x\frac{M_o x}{L} \times \frac{1}{2})\frac{x}{3}] \quad \text{(d)}$$

임의의 x에서의 기울기를 θ_x 라 할 때 $\theta_x = \theta_A - \theta'$ 인데 최대 처짐의 위치점 x에서의 기울기 θ_x가 0 이 되어 $\theta_A = \theta'$ 가 된다

즉 $\theta_A = \theta' = \frac{M_o L}{6EI} = \frac{M_o x^2}{2L\, EI}$ 로부터 $x = \frac{L}{\sqrt{3}}$ 을 얻는다.

따라서 최대 처짐량

$$\delta_{\max} = y = \frac{1}{EI}[\frac{M_o L}{6}\frac{L}{\sqrt{3}} - (\frac{M_o}{L} \times \frac{1}{2})\frac{1}{3}(\frac{L}{\sqrt{3}})^2]$$

$$= \frac{1}{EI}(\frac{M_o L^2}{6\sqrt{3}} - \frac{M_o L^2}{18\sqrt{3}}) = \frac{M_o L^2}{9\sqrt{3}} \quad \text{(9-26)}$$

2. 집중하중를 받는 단순보 (단, $a > b$)

그림 9-13와 같이 단순보에 집중하중 P 가 작용 할 때 굽힘 모우멘트 선도는 그림 9-14(b)와 같다. 그 면적은 $A = \frac{P\,ab}{2}$ 이고, b점으로부터 삼각

형 abc 의 도심까지 거리는 $\frac{l+b}{3}$ 이다. 그림 9-14(a)에서 A점에서 처짐곡선의 접선과 수직선이 만나는 거리 δ 는 다음과 같다.

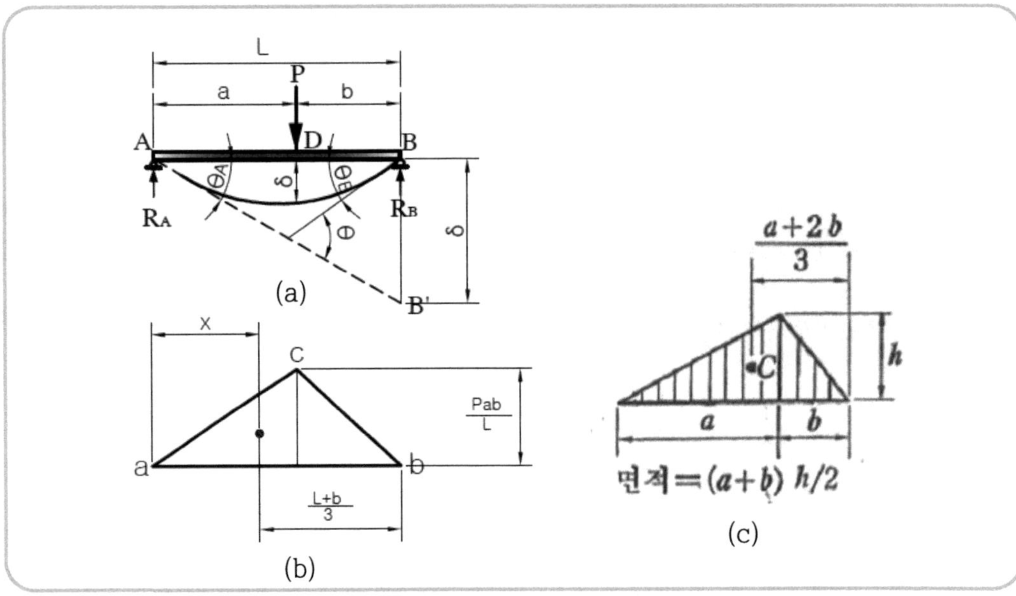

그림 9-14 집중하중을 받는 단순보

$$\delta = \frac{A_m}{EI}\,\bar{x} = \frac{1}{EI}\,\frac{Pab}{2}\,\frac{L+b}{3} = \frac{ab\,(L+b)P}{6EI}$$

$$= \underbrace{(R_A x \times x\,\frac{1}{2})\,\frac{2}{3}x/EI}_{\text{(공액보)}} = \frac{Pbx^2}{2EIL}\,\frac{2x}{3} \qquad \text{(a)}$$

여기서 반력 $R_A = \frac{Pb}{L}$, $R_b = \frac{Pa}{L}$

모멘트 $M_x = R_A\,x = \frac{Pb}{l}\,x$

면적 $A = \frac{1}{2}\,(a+b)h = \frac{1}{2}\,l\,\frac{Pab}{l} = \frac{Pab}{2}$

A점의 처짐각 θ_A 는 A점을 중심으로 하는 L 의 원호 BB' 로 생각할수 있으므로

$$\theta_A = \frac{BB'(\delta)}{L} = \frac{Pab(L+b)}{6LEI} \tag{b}$$

여기서 미소각 $\theta_A \fallingdotseq \tan\theta_A = \dfrac{\delta}{L}$

최대처짐량을 구해보자. 최대 처짐량은 처짐각이 $\theta = 0$ 지점에서 발생하므로

$$\theta_A = \frac{BB'(\delta)}{L} = \frac{Pab(L+b)}{6LEI} = \underbrace{\frac{1}{EI}\left(\frac{1}{2} \times \frac{Pbx}{L} \times x\right)}_{\text{(공액보)}}$$

$$x = \sqrt{\frac{a(L+b)}{3}} = \sqrt{\frac{(L-b)(L+b)}{3}} = \sqrt{\frac{L^2-b^2}{3}}$$

x 값을 (a) 식에 대입하면

$$\delta_{max} = \frac{Pbx^2}{2EIL}\frac{2x}{3} = \frac{Pa}{3EIL}\left(\sqrt{\frac{L^2-b^2}{3}}\right)^3 = \frac{Pb}{9\sqrt{3}\ LEI}\sqrt{(L^2-b^2)} \tag{9-27}$$

이 식들은 처짐 곡선의 방정식으로부터 구한 식 (9-27)의 값과 일치 한다.

※ 참고 별해

단순보의 중앙에 집중하중이 작용 ($a = b = \dfrac{L}{2}$)

그림 9-15(a)와 같이 단순보의 중앙에 집중하중 P가 작용할 때 굽힘모멘트 선도는 그림 9-15(b)와 같은 삼각형(abc)으로 된다.

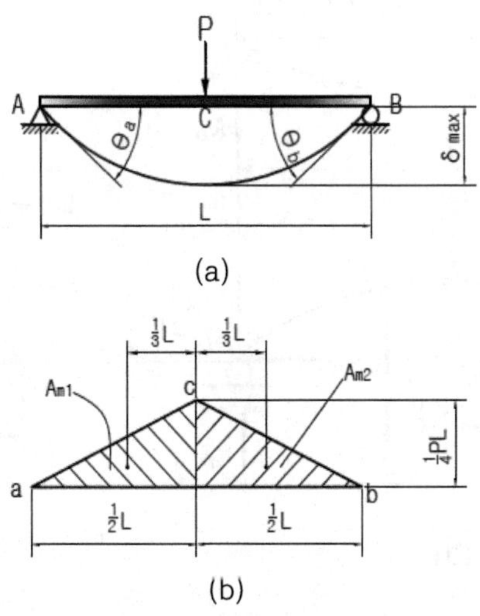

그림 9-15 집중 하중을 받는 단순보

A 점에서의 처짐각 θ_A는 다음과 같이 구할 수 있다.

$$\theta_a = \theta_b = \frac{A_{m1}}{EI} = \frac{\frac{1}{2} \times \frac{l}{2} \times \frac{Pl}{4}}{EI} = \frac{Pl^2}{16EI} \qquad \text{(a)}$$

따라서 C 점에서 최대처짐 $\delta_{\max}$ 은 다음과 같이 구할 수 있다.

$$\delta = \frac{A_m}{EI}\,\bar{x} = \theta_A\,\bar{x} = \frac{Pl^2}{16EI} \times \frac{l}{3} = \frac{Pl^3}{48EI} \qquad \text{(b)}$$

3. 균일분포하중을 받는 단순보

그림 9-16의 균일분포하중을 받는 단순보의 굽힘모멘트 선도는 그림 (b)와 같이 된다.

이 경우 공액보는 그림 9-16(b)에서의 a_1b_1와 같고 이 공액보에 작용하는 가상하중은 실제보의 굽힘모멘트 선도인 포물선a_1b_2c가 된다. 이 가상하중의 총면적A는 그림 9-16(c)에서

$$A_m = 2 \cdot \frac{2}{3}bh = 2\,\frac{2}{3}\left(\frac{l}{2}\right)\left(\frac{wl^2}{8}\right) = \frac{wl^2}{12}\;\; \frac{2}{3} \times \frac{wl^2}{8} \times l = \frac{wl^3}{12} \qquad \text{(a)}$$

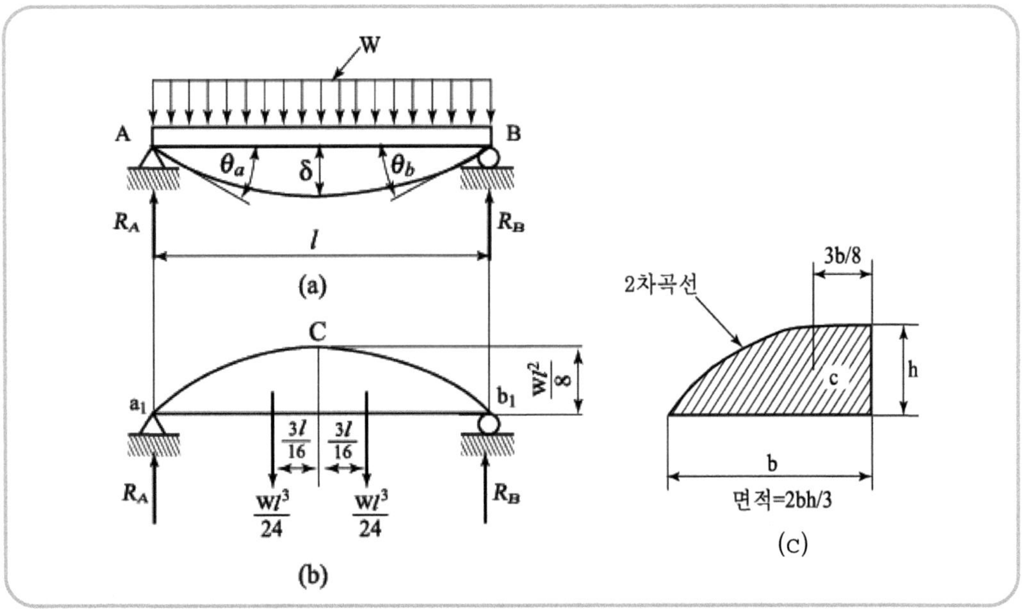

그림 9-16 등분포 하중을 받는 단순보

따라서 양단에 작용하는 반력 또는 전단력 $R_A = R_B = \frac{wl^3}{24}$ 되고, 양단에서의 처짐각은 이 들 전단력을 EI로 나눈값과 같다.

$$\theta_a = \theta_b = \frac{V}{EI} = \frac{R}{EI} = \frac{wl^3}{24EI} \tag{9-28}$$

또 중앙점에서 발생하는 최대처짐은 공액보의 중앙단면에서 가상 하중에 의한 굽힘모멘트를 EI로 나누고 $\bar{x}$ 를 곱해주면 다음과 같이 된다.

$$\delta_{max} = \delta_{x=\frac{l}{2}} = \frac{M_c}{EI} = \frac{1}{EI} \cdot \frac{wl^3}{24}\left(\frac{l}{2} - \frac{3l}{16}\right) = \frac{5wl^4}{384EI} \tag{9-29}$$

9.4 중첩법

한 개의 보에 여러 가지 다른 하중들이 동시에 작용하는 경우 이 보의 처짐은 각각의 하중이 따로따로 작용할 때의 보의 처짐들을 합하여 구할 수 있다. 이것을 **중첩법**(method of superposition)이라 한다.

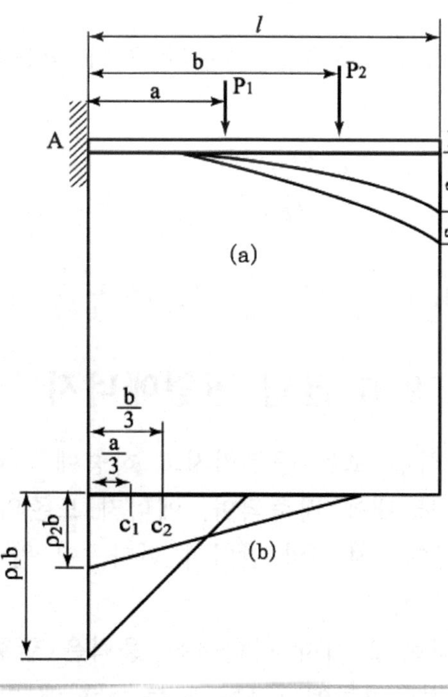

그림 9-17 중첩법

1. 여러개의 집중하중을 받는 외팔보

(1) 하중 P_1 만 작용하는 경우

$$\theta_1 = \frac{A_{m1}}{EI} = \frac{1}{EI} \cdot \frac{1}{2} \cdot P_1 a \cdot a = \frac{P_1 a^2}{2EI} \tag{a}$$

$$\delta_1 = \theta_1 \cdot \overline{x_1} = \frac{P_1 a^2}{2EI}\left(l - \frac{3}{a}\right) = \frac{P_2 a^2 (3l - a)}{6EI} \tag{b}$$

(2) 하중 P_2만 작용하는 경우

$$\theta_2 = \frac{A_{m2}}{EI} = \frac{1}{EI} \cdot \frac{1}{2} \cdot P_2\, b \cdot b = \frac{P_2 b^2}{2EI} \tag{c}$$

$$\delta_1 = \theta_2 \cdot \overline{x_2} = \frac{P_2 b^2}{2EI}\left(l - \frac{3}{b}\right) = \frac{P_2 b^2 (3l - b)}{6EI} \tag{d}$$

따라서 최대처짐은 P_1이 작용하는 경우와 P_2가 작용하는 경우의 처짐을 합한 것과 같다.

$$\delta = \delta_1 + \delta_2 = \frac{P_1 a^2 (3l - a)}{6EI} + \frac{P_2 b^2 (3l - b)}{6EI} \tag{e}$$

만일 $P_1 = P_2 = P$이며, $a = \frac{1}{3}$, $b = \frac{2l}{3}$이면 $\delta = \frac{2PL^3}{9EI}$이다

9.5 굽힘 변형에너지

보 위에 하중이 작용하면 보는 구부러지고 하중에 의해 일을 하게 된다. 이 일은 변형에너지로 보 내에 저축되며, 에너지 보존의 원리에 의해 행해진 일 W는 저축된 변형에너지 U와 같아야 한다. 이 원리를 이용하여 보의 처짐을 계산하면 편리하다.

일반적으로 하중을 받는 보에서 나타나는 응력은 굽힘과 전단의 에너지로 표시된다. 그러나 전단변형에너지는 보통 굽힘에 의한 것보다 대단히 작으므로 무시하여도 좋다. 따라서 굽힘으로 인한 변형에너지만을 생각해

보기로 하자.

그림 9–18(a)에서와 같이, 보가 굽힘모멘트를 받아 구부러진 처짐곡선에서 미소의 길이 ds를 택한다.

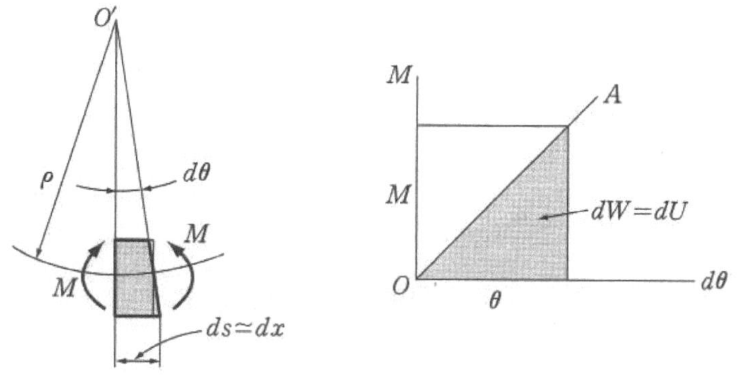

그림 9−18 굽힘에 의한 변형에너지

이 미소의 길이에 굽힘모멘트 M이 작용하여 θ의 기울기를 나타냈다고 하자. 이 때 보가 선형탄성적으로 거동하여 후크의 법칙을 따른다면 M과 $d\theta$의 관계는 그림 9–18(b)에서와 같이 OA의 직선으로 표시할 수 있다. 따라서 보에 저축된 변형에너지를 dU라고 하면 다음과 같이 된다.

$$dU = \frac{1}{2}Md\theta \tag{a}$$

여기서 보의 길이를 l이라 할 때 보 전체에 저축된 변형에너지 U는

$$U = \int_0^l \frac{1}{2}Md\theta \tag{9-30}$$

로 된다.

ds 부분의 곡률반지름을 ρ라 하면, $d\theta$는 ds부분의 중심각이 되고 그 곡률은

$$\frac{1}{\rho} = \frac{d\theta}{ds} \tag{b}$$

$\frac{1}{\rho} = \frac{M}{EI}dx$ 식을 사용하면 dθ는 다음과 같이 된다.

$$d\theta = \frac{M}{EI}dx \tag{c}$$

이 값을 식 $U = \int_0^l \frac{1}{2} M d\theta$ 에 대입하면

$$U = \int_0^l \frac{M^2}{2EI} dx \tag{9-31}$$

이 된다.

예제 1

외팔보의 자유단에 집중하중 P가 작용할 때 최대처짐을 구하시오.

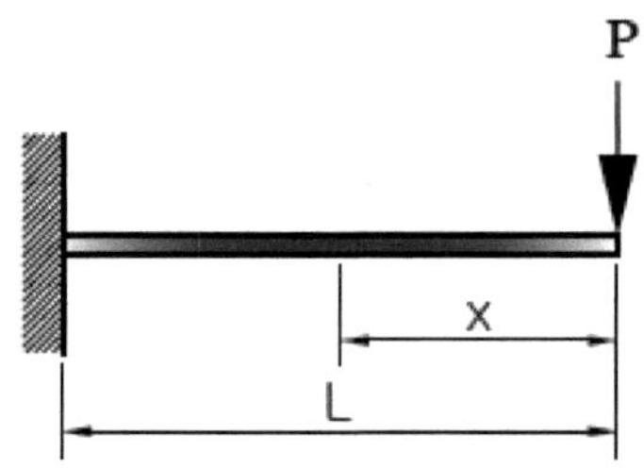

해설)

보의 자유단에서 x만큼 떨어진 곳의 굽힘모멘트는 $M = -Px$ 이므로 보내에 저축되는 변형에너지는 다음과 같이 된다.

$$U = \int_0^l \frac{M^2 dx}{2EI} = \int_0^l \frac{P^2 x^2}{2EI} dx = \frac{P^2 l^2}{6EI}$$

이 변형에너지는 보가 굽어지는 동안에 하중에 의한일 $\frac{1}{2}P\delta$ 와 같아야 한다.

$$\frac{P\delta}{2} = \frac{P^2 l^2}{6EI} \qquad \frac{P l^3}{3EI}$$

$$\delta = \frac{P l^3}{3EI}$$

이것은 적분법과 면적모멘트법에 의하여 얻은 결과와 같다.

예제 2

단순지지보에서 스팬의 중점 C에 집중하중 P가 작용할 때, 그 중앙점에서 일어나 는 보의 처짐을 구하시오.

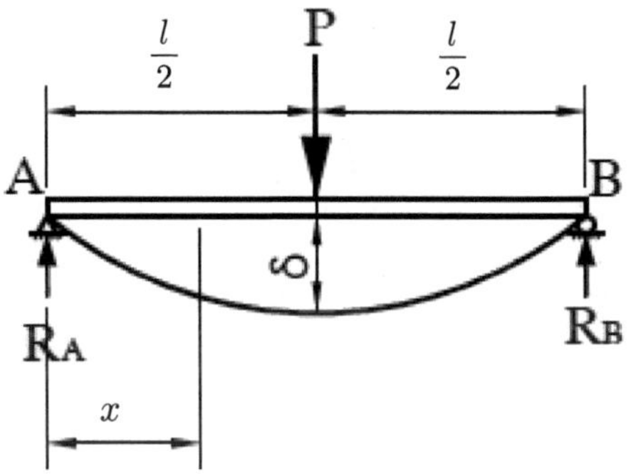

해설)

한 지점에서부터 임의의 거리 x만큼 떨어진 단면에서의 굽힘모멘트는

$$M = R_A\, x = \frac{Px}{2} \quad (\because R_A = R_B = \frac{P}{2})$$

보 내에 저축되는 변형에너지는 다음과 같이 된다.

$$U = \int_0^l \frac{M^2\,dx}{2EI} = \int_0^l \frac{(\frac{Px}{2})^2\,dx}{2EI} = 2\int_0^{\frac{l}{2}} \frac{P^2x^2}{8EI}dx = \frac{P^2l^3}{96EI}$$

이 변형에너지는 보가 굽어지는 동안에 하중에 의한일 $\frac{1}{2}P\delta$ 와 같아야 한다.

$$\frac{P\delta}{2} = \frac{P^2l^3}{96EI}$$

처짐 $\delta = \frac{Pl^3}{48EI}$

9.6 카스틸리아노

탄성체가 가지고 있는 탄성 변형에너지를 작용하고 있는 하중으로 편미분하면 그 하중점 에서의 작용방향의 변위가 된다는 이론 탄성체의 변형에너지에 관한 다음의 정리를 말한다.

① 제 1정리 : 변형 에너지를 변위에 대해 편미분한 값은 하중과 같다.

$$P_i = \frac{\partial U}{\partial \delta_i} \quad (i = 1, 2, 3, \ ....n)$$

② 제 2정리 : 변형 에너지를 하중에 대해 편미분한 값은 변위와 같다.

$$\delta_i = \frac{\partial U}{\partial P_i} \ (i = 1, 2, 3, ...n)$$

1. 보의 처짐각 혹은 비틀림각

① 처짐각 $\theta = \dfrac{\partial U}{\partial M_i} = \dfrac{1}{2EI}\displaystyle\int_0^L M^2\,dx$

② 처짐 $\delta = \dfrac{\partial U}{\partial P}$

예 외팔보의 처짐

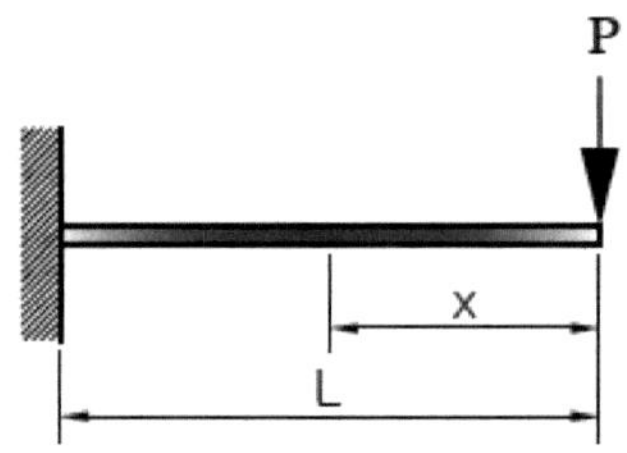

sol) 변형에너지 $U = \dfrac{1}{2EI}\displaystyle\int_0^L M^2\,dx = \dfrac{1}{2EI}\displaystyle\int_0^L (-Px)^2\,dx = \dfrac{P^2L^3}{6EI}$

처짐 $\delta = \dfrac{\partial U}{\partial P} = \dfrac{PL^3}{3EI}$

예제 3

높이×폭=8cm×4cm인 직사각형 단면이고 길이가 1m인 외팔보의 자유단에 집중하중 3000 N가작용할 때 보의 처짐의 최대값은? (단, $E = 21 \times 10^4 MPa$)

해설)

외팔보 처짐

$$\delta_{max} = \frac{Pl^3}{3EI} = \frac{Pl^3}{3E \times \frac{bh^3}{12}}$$

$$= \frac{3000 \times 1^3}{3 \times 21 \times 10^{10} \times \frac{0.04 \times 0.08^3}{12}} = 0.00279mm$$

예제 4

균일 분포하중 $w\ (N/m)$를 받고 있는 외팔보가 있다. 자유단에서 처짐이 $\delta = 30\,\mathrm{mm}$이고, 그 지점에서 탄성곡선의 기울기가 0.01rad일 때 이 보의 길이(mm)는 얼마인가 ? (단, 재료의 탄성계수 $E = 205$GPa이다)?

해설)

외팔보에서 균일분포하중이 작용시

$$\frac{\theta}{\delta} = \frac{\frac{wl^3}{6EI}}{\frac{wl^4}{8EI}} = \frac{8}{6l} = \frac{0.01}{3}$$

$$l = 400\,cm = 4000\,mm$$

예제 5

그림과 같은 보에서 자유단의 처짐량은 얼마인가? (단, 보의 탄성계수는 E, 단면 2차모멘트를 I라 한다.)

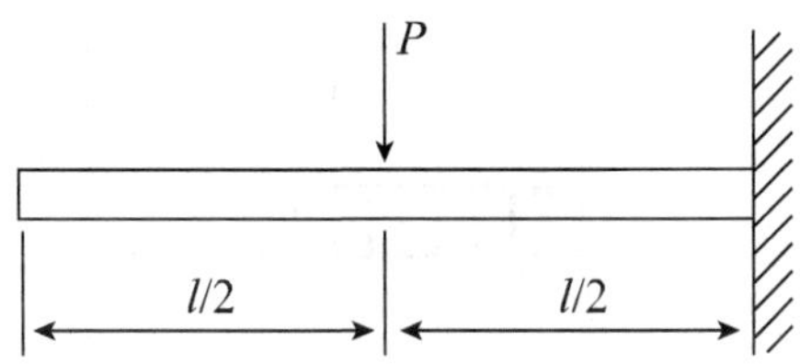

해설)

$$\delta = \frac{A_m}{EI}\ \bar{x} = \frac{I}{EI}\frac{Pl^2}{8} \cdot \frac{5l}{6} = \frac{5Pl^3}{48EI}$$

여기서 $A_m = \frac{1}{2}bh = \frac{1}{2}(\frac{l}{2}\ \frac{Pl}{2}) = \frac{Pl^2}{8}$

$$\bar{x} = (l - \frac{l/2}{3}) = \frac{5l}{6}$$

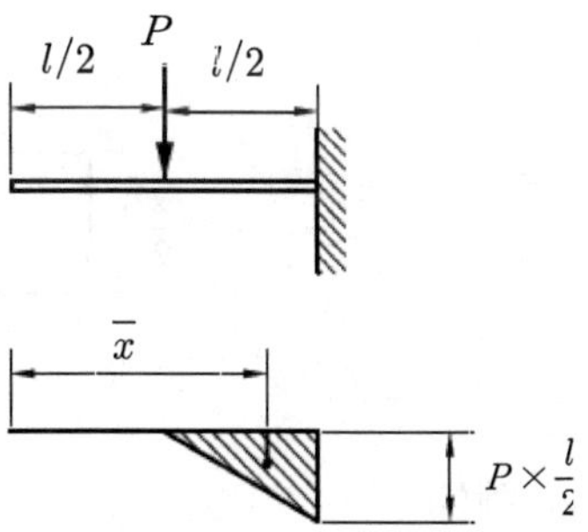

예제 6

단면이 $b \times h = 4\text{cm} \times 8\text{cm}$ 인 직사각형이고 스팬(span) 2m 의 단순보의 중앙에 집중하중이 작용할 때 그 최대처짐을 0.4cm로 제한하려면 하중은 몇 N으로 제한하여야 하는가? (단, 탄성계수는 $E = 200\text{GPa}$이다)

해설)

단순보 중앙에 집중하중이 작용할 때 $\delta = \dfrac{Pl^3}{48EI}$ 에서

$$P = \frac{48EI\delta}{l^3} = \frac{48 \times 200 \times 10^9 \times 0.04 \times 0.08^3 \times 0.4 \times 10^{-2}}{2^3 \times 12} = 8192\text{N}$$

예제 7

외팔보가 옆의 그림과 같이 균일 분포하중을 받고 있을 때 자유단의 처짐 B는 얼마인가?

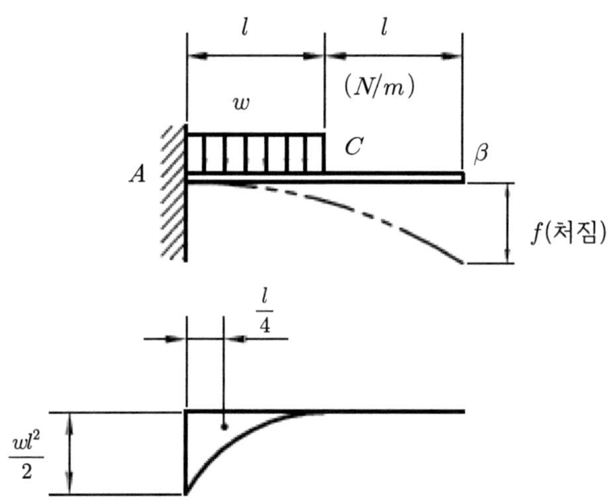

해설)

처짐

$$\delta = \frac{A_m}{EI}\bar{x} = \frac{1}{EI}\frac{wl^3}{6} \times \frac{7l}{4} = \frac{7wl^4}{24EI}$$

여기서 면적

$$A_m = \frac{1}{3}bh = \frac{1}{3}l \times \frac{wl^2}{2} = \frac{wl^3}{6}$$

도심 $\overline{x} = (2l - \frac{l}{4}) = \frac{7l}{4}$

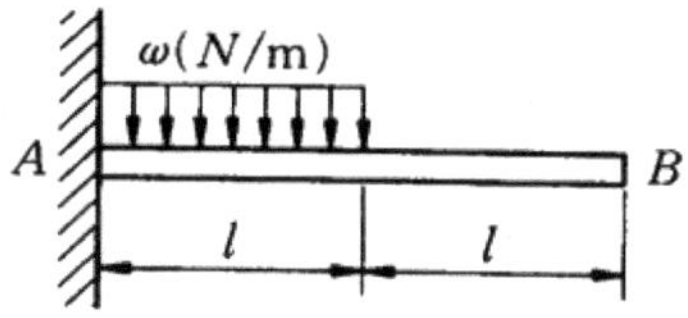

예제 8

양단이 단순지지된 길이 2m인 보에 균일분포 하중 $w = 800\,kN/m$ 가 작용할 때 최대 처짐각은? (단, 보 단면의 관성모멘트는 $I = 500 \times 10^6\ mm^4$ 이고, 탄성계수는 E=200GPa이다.)

해설)

공액보 해석

전하중 $A = \frac{2}{3}bh = 2 \times \frac{2}{3}\frac{l}{2}\frac{wl^2}{8} = \frac{wl^2}{12}$

$$R_A = R_B = \frac{wl^2}{24}$$

처짐 $\theta = \frac{R_A}{EI} = \frac{wl^3}{24EI} = \frac{800 \times 10^3 \times 2^3}{24 \times 200 \times 10^9 \times 500 \times 10^6} \times 1000^{-4} = 0.00267\text{rad}$

$$0.00267 \cdot \frac{180}{\pi} = 0.1529^\circ$$

예제 9

그림과 같이 자유단에 M=4kN·m의 모멘트를 받는 탄성계수 $E = 20 \times 10^{10} N/m^2$, 단면의 관성모멘트가 $I = 50 \times 10^{-8} m^4$인 외팔보의 최대 처짐량은?

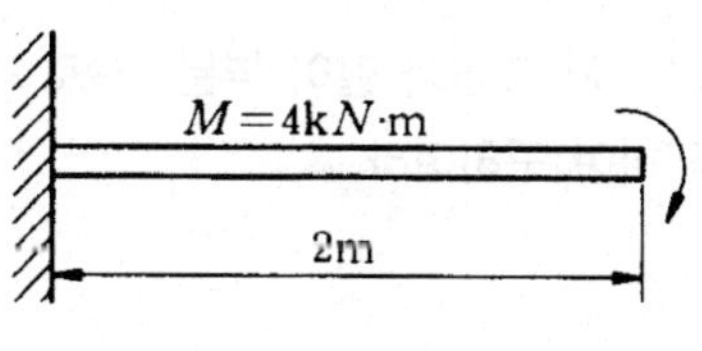

해설)

$$\delta = \frac{A_m}{EI}\bar{x} = \frac{Ml^2}{2EI} = \frac{4\times10^3\times2^2}{2\times20\times10^{10}\times50\times10^{-8}} = 0.08m$$

여기서 면적 $A_m = Ml$ 도심 $\bar{x} = \frac{l}{2}$

예제 10

외팔보에 그림과 같이 우력 모멘트 $M_0 = 4kN\cdot m$가 고정점 A에서 80cm 인지점에 작용할 경우 자유단 B점의 처짐량은 몇 mm 인가?
(단, 재료의 세로 탄성계수 $E = 200\,GPa$이고, 보의 단면은 한 변이 10cm인 정사각형이다.)

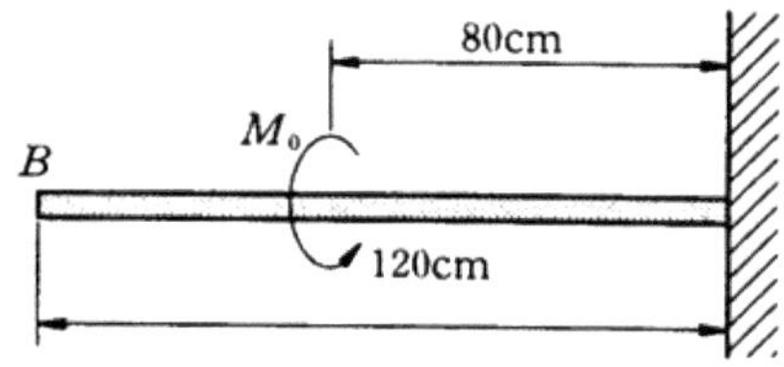

해설)

처짐 $$\delta = \frac{A_m}{EI}\times\bar{x} = \frac{(3200)}{200\times10^9\times\frac{0.1^4}{12}}\times0.8 = 0.0015\,m = 1.5mm$$

여기서 $A_m = M\times0.8 = (4\times10^3)\times0.8 = 3200\,N\cdot m$

$$\bar{x} = (1.2 - \frac{0.8}{2}) = 0.8\,m$$

예제 11

외팔보에 균일분포하중 ω N/m가 그림과 같이 부분적으로 작용할 때 자유단에 처짐각 및 처짐량을 면적 모멘트법에 의하여 구하여라.

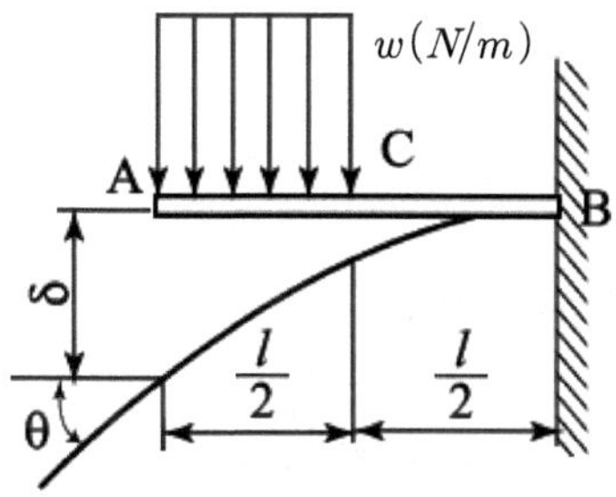

해설)

굽힘모멘트 선도는 AC 구간은 포물선, CB 구간은 직선으로 되어 있다. 모멘트의 면적은 A_1, A_2, A_3 세 부분으로 나누면 각각의 면적들은 다음과 같다.

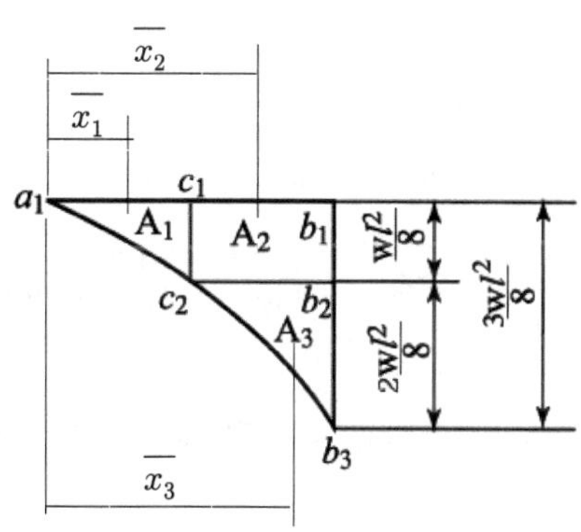

$$A_1 = \frac{1}{3}\times\frac{l}{2}\times\frac{wl^2}{8} = \frac{wl^3}{48}$$

$$A_2 = \frac{l}{2}\times\frac{wl^2}{8} = \frac{wl^3}{16}$$

$$A_3 = \frac{1}{2}\times\frac{l}{2}\times\frac{wl^2}{4} = \frac{wl^3}{16}$$

처짐각 Θ_a는 $\frac{A_m}{EI}$ 이므로

$$\theta_{max} = \frac{(A_1 + A_2 + A_3)}{EI} = \frac{7wl^3}{48EI}$$

$$\overline{x} = \frac{A_1\overline{x_1} + A_2\overline{x_2} + A_3\overline{x_3}}{A_1 + A_2 + A_3} = \frac{41\,l}{56}$$

$$\overline{x_1} = \frac{3}{4}\left(\frac{l}{2}\right) = \frac{3l}{8},\quad \overline{x_2} = \frac{l}{2} + \frac{l}{4} = \frac{3l}{4},\quad \overline{x_3} = \frac{l}{2} + \frac{2}{3}\left(\frac{l}{2}\right) = \frac{5l}{4}$$

최대 처짐 $\delta_{max} = y = \theta\cdot\overline{x} = \frac{7wl^3}{48EI}\times\frac{41\,l}{56} = \frac{41\,wl^4}{384EI}$

핵심정리

- 처짐곡선의 미분방정식 : $EI\frac{d^2y}{dx^2} = -M$

- 외팔보와 처짐각(θ)과 처짐량(δ)

① 우력 : $\theta_{max} = \frac{Ml}{EI}$, $\delta_{max} = \frac{Ml^2}{2EI}$

② 집중하중 : $\theta_{max} = \frac{Pl^2}{2EI}$, $\delta_{max} = \frac{Pl^3}{3EI}$

③ 균일분포하중 : $\theta_{max} = \frac{wl^3}{6EI}$, $\delta_{max} = \frac{wl^4}{8EI}$

- 단순보의 처짐각(θ)과 처짐량(δ)

① 우력 : $\theta_{max} = \frac{Ml}{3EI}$, $\theta = \frac{Ml}{6EI}$, $\delta_{max} = \frac{Ml^2}{9\sqrt{3}EI}$

→δ_{max}의 위치 : $x = \frac{l}{\sqrt{3}}$

→중앙점의 처짐량 : $\delta = \frac{Ml^2}{16EI}$

② 집중하중 : $\theta_{max} = \frac{Pl^2}{16EI}$, $\delta_{max} = \frac{Pl^3}{48EI}$

③ 균일분포하중 : $\theta_{max} = \frac{wl^3}{24EI}$, $\delta_{max} = \frac{5wl^4}{384EI}$

- 처짐각 : $\theta = \frac{A_m}{EI}$

- 처짐량 : $\delta = \frac{A_m}{EI}\bar{x} = \theta \cdot \bar{x}$

- 보에 대한 처짐각과 처짐공식 (암기)

(1) 집중하중과 등분포하중이 작용하는 경우

	외팔보	외팔보(등분포하중)	단순보	단순 균일분포 하중
보의 종류	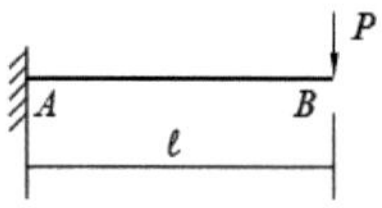	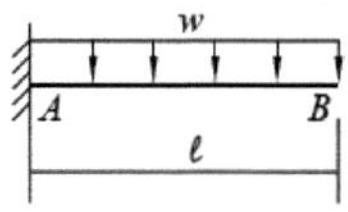	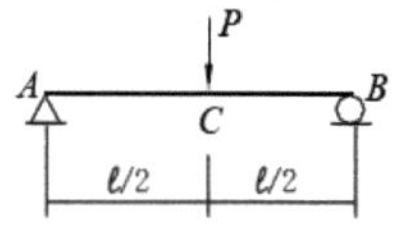	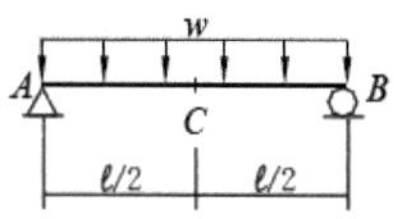
처짐각(θ)	$\theta_B = \dfrac{P\ell^2}{2EI}$	$\theta_B = \dfrac{w\ell^3}{6EI}$	$\theta_A = \theta_B = \dfrac{P\ell^2}{16EI}$	$\theta_A = \theta_B = \dfrac{w\ell^3}{24EI}$
최대처짐(y)	$y_B = \dfrac{P\ell^3}{3EI}$	$y_B = \dfrac{w\ell^4}{8EI}$	$y_C = \dfrac{P\ell^3}{48EI}$	$y_C = \dfrac{5w\ell^4}{384EI}$

(2) 모멘트 하중이 작용하는 경우 (우력)

	비 대 칭	대 칭	비 대 칭
보의 종류	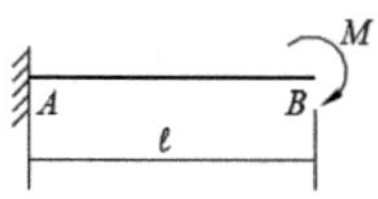	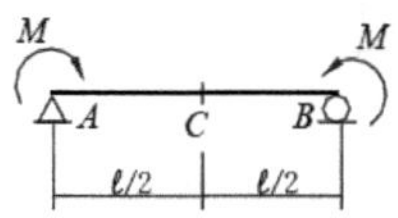	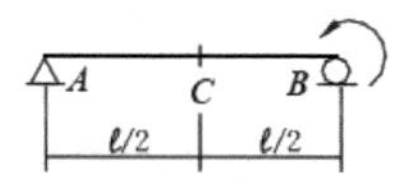
처짐각(θ)	$\theta_B = \dfrac{M\ell}{EI}$	$\theta_A = \theta_B = \dfrac{M\ell}{2EI}$	$\theta_A = \dfrac{M\ell}{6EI}$, $\theta_C = \dfrac{M\ell}{24EI}$ $\theta_B = \dfrac{M\ell}{3EI}$
처짐(y)	$y_B = \dfrac{M\ell^2}{2EI}$	$y_C = \dfrac{M\ell^2}{8EI}$	$y_C = \dfrac{M\ell^2}{16EI}$, $y_{max} = \dfrac{M\ell^2}{9\sqrt{3}EI}$

연 습 문 제

1. 길이 100cm인 외팔보가 전길이에 걸쳐 $5kN/m$의 균일분포하중과 자유단에 $1kN$ 의 집중하중을 동시에 받을때 최대처짐량(mm)은 얼마인가?

(단, 보의 단면은 폭 $40mm$ 높이 $60mm$인 직사각형이고, 탄성계수 E =210 GPa이다.)

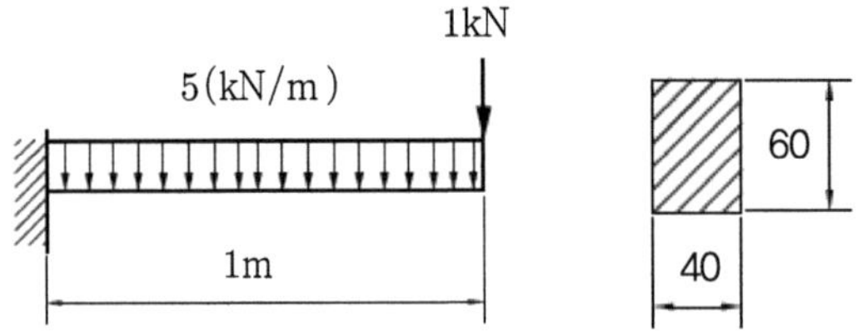

해설) 최대 처짐량 $\delta = \underset{\text{등분포하중}}{\underline{\delta_1}} + \underset{\text{집중하중}}{\underline{\delta_2}} = \dfrac{wl^4}{8EI} + \dfrac{Pl^3}{3EI}$

$$\delta = \frac{5000 \times 1^4}{8 \times 210 \times 10^9 \times \dfrac{0.04 \times 0.06^3}{12}} + \frac{1000 \times 1^3}{3 \times 210 \times 10^9 \times \dfrac{0.04 \times 0.06^3}{12}}$$

= 0.00633 m = 6.33 mm

※참고 처짐각 $\theta = \theta_1 + \theta_2 = \dfrac{Pl^2}{2EI} + \dfrac{wl^3}{6EI} = \dfrac{l^2}{6EI}(3P + wl)$

2. 폭이 2cm이고 높이가 3cm인 단면을 가진 길이 50cm의 외팔보의 고정단에서 40cm 되는 곳에 800N의 집중하중을 작용시킬 때 자유단의 처짐은 약 몇 mm인가?(단, 탄성계수는 $E = 200GPa$ 이다.)

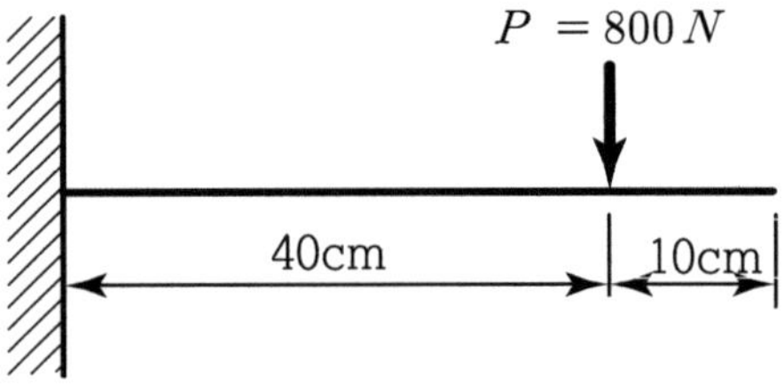

해설)

$$\delta_{max} = \frac{A_m}{EI}\bar{x} = \frac{64}{(200\times10^9)\times(4.5\times10^{-10})}\times0.367 = 0.0026m = 2.6mm$$

여기서

면적

$$A_m = \frac{1}{2}bh = \frac{1}{2}0.4\times800\times0.4 = 64\ m^2$$

도심 $\bar{x} = (0.5 - \frac{0.4}{3}) = 0.367\,m$

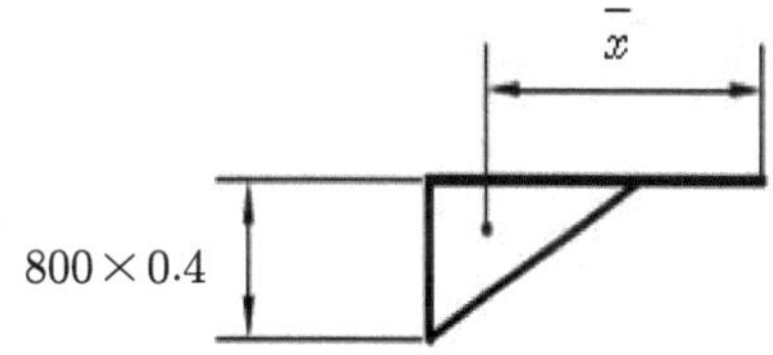

관성모우멘트

$$I = \frac{bh^3}{12} = \frac{0.02\times0.03^3}{12} = 4.5\times10^{-10}\,m^4$$

3. 그림과 같이 균일분포 하중 q 를 받는 단순보의 중앙에 하중 P를 작용시켜 보 중앙점의 처짐이 0이 되도록 한다. 중앙점에 작용해야 할 하중 P는 얼마인가?

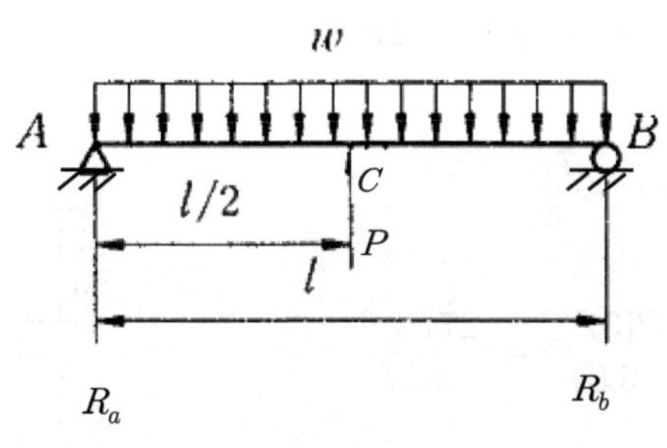

해설) 균일분포하중 일때 최대처짐량 $\delta_{max1} = \dfrac{5ql^4}{384EI}$

단순보일때 최대처짐량 $\delta_{max2} = \dfrac{Pl^3}{48EI}$

즉 $\delta_{\max 1} = \delta_{\max 2} = \dfrac{5wl^4}{384EI} = \dfrac{P\,l^3}{48EI}$ $\quad \dfrac{5ql^4}{384} = \dfrac{P\,l^3}{48}$

하중 $P = \dfrac{48 \times 5 \times q \times l^4}{384 \times l^3} = \dfrac{5ql}{8}$

4. 그림과 같이 외팔보에 하중 P가 B점과 C점에 작용할 때 자유단 B에서의 처짐량은?

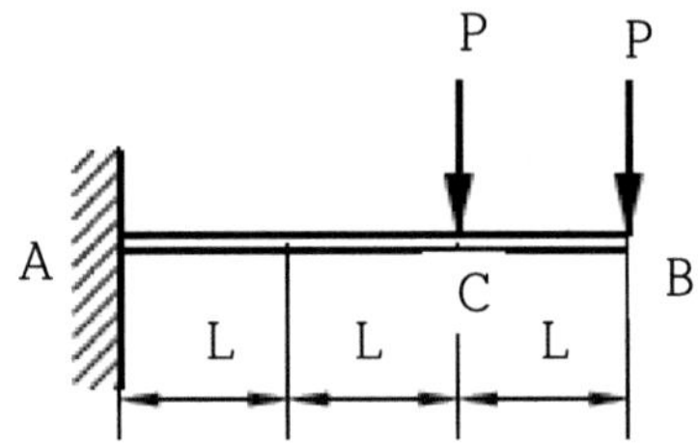

해설) 처짐

$$\delta_1 = \frac{1}{EI} A_{m1}\ \bar{x} = \frac{1}{EI} 2PL^2 \times \frac{7L}{3} = \frac{14PL^3}{3EI}$$

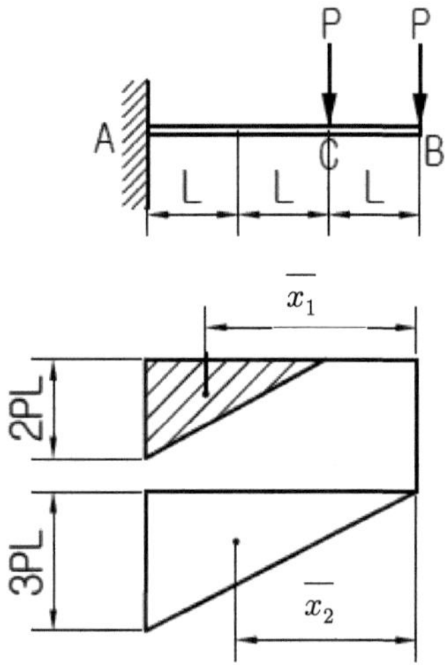

여기서

$$A_{m1} = \frac{1}{2}bh = \frac{1}{2}2L \times 2PL = 2PL^2$$

$$\overline{x_1} = 3L - \frac{2L}{3} = \frac{7L}{3}$$

외팔보 처짐 $\delta_1 = \dfrac{P(3L)^3}{3EI} = \dfrac{27PL^3}{3EI}$

전체 처짐

$$\delta = \delta_1 + \delta_2 = \frac{14PL^3}{3EI} + \frac{27PL^3}{3EI} = \frac{41PL^3}{3EI}$$

5. 보의 자중을 무시할 때 그림과 같이 자유단 C에 집중하중 P가 작용할 때 B점에서 처짐 곡선의 기울기각θ은 ? (단, 탄성계수 E, 단면 2차모멘트I 한다.)

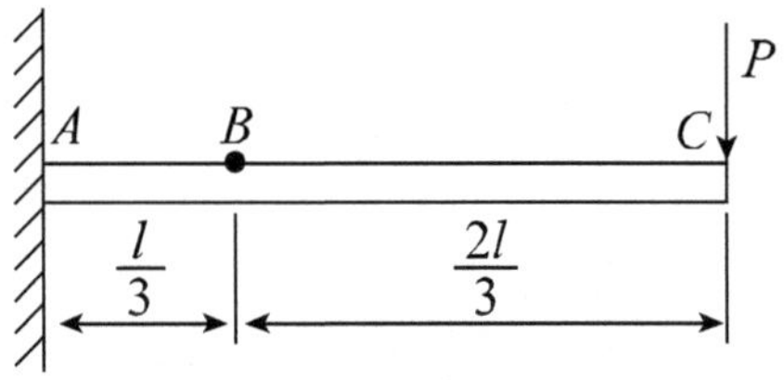

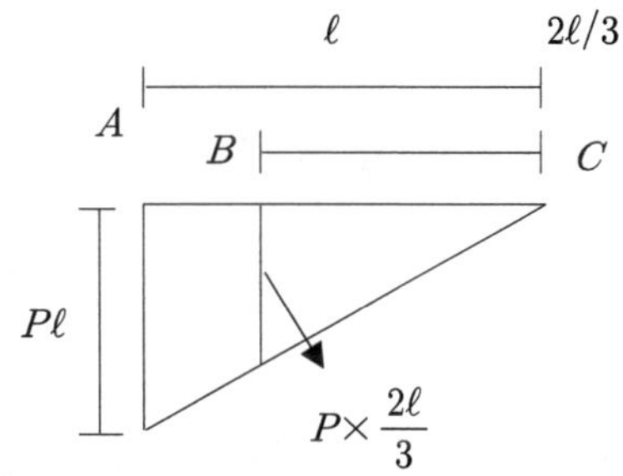

해설)

$$\theta = \frac{1}{EI}(\triangle_{AC} - \triangle_{BC})\text{면적}$$

$$= \frac{1}{EI}\frac{1}{2}\left(Pl \times l - P\frac{2l}{3}\frac{2l}{3}\right) = \frac{5Pl^2}{18EI}$$

6. 그림의 경우 보 중앙의 처짐으로 옳은 것은?

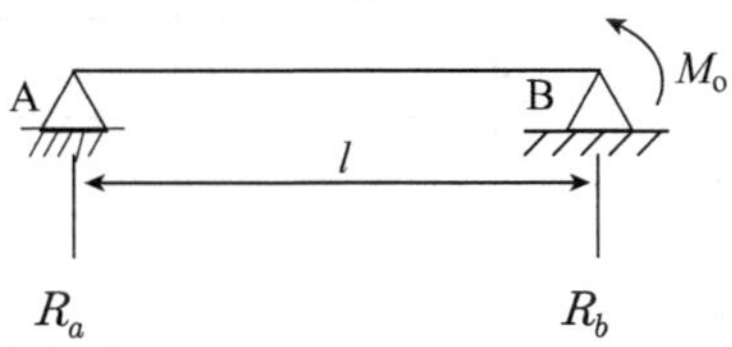

해설) 단순보에 우력이 작용하는 경우

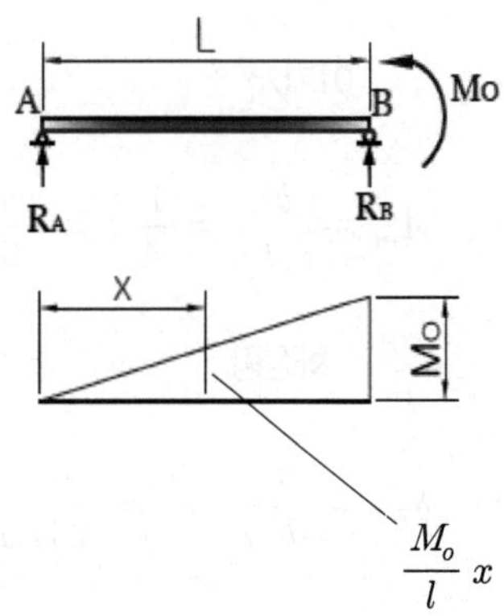

임의의 거리를 x라 할 때 처짐량은

$$\delta = \frac{1}{EI}\left[R_A x - \left(x\frac{M_o x}{L} \times \frac{1}{2}\right)\frac{x}{3}\right]$$

$$= \frac{1}{EI}\left[\frac{M_o l}{6}\frac{l}{2} - \left(\frac{M_o}{l} \times \frac{1}{2}\right)\frac{1}{3} \times \left(\frac{l}{2}\right)^3\right]$$

$$= \frac{Mol^2}{16EI}$$

여기서

$$R_A = A_m \times \frac{1}{3} = \frac{M_o L}{2} \times \frac{1}{3} = \frac{M_o L}{6}$$

7. 그림과 같은 외팔보의 C점에 100kN의 하중이 걸릴 때 B점의 처짐량은 몇 cm인가?
(단, 이 보의 $EI = 10\,kN \cdot m^2$이며, BC부분은 강체로 본다.)

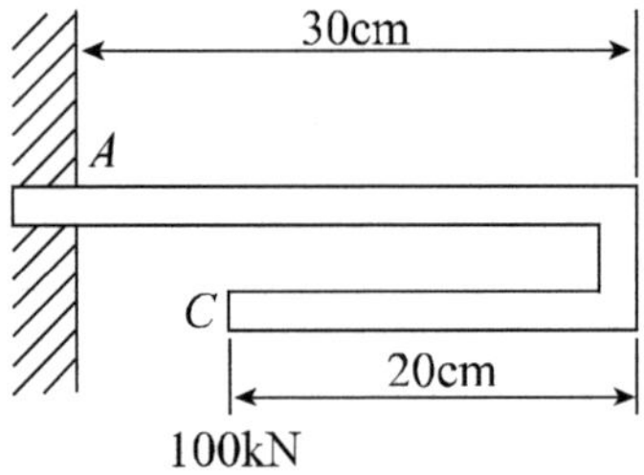

해설) $\delta_B = \underset{\text{외팔보처짐}}{\underline{\dfrac{Pl^3}{3EI}}} - \underset{\text{우력}}{\underline{\dfrac{Ml^2}{2EI}}} = \dfrac{100 \times 0.3^3}{3 \times 10} - \dfrac{100 \times 0.2 \times 0.3^2}{2 \times 10} = 0$

8. 그림과 같은 외팔보가 있다. 자유단(B점)에서의 처짐 δ 및 처짐각θ_b 을 구하여라.

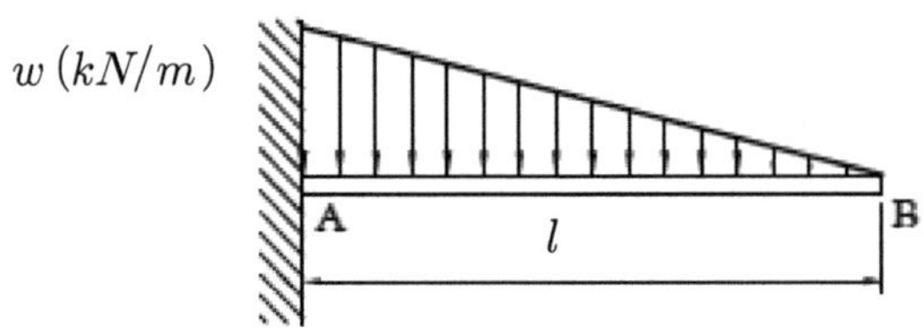

해설) 면적모멘트법을 이용하여

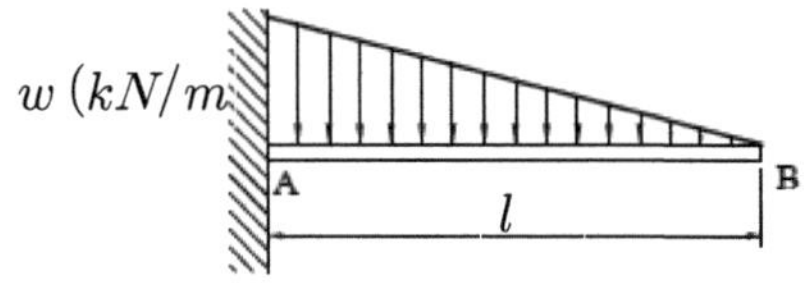

처짐각 $\theta_B = \dfrac{A_m}{E\,I} = \dfrac{wl^3}{24EI}$

여기서

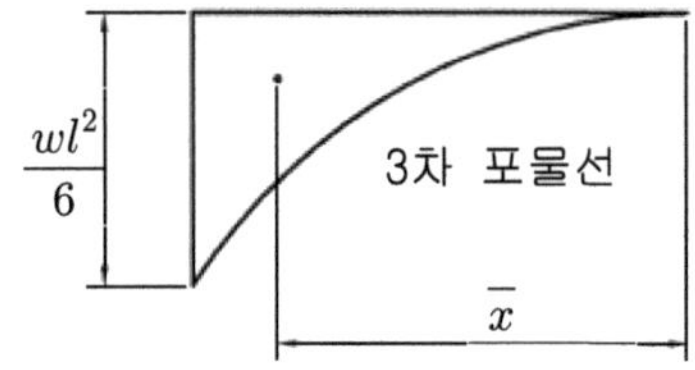

$$A_m = \frac{bh}{4} = \frac{1}{4} l \times \frac{wl^2}{6} = \frac{wl^3}{24}$$

처짐량

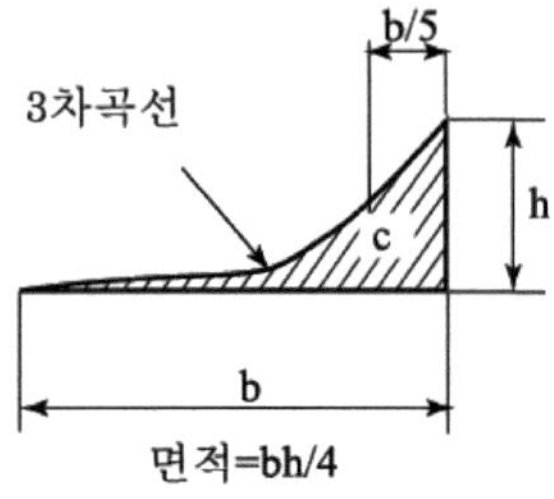

$$\delta_B = \frac{A_m}{E\,I}\,\bar{x} = \frac{wl^3}{24EI}\left(l - \frac{l}{5}\right) = \frac{wl^4}{30}$$

9. 그림과 같이 하중 P가 작용할 때 스프링의 변위 δ 는? (이때 스프링 상수는 k이다)

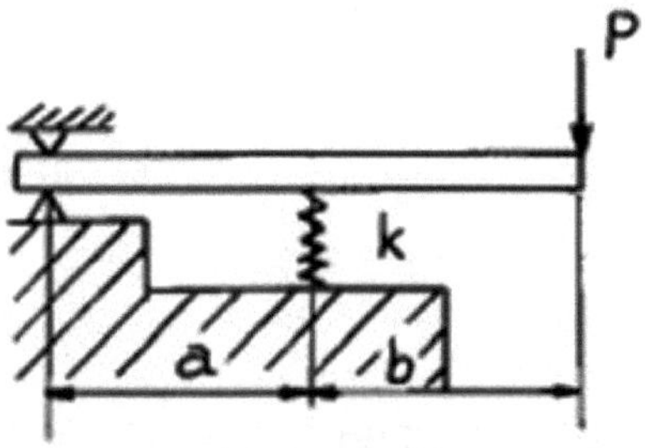

해설) 모멘트 평행방정식에 의거

$$P(a+b) = Ra$$

$$R = \frac{P(a+b)}{a} = k\delta \text{ 에서}$$

$$\text{즉 변위 } \delta = \frac{P(a+b)}{ak}$$

10. 순수(純粹)굽힘 모멘트 만을 받는 길이 l, 지름 d_1, d_2 인 두 봉(棒)의 탄성 변형에너지를 각각 U_1, U_2라할 때 이들의 비는 얼마인가? (단, 두 봉의 재료는 같다.)

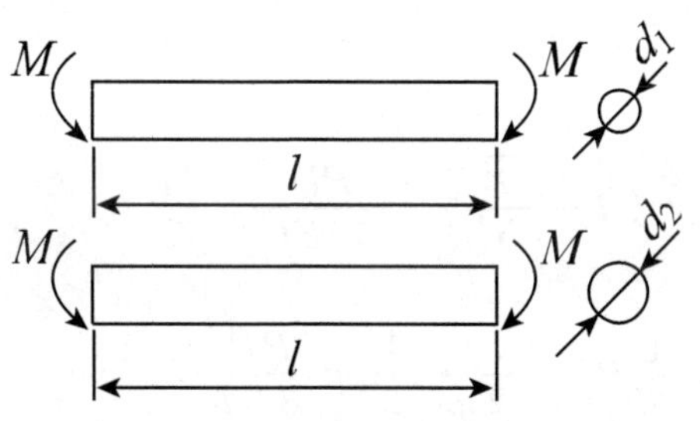

해설) 탄성에너지 $U = \int \frac{M^2}{2EI}dx = \frac{M^2 l}{2EI} = \frac{64M^2 l}{2E\pi d^4} = \frac{32M^2 l}{E\pi d^4}$

$$\therefore \frac{U_1}{U_2} = \frac{d_2^4}{d_1^4} = \left(\frac{d_2}{d_1}\right)^4$$

11. 그림과 같은 외팔보에서 자유단의 처짐δ_B를 구하면 얼마인가?

(단, 중앙점 C 는 확고하게 고정되어 있다)

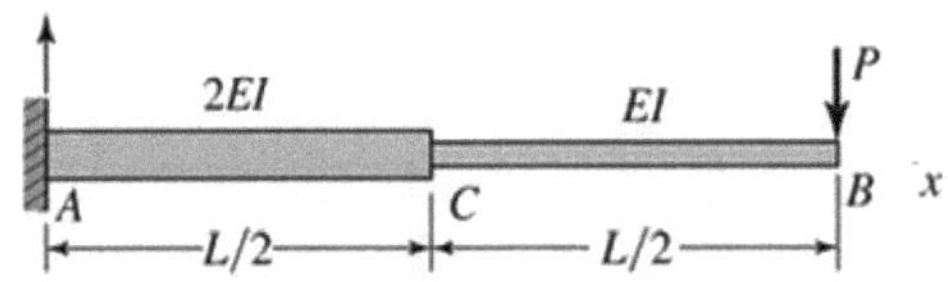

해설) 중앙점 C 가 고정되어 있다면 그림과 같이 우력이

작용한다고 볼 수 있음 (그림(a)

처짐각

$$\theta_1 = \frac{1}{2EI} \bullet \frac{Pl}{2} \times \frac{l}{2} = \frac{Pl^2}{8EI}$$

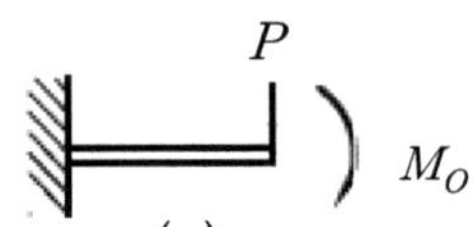

(a)

처짐 $\delta_1 = \frac{Pl^2}{8EI}\left(\frac{l}{2} + \frac{l}{4}\right)$

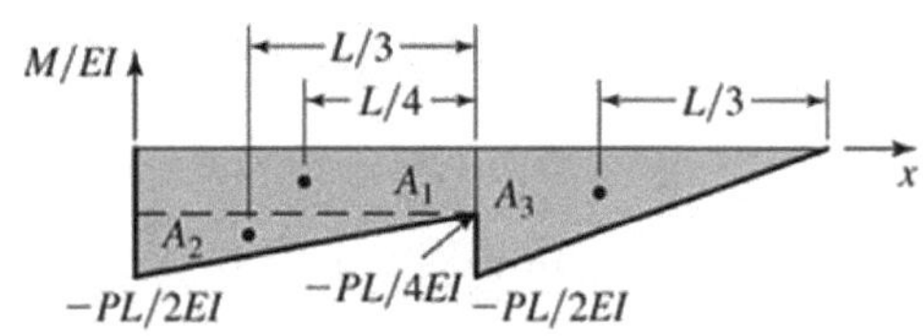

$$\theta_2 = \frac{1}{2EI} \bullet \frac{Pl}{2} \times \frac{l}{2} \times \frac{1}{2} = \frac{Pl^2}{16EI}$$

삼각형

$$\delta_2 = \frac{Pl^2}{16EI} \times \left(l - \frac{\frac{l}{2}}{3} \right) = \frac{Pl^2}{16EI} \times \frac{5l}{6}$$

$$\theta_3 = \frac{1}{EI} \times \frac{1}{2}Pl \times \frac{l}{2} \bullet \frac{1}{2} = \frac{Pl^2}{8EI}$$

$$\delta_3 = \frac{Pl^2}{8EI} \times \frac{l}{3}$$

자유단 B점에서 전체 처짐량

$$\delta = \delta_1 + \delta_2 + \delta_3$$

$$= \frac{Pl^2}{8EI}\left(\frac{l}{2}+\frac{l}{4}\right) + \frac{Pl^2}{16EI}\times\frac{5l}{6} + \frac{Pl^2}{8EI}\times\frac{l}{3} = \frac{3Pl^3}{16EI}$$

12. 그림과 같은 외팔보에 저장된 굽힘탄성에너지는? (단, 탄성계수는 E 이고, 단면의 관성모멘트는 I 이다.)

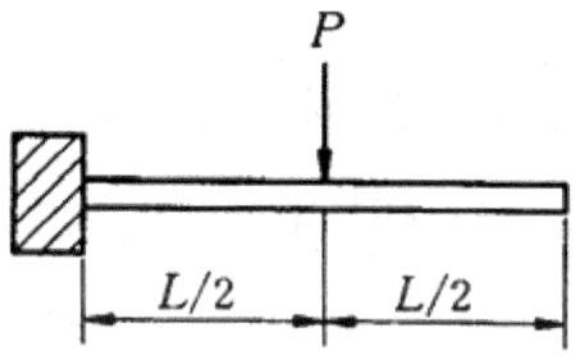

해설) 외팔보 변위 $\delta = \dfrac{P(\frac{L}{2})^3}{3EI} = \dfrac{PL^3}{24EI}$ $\quad U = \dfrac{P\delta}{2} = \dfrac{P^2L^3}{48EI}$

응용문제

1. 전단력 선도(S.F.D)와 굽힘 모멘트 선도(B.M.D)의 관계를 가장 타당성있게 나타낸것은? 2

㉮ S.F.D는 B.M.D의 미분 곡선이다.

㉯ S.F.D는 B.M.D의 적분 곡선이다.

㉰ S.F.D가 기준선에 평행한 직선일 경우 B.M.D는 포물선을 그린다.

㉱ S.F.D와 B.M.D는 아무런 연관성이 없다.

해설) S.F.D는 B.M.D의 미분 곡선이다.

2. 단순보에 등분포하중이 만재되었을 경우 다음 중 틀린 것은 어느 것인가? 2

㉮ 처짐은 하중의 크기에 비례한다.

㉯ 처짐은 보의 높이의 4승에 반비례한다.

㉰ 처짐은 보의 단면 2차 모멘트에 반비례한다.

㉱ 처짐은 보의 길이 l의 4승에 비례한다.

해설) $\delta = \dfrac{5wl^4}{384EI}$

3. 등분포하중 (ω)를 미분방정식으로 표시한 것은? 4

㉮ $EI\dfrac{dy}{dx}$　㉯ $EI\dfrac{d^2y}{dx^2}$　㉰ $EI\dfrac{d^2y}{dx^3}$　㉱ $EI\dfrac{d^4y}{dx^4}$

4. 그림과 같은 단순보에서 경사각이 제일 큰 곳은 어디인가? 3

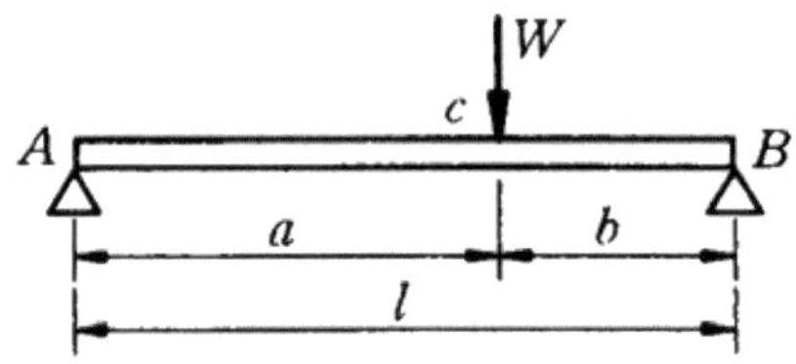

㉮ A에서　㉯ B에서　㉰ C에서　㉱ AC의 중점에서

5. 그림과 같이 균일단면을 가진 단순보에 균일하중 $\omega \mathrm{kN/m}$이 작용할 때, 이 보의 탄성 곡선식은? 3

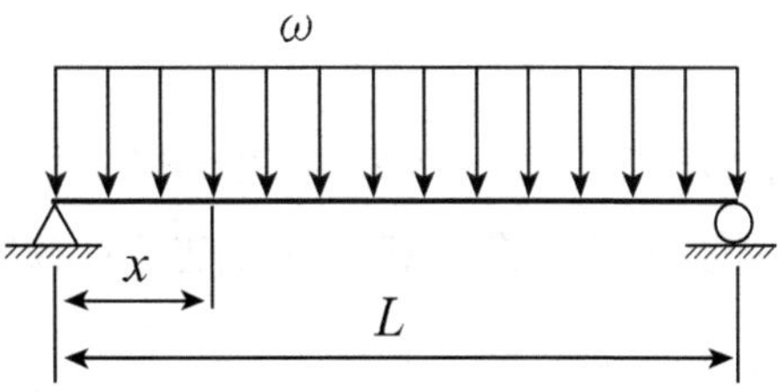

㉮ $y = \dfrac{\omega x}{24EI}(L^3 - Lx^2 + x^3)$

㉯ $y = \dfrac{\omega x}{24EI}(L^3 x - Lx^2 + x^3)$

㉰ $y = \dfrac{\omega x}{24EI}(L^3 - 2Lx^2 + x^3)$

㉱ $y = \dfrac{\omega x}{24EI}(L^3 - 2x^2 + x^3)$

해설) $EIy'' = -M_x = \dfrac{\omega}{2}x^2 - \dfrac{\omega L}{2}x$

$$EIy' = \frac{\omega}{6}x^3 - \frac{\omega L}{4}x^2 + C_1$$

$$EIy' = \frac{\omega}{24}x^4 - \frac{\omega L}{12}x^3 + C_1 x + C_2$$

$x = \dfrac{L}{2}$에서 $\dfrac{dy}{dx} = 0$이므로 $\quad C_1 = \dfrac{\omega L^3}{24}$

그러므로

$$\frac{dy}{dx} = \frac{\omega}{24EI}(4x^3 - 6Lx^2 + L^3)$$

$$y = \frac{\omega x}{24EI}(x^3 - 2Lx^2 + L^3)$$

6. 그림과 같이 외팔보의 자유단에 집중하중 P와 굽힘 모멘트 M_o가 작용할 때 그 자유단의 처짐은 얼마인가?(단, 외팔보의 강성계수는 EI이다.) 2

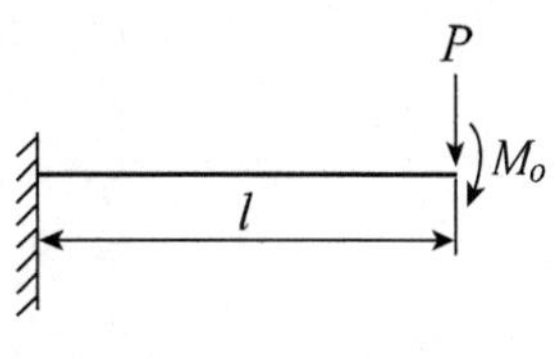

㉮ $\dfrac{M_o l^2}{EI} + \dfrac{Pl^3}{2EI}$ ㉯ $\dfrac{M_o l^2}{2EI} + \dfrac{Pl^3}{3EI}$

㉰ $\dfrac{M_o l}{3EI} + \dfrac{Pl^2}{4EI}$ ㉱ $\dfrac{M_o l^2}{4EI} + \dfrac{Pl^3}{5EI}$

해설) $\delta = \dfrac{1}{EI}A_m \bar{x} \quad = \dfrac{1}{EI}\dfrac{Pl}{2} \cdot \dfrac{2l}{3} + \dfrac{1}{EI}M_o l \cdot \dfrac{l}{2} \quad = \dfrac{Pl^2}{3EI} + \dfrac{M_o l^2}{2EI}$

7. 다음은 카스틸리아노(castigliano)정리의 일반형을 표시한 것이다. 맞는 것은? 4

(단, δ = 처짐량, U = 변형에너지, E = 탄성계수, I = 단면2차모멘트, P = 작용하중)

㉮ $\delta = \frac{\partial U}{\partial I}$ ㉯ $\delta = \frac{\partial U}{\partial E}$ ㉰ $\delta = \frac{\partial I}{\partial P}$ ㉱ $\delta = \frac{\partial U}{\partial P}$

8. 균일단면의 단순지지보 AB가 다음 그림과 같이 하중 P를 받을 때의 중앙에서의 굽힘 변형 에너지는? 1 (단, I는 단면 2차 모멘트, E는 탄성계수이다.)

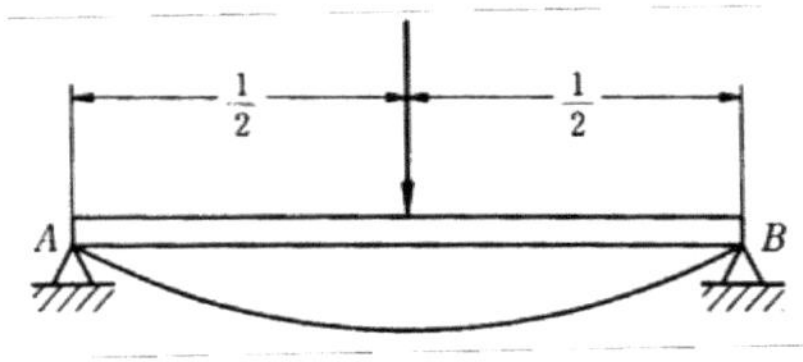

㉮ $U = \frac{P^2 l^3}{96EI}$ ㉯ $U = \frac{P^2 l^3}{80EI}$

㉰ $U = \frac{1}{2}\frac{P^2 l^3}{EI}$ ㉱ $U = \frac{1}{4EI}P^2 l^3$

해설) $U = \frac{P\delta}{2} = \frac{P}{2} \times \frac{Pl^3}{48EI}$

chapter 10 부정정보

부정정보에는 고정지지보, 양단지지보, 연속보가 있으며 미지수가 3개 이상이어서 힘의 평형방정식과 모멘트 평형방정식으로는 해결 할 수 없으므로 초기조건 및 경계조건을 대입하여 미지수를 해결하여야 한다.

1. 양단고정보

(1) 집중하중이 작용하는 경우 (탄성곡선의 미분 방정식에 의한 방법)

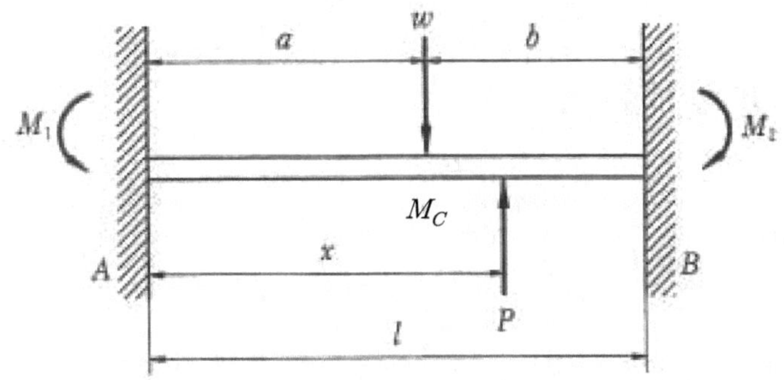

그림10-1 집중하중이 작용하는 양단고정보

Macaulay's 방법에 의거 지점 A로부터 임의의 거리 x에 가상의 하중이 P에 존재한다는 가정하에서 미분방정식을 전개 해 보도록 하겠습니다.

지점 A로부터 임의의 거리 x인 단면에 작용하는 굽힘 모우멘트 M_P 는 다음과 같다.

$$M_p = R_1 x - W(x-a) - M_1$$

이 식을 적분하면 다음과 같다.

$$\frac{d^2y}{dx^2} = \frac{1}{EI}\left[R_1 x - W(x-a) - M_1\right]$$

$$\frac{dy}{dx} = \frac{1}{EI}\left[R_1\frac{x^2}{2} - \frac{W}{2}(x-a)^2 - M_1 x\right] + C_1 \quad \text{(a)}$$

경계조건에서

$x=0, \quad \frac{dy}{dx}=0, \quad -\frac{W}{2}(x-a)^2$ 은 ⊖ 항 이므로 무시한다.

그러므로 $C_1 = 0$

$C_1 = 0$ ① 식에 대입하여 적분을 하면 다음과 같다.

$$\delta = y = \frac{1}{EI}\left[R_1\frac{x^3}{6} - \frac{W}{6}(x-a)^3 - M_1\frac{x^2}{2}\right] + C_2 \quad \text{(b)}$$

경계조건에서

$x=0, \quad y=0, \quad -\frac{w}{6}(x-a)^2$ 은 ⊖ 항 이므로 무시한다. $C_2 = 0$ 된다.

(a)식에서 경계조건 $x=l, \ \frac{dy}{dx}=0$ 일 때

$$R_1\frac{l^2}{2} - \frac{W}{2}(l-a)^2 - M_1 l = 0$$

$$\frac{R_1 l^2}{2} - \frac{Wb^2}{2} - M_1 l = 0 \quad \text{(c)}$$

$(\because a+b=l \qquad b=l-a)$

(b)식에서 경계조건 $x=l, \ \frac{dy}{dx}=0$ 일 때

$$x=l, \ \frac{dy}{dx}=0, \ R_1\frac{l^3}{6} - \frac{W}{6}(l-a)^3 - M_1\frac{l^2}{2} = 0$$

$$\frac{R_1 l^3}{6} - \frac{Wb^3}{6} - \frac{M_1 l^2}{2} = 0 \quad \text{(d)}$$

(c)에서 $\times \frac{l}{2}$ 하면

$$\frac{R_1 l^3}{4} - \frac{Wb^3}{4} - \frac{M_1 l^2}{2} = 0 \quad \text{(e)}$$

(c)식 과 (e)식을 연립방정식으로 풀면

$$R_1 = \frac{Wb^2(3l-2b)}{l^2} = \frac{Wb^2[3l-2(l-a)]}{l^2} = \frac{Wb^2(l+2a)}{l^2} \tag{10-1}$$

$$R_2 = \frac{Wa^2(l+2b)}{l^3} \tag{10-2}$$

식 $\frac{R_1 l^2}{2} - \frac{Wb^2}{2} - M_1 l = 0$ 에서 R_1을 대입하면

$$\frac{Wb^2(l+2a)}{l^2}\frac{l^2}{2} - \frac{Wb^2}{2} - M_1 l = 0$$

$$M_1 = \frac{Wab^2}{l^2} \qquad M_2 = \frac{Wa^2b}{l^2}, \tag{10-3}$$

만약 하중 W 가 중앙에 작용한다면 ($a = b = \frac{l}{2}$)

$$R_A = \frac{W}{2}, \quad R_B = \frac{W}{2} \tag{f}$$

되며, P 점에서의 모멘트는

$$M_P = \frac{W}{2}(\frac{l}{2} - x) - M \tag{g}$$

적분하면 다음과 같다.

$$\frac{dy}{dx} = \frac{1}{EI}[\frac{W}{2}(\frac{l}{2}x - \frac{x^2}{2}) - Mx] + C \tag{h}$$

경계 조건에서

고정단에서 처짐각 은 0 이다. 즉 $x = 0, \frac{dy}{dx} = 0$

만약 $x = \frac{l}{2}, \frac{dy}{dx} = 0$ 이면

$$\frac{W}{2}(\frac{l}{2} \times \frac{l}{2} - \frac{(\frac{\ell}{2})^2}{2}) - M \times \frac{\ell}{2} + 0 = 0 \tag{i}$$

중앙 지전 모멘트값은 다음괴 같디.

$$|M_c| = \frac{Wl}{8} = M_A = M_B \tag{10-4}$$

$$\theta = \frac{dy}{dx} = \frac{1}{EI}[\frac{W}{2}(\frac{l}{2}x - \frac{x^2}{2}) - \frac{Wl}{8}x] + 0$$

$$\theta = \frac{dy}{dx} = \frac{W}{2EI}(\frac{lx}{4} - \frac{x^2}{2}) \tag{j}$$

처짐각을 적분하면

$$\delta = y = \frac{W}{2EI}(\frac{lx^2}{8} - \frac{x^3}{6}) + C_2 \tag{k}$$

$$x = \frac{l}{2}, \quad y = 0 \quad C_2 = -\frac{Wl^3}{192EI}$$

$$y = \frac{W}{2EI}(\frac{lx^3}{8} - \frac{x^3}{6} - \frac{l^3}{96}) \tag{10-5}$$

$x = 0$ 일때 최대 처짐은

$$\delta_{max} = y - \frac{Wl^3}{192EI} \tag{10-6}$$

※ 별해 양단고정보

(1)집중하중이 중앙 작용하는 경우 ($a = b = \frac{l}{2}$)

① 카스틸리아노 정리을 이용한 보의 처짐을 구하는 방법

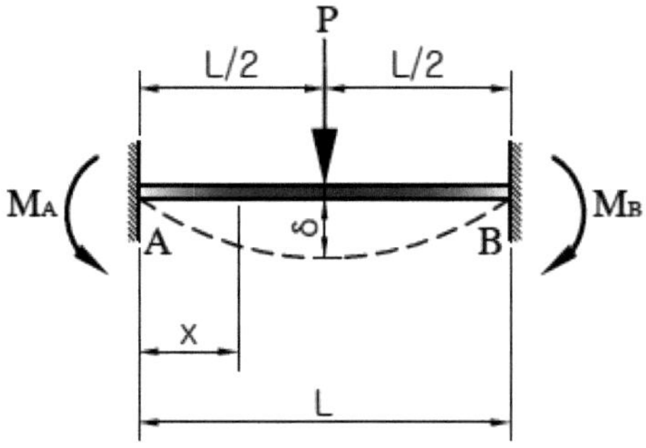

그림 10-2 집중하중이 중앙에 작용하는 경우

반력 $R_A = R_B = \frac{P}{2}$

반력과 우력모멘트에 의거

$$\frac{Pl^2}{16EI} = \frac{M_o l}{2EI} \qquad (\because A_m = \frac{1}{2}\frac{l}{2}\frac{Pl}{4} = \frac{Pl^2}{16})$$

$$M_o = \frac{Pl}{8} = M_A = M_B$$

중앙점에서 모우멘트는

$$M_C = R_A x - M_A = \frac{P}{2}\frac{l}{2} - \frac{Pl}{8} = \frac{Pl}{8}$$

구간 $A \langle x \langle C$ 지점에서 모우멘트는 다음과 같다.

$$M_x = -R_A x + M_A = -\frac{P}{2}x + \frac{P\ell}{8}$$

위식을 편미분 하면

$$\frac{\partial M_x}{\partial P} = -\frac{x}{2} + \frac{\ell}{8}$$

카스틸리아노 정리식 $\delta = \frac{\partial U}{\partial P}$ 을 이용하여 중앙점에서의 처짐은

$$\delta = \frac{2}{EI}\int_0^{\frac{\ell}{2}} M_x \frac{\partial M_x}{\partial P} dx = \frac{2}{EI}\int_0^{\frac{\ell}{2}} (-\frac{Px}{2} + \frac{P\ell}{8})(\frac{x}{2} - \frac{\ell}{8}) dx$$

$$\delta = \frac{2}{EI}\int_0^{\frac{\ell}{2}} (-\frac{Px^2}{4} + \frac{Px\ell}{8} - \frac{P\ell^2}{64}) dx$$

$$\delta_{\max} = \frac{2}{EI}\left[-\frac{Px^3}{12} + \frac{P\ell x^2}{16} + \frac{P\ell x^2}{32} - \frac{P\ell}{64}x\right]_o^{\ell/2} = \frac{P\ell^3}{192}$$

※ 참고

• 보의 처짐각 혹은 비틀림각

① 처짐각 $\theta = \dfrac{\partial U}{\partial M_i} = \dfrac{1}{2EI}\int_0^L M^2\,dx$

② 처짐 $\delta = \dfrac{\partial U}{\partial P}$

• 편미분 이란 ?

2변수 x와 y의 함수 f(x,y)가 있을 때 y를 상수로 보고 이것을 x로 미분하는 일을 이 함수를 x로 편미분한다고 한다. 또, x를 상수로 보고 이것을 y로 미분 하는 일을 이 함수를 y로 편미분한다고 한다.

$$M_x = -\frac{P}{2}x + \frac{P\ell}{8} \rightarrow \frac{\partial M_x}{\partial P} = -\frac{x}{2} + \frac{\ell}{8}\ (P\text{는 상수 } x\text{는 변수})$$

(2) 양단 고정보에 집중하중을 받을 때 (면적모멘트법으로 해석)

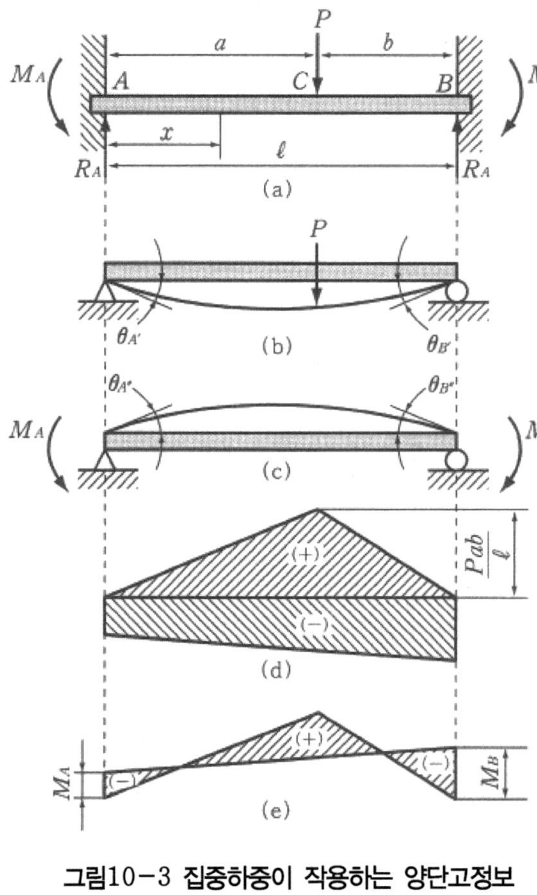

그림10-3 집중하중이 작용하는 양단고정보

① 고정보의 양단에서는 기울기 변화가 없으므로 면적 모멘트법에 의하여 그림(b) 및 (c) 굽힘 모멘트 선도의 각 면적은 같아야 한다. 즉

$$\theta'_A = \theta''_A \text{ 이므로 } \quad \frac{A_{m'}}{EI} = \frac{A_{m''}}{EI}$$

$$\frac{1}{2} l \frac{Pab}{l} = \frac{(M_A + M_B)\, l}{2} \qquad \text{(a)}$$

또한 고정보의 양단에서는 처짐도 일어나지 않으므로 집중하중과 우력이 작용하는 각각의 경우에 대해서 어느 한단에 대한 굽힘모우멘트선도의 면적을 1차 모멘트를 취하면서로 같아야 된다. 여기서 그림 B 점에 대해 모멘트를 취하면

$$\underbrace{M_A l \frac{l}{2} + (M_A - M_B) \frac{l}{2} \cdot \frac{l}{3}}_{\text{이랫부분}} = \underbrace{(\frac{Pab}{l} \frac{a}{2}) \times (b + \frac{a}{3}) + (\frac{Pab}{l} \frac{b}{2}) \frac{2b}{3}}_{\text{상부}} \qquad \text{(b)}$$

식(a)와 식 (b) 를 연립하여 풀면 다음과 같이 M_A, M_B를 구할 수 있다.

$$M_A = \frac{Pab^2}{l^2}, \qquad M_B = \frac{Pa^2b}{l^2} \qquad \text{(c)}$$

또한 반력은

$\sum M_B = 0$ 으로부터, $R_A l - Pb - M_A + M_B = 0$

$$R_A = \frac{1}{l}(Pb + \frac{Pab^2}{l^2} - \frac{Pa^2b}{l^2}) = \frac{Pb^2}{l^3}(3a + b) \qquad \text{(d)}$$

$R_A + R_B = P$에서

$$R_B = P - \frac{Pb^2}{l^3}(3a + b) = \frac{Pl^3}{l^3} - \frac{Pb^2}{l^3}(3a + b)$$

$$= \frac{P(a+b)^3}{l^3} - \frac{Pb^2}{l^3}(3a + b)$$

$$= \frac{Pa^2}{l^3}(a + 3b) \qquad \text{(e)}$$

2. 균일등분포하중이 작용하는 양단 고정보

그림 10-4(a)와 같이 균일분포하중이 작용하는 양단고정보의 처짐을 중첩법을 이용하여 구하여 보자. 균일분포하중이 작용하는 양단고정보는 균일분포하중이 작용하는 단순보와 양단에 굽힘모멘트가 작용하는 단순보가 동시에 작용하는 보(beam)로 볼 수 있다

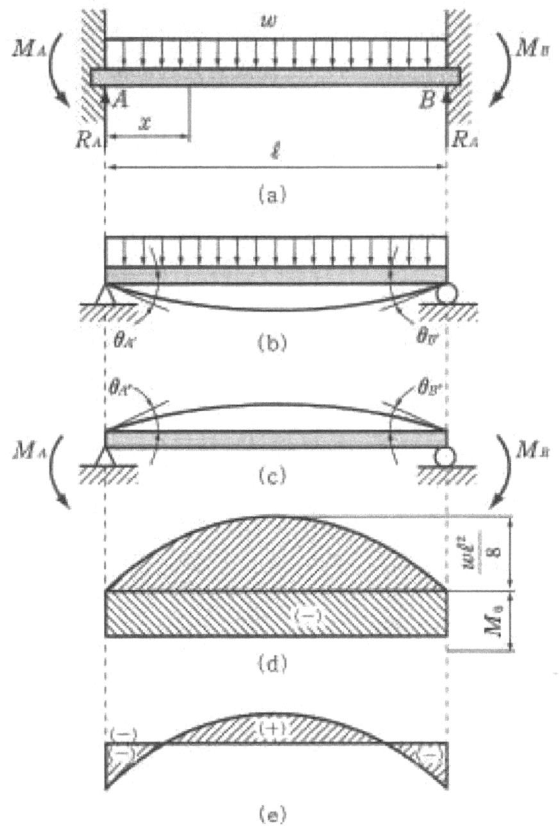

그림 10-4 균일분포하중이 작용하는 양단 고정보

따라서 그림 10-4(b)의 균일분포하중 w가 작용하는 단순보에서 양단의 처짐각 θ'_A, θ'_B는 같으며 처짐각의 크기는 식(9-16) $\theta_A = \dfrac{wl^3}{24EI}$보 부터 다음과 같다.

$$\theta'_A = \theta'_B = \frac{wl^3}{24EI} \qquad \text{(a)}$$

그리고 굽힘모멘트가 작용하는 단순보에서 양단의 처짐각 θ''_A, θ''_B는 그림 10-4(d)와 같이 굽힘모멘트선도가 좌우 대칭이므로 $M_A = M_B = M$ 된다. 이때 처짐 곡선의 기울기는 다음과 같다.

$$\theta''_A = \theta''_B = \frac{M_A l}{2EI} = \frac{M_B l}{2EI} \qquad \text{(b)}$$

그러나 실제 양단고정보의 양 지점에서는 처짐각이 0이므로 처짐각 $\theta'_A = \theta''_A$, $\theta'_B = \theta''_B$ 가 되어야 한다.

$$\theta'_A = \theta''_A = \frac{wl^3}{24EI} = \frac{M_A l}{2EI} \qquad \text{(c)}$$

$$M = M_A = M_B = \frac{wl^2}{12} \qquad \text{(10-6)}$$

균일분포하중이 작용하는 양단고정보의 굽힘모멘트선도는 그림 10-4(d)와 같으므로 최대처짐량은 균일분포하중이 작용하는 단순보의 처짐량 δ_w와 양단에 굽힘모멘트가 작용하는 단순보에서의 처짐량 δ_m을 합하면 된다. 따라서 균일분포 하중이 작용하는 단순보에서 발생하는 최대처짐량은

$$\delta_w = \frac{5wl^4}{384EI} \qquad \text{(10-7)}$$

이고, 양단에 굽힘모멘트 $M = \frac{wl^2}{12}$이 작용하는 단순보에서 발생하는 최대처짐량은 $\delta = \frac{M_0 l^2}{8EI}$ 에서 $M_0 = \frac{wl^2}{12}$을 대입하면 다음과 같다.

$$\delta_m = \frac{wl^4}{96EI} \text{(그림 10-4}(d)\text{에서 처짐부호 "-"임)} \qquad \text{(10-8)}$$

따라서 최대처짐량은 식(10-7)과 식(10-8)를 합하면 다음과 같다.

$$\delta = \delta_w + \delta_m = \frac{5wl^4}{384EI} - \frac{wl^4}{96EI} = \frac{wl^4}{384EI} \qquad \text{(10-9)}$$

3. 일단고정 타단이동 지지보 $(a=b=\frac{l}{2})$

그림10-5(a)와 같이 A점에 고정되고 B점에 지지되어 있는 보의 임의의 위치에 집중 하중 P 가 작용하는 경우를 생각해보자.

우선 면적 모멘트법을 이용하여 처짐을 구해 보자.

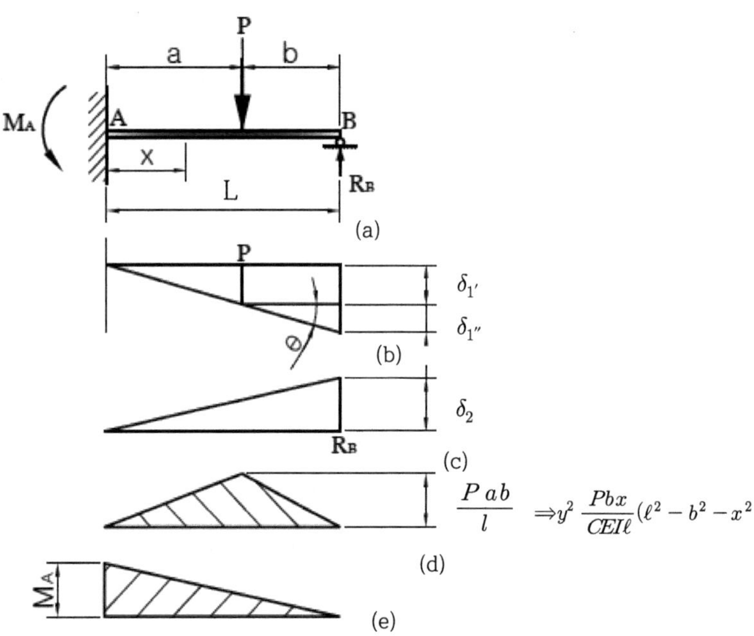

그림 10-5 집중하중을 받는 일단고 타단 지지보

하중P에 의한 처짐 그림 10-5(b) 에서

$$\delta_1 = \delta_{1'} + \delta_{1''} = \frac{Pl^3}{24EI} + \frac{Pl^3}{16EI} = \frac{5Pl^3}{48EI} \qquad \text{(a)}$$

여기서

$$\delta_{1'} = \frac{P}{3EI}\left(\frac{L}{2}\right)^3 = \frac{PL^3}{24EI}$$

$$\delta_{1''} = \theta \times \frac{L}{2} = \frac{P}{2EI}\left(\frac{L}{2}\right)^2 \frac{L}{2} = \frac{PL^3}{16EI}$$

B 점에 발생하는 처짐 그림 10-5(c)에서 외팔보 처짐은

$$\delta_2 = \frac{R_B L^3}{3EI} \tag{b}$$

하중 P에 의한 처짐과 B점에서 처짐은 서로 같다. 즉

$$\delta_1 = \delta_2 = \frac{5L^3}{48EI} = \frac{R_B L^3}{3EI} \tag{c}$$

따라서 반력 다음과 같다.

$$R_B = \frac{15P}{48} = \frac{5}{16}P, \quad R_A = \frac{11P}{16} \tag{10-10}$$

C점에 작용하는 모멘트는

$$M_C = R_B x = \frac{5P}{16}\frac{l}{2} = \frac{5Pl}{32} \tag{10-11}$$

또한 정역학적 평형조건 $\sum M = 0$ A점에 작용하는 모멘트는

$$M_A + Pa - R_B l = 0 \quad (\text{단, } a = b = \frac{l}{2})$$

$$M_A = R_B l - P a = \frac{5P}{16} l - P\frac{l}{2} = -\frac{3Pl}{16} \tag{10-12}$$

중앙점에서의 처짐식은 식 $y = \frac{Pbx}{6EIl}(l^2 - b^2 - x^2)$(9장 j식)과 식 $\frac{M_A L^2}{16EI}$ 합하면 다음과 같다.

$$\delta = \frac{Pbx}{6LEI}(L^2 - b^2 - x^2) + \frac{M_A L^2}{16EI} \tag{10-13}$$

$$\delta_{x \to \frac{l}{2}} = \frac{Pb}{48EI}(3l^2 - 4b^2) + \frac{-(\frac{3}{16}Pl)l^2}{16EI}$$

$$= \frac{Pb}{96EI}(3l^2 - 5b^2) = \frac{7Pl^3}{768EI} \tag{10-14}$$

예제 1

그림과 같은 균일분포하중 w를 받고 있는 연속보의 반력 (R_A, R_B, R_C) 구하여라.

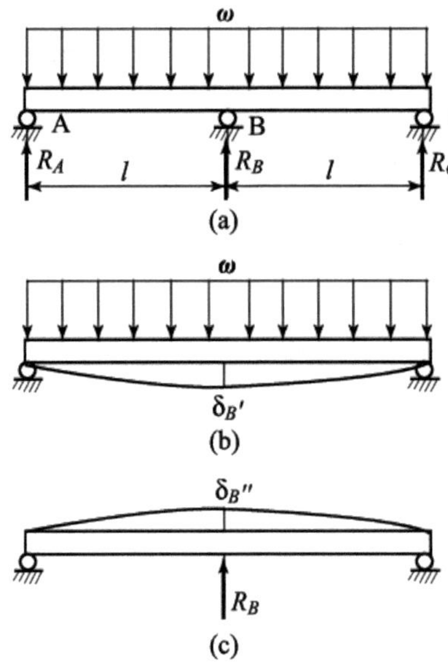

해설)

등분포 하중을 받는 지점 길이 $2l$ 인 단순보의 처짐 δ_B' 은

$$\delta'_B = \frac{5w(2l)^4}{384EI} = \frac{5wl^4}{24EI}$$

중앙에 집중하중R_C 를 받는 처짐길이 $2l$ 인 단순보의 처짐 δ_B''

$$\delta''_B = \frac{R_B(2l)^3}{48EI} = \frac{R_B l^3}{6EI}$$

B점의 수직 처짐은 다음과 같다.

$$\delta_B = \delta_B' = \delta_B'' = \frac{5wl^4}{24EI} = \frac{R_B l^3}{6EI} = 0$$

반력 $R_B = \dfrac{5wl}{4}$

정역학적 평형방정식으로부터 나머지 두 지점의 반력은

$\sum F = 0 \quad R_A + R_B + R_C = wl$

$$R_A = R_C = \frac{3wl}{8}$$

예제 2

그림과 같은 일단고정, 일단 롤러로 지지된 부정정보가 등분포하중을 받고 있다. 롤러로 지지된 B점의 반력 R_B 는?

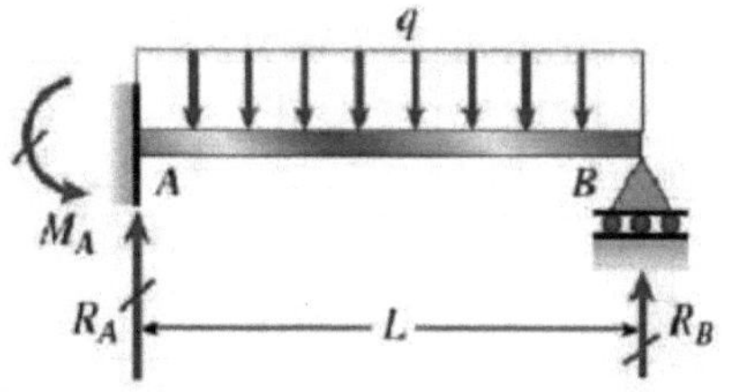

해설) 처짐

(1) $\delta_1 + \delta_2 = 0 \qquad -\dfrac{R_B L}{3EI} + \dfrac{qL^4}{8EI} = 0$

$$R_B = \frac{3wL}{8}, \quad R_A = \frac{5wL}{8}$$

여기서

δ_1는 외팔보 처짐 $\dfrac{R_B L}{3EI}$

δ_2는 외팔보에서 등분포 하중이 작용시 처짐 $\dfrac{qL^4}{8EI}$

※ 참고

모멘트 $M_A = R_A L - qL\dfrac{L}{2} = \dfrac{qL^2}{8}$

① 최대 모우멘트

전단력 0인 지점에서 최대 모우멘트가 발생

$$V = R_A - qx = \frac{5q\ell}{8} - qx = 0 \qquad x = \frac{5\ell}{8}$$

$$(M_{\max})_{x \to \frac{5}{8}\ell} = -R_A x + qx\frac{x}{2} + M_A$$

$$= -\frac{5q\ell}{8}\left(\frac{5\ell}{8}\right) + q\left(\frac{5\ell}{8}\right)^2 \frac{1}{2} + \frac{q\ell^2}{8} = \frac{9q\ell^2}{128}$$

② 최대처짐

$$\delta = \frac{5q\ell^4}{384EI} - \frac{M_A \ell^2}{16EI} = \frac{5q\ell^4}{384EI} - \frac{\frac{q\ell^2}{8}\ell^2}{16EI} = \frac{q\ell^2}{192}$$

여기서 $\delta_a = \dfrac{M_A L^2}{16EI}$ (공액보 해석)

예제 3

길이 2m, 지름 12cm의 원형단면 고정보에 등분포 하중 $\omega = 15kN/m$가 작용할 때 최대 처짐량 δ_{max}는 얼마인가? (단, 탄성계수 $E=210$GPa)

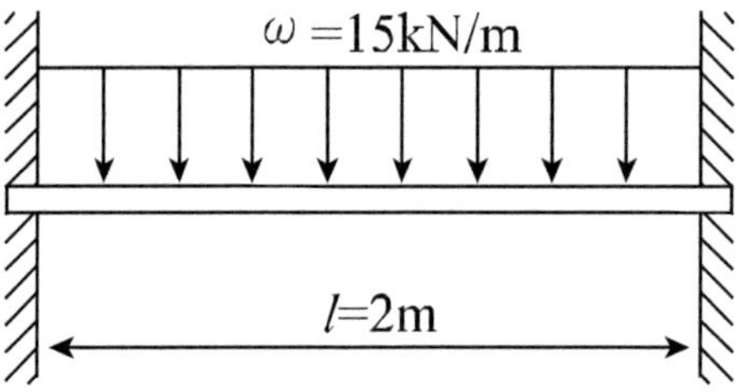

해설)

$$\delta = \frac{wl^4}{384EI} = \frac{15\times10^3\times2^4\times10^3}{384\times210\times10^9\frac{\pi\times0.12^4}{64}} = 0.29\,mm$$

핵심정리

- 양단고정보

① "집중하중" 작용시 ($a > b$)

$$M_A = \frac{Pab^2}{l^2}, \quad M_B = \frac{Pa^2b}{l^2}$$

만약, $a = b = \frac{l}{2}$이면

$$M_{\max} = \frac{pl}{8}, \quad \theta_{\max} = \frac{Pl^2}{64EI}, \quad \delta_{\max} = \frac{Pl^3}{192EI}$$

② "균일분포하중" 작용시

$$M_{\max} = \frac{wl^2}{24}, \quad \delta_{\max} = \frac{wl^4}{384EI}$$

- 일단고정, 타단지지보(=고정지지보)

① "집중하중" 작용시

$$R_A = \frac{11}{16}P, \quad R_B = \frac{5}{16}P, \quad M_{\max} = \frac{3}{16}Pl$$

② “균일분포하중” 작용시

$$R_A = \frac{5wl}{8}, \quad R_B = \frac{3wl}{8}, \quad M_{\max} = \frac{9wl^2}{128}$$

$$\theta_{\max} = \frac{wl^3}{48EI}, \quad \delta_{\max} = \frac{wl^4}{185EI}$$

$\rightarrow M_{\max}$의 위치 : 고정단으로부터 $x = \frac{5}{8}l$

- 연속보(지점간 거리가 l일 때)

$$R_A = R_B = \frac{3wl}{8}, \ R_C = \frac{5wl}{4}$$

1. 그림과 같이 3m의 양단 고정보가 그 중앙점에 집중하중 1kN을 받는다면 중앙점의 굽힘응력은 얼마인가?

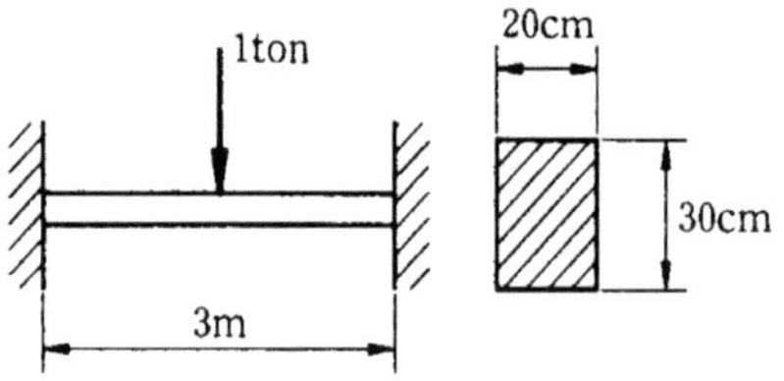

해석) $\sigma = \dfrac{M}{Z} = \dfrac{Pl/8}{bh^3/6} = 125\,kPa$

2. 그림과 같은 양단고정보에 집중하중 P = 1kN이 작용하고 있을 때, 고정단 B에 발생하는 굽힘 모멘트는 얼마인가?

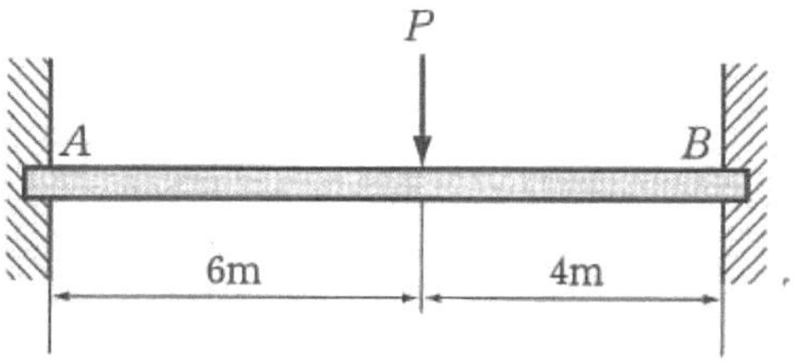

해석) 양단에서 경사각이 0 이므로 굽힘모멘트 선도의 대수합도 0이다.

즉 $\theta = \dfrac{A_m}{EI} = 0, \qquad \therefore A_m = 0$

옆 그림 참조

$$A_m = \frac{1}{2}\times\frac{Pab}{l}\times l + \frac{1}{2}\times(M_A + M_B)l = 0 \qquad \text{(a)}$$

양단에서 처짐이 0이므로 굽힘모멘트 선도의 단면 1차모멘트의 대수합이 0이다. 즉,

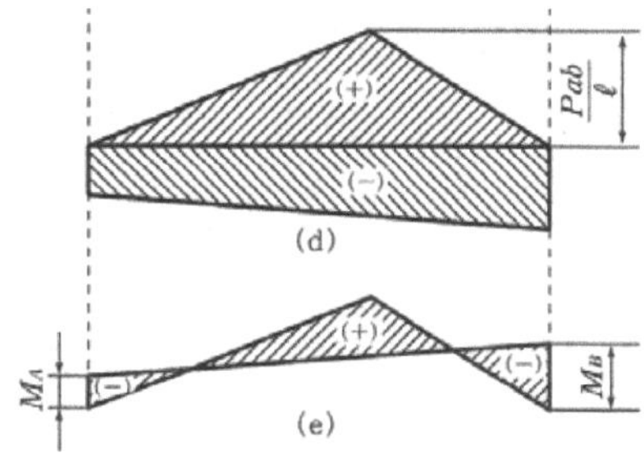

$$\delta = \frac{A_m \ \overline{x}}{EI} = 0, \qquad \therefore A_m \cdot \ \overline{x} \ = 0$$

$$A_m \overline{x} \ = \frac{1}{2} \times \frac{Pab}{l} \times l \left(\frac{l+b}{3} \right) + M_A \, l \times \frac{l}{2} + \frac{(M_B - M_A) l}{2} \times \frac{l}{3} = 0 \qquad \text{(b)}$$

식(a), (b)를 연립으로 풀면

$$M_A = \frac{Pab^2}{l^2}, \qquad M_B = \frac{Pa^2 b}{l^2}$$

$$M_B = \frac{Pa^2 b}{l^2} = \frac{1{,}000 \times 6^2 \times 4}{10^2} = -1{,}440 N \cdot m$$

3. 길이 24m인 양단고정보에 등분포하중 $w = 3N/m$가 작용할 때 중앙의 굽힘 모멘트는?

해석) $M = \frac{wl^2}{24} = \frac{3 \times 24^2}{24} = 72 N \cdot m$

chapter 11 기둥 (Column)

기둥이란 일반적으로 축방향 압축력을 받는 부재를 가르키며, 기둥의 길이에 비해 큰 압축재를 단주라하고, 단면적이 작은 압축재를 **장주**라 한다.

장주의 경우는 휨변형이 발생하여 부러진다. 이것을 좌굴이라 한다. 즉

단주 : 압축응력의 지배를 받은 기둥
장주 : 좌굴응력의 지배를 받은 기둥

11.1 단주

1. 중심축 하중을 받는 단주

압축력이 단면의 도심에 작용하는 경우 단면내에 발생하는 압축응력도 크기는 일정한 등분포 형태이다.

$$\sigma_c = -\frac{P}{A}\ (Pa,\ MPa)$$

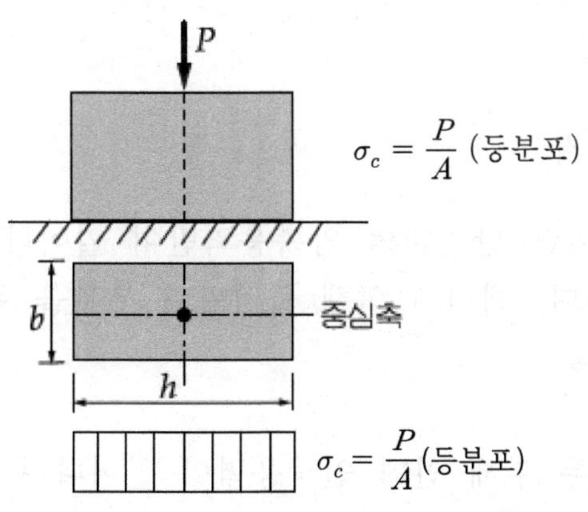

그림 11-1 중심축 하중을 받는 단주

2. 편심 하중을 받는 단주

압축력이 도심에서 편심거리 e만큼 떨어져 작용하는 경우 단면내에 발생하는 압축응력의 크기는 편심거리에 따라 달라지나, 대개는 사다리꼴의 등변분포 형태이다.

$$\sigma_{max} = -\frac{P}{A} + \frac{M}{Z} = -\frac{P}{A} + \frac{Pe}{Z}$$

$$\sigma_{min} = -\frac{P}{A} - \frac{M}{Z} = -\frac{P}{A} - \frac{Pe}{Z}$$

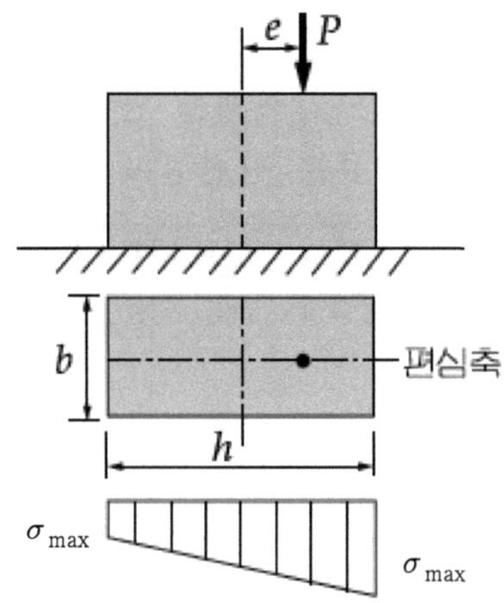

그림 11-2 편심 하중을 받는 단주

3. 편심하중과 핵반경

편심하중을 받는 단주의 도심으로 부터의 편심거리 (e)가 멀어짐에 따라 단면내에 발생하는 최소응력 (σ_{min}) 은 압축응력 또 인장응력이 발생하게 된다.

(1) 핵(core)의 정의

핵점(core point)이란 단면내의 압축응력만이 일어나는 하중의 편심거리 (e)의 한계점을 말하며, 핵점에 의해 둘러싸인 부분을 핵이라 한다.

(2) 단면의 핵 반경

단주는 축력을 받는 부재 인데 인장응력이 일어나려고 하는 한계점의 편심거리에 (e)는 다음에 의해서 구할 수 있다.

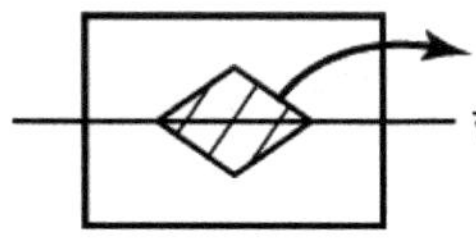

그림 11-3 핵심 반경

$$\frac{P}{A} = \frac{M}{Z} = \frac{Pe}{Z}$$

$$e = \frac{Z}{A} = \frac{I}{Ay}$$

여기서 Z는 단면계수 (mm^3)
A는 단면적 (mm^2)

(3) 기본도형의 핵반경

	직사각형	원
기본도형	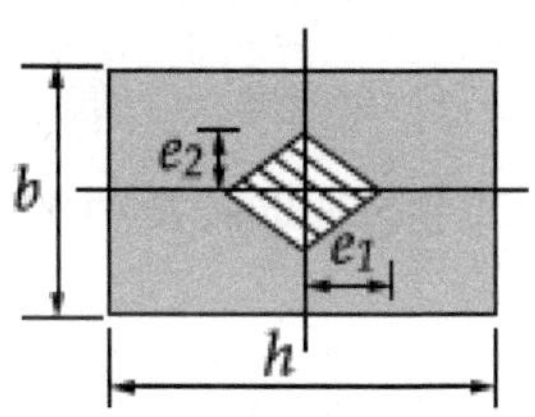	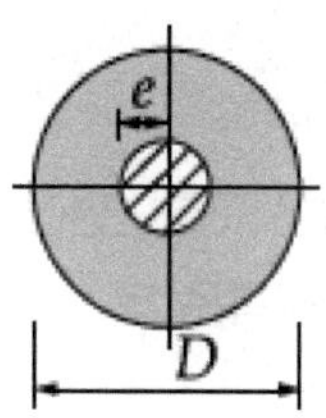
핵반경	$e_1 = \frac{Z_y}{A} = \frac{\frac{bh^2}{6}}{bh} = \frac{h}{6}$ $e_2 = \frac{Z_x}{A} = \frac{b}{6}$	$e = \frac{Z}{A} = \frac{\frac{\pi D^3}{32}}{\frac{\pi D^2}{4}} = \frac{D}{8}$

(4) 편심하중과 응력도

편심거리 e의 위치에 따라 응력분포가 다음과 같이 변화 한다.

직사각형 단면에서 핵거리 $\frac{h}{6}$와 편심거리 e를 비교하면 다음과 같이 4가지 응력분포가 나타난다.

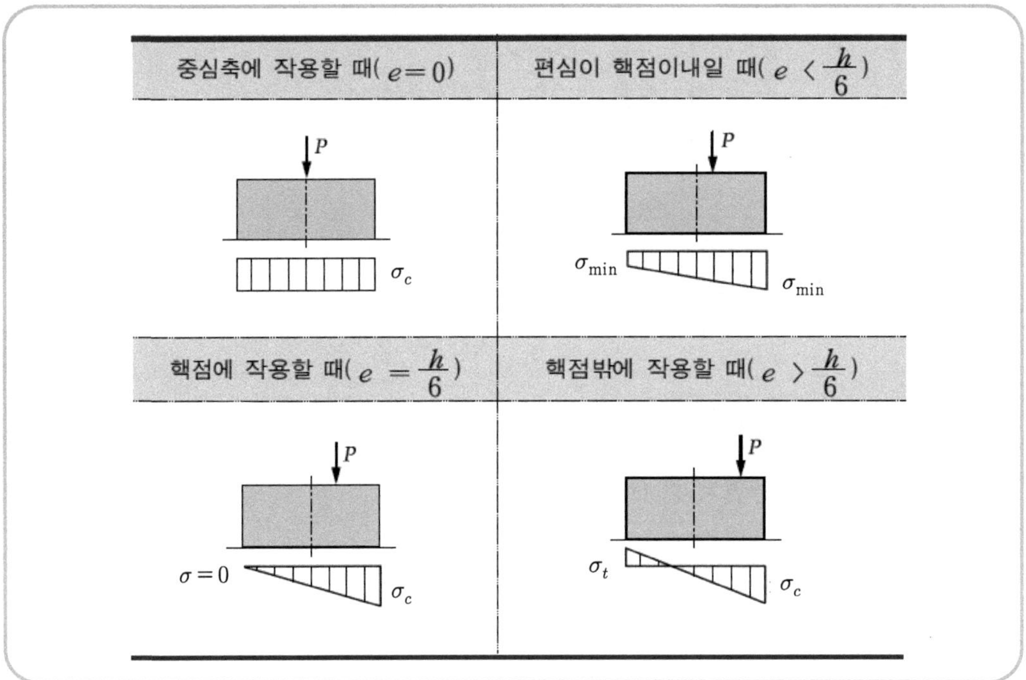

그림 11- 4 단주의 응력 분포도

예제 1

그림과 같은 구형단면이 기둥에 $e=$ 2mm의 편심거리에 $P=$ 100 kN의 압축하중이 작용할 때 최대응력은 몇 MPa인가?

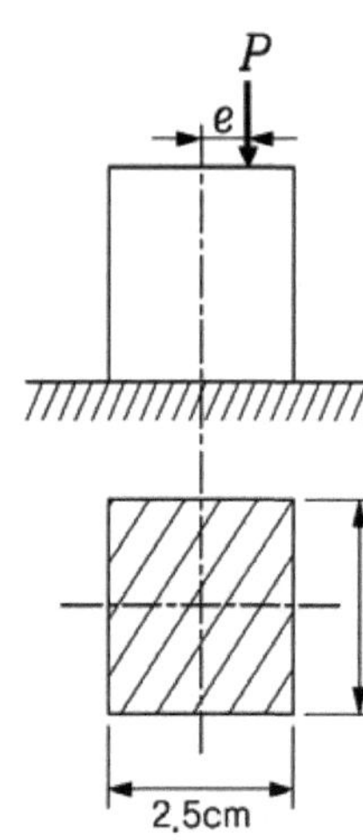

해설)

$$\sigma=\frac{P}{A}+\frac{M}{Z_y}$$

$$=\frac{100\times10^3}{0.025\times0.05}+\frac{6\times100\times10^3\times0.002}{0.05\times0.025^2}=99.2\,MPa$$

여기서 $Z_y=\frac{hb^2}{6}$

예제 2

그림과 같은 단주에 편심거리 e에 압축하중 $P=8\text{kN}$이 작용할 때 단면에 인장력이 생기지 않기 위한 e의 한계는 다음 중 어느 것인가?

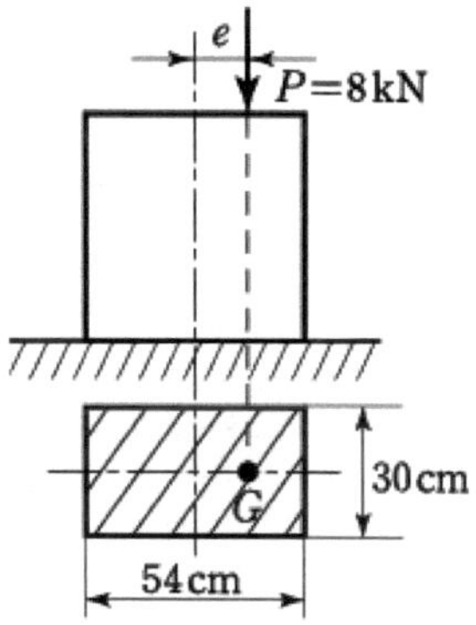

해설) $-\dfrac{h}{6} < e < \dfrac{h}{6} \qquad \dfrac{h}{6}=\dfrac{54}{6}=9\text{cm}$

예제 3

그림과 같은 원통형 단면의 핵반경은 다음 중 어느 것인가?

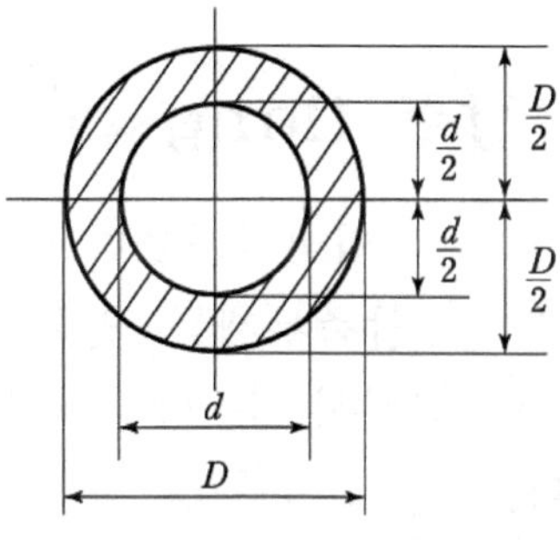

해설) 핵반경 $e=\dfrac{Z}{A}=\dfrac{\dfrac{I}{y}}{\dfrac{\pi}{4}(D^2-d^2)}=\dfrac{\dfrac{\dfrac{\pi}{64}(D^4-d^4)}{D/2}}{\dfrac{\pi}{4}(D^2-d^2)}=\dfrac{D^2+d^2}{8D}$

예제 4

그림과 같은 직사각형의 한변 $a=10\,\text{cm}$의 단면의 일부분이 단면적 $\frac{a}{2}\cdot a$로 감소되어 있을 때, 축 방향에 40kN에 의하여 mn단면에 발생하는 응력은 몇 MPa인가?

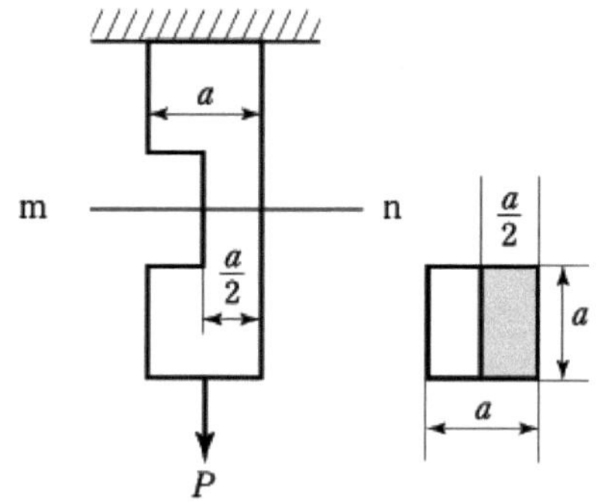

해설)

$$\sigma=\frac{P}{A}+\frac{M}{Z}=\frac{P}{A}+\frac{6Pe}{bh^2}=\frac{40\times10^3}{0.1\times0.05}+\frac{6\times40\times10^3\times0.025}{0.1\times0.05^2}=32\,MPa$$

11.2 장주 (long column)

장주는 기둥의 길이가 길다는 의미라기보다는 단면의 크기 혹은 강성에 비해서 길이가 상대적으로 긴 압축부재를 말한다. 길이가 간 압축부재는 변형이 크게 발생하고, 그로 인해서 축 방향력이 추가로 모멘트를 발생시키므로 이를 고려해야 한다.

1. 장주의 정의

세장비가 일정한 값 이상이 되는 기둥을 말하며, 좌굴에 의해 지배되는 기둥을 장주라 한다. 이 경우 좌굴은 단면 2차 반지름 (회전반경)이 최소인 축을 중심으로 일어난다.

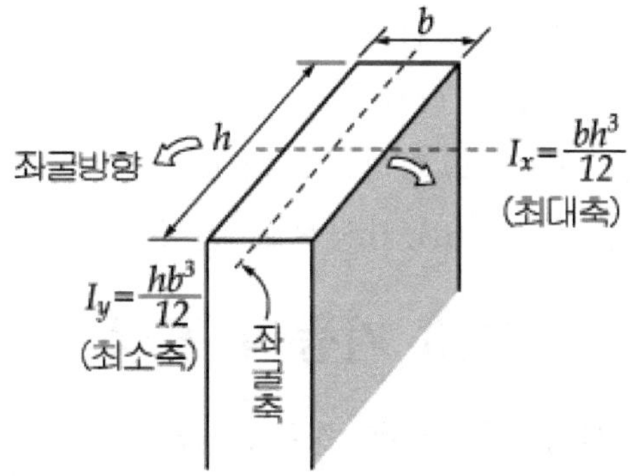

그림 11- 5 장주

※ 참조 장주의 좌굴축
단면 2차 모멘트가 최소인 축은 그 만큼 휨에 대하여 약하므로 좌굴을 일으키게 된다. 이는 단면2차 반지름의 최소인 축이기도 하다.

2. 기둥의 분류

기둥의 굽힘은 단면 2차 모우멘트가 최소로 되는 축에 수직방향으로 일어나고, 기둥의 거동은 기둥 끝단의 지지조건에 따라 다르다. 기둥 끝단의 지지 방법에는 **자유단**(free end), **회전단** (roller end), **고정단** (fixed end)이 있다.

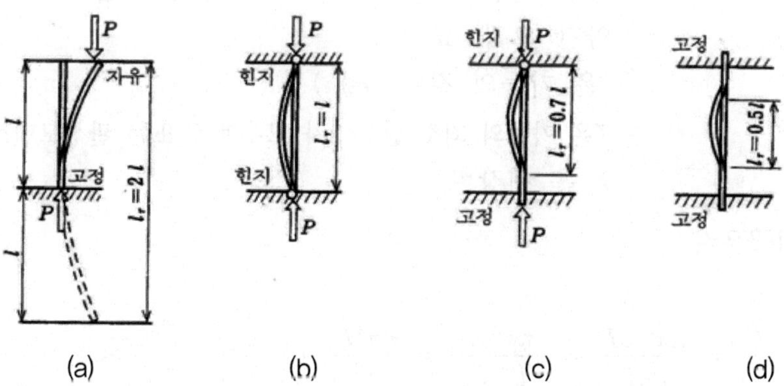

그림 11-6 기둥의 지지방법과 유효길이

지지 방법의 조합에 따라 기둥의 종류는

① 일단고정 타단 자유 (그림 11-7 (a))

② 양단 회전 (그림 11-7 (b))

③ 일단고정 타단 회전 (그림 11-7 (c))

④ 양단고정 (그림 11-7 (d))기둥으로 분류 된다.

11.3 기둥의 공식

기둥을 설계하는데 사용되는 식은 장주는 오일러의 식이, 단주는 기둥에 대한 실험식으로 **고든 랭킨식**, **티트 마이어식**, **존슨식** 등이 사용된다.

1. 오일러의 식

긴 기둥에 작용하는 좌굴하중은 종탄성계수와 관성모우멘트 비례하고, 기둥의 길이에 반비례 한다는 것을 오일러가 다음식 으로 정리 하였다.

(1) 좌굴하중 (임계하중)

$$P_{cr} = \frac{n\pi^2 EI}{l^2} = n\pi^2 \cdot \frac{EAk^2}{l^2} = n\pi^2 \cdot \frac{EA}{\lambda^2} \quad (N) \tag{11-1}$$

여기서

단말조건 계수n 은 일단고정 타단자유 n = 1/4

일단고정 타단회전 n = 2

양단 회전 (힌지) n = 1 (양단이 핀으로 고정)

양단 고정 n = 4

l은 기둥의 길이 (mm)

I은 기둥의 최소 단면 2차 모우멘트 또는 관성모멘트 (mm^4)

λ 은 세장비

(2) 좌굴응력

$$\sigma_{cr} = \frac{P_{cr}}{A} = \frac{n\pi^2 EI}{l^2 A} = \frac{n\pi^2 E}{\left(\frac{l}{k}\right)^2} = \frac{n\pi^2 E}{\lambda^2} \quad [Pa] \tag{11-2}$$

- 최소 단면2차모멘트는 예를 들면 직사각형 단면의 경우 단면2차모멘

트는 $\frac{bh^3}{12}$

또는 $\frac{hb^3}{12}$인 데 두 개 중 최소값을 적용한다.

- 단말 조건계수 n은 기둥을 지지하는 지점의 형태에 따라 정해지는 상수로서 다음 (표 11-1)과 같다. 단말조건계수 n이 클수록 견고한 기둥이며 하중에 대한 처짐도 작다.

표 11.1 기둥의 단말조건계수와 상당길이

기둥의 종류	단말계수의 조건(n)	좌굴길이 $\frac{1}{\sqrt{n}}$
일단고정 타단자유	1/4	$2l$
양단핀	1	l
일단고정 타단핀	2.046	$0.7l$
양단고정	4	$l/2$

(3) 세장비

압축재의 좌굴 길이 (유효길이)l_e 를 단면 2차 반경 k로 나눈 값으로, 통상 λ 로 표시. 세장비가 커지면 좌굴 하중은 작아진다. 각종 구조별로 세장비의 한도가 설계상 정해져 있다.

$$\text{세장비 } \lambda = \frac{L}{k} = \frac{L}{\sqrt{\frac{I}{A}}} \tag{11-3}$$

$$\text{유효세장비 } \lambda_e = \frac{\lambda}{\sqrt{n}} = \frac{l_e}{k} \tag{11-4}$$

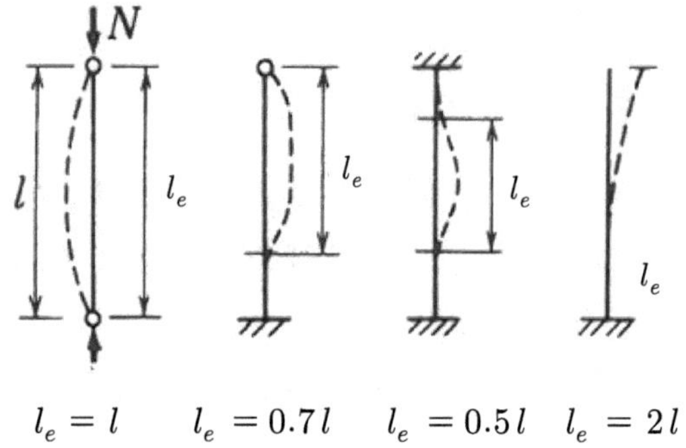

그림 11-7 좌굴길이

※ 참고
장주의 좌굴 응력 (강도)을 계산 할 때는 좌굴에 대한 안전율을 고려하여 최소 2차 반지름이 되도록 설계한다.

2. 장주의 좌굴 오일러 공식

(1) 양단회전 (양단이 핀으로 지지된 기둥)

그림 11-8(a)와 같이 양단이 핀으로 연결된 가늘고 긴 기둥은 오일러 가정을적용할 수 있다.

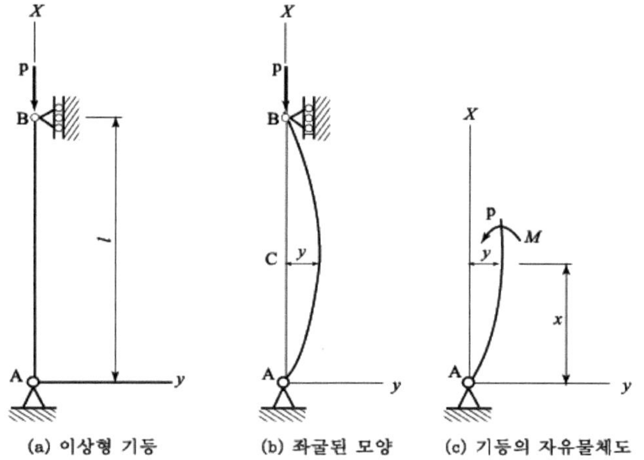

그림 11-8 양단회전

기둥 AB의 양쪽 끝으로부터 압축하중 P가 작용하여 최대처짐 δ의 굽힘을 일으켰다. 여기서 x축을 수직방향, y축을 수평방향으로 잡고, A점으로부터 x의 거리에 있는 기둥의 한점 C의 처짐을 y라 한다.

보의 처짐에 관한 일반식은 다음과 같다.

$$EI\frac{d^2y}{dx^2} = -M \qquad \text{(a)}$$

여기서 x거리에서의 굽힘모멘트는 그림 11-8(c)에서 Py 이므로 선형 미분 방정식은 다음과 같다.

$$EI\frac{d^2y}{dx^2} = -M = -Py \quad \rightarrow EI\frac{d^2y}{dx^2} + Py = 0 \qquad \text{(b)}$$

미분방정식의 일반해를 간편히 쓰가 위하여 다음과 같이 표시하면 $k^2 = \frac{P}{EI}$ 하고 따라서 식 (b)을 정리하면 다음과 같이 쓸 수 있다.

$$\frac{d^2y}{dx^2} + k^2y = 0 \qquad \text{(c)}$$

$$(D^2 + k^2 = 0 \rightarrow D = \pm ki)$$

이 미분방정식의 일반해를 구하면 (∵ 선형미분 방정식 참조)

$$y = A\sin kx + B\cos kx \qquad \text{(d)}$$

여기서 A, B는 적분상수이며 회전단의 경계조건으로부터 구해진다.

즉 $x=0$ 에서 처짐 $y=0$ 및 $x=l$에서 처짐 $y=0$의 조건을 식 (d)에 대입하면 적분상수 A 및 B는 다음과 같이 된다.

$$B=0 \quad A\sin kl = 0$$

$A\sin kl = 0$에서 $B=0$ 또는 $\sin kl = 0$임을 알 수 있다.

그러나 만약 $B=0$이라면 이 기둥은 곧게 선채로 유지되어 하중 P 또한 어떠한 값을 가질 수 있다. 그러므로 $\sin kl = 0$이 되어야 하며 이 식을 만족하기 위해서 $kl = n\pi$가 되어야 된다.

다음 조건들을 대입하여 P 를 구하면

$\sqrt{\frac{P}{EI}}\,l = n\pi$ 에서

$$P_{cr} = \frac{n^2\pi^2 EI}{l^2} \quad n = 1,\ 2,\ 3,\ \cdots \tag{11-5}$$

이 식 (11-5)을 단면적 A로 나누어 임계응력을 구하면 다음과 같다.

$$\sigma_{cr} = \frac{P_{cr}}{A} = \frac{n^2 E\pi}{\left(\frac{l}{k}\right)^2} = \frac{n\pi^2 E}{\lambda^2} \tag{11-6}$$

여기서 λ는 세장비라 하며, 기둥의 지점조건(단말조건)이 달라지는 기둥의 경우를 총괄하여 표시하면 다음과 같은 일반식이 얻어진다.

$$P_{cr} = n\frac{\pi^2 EI}{l^2} \tag{11-7}$$

$$\sigma_{cr} = n\frac{\pi^2 EI}{\left(\frac{l}{k}\right)^2} = n\frac{\pi^2 E}{\lambda^2} \tag{11-8}$$

여기서 n은 기둥양단의 지지조건에 의하여 정해지는 상수이다. 이것은 단말조건계수(coeffcient fixiy)라 한다. 식 (11-7)를 고쳐쓰면

$$P_{cr} = \frac{\pi^2 EI}{\left(\frac{l}{n}\right)^2} \tag{11-9}$$

로 표시할 수 있으며, 여기서 $\frac{l}{\sqrt{n}}$을 장주의 **상당길이**(equivalent length of long column) 또는 **좌굴길이**(buckling length)라 한다. 이러한 길이를 생각하는 것은, 양단회전으로 지지된 장주에서 $n=1$이므로 이 경우를 기준, 기본형으로 하여 같은 좌굴하중을 갖는 다른 단말조건 기둥의 좌굴길이를 표시할 수 있다.

각종의 단말조건을 단말조건계수 n 및 좌굴길이 $\frac{l}{\sqrt{n}}$을 적용하면 표 11-2 과 같다.

[표 11-2] 기둥의 지지방법에 따른 오일러의 공식

구 분	일단고정타단자유	양단힌지	일단고정타단힌지	양단고정
양단지지상태 (•은 변곡점)	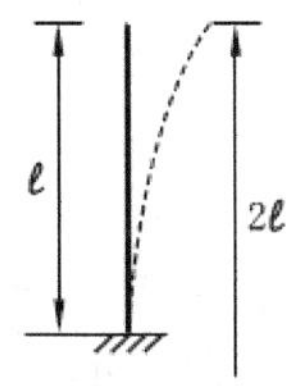	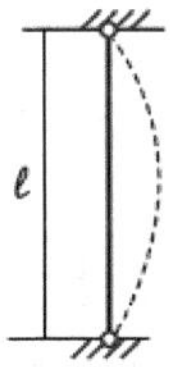	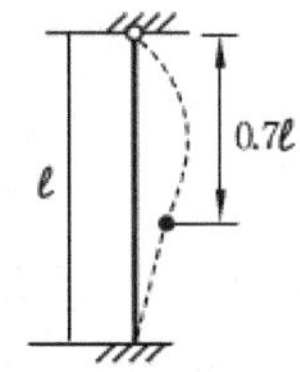	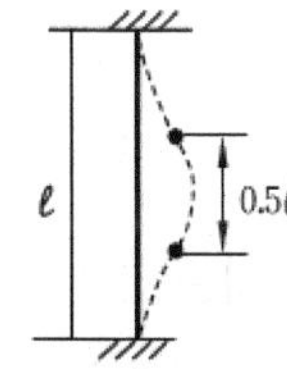
좌굴길이 (l_e)	2ℓ	ℓ	0.7ℓ	0.5ℓ
단말계수	$\frac{1}{4}$	1	2	4
좌굴하중(P_{cr})	$\frac{\pi^2 EI}{4\ell^2}$	$\frac{\pi^2 EI}{\ell^2}$	$\frac{2\pi^2 EI}{\ell^2}$	$\frac{4\pi^2 EI}{\ell^2}$

(2) 가장 먼저 좌굴이 일어나는 기둥은 (단,길이 l인 장주의 재질과 단면적이 동일할 때)

P_{cr}(좌굴임계하중) $= \frac{n\pi^2 EI}{l^2}$에서 n값에 의해 결정

즉 단말계수가 작을수록 좌굴이 먼저 발생한다.

일단고정 타단자유 〉 양단회전 〉 일단고정 타단회전 〉 양단고정

11.4 Euler공식의 적용범위

좌굴에 대한 Euler공식 식$\sigma_{cr} = \frac{n\pi^2 E}{\lambda^2}$ 을 변형하면 다음과 같은 세장비에 대한 식으로 나타낼 수 있다.

$$\lambda = \frac{l}{k} = \sqrt{\frac{n\pi^2}{\sigma_E}} \tag{11-10}$$

이 식은 Eluler 공식의 적용여부를 결정하는 기준이 되는 식으로, 이 식에서는 σ_{cr} 대신 주로 압축 비례한도 σ_E를 사용하며, 이 식에서 구한 λ값 이상의 세장비를 가지고 있는 기둥에는 Euler 공식을 사용할 수 있지만 그 이하의 세장비를 가지고 있는 장주에는 사용할 수 없다.

예를 들어 양단이 핀으로 지지된 연강의 장주에서, 이 재료에 비례한도

가 $\sigma_p = 200\,MPa$이고, 단성계수 E =210 GPa 이라면 이 기둥의 세장비는 다음과 같다.

단말조건계수는 $n = 1$이므로

$$\lambda = \sqrt{n} \cdot \pi \sqrt{\frac{E}{\sigma_p}} = 1 \cdot \pi \sqrt{\frac{210 \times 10^9}{200 \times 10^6}} \simeq 102$$

그러므로 $\lambda \geq 102$이면 연강재료의 장주 계산에서 Euler 공식을 사용할 수 있다. 그러나 $\lambda < 102$인 경우에는 기둥에 횡좌굴이 일어나기 전에 평균압축응력이 먼저 비례한도에 도달하게 되므로 Euler공식이 적용되지 않는다.

또한 기둥의 원형 단면이라면

$$k = \sqrt{\frac{I}{A}} = \frac{d}{4}$$

$$\lambda = \frac{l}{k} = \frac{l}{\frac{d}{4}} = 102$$

$$l = 102 \times \frac{d}{4} = 25.5\,d$$

즉 오일러 공식이 적용되는 한계의 길이l은 적어도 지름의 25.5배가 되어야 한다.

따라서 기둥의 허용응력은 좌굴응력의 적당한 안전계수 S를 고려하여 채택하여야 하며, 세장비의 증가에 따른 좌굴의 영향을 고려하여야 한다.

표 10.3은 각종 재료의 임계세장비 λ_{cr}와 적당한 안전율을 나타낸다.

표 11-3 각종 재료의 임계세장비와 안전율

재료	주철	연철	연강	경강	목재
$\lambda = \frac{l}{k} >$	70	115	100	95	80
S	8–10	5–6	5–6	5–6	10–12

1. 임계 응력 (σ_{cr})과 세장비 ($\lambda = \frac{l}{k}$) 사이의 관계

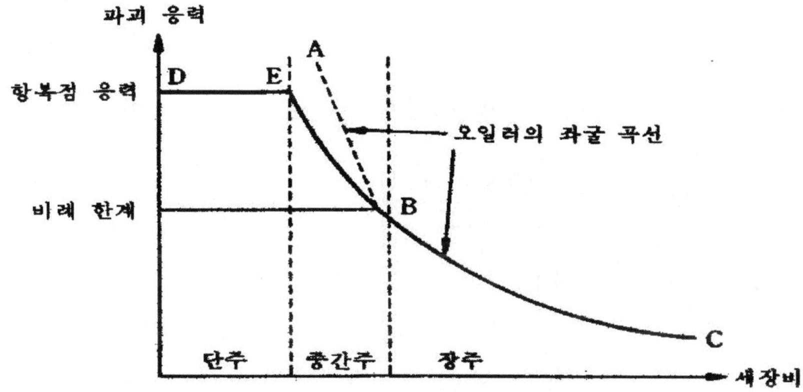

그림11－ 9 오일러 공식의 적용 범위

① BC 구간 : 오일러 공식 적용

② DE 구간 : 세장비가 적은 구간, 단주

③ EB 구간 : 단주와 장주의 중간에 해당하는 기둥

예제 5

내경 $d=4\,\mathrm{cm}$, 외경 $D=5\,\mathrm{cm}$, 길이 $l=2\,\mathrm{m}$의 연강제 원형 기둥에 대한 세장비를 구하여라.

해설)

$$\lambda = \frac{l}{k} = \frac{4l}{\sqrt{D^2+d^2}} = \frac{4\times 200}{\sqrt{5^2+4^2}} = 125$$

$$k = \sqrt{\frac{I}{A}} = \sqrt{\frac{\frac{\pi}{64}(D^4-d^4)}{\frac{\pi}{4}(D^2-d^2)}} = \sqrt{\frac{4\pi(D^4-d^4)}{64\pi(D^2-d^2)}} = \sqrt{\frac{(D^2+d^2)}{4}}$$

예제 6

단면적 4cm×6cm, 길이 l=3m인 연강구형단면의 기둥에서 좌굴응력을 구하여라 (단, 양단고정이고, E=200GPa이다).

해설)

$$\sigma_{cr} = \frac{P_{cr}}{A} = \frac{n\pi^2 EI}{l^2} \times \frac{1}{A} \quad (\text{ 양단고정일 때 단말계수 } n = 4 \text{ })$$

$$= 4 \times \pi^2 \times 200 \times 10^9 \times \frac{(0.06 \times 0.04^3)}{12} / 3^2 \ (0.04 \times 0.06)$$

$$= 169 \times 10^6 \ Pa = 169 \, MPa$$

예제 7

일단고정, 타단회전의 장주가 있다. 단면 $15 \times 10\text{cm}^2$인 사각형, 길이 $l = 3\text{m}$, $E = 100\text{GPa}$이다. 이때 안전율 $S = 10$으로 할 때 오일러의 공식에 의한 최대 안전 압축하중을 구하여라.

해설)

일단고정, 타단회전 인 경우 단말 계수 $n = 2$

좌굴하중 $P_{cr} = \dfrac{n\pi^2 EI}{l^2} = 2 \times \pi^2 \times 200 \times 10^3 \times 15 \ \times 10^3 / (12 \times 3^2) = 2.74 \, MPa$

최대 안전 하중 $P_S = \dfrac{P_{cr}}{S} = \dfrac{2.74}{10} \times 10^3 = 274 \, kPa$

예제 8

유효지름 40mm, 높이 500mm의 하단은 고정되고 상단은 자유인 기둥이 있다. 유효세장비 (effective slenderness ratio)는 얼마인가?

해설)

세장비 $\lambda = \dfrac{l}{k} = \dfrac{l}{\sqrt{\dfrac{I}{A}}} = \dfrac{4l}{d} \quad = \dfrac{4 \times 500}{4\ 0/2} = 100$

유효 세장비 $\lambda_e = \dfrac{\lambda}{\sqrt{n}} = \dfrac{100}{\sqrt{\dfrac{1}{4}}} = 200$

예제 9

그림과 같은 길이 3m인 원형 단면의 연강봉 기둥에 P=100kN의 축압축 하중을 작용하려고 한다. 안전율은 5로 하고 오일러의 공식을 사용하면 이 기둥의 지름은 몇 cm가 옳은가? (단, 기둥은 양단고정이고, 탄성계수 $E=210\,\mathrm{GPa}$이다)

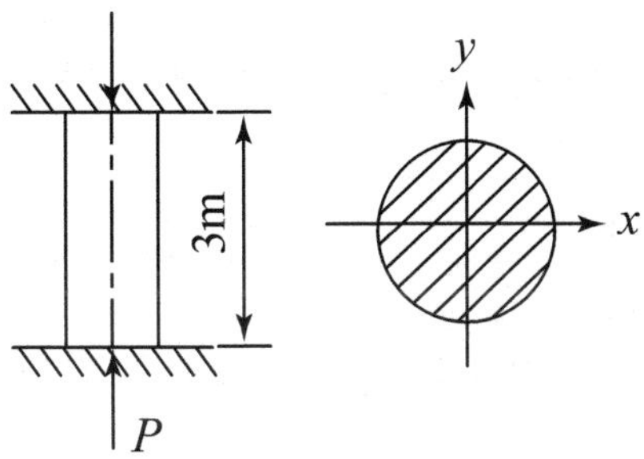

해설)

$$P_{cr}=P\cdot S=\frac{n\pi^2 EI}{l^2}=\frac{4\pi^2 E\pi d^4}{l^2 64}$$

$$d=\sqrt[4]{\frac{64 l^2 P\cdot S}{4\pi^2 E\pi}}=\sqrt[4]{\frac{64\times3^2\times100\times5}{4\pi^2\times210\times10^6\times\pi}}\times100=5.77\,cm$$

11.5 기둥에 대한 기타 공식

기둥의 세장비 λ가 작아지면, 축 기둥의 길이가 짧아지면 압축효과가 증대되기 때문에 압축과 굽힘의 조합에 의해 파괴되므로, 굽힘만을 고려한 오일러 공식은 적용할 수 없다. 따라서 단주, 중간주에도 작용할 수 있는 몇 가지 실험식이 제안 되었다.

1. 골든 랭킨의 공식

일단고정 타단자유의 기둥에 하중 P가 작용하였을 때, 발생하는 최대압축응력은 순수압축과 굽힘을 고려하여 다음 식과 같이 나타낼 수 있다.

$$\sigma_{\max}=\sigma_1+\sigma_2=\frac{P}{A}+\frac{P\delta}{I/y}=\frac{P}{A}\left(1+\frac{\delta y}{l^2}\right)\tag{11-11}$$

식(11-11)의 굽힘에 대한 $\sigma_2=\dfrac{P\delta y}{I}$의 하중 P에 오일러 공식의 임계하중

$$P_{cr} = n\frac{\pi^2 EI}{l^2}$$

을 대입하고 δy에 관해 정리하면

$$\delta y = \frac{\sigma_2 l^2}{n\pi^2 E} \tag{11-12}$$

가 되고, 이 식(11-12)를 식(11-11)에 대입하면 다음과 같이 된다.

$$\sigma = \frac{P}{A}\left[1 + \frac{\sigma_2}{n\pi^2 E}\left(\frac{l}{k}\right)^2\right] \tag{11-13}$$

식(11-13)에서 $\frac{\sigma_2}{\pi^2 E}$는 재료의 종류에 따라 결정되는 상수이므로 C로 표시하고, σ가 항복점 응력 또는 최대응력에 도달하면 파손되므로 P는 좌굴하중에 해다된다. 그러므로 임계응력은 다음과 같이 계산할 수 있다.

$$\sigma_{cr} = \frac{P_{cr}}{A} = \frac{\sigma}{1 + \frac{C}{n}\left(\frac{l}{k}\right)^2} \tag{11-14}$$

이 식을 골든-랭킨의 공식(Gordon-Rankin's formula)이라 하며, 식 중의 n은 오일러 공식에서와 같이 기둥의 양단 지지조건에 의해 결정되는 상수이다. 또, 시험결과에 의한 σ와 C값 및 λ의 범위를 (표 11-4)에 나타내었다.

[표 11-4] 각종 재료에 대한 응력 σ_c 및 골든-랭킨 공식의 적용 범위

재료	$\sigma_c\,(MPa)$	C	$\lambda = \frac{l}{k}$
연강	34	7,500	〈90
연철	25	9,000	〈100
경강	49	5,000	〈85
주철	56	1,600	〈80
목재	5	750	〈60

예제 10

목재로 만들어진 양단고정의 정사각형 기둥의 길이 3m, 한변의 길이 30cm일 때, 최대좌굴응력을 구하시오. (단, $\sigma = 5MPa,\ \ n=4,\ \ C=\frac{1}{750}$ 이다)

해설)

세장비 $\lambda = \frac{l}{k} = \frac{2\sqrt{3}\,l}{h} = \frac{2\sqrt{3}\times 3}{0.3} = 34.64 < 110$ 이하

회전 반경 $k = \sqrt{\frac{I}{A}} = \sqrt{\frac{\frac{h^4}{12}}{h^2}} = \frac{h}{2\sqrt{3}}$

오일러 공식 사용 불가

$$\sigma_{cr} = \frac{P_{cr}}{A} = \frac{\sigma}{1+\frac{C}{n}\left(\frac{l}{k}\right)^2} = \frac{5}{1+\frac{34.64^2}{4\times 750}} = 3.57MPa$$

2. 테트마이어의 직선 공식(Tetmajer's straight line formula)

오일러 공식과 골든-랭킨 공식에서 세장비 λ의 적용범위 이하에서 사용할 수 있는 실험공식을 만들었으며 다음 식과 같다.

$$\sigma_{cr} = \frac{P_{cr}}{A} = \sigma\left[1 - a\left(\frac{l}{k}\right) + b\left(\frac{l}{k}\right)^2\right] \tag{11-15}$$

실험결과에 의한 σ와 a, b 값 및 λ의 범위를 (표 11-5)에 나타내었다.

[표 11-5] 각종 재료에 대한 응력, 상수, a, b 및 테트마이어 공식의 적용

재료	$\sigma_c(MPa)$	a	b	$\lambda = \frac{l}{k}$
연강	31	0.00368	0	〈90
연철	30.3	0.00246	0	〈100
경강	33.5	0.00185	0	〈85
주철	77.6	0.01546	0.00007	〈80

예제 11

길이 2m의 양단회전 연강제 기둥의 안전하중을 구하시오. (단, 안전율 5, 한 변의 길이 10cm인 정사각형이다.)

해설)

테트마이어 공식에 적용할 각각의 수치는 (표 11-5)에서

$\sigma = 31MPa,\ a = 0.00368,\ b = 0$

안전하중 $P = \frac{P_{cr}}{S} = \frac{2.31 \times 10^5}{5} = 4.62 \times 10^5 N$

임계하중 $P_{cr} = \sigma_{cr} A = 23.1 \times 10^6 \times 0.12 = 2.31 \times 10^5 N$

임계응력 $\sigma_{cr} = \sigma[1 - a\left(\frac{l}{k}\right) + b\left(\frac{l}{k}\right)^2]$

$= 31[1 - 0.00368 \times 69.2 + 0 \times 69.2^2] = 23.1MPa$

여기서 $k = \sqrt{\frac{I}{A}} = \sqrt{\frac{\frac{h^4}{12}}{h^2}} = \frac{h}{2\sqrt{3}} = \frac{0.01}{2\sqrt{3}} = 2.89$

$\lambda = \frac{l}{k} = \frac{200}{2.89} = 69.2(10 \sim 105)$

핵심정리

1. 편심하중을 받는 단주

- 최대 응력 $\sigma_{\max} = \sigma_c + \sigma_m = \frac{P}{A} + \frac{M}{Z} = \frac{P}{A} + \frac{Pe}{I/y}$
- 최소 응력 $\sigma_{\min} = \sigma_c - \sigma_m = \frac{P}{A} - \frac{M}{Z} = \frac{P}{A} - \frac{Pe}{I/y}$
- 핵반경 : $\sigma_{\min} = 0$으로 하는 편심거리 즉, 핵반지름 $e = \frac{Z}{A}$

① 원형단면 : 반지름 (편심거리) $e = \frac{d}{8}$ $\because \frac{d}{8} \times 2 = \frac{d}{4}$ (지름)

② 사각형단면 : $e = \frac{b}{6}$ 또는 $\frac{h}{6}$

⇨핵반경의 특징 : 압축응력만 일어나고, 인장응력은 일어나지 않는다.

2.장 주

- 세장비 : $\lambda = \frac{l}{k}$, (단 $k = \sqrt{\frac{I_{\min}}{A}}$ $I = \frac{bh^3}{12}$ 또는 $\frac{hb^3}{12}$ 작은값

  유효세장비 : $\lambda_e = \frac{\lambda}{\sqrt{n}} = \frac{l_e}{k}$ (l_e은 아래 표 참조)

  연강 의 경우 : $\lambda = 100 \sim 102$

  단주 : $\lambda = 30$ 이하, 장주 : $\lambda = 160$ 이상

- 좌굴하중 : $P_{cr} = n\pi^2 \frac{EI}{l^2}$

- 좌굴응력 : $\sigma_{cr} = n\pi^2 \frac{EI}{l^2 A} = n\pi^2 \frac{EK^2}{l^2} = n\pi^2 \frac{E}{\lambda^2}$

- 단말계수(n)의 값

  ① 일단고정,타단자유 : $n = \frac{1}{4}$

  ② 양단회전(=힌지=지지=핀) : $n = 1$

  ③ 일단고정,타단회전 : $n = 2$

  ④ 양단고정 : $n = 4$

- 유효길이(좌굴길이=좌굴장) : $l_e = \frac{l}{\sqrt{n}}$

- 유효세장비(좌굴세장비) : $\lambda_o = \frac{\lambda}{\sqrt{n}}$

- 이상형 기둥에 대한 임계하중 유효길이 및 유효 계수

(a) 핀-핀 지지된 기둥	(b) 고정-자유 지지된 기둥	(c) 고정-고정 지지된 기둥	(d) 고정-핀 지지된 기둥
$P_{cr} = \frac{\pi^2 EI}{L^2}$	$P_{cr} = \frac{\pi^2 EI}{4L^2}$	$P_{cr} = \frac{4\pi^2 EI}{L^2}$	$P_{cr} = \frac{2.046\,\pi^2 EI}{L^2}$
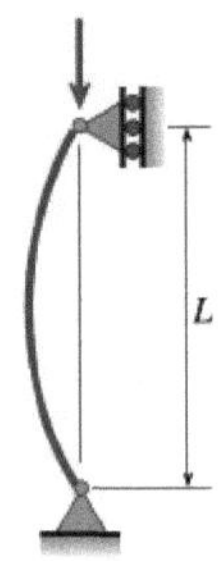	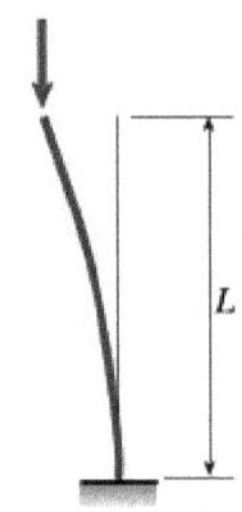	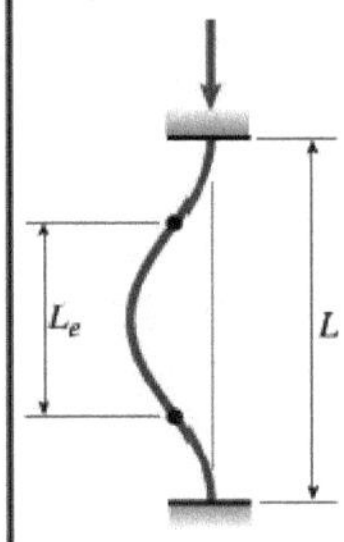	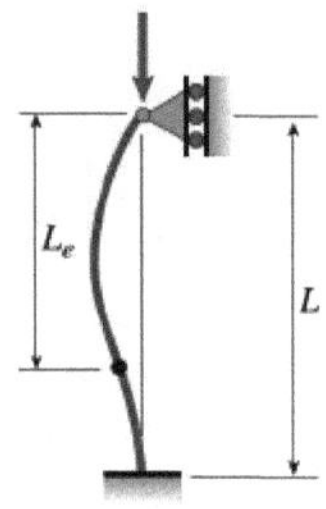
$L_e = L$	$L_e = 2L$	$L_e = 0.5L$	$L_e = 0.699L$
$K = 1$	$K = 2$	$K = 0.5$	$K = 0.699$

연 습 문 제

1. 그림과 같은 직사각형 단면의 짧은 기둥에서 점 P에 압축력 100 kN을 받고 있다. 단면에 발생하는 최대 압축응력은 몇 MPa 인가?

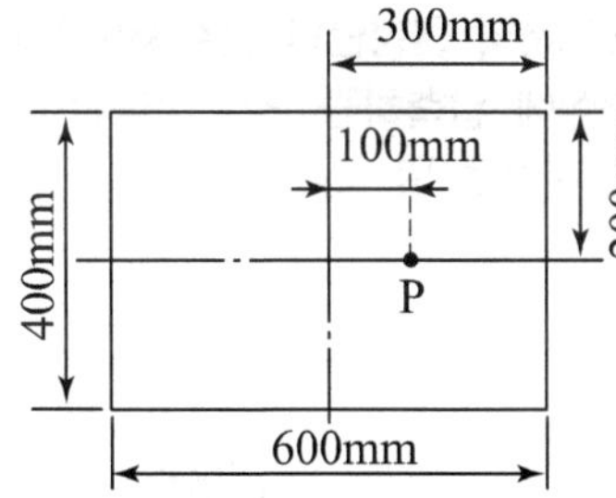

해설) $\sigma = \frac{P}{A} + \frac{M}{Z_y} = \frac{P}{A} + \frac{P \cdot e}{\frac{hb^2}{6}} = \frac{100 \times 10^3}{400 \times 600} = \frac{100 \times 10^3 \times 100}{400 \times 600^2/6}$

$= 0.83\ \text{MPa}$

2. 그림과 같이 10cm×10cm의 단면적을 갖고 양단이 회전단으로 된 부재가 중심축 방향에 압축력 P가 작용하 있을 때 장주의 길이가 2m라면 세장비의 값은 얼마인가?

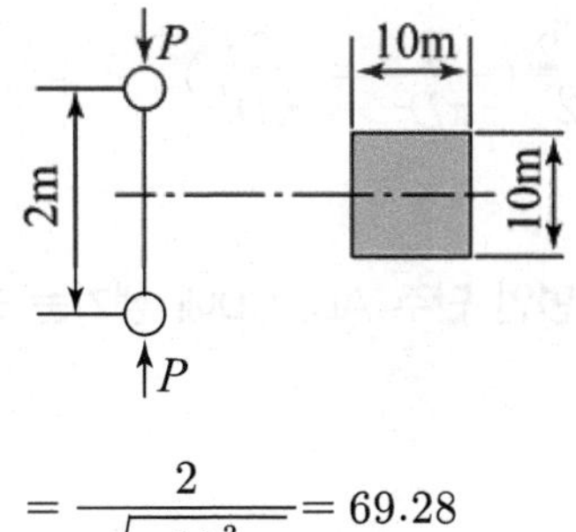

해설) $\lambda = \frac{l}{K} = \frac{l}{\sqrt{\frac{I}{A}}} = \frac{2}{\sqrt{\frac{bh^3}{bh/12}}} = 69.28$

3. 반지름이 40cm 인 원형단면의 단주에서 핵심지름을 구하면 몇 cm 인가 ?

해설) 핵 반지름 $e = \frac{Z}{A} = \frac{\frac{\pi D^3}{32}}{\frac{\pi D^2}{4}} = \frac{D}{8} = \frac{80}{8} = 10\,cm$

지름 $D = 2e = 2 \times 10 = 20\,cm$

4. 길이 l=180cm, 지름 d=30cm의 원형단면 단주(短柱)에 그림과 같이 축선과 45° 를 이루는 방향에서 윗면의 중심에 압축하중 P가 작용한다. 이 단주의 압축허용응력을 150MPa이라 할 때, P의 한계값은 몇 kN인가?

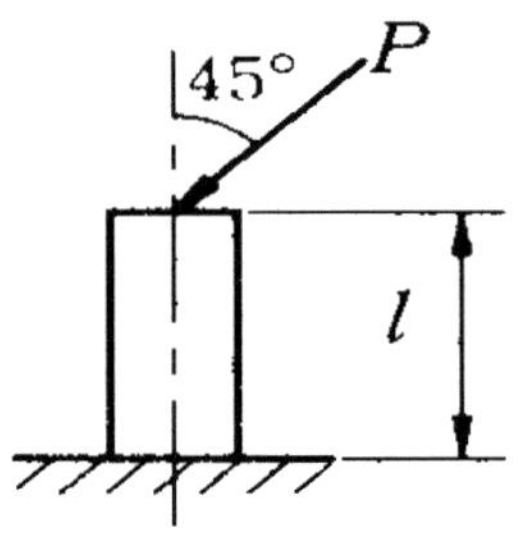

해설) $\sigma_a \geq \frac{P}{A} + \frac{M}{Z} = \frac{P\cos 45}{A} + \frac{(P\sin 45 \times l)}{(\frac{\pi D^3}{32})}$,

$150 \times 10^6 = P\frac{\sqrt{2}}{2}(\frac{4}{\pi D^2} + \frac{32\,l}{\pi D^3})$ P의 한계값 $P = 306kN$

5. 그림과 같은 직사각형 단면인 단주 AB, CD에 생기는 응력은?

해설) 관성모우멘트

$I_y = \frac{bh^3}{12} = \frac{20 \times 30^3}{12} = 45000\,cm^4$

$$M = Pe = 80 \times 8 = 640\,kN \cdot cm$$

$$\sigma_{AB} = -\frac{P}{A} + \frac{Mx_1}{I}$$

$$= -\frac{80}{600} + \frac{640 \times 15}{45\,000}$$

$$= 80\,N/cm^2 \text{ (인장응력)}$$

$$\sigma_{CD} = -\frac{P}{A} - \frac{Mx_2}{I}$$

$$= -\frac{80}{600} - \frac{640 \times 15}{45\,000}$$

$$= -347\,N/cm^2 \text{ (압축응력)}$$

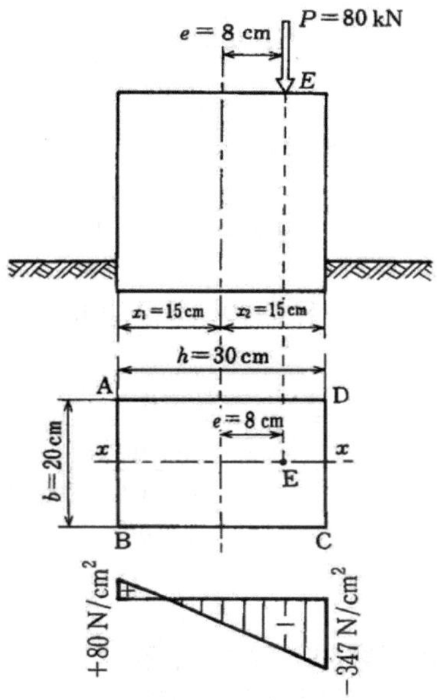

6. 일단고정, 타단힌지로 지지된 기둥이 Euler의 공식을 적용받을 세장비의 한계값은?
(단, 연강의 비례한계와 탄성계수는 각각 $\sigma_p = 28.5MPa$, $E = 2.04 \times 10^4\,MPa$이다.)

해설) $\lambda = \pi \times \sqrt{\dfrac{nE}{\sigma_p}} = \pi \times \sqrt{\dfrac{2 \times 2.04 \times 10^4}{28.5}} \fallingdotseq 119 \fallingdotseq 120$

7. 가로 x 세로가 $30\,cm \times 20cm$의 사각형 단면적을 갖고 있고 양단이 그림과 같이 고정되어 있는 길이 3m 장주의 중심축에 압축력 P 가 작용하고 있을 때 이 장주의 유효 세장비는?

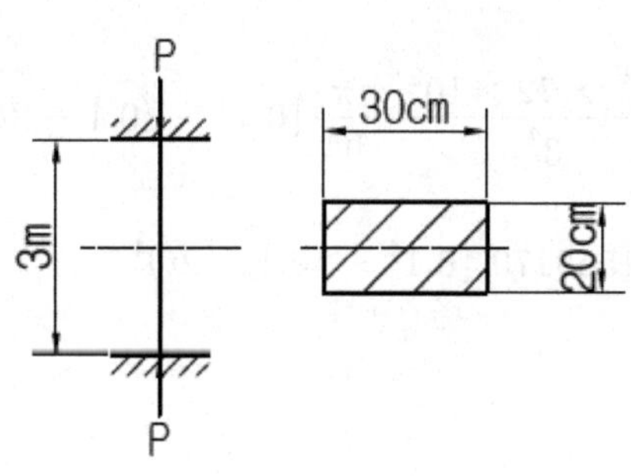

해설) $\lambda_e = \frac{l_e}{k} = \frac{1.5}{0.0577} = \frac{\lambda}{\sqrt{n}} = \frac{52}{\sqrt{4}} = 26$

여기서

단말계수 (양단 고정 $n = 4$)

유효길이 (좌굴길이) $l_e = 0.5l = 0.5 \times 3 = 1.5m$

$$\lambda = \frac{l}{k} = \frac{3}{\sqrt{\frac{\frac{hb^3}{12}}{bh}}} = \frac{3}{\sqrt{\frac{b^2}{12}}} = \frac{3}{\sqrt{\frac{0.2^2}{12}}} \fallingdotseq 52$$

8. 야생동물원의 전망대가 길이 $L = 3m$ 이고, 바깥지름 $d = 100mm$인 한줄로 된 알루미늄 관기둥으로 지지되어 있다. 기둥의 하단은 콘크리트로 고정되고,기둥의 상단은 플랫폼에 의해 횡방향으로 지지되어 있다. 이 기둥의 압축력은 100kN을 받도록 되어 설계된다. 오일러의 좌굴에 대해서 안전계수 S=3 이 요구 될 때 알루미늄관의 최소 두께 t 는 얼마인가 ?

(단, 알루미늄 탄성계수 $E = 72\,GPa$, 비례한도 $\sigma_p = 480\,MPa$)

해설)

임계하중

$$P_{cr} = \frac{n\pi^2 EI}{L^2} = \frac{2.046\pi^2 EI}{L^2} \fallingdotseq \frac{2\pi^2 EI}{L^2}$$

$$P_{cr} \fallingdotseq \frac{2\pi^2\ 72 \times 10^9}{3^2} \frac{\pi}{64} [0.1^4 - (0.1 - 2t)^4]$$

$$300 \times 10^3 = \frac{2\pi^2 \times 72 \times 10^9}{3^2} \frac{\pi}{64} [0.1^4 - (0.1 - 2t)^4]$$

$$300 \times 10^3 = 7751569170\ [0.1^4 - (0.1 - 2t)^4]$$

$$300 \times 10^3 / 7751569170 \quad = \left[0.1^4 - (0.1 - 2t)^4\right]$$

$$0.0000387 = \left[0.1^4 - (0.1 - 2t)^4\right]$$

$$(0.1 - 2t)^4 = 0.1^4 - 0.0000387 \fallingdotseq 0.0000613$$

$$0.1 - 2t = \sqrt[4]{0.0000613} = 0.088$$

지지방법 (고정–pin)

두께 $t = \dfrac{0.1 - 0.088}{2} = 0.005758\,m \fallingdotseq 5.76mm$

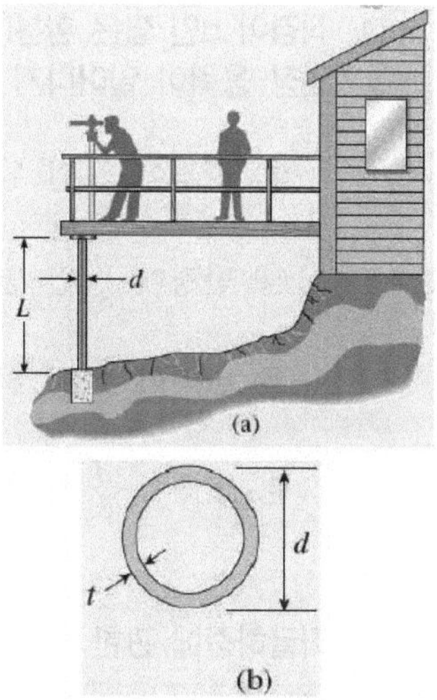

여기서

$$I = \frac{\pi}{64}(D^4 - d^4) = \frac{\pi}{64}(d^4 - (d - 2t)^4)$$

$$I = \frac{\pi}{64}(0.1^4 - (0.1 - 2t)^4)$$

두께 $t = \dfrac{D - d}{2}$

좌굴하중 $P_{cr} = SP = 3 \times 100 = 300\,kN = 300 \times 10^3\ N$

※ 참고

단면적 $A = \dfrac{\pi}{4}[0.1^2 - [0.1 - (2 \times 0.00576)]^2 = 0.0017\,m^2$

$$\sigma_{cr} = \frac{P_{cr}}{A} = \frac{300 \times 1000}{0.0017} / 10^6 \fallingdotseq 176\,MPa < \sigma_p = 480\,MPa \quad ok$$

오일러 좌굴을 이용한 임계하중에 대한 계산은 유효함

응용문제

1. 직경이 d인 짧은 환봉(丸棒)의 축방향에서 P인 편심 압축하중이 작용할 때 단면상에서 인장 응력이 일어나지 않는 a의 범위는? 4

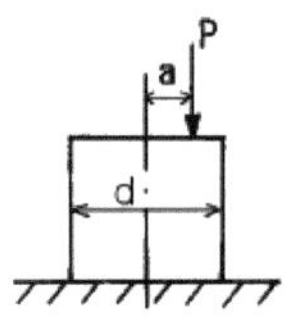

㉮ 반경이 $\frac{d}{8}$ 인 원내에

㉯ 반경이 $\frac{d}{8}$ 인 원밖에

㉰ 반경이 $\frac{d}{8}$ 인 원내에

㉱ 반경이 $\frac{d}{8}$ 인 원밖에

2. 좌굴하중에 관한 다음 설명 중 옳은 것은? 2

㉮ 기둥이 길수록 커진다.

㉯ 기둥의 단면이 클수록 커진다.

㉰ 고정단일 때가 힌지보다 적다.

㉱ 재질이 규칙적이지 못할수록 커진다.

해설) $P_{cr} = n\pi^2 \frac{EI}{l^2} = n\pi^2 \frac{EA}{\lambda^2}$

3. 다음과 같은 수직 빔에 하중 P_{cr}을 가했더니 오른쪽 그림과 같이 좌굴이 일어났다. 이 때 오일러 좌굴하중 P_{cr}은 어느 것인가?

(단, 종탄성계수는E, 관성모멘트는I, 길이는L 이다.)

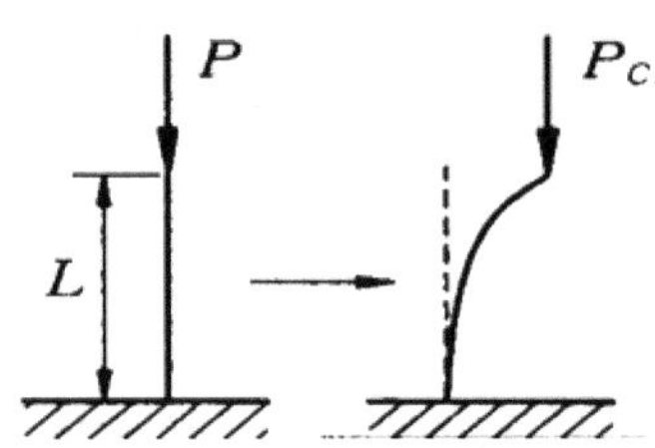

㉮ $\frac{\pi^2 EI}{4L^2}$

㉯ $\frac{\pi^2 EI}{L^2}$

㉰ $\frac{4\pi^2 EI}{L^2}$

㉱ $\frac{9\pi^2 EI}{L^2}$

해설) $P_n = \frac{n\pi^2 EI}{L^2} = \frac{\pi^2 EI}{4L^2}$ $\qquad n = \frac{1}{4}$

4. 구형단면의 단주에서 핵심은 마름모꼴로 나타난다. 이때 마름모의 대각선은 단면 폭(b) 에 비하여 그 크기는 어떻게 되는가? 3

㉮ $\frac{1}{3}$　　㉯ $\frac{1}{4}$　　㉰ $\frac{1}{6}$　　㉱ $\frac{1}{8}$

5. 다음 그림의 기둥들에 대한 오일러 하중의 대수관계를 나타내면 아래의 부등식과 같다. 맞는 것은? 3 (단, 기둥의 단면적과 강성계수는 서로 같다고 한다.)

㉮ $P_A > P_B > P_C$

㉯ $P_A < P_B < P_C$

㉰ $P_B < P_A < P_C$

㉱ $P_C < P_A < P_B$

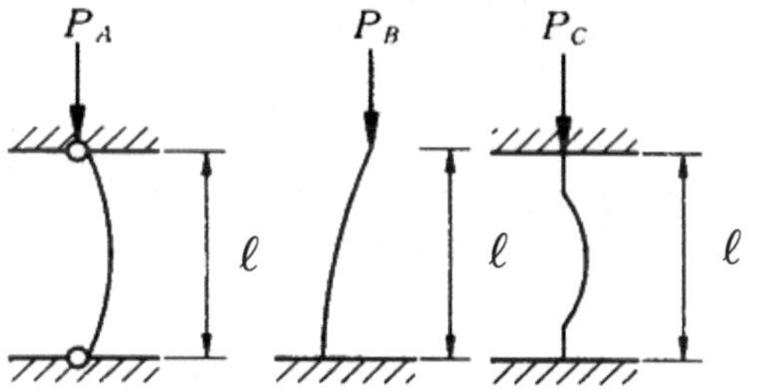

해설) $P_n = n\pi^2 \frac{EI}{l^2}$에서 단면계수(n)에 영향이 있으므로

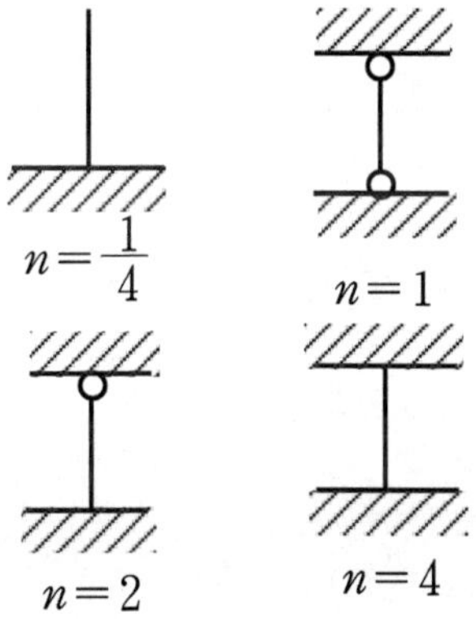

6. 긴 기둥에 관한 설명 중에서 옳지 않은 것은? 1

㉮ 좌굴응력은 세장비의 제곱에 정비례한다.

㉯ 세장비가 어느 한도 이하인 기둥에서의 좌굴하중은 랭킨(rankine)의 공식을 사용한다.

㉰ 좌굴하중은 굽힘 강성 계수와 재료의 압축강도에 따라서 변화된다.

㉱ 세장비가 큰 기둥이 역학적으로 가장 좋다.

해설) $\sigma = \dfrac{n\pi^2 E}{\lambda^2}$ 좌굴 응력이 세장비의 제곱에 반비례한다.

7. 편심하중을 받는 단주에서 핵심(core section)밖으로 하중이 걸리면 응력 분포는 어떻게 되는가? 4

㉮ 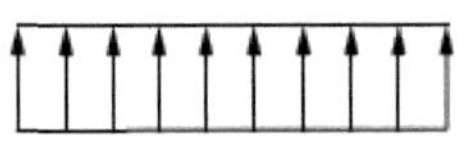

㉯ 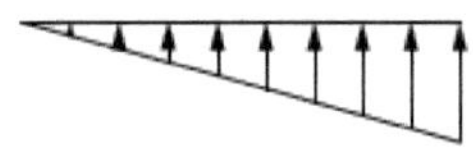

㉰ 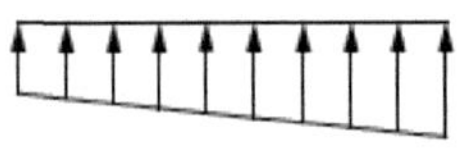

㉱ 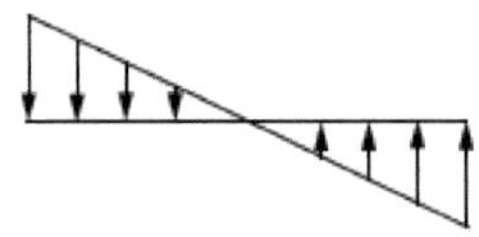

해설) 편심하중이 단면의 핵 밖에 놓이면 반대편에 인장응력 생긴다.

㉮ $e = 0$ ㉯ $e = \dfrac{h}{6}$ ㉰ $e < \dfrac{h}{6}$ ㉱ $e > \dfrac{h}{6}$

부록 I

1. 그리스 문자
2. 국제단위 규격(SI) 및 주요 치수
3. 단위환산표
4. 여러 가지 재료의 세로탄성계수
5. 여러 가지 재료의 기계적 성질
6. 평면의 면적과 도심의 위치
7. 평면도형의 성질
8. 형강의 규격
9. 보의 공식
10. 재료역학에 이용되는 수학공식

01 그리스 문자

대문자	소문자	영문	기호내용
A	α	Alpha	(소) 선팽창계수, 응력집중계수
B	β	Beta	
Γ	γ	Gamma	(소) 전단변형률, 비중량
Δ	δ	Delta	(소) 굽힘량, 변형량, (대) 미소량
E	ε	Epsilon	(소) 변형률
Z	ζ	Zeta	
H	η	Eta	(소) 효율
Θ	θ	Theta	(소) 각도, 처짐각
I	ι	Iota	
K	κ	Kappa	
Λ	λ	Lambda	(소) 변형량, 세장비
M	μ	MU	(소) 마찰계수
N	ν	NU	(소) 프와송의 비
Ξ	ξ	Xi	
O	o	Omicron	
Π	π	Pi	(소) 원주율
P	ρ	Rho	(소) 곡률반지름
Σ	σ	Sigma	(소) 수직응력, (대) 합
T	τ	Tau	(소) 전단응력
Y	υ	Upsilon	
Φ	ϕ	Phi	(소) 각도, 연신율(신장률)
X	χ	Chi	
Ψ	ψ	Psi	(소) 단면수축률
Ω	ω	Omega	(소) 각속도

02 국제단위 규격(SI) 및 중요치수

(1) SI 기본 단위

종 류	표준단위	기 호
길이(length)	m(meter)	m
질량(mass)	kg(kilogram)	kg
시간(time)	s(second)	s
온도(temperature)	K(kelvin)	K
전류(electric current)	A(ampere)	A
광도(luminous intensity)	cd(candela)	cd
물질량(amount of substance)	mol(mole)	mol

(2) 재료역에 필요한 유도단위

양	단위명칭	기호	기본단위와 관계
힘(force)	newton	N	$1N = 1kg \cdot m/s^2$
일,에너지(work, energy)	joule	J	$1J = 1kg \cdot m^2/s^2 = 1N \cdot m$
주파수(frequency)	hertz	Hz	$1Hz = 1S^{-1}$
응력(stress), 압력(pressure)	pascal	Pa(N/m^2)	$N/m^2 = 1kg \div m \cdot s^2$

(3) 환산치수

$1l = 4.45N$	$1kcal = 4.1868J$(증기표)$= 4.18605$(KS)
$1kg = 9.81(\fallingdotseq 10)N$	$1kg \cdot m/S = 6806.65W$(동력)
$1cm = 10^{-2}m$	$1PS = 75kg \cdot m/S$
$1kg/cm^2 = 98.1(\fallingdotseq 100)kN/m^2)$	

(4) SI 단위 접두어

양	접두어(prefix)	기호	양	접두어(prefix)	기호
10^{18}	엑사(exa)	E	10^{-1}	데시(deci)	d
10^{15}	페타(peta)	P	10^{-2}	센티(centi)	c
10^{12}	테라(tera)	T	10^{-3}	밀리(milli)	m
10^{9}	기가(giga)	G	10^{-6}	마이크로(micro)	μ
10^{6}	메가(mega)	M	10^{-9}	나노(nano)	n
10^{3}	킬로(kilo)	k	10^{-12}	피코(pico)	P
10^{2}	헥토(hecto)	h	10^{-15}	펨토(femto)	f
10	데카(deka)	da	10^{-18}	아토(atto)	a

(5) 중요 치수

$\pi = 3.14159\ 26535\ 89793$ $\qquad \pi^2 = 9.86960\ 44010$

$\frac{1}{\pi} = 0.31830\ 98861\ 83791$ $\qquad \frac{1}{\pi^2} = 0.10132\ 11836$

$\sqrt{\pi} = 1.77245\ 38509$ $\qquad \frac{1}{\sqrt{\pi}}\ 0.56418\ 95835$

$e = 2.71828\ 18284\ 59045$ $\qquad \frac{1}{e} = 0.36787\ 94411\ 71442$

$\log_{10} e = 0.4343$ $\qquad \log_e 10 = 2.3026$

$\log_{10} N = 0.4343 \log_e N$ $\qquad \log_e N = 2.3026 \log_{10} N$

$g = 980.665\ \mathrm{cm/sec}^2$

$1\mathrm{rad(radian)} = \frac{180}{\pi} = 57.29577\ 95130^\circ = 57^\circ\ 17'44.806''$

$1^\circ\ (\mathrm{degree}) = \frac{\pi}{180}\ \mathrm{rad} = 0.00745\ 32925\,\mathrm{rad}$

대기압 $= 1\mathrm{atm} = 1.0332\mathrm{kg/cm}^2 = 760\ \mathrm{mmHg}$

물의 비중량 $\gamma = 1\mathrm{g/cm}^3 = 0.001\ \mathrm{kg/cm}^3 = 1000\ \mathrm{kg/m}^3$(4℃, 1atm)

$^\circ\mathrm{F} = \frac{9}{5}$ ℃ $+ 32$, ℃ $= \frac{5}{9}(^\circ\mathrm{F} + 32)$, 절대온도 $\mathrm{K} = 273.16 + t$ ℃

03 단위 환산표

■ 길 이

미 터 法			푸트 · 파운드法				尺 貫 法			
센티미터 (cm)	미 터 (m)	킬로미터 (km)	인 치 (in)	피 트 (ft)	야 드 (yd)	마 일 (mi)	尺 (chock)	間 (kan)	町 (chong)	里 (ri)
1	0.01	0.00001	0.3937	0.03281	0.01094	0.000006	0.033	0.0055	0.000092	0.0000025
100	1	0.001	39.37	3.2808	1.0936	0.00062	3.3	0.55	0.009166	0.00025
100,000	1000	1	39,370.7	3280.8	1093.6	0.62137	3300	550	9.1666	0.25463
2.54	0.0254	0.000025	1	0.08333	0.02777	0.000015	0.08382	0.01397	0.000232	0.0000065
30.48	0.3048	0.000304	12	1	0.3333	0.000189	1.0058	0.16763	0.002793	0.000078
91.44	0.9144	0.000914	36	3	1	0.000568	3.0175	0.50292	0.008381	0.000232
160,930	1609.3	1.6093	63,360	5280	1760	1	5310.8	885.12	14.752	0.40978
30.303	0.30303	0.000303	11.93	0.99419	0.33139	0.000188	1	0.16666	0.002777	0.000077
181.818	1.81818	0.001818	71.582	5.96516	1.98838	0.001129	6	1	0.01666	0.00046
10,909.08	109.091	0.10909	4294.94	357.912	119.304	0.06779	360	60	1	0.02777
392,727	3927.27	3.92727	154,620	12,885	4295	2.4403	12,960	2160	36	1

■ 면 적

미 터 法			푸트 · 파운드法				尺 貫 法			
평방미터 (m^2)	아 르 (a)	헥타르 (ha)	평방킬로미터 (km^2)	평 방 피 트 (ft^2)	평 방 야 드 (yd^2)	에이커 (ac)	平方尺 ($chock^2$)	坪 (pyong)	段(反)步 (tanbo)	町步 (chonbo)
1	0.01	0.0001	0.000001	10.764	1.1968	0.000247	10.89	0.3025	0.001008	0.0001
100	1	0.01	0.0001	1076.4	119.68	0.024711	1089	30.25	0.10083	0.01008
10,000	100	1	0.01	107,640	11,968	2.4711	108,900	3025	10.083	1.0083
1,000,000	10,000	100	1	10,764,000	1,196,800	247.11	10,890,000	302,500	1008.3	100.83
0.092903	0.000929	0.000009	0.00000009	1	0.1111	0.000022	1.0117	0.0281	0.000093	0.000009
0.83613	0.008361	0.000084	0.00000084	9	1	0.000207	9.1055	0.25293	0.000843	0.000084
4046.8	40.468	0.40468	0.004047	43,560	4840	1	44,071.2	1224.2	4.0806	0.40806
0.091827	0.000918	0.000009	0.00000009	0.98841	0.10982	0.000023	1	0.02778	0.000092	0.000009
3.3058	0.033058	0.000331	0.000003	35.583	3.9537	0.000817	36	1	0.003333	0.000333
991.74	9.9174	0.099174	0.000992	10,674.9	1186.3	0.24506	10,800	300	1	0.1
9917.4	99.174	0.99174	0.00992	106,749	11,861	2.4506	108,000	3000	10	1

■ 체적/단면계수

미 터 法			푸트·파운드法				尺 貫 法			
밀리리터 (ml) (cm^3)	리 터 (l)	킬 로 리 터 (kl)	입 방 인 치 (in^3)	입 방 피 트 (ft^3)	입 방 야 드 (yd^3)	(美)液 갈 론 (gal)	合 (hop)	升 (sung)	斗 (tu)	石 (suk)
1	0.001	0.000001	0.061024	0.000035	0.000001	0.000264	0.005543	0.00054	0.000055	0.000005
1000	1	0.001	61.024	0.035315	0.001308	0.264177	5.5435	0.55435	0.055435	0.005543
1.000,000	1000	1	61,024	35.315	1.30796	264.177	5543.5	554.35	55.435	5.5435
16.386	0.01638	0.000016	1	0.000578	0.000021	0.004329	0.0908	0.000908	0.000908	0.0000908
28,316.8	28.317	0.02831	1728	1	0.03704	7.48051	156.98	15.698	1.5698	0.15698
764,529.8	764.53	0.76453	46,656	27	1	201.97	4238.09	423.809	42.380	4.2380
35,238.32	35.2383	0.035238	2150.42	1.2444	0.04608	9.3096	195.349	19.5346	1.9534	0.19534
473.18	0.47318	0.000473	28.875	0.01671	0.000619	0.125	2.623	0.2623	0.0262	0.00262
3785.4	3.7854	0.00378	231	0.13368	0.004951	1	20.984	2.0984	0.20984	0.02098
180.39	0.18039	0.000180	11.08	0.00637	0.000235	0.01765	1	0.1	0.01	0.001
1803.9	1.8039	0.00180	110.08	0.0637	0.002359	0.4765	10	1	0.1	0.01
18,039	18.039	0.01803	1100.8	0.637037	0.023594	4.7654	100	10	1	0.1
180,390	180.39	0.18039	11,008	6.37037	0.23594	47.654	1000	100	10	1

■ 단면2차모멘트

미 터 法			푸트·파운드法		
cm^4	mm^2-m^2	m^4	in^4	in^2-ft^2	ft^4
1	0.01	0.00000001	0.024025	0.00016684	0.0000011586
100	1	0.000001	2.4025	0.016684	0.00011586
100,000,000	1,000,000	1	2.402,510	16,684	115.86
41,623	0.41623	0.00000041623	1	0.0069444	0.000048225
59,937	599.37	0.00059937	144	1	0.0069444
863,100	8631.0	0.0086310	20,736	144	1

■ 중 량

미 터 法			푸트·파운드法				尺 貫 法		
그램(g)	킬로그램(kg)	톤(t)	온스(oz)	파운드(lb)	美(t)	英(t)	匁(don)	斤(kun)	貫(kwan)
1	0.001	0.000001	0.035271	0.0022	0.000001	0.0000009	0.26666	0.00166	0.000266
1000	1	0.001	35.273	2.20459	0.0011	0.00098	266.666	1.66666	0.26666
1,000,000	1000	1	35,273	2204.59	1.1023	0.98421	266,666.6	1666.66	266.666
0.064798	0.000064	0.00000006	0.002285	0.000143	0.00000007	0.00000005	0.01728	0.000108	0.000017
28.3495	0.02835	0.000028	1	0.0625	0.000031	0.000027	7.56	0.04725	0.00756
453.592	0.45359	0.000454	16	1	0.000504	0.00045	120.96	0.756	0.12096
907,180	907.18	0.90718	32,000	2000	1	0.8929	241,915	1511.968	241.915
1,016,050	1016.05	1.01605	35,840	2240	1.12	1	270,944	1693.4	270.95
3.75	0.00375	0.000004	0.1323	0.00827	0.000004	0.0000037	1	0.00625	0.001
600	0.6	0.0006	21.1647	1.32279	0.000661	0.00059	160	1	0.16
3750	3.75	0.00375	132.28	8.2672	0.00413	0.00669	1.0300	6.25	1

■ 힘의 모멘트/에너지/일

미 터 法			푸트 · 파운드法	
kg-cm	kg-m	t-m	lb-in	lb-ft
10.1972	0.10197	0.0001020	8.850627	0.737552
1	0.01	0.00001	0.86795	0.072329
100	1	0.001	86.795	7.2329
100,000	1000	1	86,795	7232.9
1.15214	0.011521	0.0000115	1	0.08333
13.8257	0.13826	0.000138	12	1

■ 분포하중의 세기

미 터 法			푸트 · 파운드法	
kg/m	t/m	lb/in	lb/ft	lb/yd
0.10197	0.000102	0.0057101	0.068522	0.205565
1	0.001	0.0560	0.67195	2.0159
1000	1	55.996	671.95	2015.9
17.858	0.01786	1	12	36
1.4882	0.001488	0.08333	1	3
0.49606	0.000496	0.02778	0.3333	1

■ 압력/응력

bar	kg/cm²	lb/in²	표준기압	수 은 주(Hg)		水 柱[H_2O(Aq)]	
			atm	m	in	m	ft
1	1.0197	14.50	0.9869	0.7501	29.53	10.197	33.48
0.9807	1	14.22	0.9678	0.7356	28.96	10.000	32.81
0.06895	0.07031	1	0.06805	0.05171	2.036	0.7031	2.307
1.0133	1.0332	14.70	1	0.760	29.92	10.33	33.90
1.3332	1.3595	19.34	1.3158	1	39.37	13.60	44.60
0.03386	0.03453	0.4912	0.3342	0.02540	1	0.3453	1.133
0.09806	0.10000	1.422	0.09678	0.07355	2.896	1	3.281
0.02989	0.03048	0.4335	0.02950	0.02242	0.8827	0.3048	1

■ 밀 도

g/cm³	lb/in³	lb/ft³	英 t/yd³	lb/英 gallon	lb/美 gallon
1	0.03613	62.43	0.7525	10.02	8.345
27.68	1	1728	20.83	277.4	231
0.01602	0.0005787	1	0.01205	0.1605	0.1337
1.329	0.04801	82.96	1	13.32	11.09
0.0998	0.003605	6.229	0.07508	1	0.8327
0.1198	0.004329	7.481	0.09017	1.201	1

■ 속 도

m/sec	km/hr	knot(m 法)	ft/sec	mile/hr	°/sec	rpm	rad/sec
1	3.6	1.944	3.281	2.237	1	0.1667	0.01745
0.2778	1	0.5400	0.9113	0.6214			
0.5144	1.852	1	1.688	1.151	6	1	0.1047
0.3048	1.097	0.5925	1	0.6818			
0.4470	1.609	0.8690	1.467	1	57.30	9.549	1

■ 동 력

馬 力		kW	kg-m/sec	ft-lb/sec	kcal/sec	BTU/sec
PS(m 法)	HP(英國)					
1	0.98632	0.73550	75	542.48	0.17570	0.69723
1.0139	1	0.74570	76.040	550	0.17814	0.70690
1.3596	1.3410	1*	101.97	737.56	0.23889	0.94797
0.013333	0.013151	0.00980665	1	7.2330	0.023427	0.0092964
0.0018434	0.0018182	0.0013558	0.13825	1	0.0032389	0.0012835
5.6914	5.6136	4.18605	426.86	3087.5	1	3.9683
1.4342	1.4146	1.0549	107.57	778.04	0.252	1

* 1kW = 1000 W = 1000 J/sec = 1 kJ/sec

■ 일, 에너지 및 열량 환산

joule	kg-m	ft-lb	kWh	HPh 미터법	HPh 英國制	kcal	Btu
1	0.10204	0.7381	$0.0_6 2778$	$00_6 3777$	$0.0_6 3725$	0.0002389	0.0009479
9.8	1	7.233	$0.0_5 2722$	$0.0_5 3701$	$0.0_5 3651$	0.002341	0.009290
1.355	0.1383	1	$0.0_6 3764$	$0.0_6 5117$	$0.0_6 5047$	0.0003237	0.001284
3.6×10^6	3.673×10^5	2.657×10^6	1	1.360	1.341	859.9	3412
2.648×10^6	2702×10^5	1.954×10^6	0.7355	1	0.9863	632.5	2510
2.685×10^6	2.74×10^5	1.981×10^6	0.7458	1.014	1	641.6	2546
4186	427.2	3090	0.001163	0.001581	0.001559	1	3.968
1055	107.6	778.62	0.000293	0.0003984	0.0003928	0.252	1

■ 비열, 발열량 및 전열 환산

1kcal/kg℃ = 1Btu/lb°F	1kcal/mh℃ = 0.6720Btu/fth°F
1kcal/kg = 1.8Btu/lb	1Btu/fth°F = 1.488kcal/mh℃
1Btu/lb = 0.555kcal/kg	1kcal/m³ = 0.1124Btu/ft³
1kcal/m² = 0.3687Btu/ft²	1Btu/ft³ = 8.899kcal/m³
1Btu/ft² = 2.713kcal/m²	1kcal/mh℃ = 8.063Btu : in/ft²h°F
1kcal/m²h℃ = 0.2048Btu/ft²h℃	1Btu. in/ft²h°F = 0.124kcal/mh℃
1Btu/ft²h°F = 4.882kcal/m²h℃	

■ 유량 환산

m^3/h	l/min	l/s	ft^3/h	ft^3/min	Imp. gal/min	USA gal/min
1	16.67	0.2778	35.32	0.5887	3.666	4.403
0.060	1	0.01667	2.119	0.03532	0.220	0.2642
3.6	60	1	127.1	2.119	13.20	15.85
0.02832	0.4720	0.007867	1	0.01667	0.1038	0.1247
1.699	28.32	0.4720	60	1	6.232	7.481
0.2725	4.543	0.07571	9.624	0.1604	1	1.201
0.2271	3.785	0.06309	8.022	0.1337	0.8327	1

04 여러 가지 재료의 세로탄성계수

재 료	E ($kg/cm^2 \times 10^6$)	G ($kg/cm^2 \times 10^6$)	K ($kg/cm^2 \times 10^6$)	E (psi) $\times 10^6$	G (psi) $\times 10^6$	K (psi) $\times 10^6$	$1\,m = \mu$
철	2.15	0.83	1.75	30.58	11.81	24.89	
연강(C0.12~0.2%)	2.12	0.84	1.48	30.16	11.95	21.05	
연강(C0.4~0.5%)	2.09	0.84	1.36	29.73	11.95	19.35	0.28~0.3
주 강	2.15	0.83	1.75	30.58	11.81	24.89	
주 철	0.75~1.30	0.29~0.40	0.6~1.73	10.67~18.49	4.13~5.69	8.54~24.61	0.2~0.3
니켈강(Ni 2~3%)	2.1	0.84	1.4	29.87	11.95	19.92	0.3
니 켈	2.1	0.73	1.54	29.87	10.38	21.29	0.31
텅 스 텐	3.7	1.6	3.33	52.63	22.76	47.37	0.17
구 리	1.25	0.47	1.22	17.79	6.69	17.35	0.34
청 동	1.16			16.5			
인 청 동	1.34	0.43	3.84	19.6	6.12	54.62	0.187
포 금	0.95	0.40	0.51	13.51	5.69	7.25	
황동(7·3)	0.98	0.42	0.49	13.94	5.97	6.97	0.34
알루미늄	0.72	0.27	0.72	10.24	3.84	10.24	0.34
듀랄루민	0.70	0.27	0.57	9.96	3.84	8.11	0.33
주 석	0.55	0.28	0.18	7.82	3.98	2.56	0.45
납	0.17	0.078	0.07	2.42	1.01	1.00	0.45
아 연	1.00	0.30	1.0	14.23	4.27	14.23	0.2~0.3
금	0.81	0.28	2.52	11.52	3.98	35.85	0.42
은	0.81	0.29	1.31	11.52	4.13	18.63	0.48
백 금	1.70	0.62	2.2	24.18	8.82	31.3	0.39

05 여러 가지 재료의 기계적 성질

재 료	파 괴 응 력(kg/cm^2)			파 괴 응 력(psi)		
	인 장	압 축	전 단	인 장	압 축	전 단
연 철	3300~4000	3300~4000	2600~3300	49,500	49,500	37,000
연 강	3400~4500	3400~4500	2900~4000	48,365~64,012.5	48,365~64,012.5	412,525~56,900
주 강	3500~7000	3500~7000		67,000	71,125~105,625	
니 켈 강	5000~7400	5000~7400		71,125~105,625	100,000	
주 철	1200~2400	7000~8500	1300~2600	19,000	45,000	22,500
구 리	1400~3200	3200		20,000~45,000	45,000	
황 동(7·3)	1300	780	1400	18,000	11,000	20,000
포 금	2200~2700		2400	34,500		34,000

재 료	파 괴 응 력(kg/cm^2)			세로탄성계수	파 괴 응 력(psi)			세로탄성계수
	인장	압축	전단	$E(kg/cm^2) \times 10^5$	인장	압축	전단	$E(psi) \times 10^5$
미송, 소나무	1000	500	78	0.90	14,225	7112.5	1109.6	12.8
이 깔 나 무	500	280	56	0.70	7112.5	3983	796.6	10.0
전 나 무	900	420	70	0.80	12,802.5	5974.5	995.75	11.4
밤 나 무	1000	560	78	0.70	14,225	7966	1109.6	10.0
떡 갈 나 무	1000	700	16	1.2	14,225	9957.5	227.6	17.1
대	3500	650		1.2~3.1	49,787.5	1246.25		17.7~44.1
유 리	250	1500		0.75	3556.3	21,337.5		106.69
화 강 암		600~850		1.4		8535~12,091.3		19.9
사 암		200~300		1.0		2845~4267.5		14.2
석 회 암		300~500		1.2		4267.5~7112.5		17.1
시 멘 트		100~120		1.4		1422.5~1707		19.9
콘 크 리 트		180~250		0.84		2560.5~3556.3		12.0
벽 돌		60~120		0.84		853.5~1707		11.9
가 죽 벨 트	380				5405.5			

06 평면의 면적과 도심의 위치

명칭	치 수	면 적	圖心의 위치
3각형	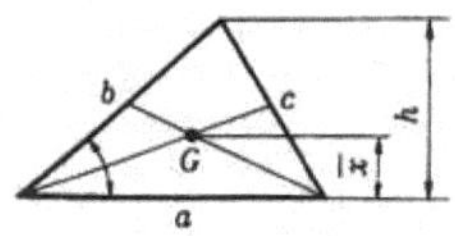	$A=\frac{ah}{2}=\frac{ab\sin\alpha}{2}$ $=\sqrt{S(S-a)(S-b)(S-c)}$ $S=\frac{a+b+c}{2}$	$\bar{x}=\frac{h}{3}$
직3각형	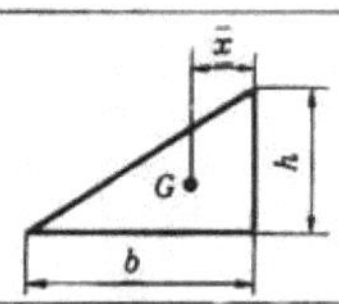	$A=\frac{bh}{2}$	$\bar{x}=\frac{b}{3}$
직4각형	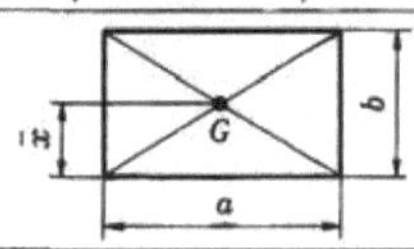	$A=ab$	$\bar{x}=\frac{b}{2}$
평행4변형	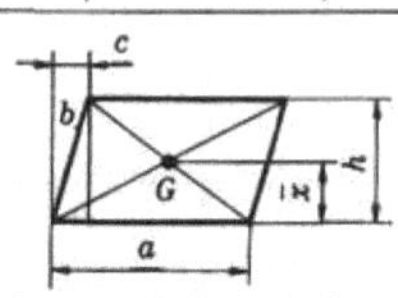	$A=ah$ $h=\sqrt{b^2-c^2}$	$\bar{x}=\frac{h}{2}$
사다리꼴	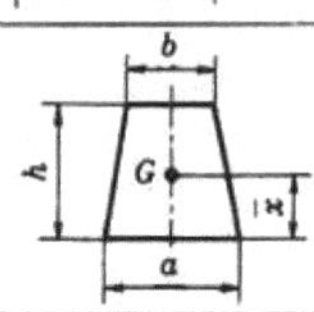	$A=\frac{(a+b)}{2}h$	$\bar{x}=\frac{h}{3}\left(\frac{a+2b}{a+b}\right)$
원	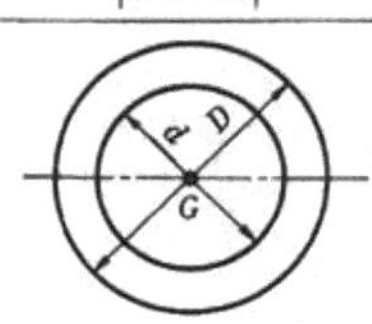	$A_1=\frac{\pi d^2}{4}$ $A_2=\frac{\pi}{4}(D^2-d^2)$	$\bar{x}_1=\frac{d}{2}$ $\bar{x}_2=\frac{D}{2}$
반원·반원호	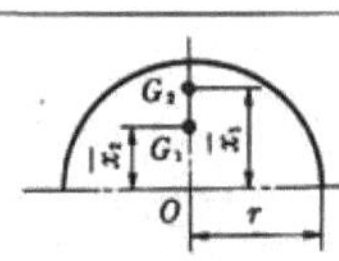	$A=\frac{\pi}{2^3}d^2$ $S=\frac{\pi}{2}d$(호의 길이)	$\bar{x}_1=\frac{4r}{3\pi}$ $\bar{x}_2=\frac{2r}{\pi}$
원분	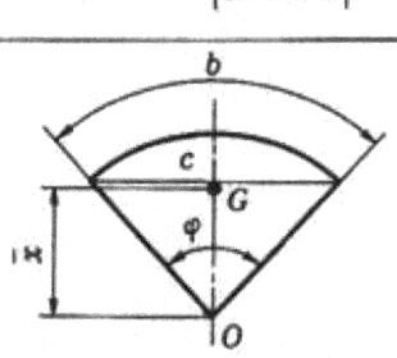	$A=\frac{br}{2}=\frac{\varphi^\circ}{360}\pi r^2$	$\bar{x}=\frac{2}{3}\cdot\frac{c}{b}\cdot r=\frac{r^2c}{3A}$ $b=r\cdot\frac{\pi}{180}\cdot\varphi^\circ$
부채꼴	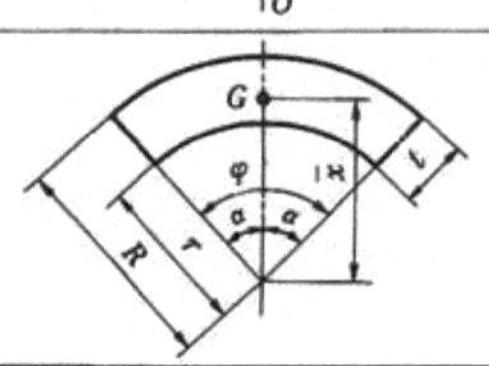	$A=\frac{\varphi^\circ\pi}{360}(R^2-r^2)$	$\bar{x}=\frac{2}{3}\times\frac{R^3-r^3}{R^2-r^2}$ $\sin a\frac{180}{\alpha^\circ\varphi}$

07 평면도형의 성질

▸면적 : A, 단면2차모멘트 : I, 단면계수 : 단면2차반지름 : k

번호	단 면 형	A (cm²)	I (cm⁴)	Z (cm³)	k^2
1	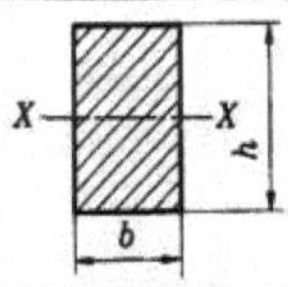	bh	$\frac{1}{12}bh^3$	$\frac{1}{6}bh^2$	$\frac{1}{12}$ $h^2\ (k=0.289h)$
2	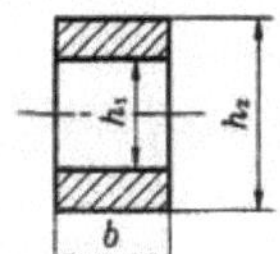	$b(h^2-h_1)$	$\frac{1}{12}b(h_2^3-h_1^3)$	$\frac{1}{6}\frac{b(h_2^3-h_1^3)}{h^2}$	$\frac{1}{12}\frac{h_2^3-h_1^3}{h_2-h_1}$
3	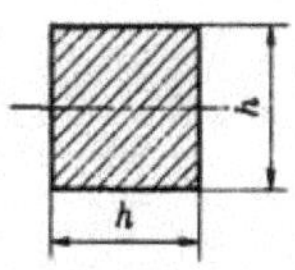	h^2	$\frac{1}{12}h^4$	$\frac{1}{6}h^3$	$\frac{1}{12}h^2$
4	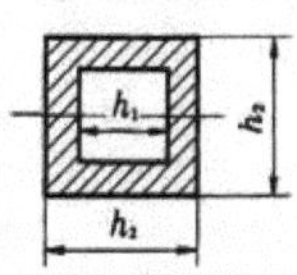	$h_2^2-h_1^2$	$\frac{1}{12}(h_2^4-h_1^4)$	$\frac{1}{6}\frac{(h_2^4-h_1^4)}{h^2}$	$\frac{1}{12}(h_2^2+h_1^2)$
5	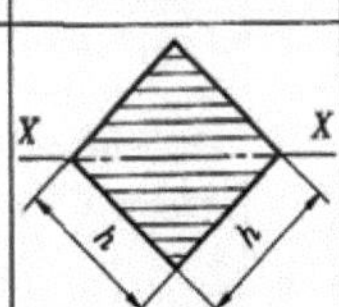	h^2	$\frac{1}{12}h^4$	$\frac{\sqrt{2}}{12}h^3$	$\frac{1}{12}h^2$
6	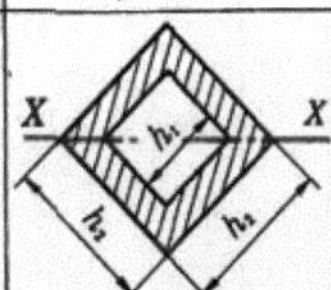	$h_2^2-h_1^2$	$\frac{1}{12}(h_2^4-h_1^4)$	$\frac{\sqrt{2}}{12}\frac{h_2^4-h_1^4}{h_2}$	$\frac{1}{12}(h_2^2+h_1^2)$
7	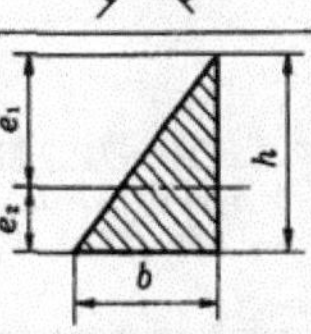	$\frac{1}{2}bh$	$\frac{1}{36}bh^3$	$e_1=\frac{2}{3}h,\ e_2=\frac{1}{3}h$ $Z_1=\frac{1}{24}bh^2,$ $Z_2=\frac{1}{12}bh^2$	$\frac{1}{18}h^2(k=0.236h)$
8	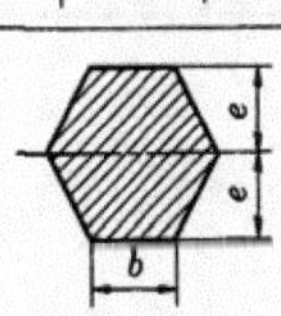	$\frac{3\sqrt{3}}{2}b^2=2.60b^2$	$\frac{5\sqrt{3}}{16}b^4=0.5413b^4$	$e=\frac{\sqrt{3}}{2}b^3=0.866b$ $Z=\frac{5}{8}b^3=0.625b^3$	$\frac{5}{24}b^2(k=0.456b)$

번호	단 면 형	A (cm²)	I (cm⁴)	Z (cm³)	k^2
9	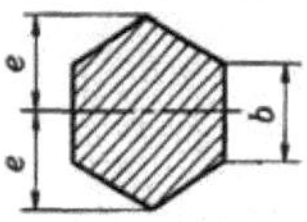	$\frac{3\sqrt{3}}{2}b^2$ $= 2.60b^2$	$\frac{5\sqrt{3}}{16}b^4 = 0.5413b^4$	$e = b$ $\left(\frac{5\sqrt{3}}{16}b^3 = 0.5413b^4\right)$	$\frac{5}{24}b^2 (k = 0.456b)$
10	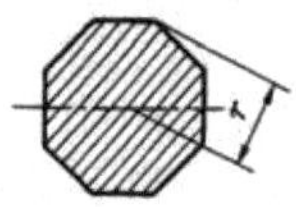	$2.8284r^2$	$\frac{1+2\sqrt{2}}{6}r^4$ $= 0.6381r^4$	$0.6906r^3$	$0.2256r^2$ $(k = 0.475r)$
11	정다각형 n=변수, a=변의 길이 r_2=외접원의 반지름 r_1=내접원의 반지름 (축은 상기의 8각형과 같음)	$\frac{1}{2}nar_1$	$\frac{A}{24}(6r_2^2 - a^2)$ $= \frac{A}{48} \times (12r_1^2 + a^2)$	$\frac{1}{r^2 \cos \pi / n} \fallingdotseq \frac{Ar_2}{4}$ (n이 클 경우)	$\frac{1}{24}(6r_2^2 - a^2)$
12	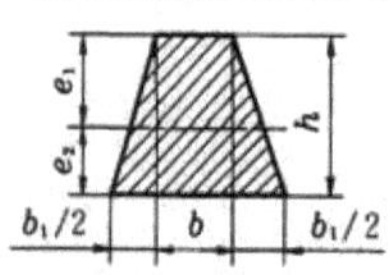	$h\left(b + \frac{1}{2}b_1\right)$	$\frac{6b^2 + 6bb_1 + b_1^2}{36(2b + b_1)}$ $\times h^3$	$e_1 = \frac{1}{3}\frac{3b + 2b_1}{2b + b_1}h$ $Z_1 \doteq \frac{6b^2 + 6bb_1 + b_1^2}{12(3b + 2b_1)}$ h^2	$\frac{6b^2 + 6bb_1 + b_1^2}{18(2b + b_1)^2}$
13	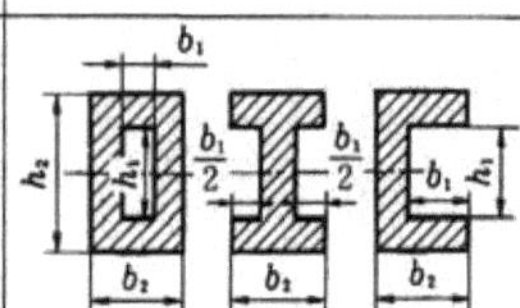	$b_2h_2 - b_1h_1$	$\frac{1}{12}(b_2h_2^3 - b_1h_1^3)$	$\frac{b_1h_2^3 - b_2h_1^3}{6h_2}$	$\frac{1}{12}\frac{b_2b_2^3 - b_1h_1^3}{b_2h_2 + b_1h_1}$
14	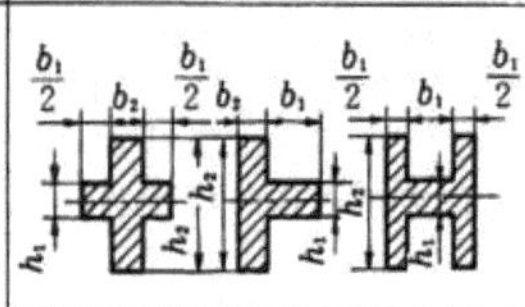	$b_1h_1 + b_2h_2$	$\frac{1}{12}(b_1h_1^3 + b_2h_2^3)$	$\frac{b_1h_1^3 + b_2h_2^3}{6h_2}$	$\frac{1}{12}\frac{b_1b_1^3 + b_2h_2^3}{b_1h_1 + b_2h_2}$
15	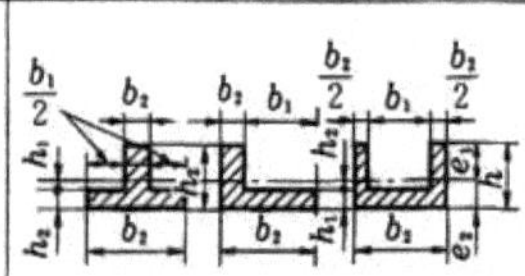	$b_1h_1 + b_2h_2$	$\frac{1}{3}(b_3e_2^3 - b_1h_3^3$ $+ b_2e_1^3)$	$e^2 = \frac{b_1h_1^2 + b_2h_2^2}{2(b_1h_1 + b_2h_2)}$ $e_1 = h_2 - e_2$	$\frac{b_3e_2^3 - b_1h_3^3 + b_2e_1^3}{3(b_1h_1 + b_2h_2)}$
16	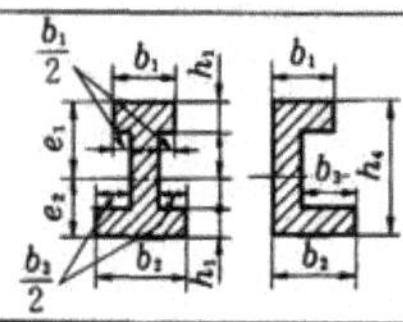	$b_1h_1 + b_2h_2$ $+ b_3h_3$	$\frac{1}{3}(b_2e_1^3 - b_1h_3^3$ $+ b_5e_2^3 - b_3h_4^3)$	$e_2 = \frac{b_2h_2^2 + b_3h_3^2 + b_1h_1(2h_2 - h_1)}{2(b_1h_1 + b_2h_2 + b_3h_3)}$	

번호	단 면 형	A (cm²)	I (cm⁴)	Z (cm³)	k^2
17	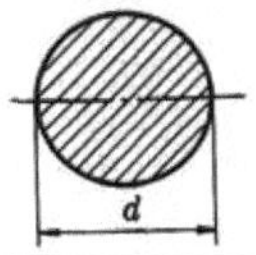	$\frac{\pi}{4}d^2$	$\frac{\pi}{64}d^4$	$\frac{\pi}{32}d^3$	$\frac{1}{16}d^2$
18	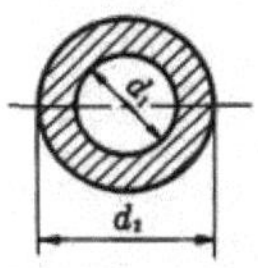	$\frac{\pi}{4}$ $(d_2^2-d_1^2)$	$\frac{\pi}{64}(d_2^4-d_1^4)$	$\frac{\pi}{32}\times\frac{d_2^4-d_1^4}{d_2}$	$\frac{1}{16}(d_2^2+d_1^2)$
19	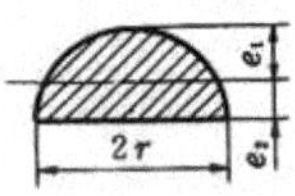	$\frac{\pi}{2}r^2$	$\left(\frac{\pi}{8}-\frac{8}{9\pi}\right)r^4$ $=0.1098r^4$	$e_1=0.5756r$ $e_2=0.4244r$ $Z_1=0.1908r^3$ $Z_2=0.2587r^3$	$\frac{9\pi^2-64}{36\pi^2}r^2$ $=0.0697r^2$ $(k=0.264r)$
20	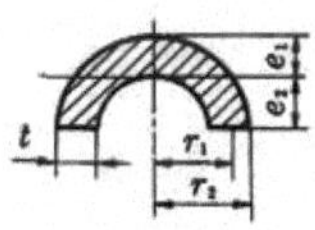	$\frac{\pi}{2}(r_2^2-r_1^2)$	$0.1098(r_2^4-r_1^4)-\frac{0.283r_2^2r_1^2(r_2-r_1)}{r_2+r_1}$	$e_2=\frac{4(r_2^2+r_2r_1+r_1^2)}{3\pi(r_2+r_1)}$ $e_1=r_2-e_2$	$\fallingdotseq 0.096r_m^2$ $(k\fallingdotseq 0.31r_m)$
21	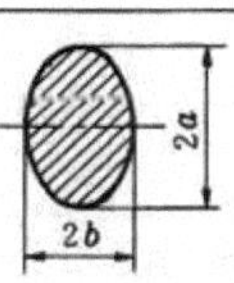	πab	$\frac{\pi}{4}a^3b$	$\frac{\pi}{4}a^2b$	$\frac{1}{4}a^2$
22	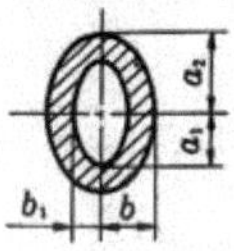	$\pi(a_2b_2-a_1b_1)$	$\frac{\pi}{4}(a_2^3b_2-a_1^3b_1)$ $\fallingdotseq\frac{\pi}{4}a_2^2(a_2+3b_2)t$	$\frac{\pi}{4}\frac{a_2^3b_2-a_1^3b_1}{a^2}$ $\fallingdotseq\frac{\pi}{4}a_2(a_2+3b_2)t$	$\frac{1}{4}\cdot\frac{a_2^3b_2-a_1^3b_1}{a_2b_2-a_1b_1}$ $\fallingdotseq\frac{1}{4}\cdot\frac{a_2^2(a_2+3b_2)}{a_2+b_2}$
23	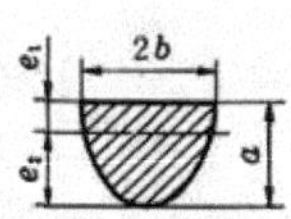	$\frac{\pi}{2}ab$	$0.10975a^3b$	$e_1=0.4244a$ $e_2=0.5756a$ $Z_1=0.2586a^2b$ $Z_2=0.1907a^2b$	
24	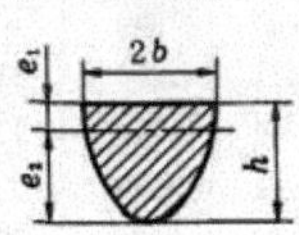	$\frac{4}{3}bh$	$\frac{16}{175}bh^3=0.0914bh^3$	$e_1=\frac{2}{5}h,\ e_2=\frac{3}{5}h$ $Z_1=0.2286bh^2$ $Z_2=0.1524bh^2$	$\frac{12}{175}h^2=0.0686h^2$

08 형강의 규격

■ 한국표준 I 단면 치수

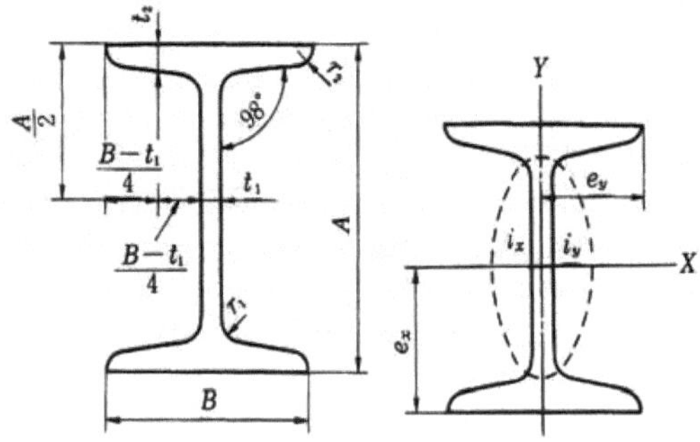

2차모멘트 $I=ai^2$
2차반지름 $i=\sqrt{I/a}$
단면계수 $Z=I/e$
(a=단면적)

치 수 (mm)					단 면 적	중 량	2차모멘트(cm^4)		2차반지름(cm)		단면계수(cm^3)	
$A \times B$	t_1	t_2	r_1	r_2	$A=mm^2$	kg/m	I_x	I_y	k_x	k_y	Z_x	Z_y
75 × 75	5	8	7	3.5	1518	11.9	146	48.3	3.10	1.78	38.9	12.9
100 × 75	5	8	7	3.5	1643	12.9	283	48.3	4.15	1.72	56.5	12.9
150 × 75	5.5	9.5	9	4.5	2183	17.1	820	59.1	6.13	1.65	109	15.8
180 × 100	6	10	10	5	3006	23.6	1670	141	7.46	2.17	186	28.2
200 × 100	7	10	10	5	3306	26.0	2180	142	8.11	2.07	218	28.4
200 × 150	9	16	15	7.5	6416	50.4	4490	771	8.37	3.47	449	103
230 × 100	7.5	11.5	11	5.5	3908	30.7	3350	168	9.25	2.07	291	33.5
250 × 125	7.5	12.5	12	6	4879	38.3	5190	345	10.3	2.66	415	55.2
300 × 150	8	13	12	6	6158	48.3	9500	600	12.4	3.12	633	80.0
350 × 150	12	24	25	12.5	11,110	87.2	22,500	1230	14.2	3.33	1280	164
400 × 150	10	18	17	8.5	9173	72.0	24,000	887	16.2	3.11	1200	118
450 × 175	11	20	19	9.5	11,680	91.7	39,200	1550	18.3	3.64	1740	177
500 × 190	15	30	32	16	18,470	145.0	31,200	3120	20.2	4.11	3030	328
600 × 190	13	25	25	12.5	16,940	133.0	98,200	2540	24.1	3.87	3270	390
600 × 190	16	35	38	19	22,450	176.0	130,000	3700	24.0	4.06	4330	276

■ 한국표준 부등변 L 단면 치수

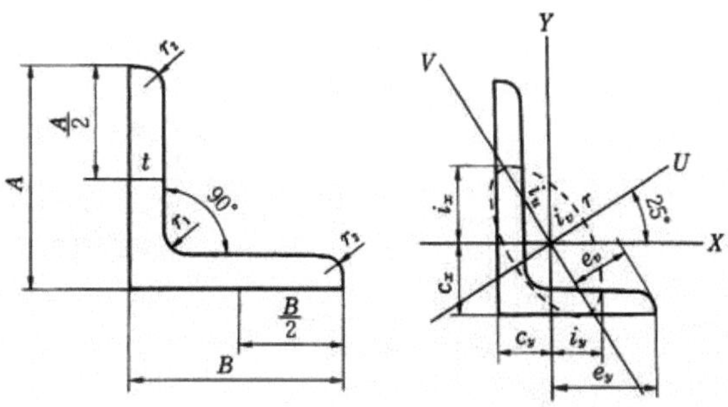

2차모멘트 $I = ai^2$
2차반지름 $i = \sqrt{I/a}$
단면계수 $Z = I/e$
(a=단면적)

치 수 (mm)				단면적	중량	중심위치(cm)		2차모멘트(cm⁴)		2차반지름(cm)		단면계수(cm³)	
$A \times A$	t	r_1	r_2	(A = mm²)	kg/m	C_x	C_y	I_x	I_y	k_x	k_y	Z_x	Z_y
40 × 20	3	5	2	174.7	1.37	1.41	0.44	2.81	0.47	1.27	0.52	1.09	0.30
50 × 35	4	6.5	3	329.2	2.58	1.58	0.85	8.08	3.25	1.57	0.99	2.36	1.23
60 × 50	5	6.5	3	530.2	4.16	1.79	1.30	18.5	11.7	1.87	1.48	5.40	3.16
65 × 50	7	6.5	4.5	756.4	5.94	2.07	1.33	30.6	15.6	2.01	1.44	6.90	4.25
70 × 60	8	8.5	6	976.1	7.66	2.14	1.65	44.4	29.8	2.13	1.75	9.13	6.85
75 × 50	10	8.5	6	1150	9.03	2.58	1.35	61.4	21.4	2.31	1.36	12.5	5.85
75 × 65	10	8.5	6	1300	10.2	2.34	1.85	67.3	46.5	2.27	1.89	13.0	9.99
80 × 60	10	8.5	6	1300	10.2	2.62	1.63	78.7	37.4	2.46	1.70	14.6	8.55
80 × 70	9	8.5	6	1269	9.96	2.43	1.93	75.8	53.8	2.44	2.06	13.6	10.6
90 × 60	6	8.5	4	872.7	6.85	2.88	1.40	71.5	25.6	2.86	1.71	11.7	5.57
90 × 75	9	8.5	6	1404	11.0	2.75	2.01	109	68.1	2.78	2.20	17.4	12.4
90 × 80	10	10	7	1600	12.6	2.71	2.21	121	89.1	2.74	2.36	19.1	15.4
100 × 65	9	10	7	1404	11.0	3.31	1.59	138	45.6	3.14	1.80	20.6	9.28
100 × 75	10	10	7	1650	13.0	3.18	1.94	159	76.1	3.11	2.15	23.3	13.7
125 × 90	10	10	7	2050	16.1	3.95	2.22	318	138	3.94	2.59	37.2	20.4
150 × 90	9	12	6	2094	16.4	4.96	2.00	484	133	4.81	2.52	43.2	19.0
150 × 100	12	12	8.5	2856	22.4	4.88	2.41	624	229	5.08	2.15	63.4	36.2

■ 한국표준 등변 L 단면 치수

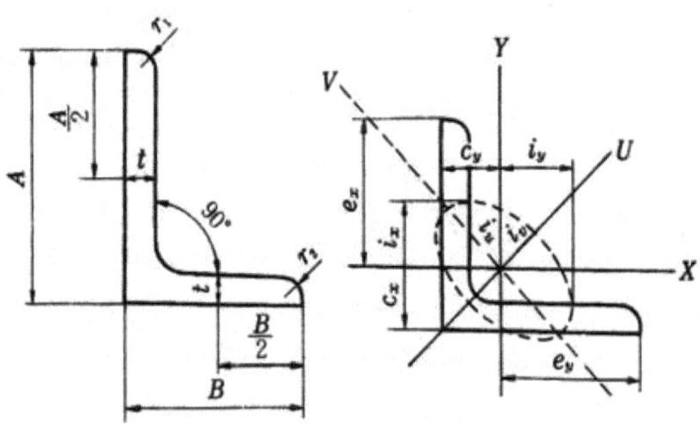

2차모멘트 $I = ai^2$
2차반지름 $i = \sqrt{I/a}$
단면계수 $Z = I/e$
(a=단면적)

치 수 (mm)				단면적	중 량	중심위치(cm)	2차모멘트(cm^4)	2차반지름(cm)			단면계수(cm^3)
$A \times B$	t	r_1	r_2	(A=mm^2)	(kg/m)	$C_x = C_y$	$I_x = I_y$	$k_x = k_y$	k_x	k_y	$Z_x = Z_y$
20 × 20	3	4	2	112.7	0.885	0.60	0.39	0.59	0.74	0.38	0.28
25 × 25	3	4	2	142.7	1.12	0.72	0.80	0.75	0.94	0.48	0.45
30 × 30	3	4	2	172.7	1.36	0.85	1.42	0.91	1.14	0.58	0.66
35 × 35	5	4.5	3	323.5	2.56	1.04	3.53	1.04	1.31	0.67	1.44
40 × 40	5	4.5	3	375.5	2.95	1.17	5.42	1.20	1.51	0.77	1.91
45 × 45	6	6.5	4.5	504.4	3.96	1.32	9.00	1.34	1.68	0.86	0.83
50 × 50	6	6.5	4.5	564.4	4.43	1.44	12.6	1.50	1.88	0.96	3.55
60 × 60	5	6.5	3	580.2	4.55	1.66	19.6	1.84	2.32	1.18	4.52
65 × 65	6	8.5	4	752.7	5.91	1.81	29.4	1.98	2.49	1.27	6.27
70 × 70	6	8.5	4	812.7	6.38	1.94	37.1	2.14	2.69	1.37	7.33
75 × 75	9	8.5	6	1269	9.96	2.17	64.4	2.25	2.84	1.45	12.1
80 × 80	9	8.5	6	1359	10.7	2.30	79.2	2.41	3.04	1.55	13.9
90 × 90	7	10	5	1222	9.59	2.46	93.0	2.76	3.48	1.77	14.2
100 × 100	10	10	7	1900	14.9	2.83	175	3.03	3.83	1.95	24.4
150 × 150	15	14	10	4274	33.6	4.24	888	4.56	5.75	2.92	82.6
200 × 200	20	17	12	7600	59.7	5.67	2820	6.09	7.68	3.90	197

■ 한국표준 등변 U 단면 치수

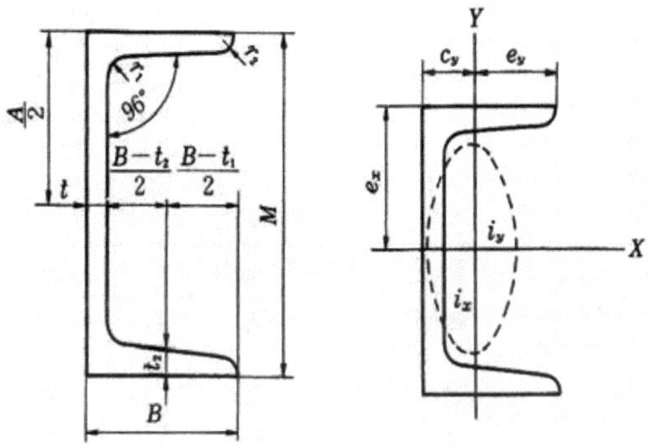

2차모멘트 $I = ai^2$
2차반지름 $i = \sqrt{I/a}$
단면계수 $Z = I/e$
(a=단면적)

치 수 (mm)					단면적	중량	중심위치 (cm)		2차모멘트 (cm^4)		2차반지름 (cm)		단면계수 (cm^3)	
$A \times B$	t_1	t_2	r_1	r_2	A=cm	(kg/m)	C_x	C_y	I_x	I_y	i_x	i_y	Z_x	Z_y
75 × 40	5	7	8	4	8.818	6.92	0	1.27	75.9	12.4	2.93	1.19	20.2	4.54
100 × 50	5	7.5	8	4	11.92	9.36	0	1.55	189	26.9	3.98	1.50	37.8	7.82
125 × 65	6	8	8	4	17.11	13.4	0	1.94	425	65.5	4.99	1.96	68.0	14.4
150 × 75	9	12.5	15	7.5	30.59	24.0	0	2.31	1050	147	5.86	2.19	140	28.3
180 × 75	7	10.5	11	5.5	27.20	21.4	0	2.15	1380	137	7.13	2.24	154	25.5
200 × 70	7	10	11	5.5	26.92	21.1	0	1.85	1620	113	7.77	2.04	162	21.8
200 × 80	7.5	11	12	6	31.33	24.6	0	2.24	1950	177	7.89	2.38	195	30.8
200 × 90	8	13.5	14	7	38.65	30.3	0	2.77	2490	286	8.03	2.72	249	45.9
250 × 90	11	14.5	17	8.5	51.17	40.2	0	2.39	4690	342	9.57	2.58	375	51.7
300 × 90	10	15.5	19	9.5	55.74	43.8	0	2.33	7400	373	11.5	2.59	494	56.0
380 × 100	13	16.5	18	9	78.96	62.0	0	2.29	15.900	584	14.1	2.72	822	75.8

■ H 형강 및 WF 형강 치수

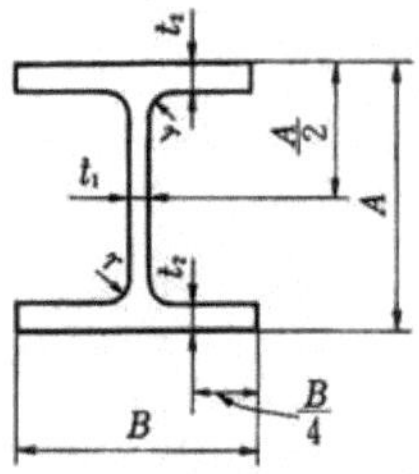

단면2차모멘트 $I = ai^2$
단면 2차반지름 $i = \sqrt{I/a}$
단면계수 $Z = I/e$ (a=단면적)

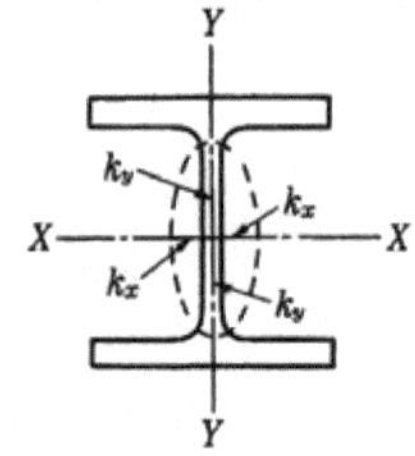

호칭치수	치수 (mm)				단면적 A (cm^2)	중 량 (kg/m)	2차모멘트(cm^4)		2차반지름(cm)		단면계수(cm^3)	
	$A \times B$	t_1	t_2	r			I_x	I_y	k_x	k_y	Z_x	Z_y
100 × 50	100 × 50	4	6	7	9.940	7.80	163	12.6	4.05	1.13	32.6	5.04
100 × 100	100 × 100	6	8	10	21.90	17.2	383	134	4.18	2.47	76.5	26.7
100 × 100	100 × 100	5	7	8	18.85	14.8	339	117	4.24	2.49	67.8	23.4
125 × 60	125 × 60	4.5	6.5	8	13.39	10.5	343	23.6	5.06	1.33	54.9	7.86
125 × 125	125 × 125	5	7	8	23.60	18.5	683	228	5.38	3.11	109	36.5
125 × 125	125 × 125	6.5	9	10	30.31	23.8	847	293	5.29	3.11	136	47.0
150 × 75	150 × 75	5	7	8	17.85	14.0	666	49.5	6.11	1.66	88.8	13.2
150 × 100	148 × 100	6	9	11	26.84	21.1	1020	151	6.17	2.37	138	30.1
150 × 150	150 × 150	7	10	11	40.14	31.5	1640	563	6.39	3.75	219	75.1
175 × 90	175 × 90	5	8	9	23.04	18.1	1210	97.5	7.26	2.06	139	21.7
175 × 175	175 × 175	7.5	11	12	51.21	40.2	2880	984	7.50	4.38	330	112
200 × 100	200 × 100	5.5	8	11	27.16	21.3	1840	134	8.24	2.22	184	26.8
200 × 150	194 × 150	6	9	13	39.01	30.6	2690	507	8.30	3.61	277	67.6
200 × 200	200 × 200	8	12	13	63.53	49.9	4720	1600	8.62	5.02	472	160
250 × 125	250 × 125	6	9	12	37.66	29.6	4050	294	10.4	2.79	324	47.0
250 × 250	250 × 250	9	14	16	92.18	72.4	10,800	3650	10.8	6.29	867	292
300 × 150	300 × 150	6.5	9	13	46.78	36.7	7210	508	12.4	3.29	481	67.7
300 × 200	294 × 200	8	12	18	72.38	56.8	11,300	1600	12.5	4.71	771	160
300 × 300	300 × 300	10	15	18	119.8	94.0	20,400	6750	13.1	7.41	1360	450
350 × 175	350 × 175	7	11	14	63.14	49.6	13,600	984	14.7	3.95	775	112
350 × 250	340 × 250	9	14	20	101.5	79.7	21,700	3650	14.6	6.00	1280	292
350 × 350	350 × 350	12	19	20	173.9	136	40,300	13,600	15.2	8.84	2300	776
400 × 200	400 × 200	8	13	16	84.12	66.0	23,700	1740	16.8	4.54	1190	174
400 × 300	390 × 360	10	16	22	136.0	107	38,700	7210	16.9	7.28	1980	481
400 × 400	400 × 400	13	21	22	218.7	172	66,600	22,400	17.5	10.1	3330	1120
450 × 200	450 × 200	9	14	18	96.76	76.0	33,500	1870	18.6	4.40	1490	187
450 × 300	440 × 300	11	18	24	157.4	124	56,100	8110	18.9	7.18	2550	541
500 × 200	500 × 200	10	16	20	114.2	89.7	47,800	2140	20.5	4.33	1910	214
500 × 300	488 × 300	11	18	26	163.5	128	71,000	8110	20.8	7.04	2910	541
600 × 200	600 × 200	11	17	22	134.4	106	77,600	2280	24.0	4.12	2590	228
600 × 300	588 × 300	12	20	28	192.5	151	118,000	9020	24.8	6.85	4020	601
600 × 300	594 × 302	14	23	28	222.4	175	137,000	10,600	24.9	6.90	4620	701
700 × 300	700 × 300	13	24	28	235.5	185	201,000	10,800	29.3	6.78	5760	722
700 × 300	708 × 302	15	28	28	273.6	215	237,000	12,900	29.4	6.86	6700	853
800 × 300	800 × 300	14	26	28	267.4	210	292,000	11,700	33.0	6.62	7290	782
800 × 300	808 × 302	16	30	28	307.6	241	339,000	13,800	33.2	6.70	8400	915
900 × 300	900 × 300	16	28	28	309.8	243	411,000	12,600	36.4	6.39	9140	843
900 × 300	912 × 302	18	34	28	364.0	286	498,000	15,700	37.0	6.56	10,900	1040

■ 한국표준 원형 단면 치수

지름 D (mm)	단면적 (cm²)	단위중량 (kg/m)	지름 D (mm)	단면적 (cm²)	단위중량 (kg/m)	지름 D (mm)	단면적 (cm²)	단위중량 (kg/m)
6	0.2827	0.222	30	7.069	5.55	68	36.32	28.5
7	0.3848	0.302	32	8.042	6.31	70	38.48	30.2
8	0.5027	0.395	33	8.553	6.71	75	44.18	34.7
9	0.6362	0.499	36	10.18	7.99	80	50.27	39.5
10	0.7854	0.617	38	11.34	8.90	85	56.75	44.5
11	0.9513	0.746	39	11.95	9.38	90	63.62	49.9
12	1.131	0.888	40	12.57	9.86	95	70.88	55.6
13	1.327	1.04	42	13.85	10.9	100	78.54	61.7
14	1.539	1.21	45	15.90	12.5	110	95.08	74.6
16	2.011	1.58	46	16.62	13.0	120	113.1	88.8
18	2.545	2.00	48	18.10	14.2	130	132.7	104
19	2.835	2.23	50	19.64	15.4	140	153.9	121
20	3.142	2.47	52	21.24	16.7	150	176.7	139
22	3.801	2.98	55	23.76	18.7	160	201.1	158
24	4.524	3.55	56	24.63	19.3	180	254.5	200
25	4.909	3.85	60	28.27	22.2	200	314.2	247
27	5.726	4.49	64	32.17	25.3			
28	6.158	4.83	65	33.18	26.0			

09 보의 공식

번호	하중, 전단력선도, 굽힘모멘트선도, 굽힘량곡선도	반 력 R 및 전 단 력 F	굽힘모멘트 M	굽 힘 량 y	굽힘각 $\theta = \frac{dy}{dx}$
1	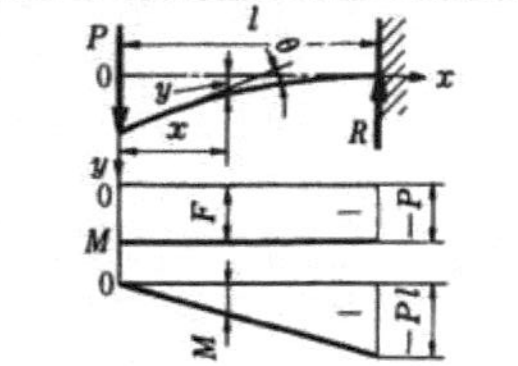	$R = P$ $F = -P$ $F_{max} = -P$	$M = -Px$ $x = l$; $M_{max} = -Pl$	$y = \frac{Pl^3}{3EI} \cdot \left(1 - \frac{3x}{2l} + \frac{x^3}{2l^3}\right)$ $x = 0$; $y_{max} = \frac{Pl^3}{3EI}$	$\theta = -\frac{Pl^2}{2EI}\left(1 - \frac{x^2}{l^2}\right)$ $x = 0$; $\theta_{max} = -\frac{Pl^2}{2EI}$ $= -\frac{3}{2l} y_{max}$
2	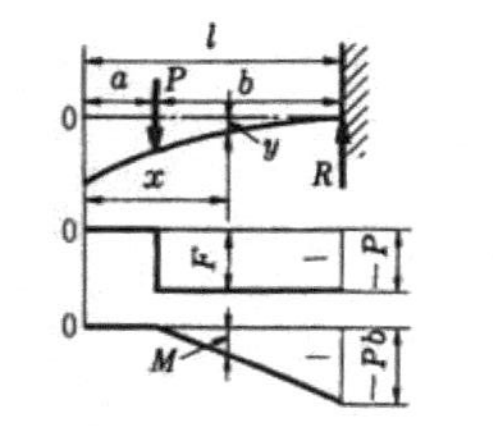	$R = P$ $0 \leqq x < a$; $F = 0$ $a < x < l$; $F = -P$ $F_{max} = -P$	$0 \leqq x \leqq a$; $M = 0$ $a \leqq x \leqq l$; $M = -P(x - a)$ $x = l$ $M_{max} = -Pb$	$a \leqq x \leqq l$; $y = \frac{Pb^3}{3EI1}\left\{1 - 3\frac{(x-a)}{2b} + \frac{(x-a)^3}{2b^3}\right\}$ $x = 0$; $y_{max} = \frac{Pb^3}{3EI}\left(1 + \frac{3a}{2b}\right)$ $y_{x=a} = \frac{Pb^3}{3EI}$	$a \leqq x \leqq l$; $\theta = -\frac{Pb^2}{2EI} \cdot \left\{1 - \frac{(x-a)^2}{b^2}\right\}$ $0 \leqq x \leqq a$; $\theta_{max} = -\frac{Pb^2}{2EI}$
3	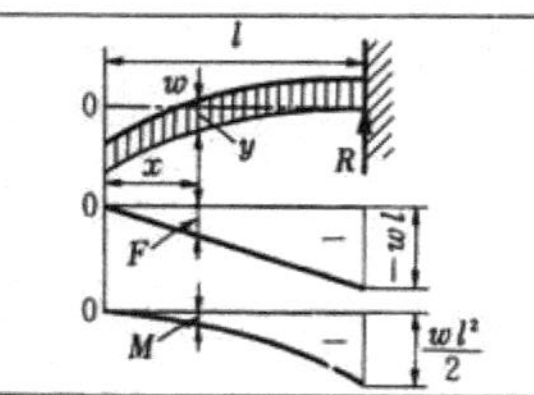	$R = wl$ $F = -wx$ $x = l$; $F_{max} = -wl$	$M = -\frac{wx^2}{2}$ $x = l$; $M_{max} = -\frac{wl^2}{2}$	$y = \frac{w}{24EI}(x^4 - 4l^3x + 3l^4)$ $x = 0$; $y_{max} = \frac{wl^4}{8EI}$	$\theta = -\frac{wl^3}{6EI}\left(1 - \frac{x^3}{l^3}\right)$ $x = 0$; $\theta_{max} = -\frac{wl^3}{6EI}$ $= -\frac{4}{3l} y_{max}$
4	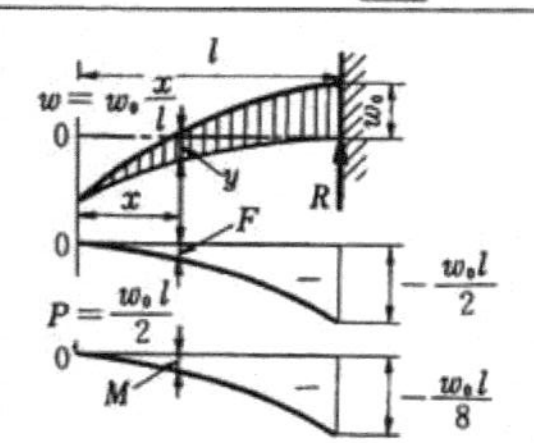	$R = \frac{w_0 l}{2} = P$ $F = -\frac{w_0 x^2}{2l}$ $= -\frac{Px^2}{l^2}$ $x = l$; $F_{max} = -\frac{w_0 l}{2} = -P$	$M = -\frac{w_0 x^3}{6l}$ $= \frac{-Px^3}{3l^2}$ $x = l$; $M_{max} = -\frac{w_0 l^2}{6}$ $= -\frac{Pl}{3}$	$y = \frac{Pl^3}{15EI}\left(1 - \frac{5x}{4l} + \frac{x^5}{4l5^5}\right)$ $x = 0$; $y_{max} = \frac{Pl^3}{15EI}$	$\theta = -\frac{Pl^2}{12EI}\left(1 - \frac{x^4}{l^4}\right)$ $x = 0$; $\theta_{max} = -\frac{Pl^2}{12EI}$ $= -\frac{5}{4l} y_{max}$

5	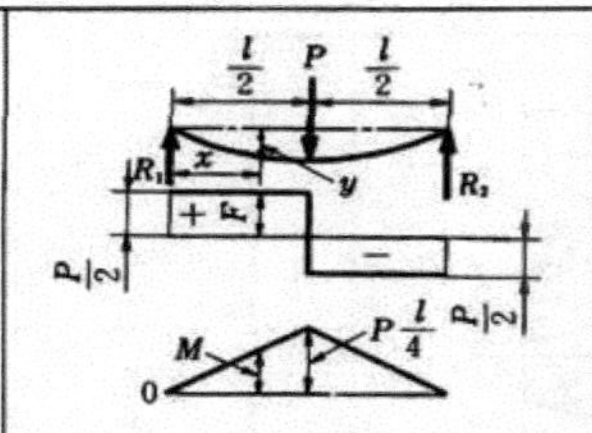	$R_1 = R_2 = \frac{P}{2}$ $0 < x < \frac{1}{2}$; $F = \frac{P}{2}$ $\frac{l}{2} < x < l$; $F = -\frac{P}{2}$	$0 \leqq x \leqq \frac{l}{2}$; $M = \frac{P}{2}x$ $\frac{l}{2} \leqq x \leqq l$; $M = \frac{P(l-x)}{2}$ $x = \frac{l}{2}$; $M_{max} = \frac{Pl}{4}$	$0 \leqq x \leqq \frac{l}{2}$; $y = \frac{Pl^3}{48EI}\left(\frac{3x}{l} - \frac{4x^3}{l^3}\right)$ $x = \frac{l}{2}$; $y_{max} = \frac{Pl^3}{48EI}$	$0 \leqq x \leqq \frac{l}{2}$; $\theta = \frac{Pl^2}{16EI}\left(1 - \frac{4x^2}{l^2}\right)$ $\left.\begin{matrix} x = 0 \\ x = l \end{matrix}\right\}$; $\theta_{max} = \pm \frac{Pl^2}{16EI} = \pm \frac{3}{l} y_{max}$
6	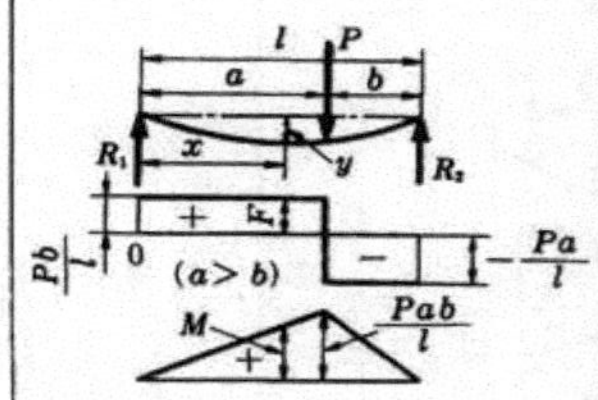	$R_1 = \frac{Pb}{l}$ $R_2 = \frac{Pa}{l}$ $0 < x < l_1$; $F = \frac{Pb}{l}$ $a < x < l$; $F = -\frac{Pa}{l}$	$0 \leqq x \leqq a$; $M = \frac{Pbx}{l}$ $a \leqq x \leqq l$; $M = \frac{Pa(l-x)}{l}$ $x = a$; $M_{max} = \frac{Pab}{l}$	$0 \leqq x \leqq a$ $y = \frac{Pbx}{6lEI}(l^2 - b^2 - x^2)$ $x = \frac{\sqrt{l^2 - b^2}}{\sqrt{3}}$: (단 $a > b$) $y_{max} = \frac{Pb(l^2-b^2)^{\frac{3}{2}}}{9\sqrt{3}\,lEI}$ $y_{x=\frac{l}{2}} = \frac{Pb}{48EI}(3l^2 - 4b^2)$ $y_{x=a} = \frac{Pa^2b^2}{3lEI}$	$\theta \leqq x \leqq a$; $\theta = \frac{Pb}{6lEI}(l^2 - b^2 - 3x^2)$ $\theta_1 = \frac{Pb(l^2 - b^2)}{6lEI}$ $\theta_2 = \frac{-Pa(l^2 - a^2)}{6lEI}$ $\theta_{x=a} = \frac{-Pab(a-b)}{3lEI}$
7	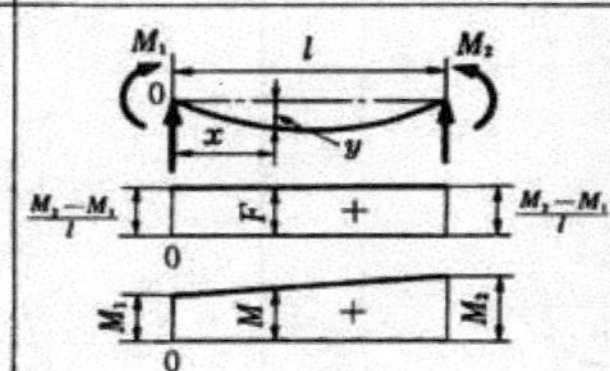	$R_1 = \frac{M_2 - M_1}{l}$ $R_2 = \frac{M_2 - M_1}{l}$ $F = \frac{M_2 - M_1}{l}$	$M = \frac{M_2}{l}x$ $+ \frac{M_1}{l}(l - x)$	$y = \frac{M_1 l^2}{6EI} \frac{x}{l}$ $\left\{\left(2 + \frac{M_2}{M_1}\right) - \frac{3x}{l}\right.$ $\left. - \left(\frac{M_2}{M_1} - 1\right)\frac{x^2}{l^2}\right\}$	$\theta = \frac{M_1 l}{6EI}\left\{2 + \frac{M_2}{M_1} - \frac{6x}{l}\right.$ $\left. - 3\left(\frac{M^2}{M_1} - 1\right)\frac{x^2}{l^2}\right\}$, $\theta_1 = \frac{(2M_1 + M_2)l}{6EI}$ $\theta_2 = -\frac{(M_2 + 2M_2)l}{6EI}$
8	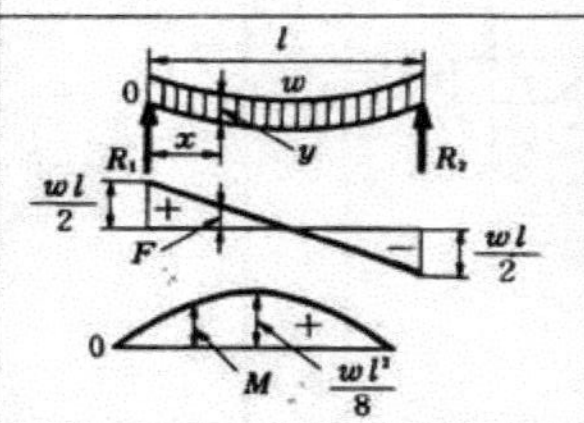	$R_1 = R_2 = \frac{wl}{2}$ $F = \frac{wl}{2} - wx$ $F_{max} = \pm \frac{wl}{2}$	$M = \frac{wl}{2}x - \frac{w}{2}x^2$ $x = \frac{l}{2}$; $M_{max} = \frac{wl^2}{8}$	$y = \frac{wx}{24EI}(l^3 - 2lx^2 + x^3)$ $x = \frac{l}{2}$; $y_{max} = \frac{5wl^4}{384EI}$	$\theta = \frac{wl^3}{24EI}$ $\left(1 - \frac{6x^2}{l^2} + \frac{4x^3}{l^3}\right)$ $\left.\begin{matrix} x = 0 \\ x = l \end{matrix}\right\}$; $\theta_{max} = \pm \frac{wl^3}{24EI} = \pm \frac{16}{5l} y_{max}$

9	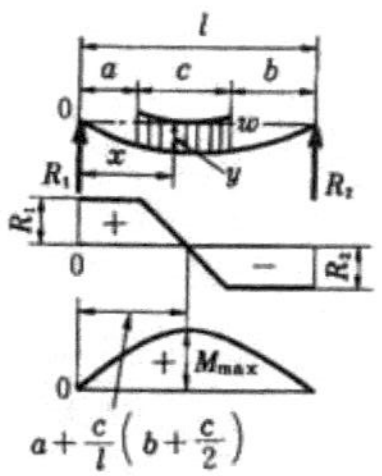	$R_1 = \frac{wc}{l}\left(b + \frac{c}{2}\right)$ $R_2 = \frac{wc}{l}\left(a + \frac{c}{2}\right)$ $0 < x < a$; $F = \frac{wc}{l}\left(b + \frac{c}{2}\right)$ $a < x < (a+c)$; $F = \frac{wc}{l}\left(b + \frac{c}{2}\right)$ $- w(x-a)$ $(a+c) < x < l$; $F = -\frac{wc}{l}\left(a + \frac{c}{2}\right)$	$0 \leqq x \leqq a$; $M = \frac{wc}{l}\left(b + \frac{c}{2}\right)x$ $a \leqq x \leqq (a+c)$; $M = w\left\{\frac{c}{b}\left(b + \frac{c}{2}\right)x - \frac{(x-a)}{2}\right\}$ $x = a + \frac{c}{l}\left(b + \frac{c}{2}\right)$; $M_{max} = \frac{wc}{l}\left(b + \frac{c}{2}\right)$ $\times\left(a + \frac{2bc + c^2}{4l}\right)$	$0 \leqq x \leqq a$; $y = \frac{w}{24EI}\left[2\{b^2 - (l-a)^2\}\right.$ $\frac{x^3}{l} + \{(l-a)^2(l^2 + 2al - a^2)$ $\left.-b^2(2l^2 - b^2)\}\frac{x}{l}\right]$ $a \leqq x \leqq (a+c)$; $y = \frac{w}{6EI}\left[\frac{cx}{l}\left(b + \frac{c}{2}\right)\right.$ $\times\left\{\left(a + \frac{c}{2}\right)\left(l + b + \frac{c}{2}\right)\right.$ $\left.\left.-\frac{c^2}{4} - x^2\right\} + \frac{(x-a)^4}{4}\right]$	$0 \leqq x \leqq a$; $\theta = \frac{w}{24lEI}$ $[6\{b^2 - (l-a)^2\}x^2$ $+ \{(l-a)^2(l^2 + 2al - a)^2$ $- b^2(2l^2 - b^2)\}]$ $a \leqq x \leqq (a+c)$; $\theta = \frac{w}{6EI}\left[\frac{c}{l}\left(b + \frac{c}{l}\right)\right.$ $\times\left\{\left(a + \frac{c}{2}\right)\left(l + b + \frac{c}{2}\right)\right.$ $\left.\left.-\frac{c^2}{4} - 3x^3\right\} + (x-a)^3\right]$
10	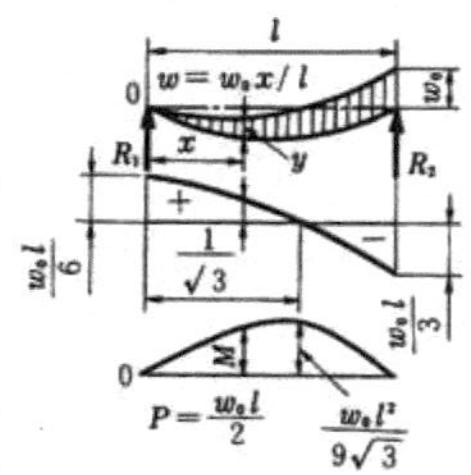	$R_1 = \frac{w_0 l}{6} = \frac{P}{3}$ $R_2 = \frac{w_0 l}{3} = \frac{2P}{3}$ $F = \frac{w_0}{6l}(l^2 - 3x^2)$ $= \frac{P}{3}\left(1 - \frac{3x^2}{l^2}\right)$ $x = l$; $F_{max} = \frac{2}{3}P$	$M = \frac{w_0}{6l}(l^2 - x^2)x$ $= \frac{Px}{3}\left(1 - \frac{x^2}{l^2}\right)$ $x = \frac{l}{\sqrt{3}}$; $M_{max} = \frac{w_0 l^2}{9\sqrt{3}}$ $= 0.1283Pl$	$y = \frac{Pl^3}{180EI}\frac{x}{l}$ $\left(7 - 10\frac{x^2}{l^2} + 3\frac{x^4}{l^4}\right)$ $x = l\sqrt{1 - \sqrt{8/15}}$ $= 0.51931l$; $y_{max} = 0.01305\frac{Pl^3}{EI}$ $y_{x=\frac{l}{2}} = 0.01302\frac{Pl^3}{EI}$	$\theta = \frac{Pl^2}{180EI}$ $\left(7 - 30\frac{x^2}{l^2} + 15\frac{x^4}{l^4}\right)$ $\theta_1 = 0.0389\frac{Pl^2}{EI}$ $\theta_2 = -0.0445\frac{Pl^2}{EI}$
11	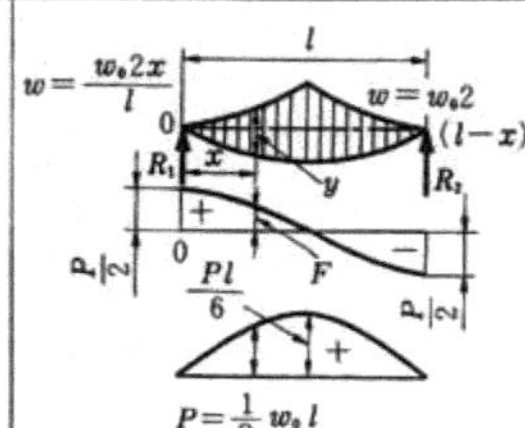	$P_1 = R_2 = \frac{w_0 l}{4} = \frac{P}{2}$ $0 < x \leqq \frac{l}{2}$; $F = \frac{P}{2}\left(1 - \frac{4x^2}{l^2}\right)$ $\frac{1}{2} \leqq x < l$; $F = \frac{P}{2}\left\{\frac{4(l-x)^2}{l^2} - 1\right\}$	$0 \leqq x \leqq \frac{l}{2}$; $M = \frac{Px}{2}\left(1 - \frac{4x^2}{3l^2}\right)$ $x = \frac{l}{2}$; $M_{max} = \frac{Pl}{6}$	$0 \leqq x \leqq \frac{l}{2}$ $y = \frac{Pl^3}{12EI}$ $\left(\frac{5x}{8l} - \frac{x^3}{l^3} + \frac{2x^5}{5l^5}\right)$ $x = \frac{l}{2}$; $y_{max} = \frac{Pl^3}{60EI}$	$0 \leqq x \leqq \frac{l}{2}$; $\theta = \frac{Pl^2}{12EI}$ $\left(\frac{5}{8} - \frac{3x^2}{l^2} + \frac{2x^4}{l^4}\right)$ $\left.\begin{matrix} x = 0 \\ x = l \end{matrix}\right\}$; $\theta_{max} = \pm\frac{5Pl^2}{96EI}$

12	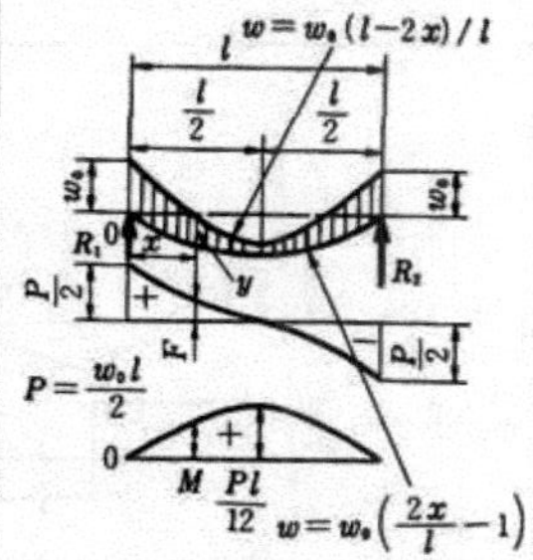	$R_1 = R_2 = \frac{w_0 l}{4} = \frac{P}{2}$ $0 \leqq x \leqq \frac{l}{2}$; $F = \frac{P}{2}\left(1 - \frac{2x}{l}\right)^2$ $\frac{1}{2} \leqq x \leqq l$; $F = -\frac{P}{2}\left(\frac{2x}{l} - 1\right)^2$	$0 \leqq x \leqq \frac{l}{2}$ $M = \frac{Px}{2}\left(1 - \frac{2x}{l} + \frac{4x^2}{3l^2}\right)$ $\frac{l}{2} \leqq x \leqq l$; $M = \frac{Pl}{12}$ $\left\{1 - \frac{8}{l^3}\left(\frac{l}{2} - x\right)^3\right\}$ $x = \frac{l}{2}$; $M_{max} = \frac{Pl}{12}$	$0 \leqq x \leqq \frac{l}{2}$; $y = \frac{Pl^3}{12EI}$ $\left(\frac{3x}{8l} - \frac{x^3}{l^3} + \frac{x^4}{l^4} - \frac{2x^4}{5l^5}\right)$ $x = \frac{l}{2}$; $y_{max} = \frac{3Pl^3}{320EI}$	$0 \leqq x \leqq \frac{l}{2}$; $\theta = \frac{Pl^2}{12EI}$ $\left(\frac{3}{8} - \frac{3x^2}{l^2} + \frac{4x^3}{l^3} - \frac{2x^4}{l^4}\right)$ $\left.\begin{matrix} x = 0 \\ x = l \end{matrix}\right\}$; $\theta_{max} = \pm \frac{Pl^2}{32EI}$
13	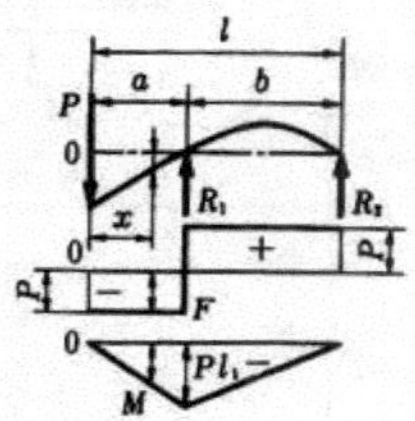	$R_1 = \frac{l}{b}P$ $R_2 = -\frac{a}{b}P$ $0 < x < a$; $F = -P$ $a < x < l$; $F = \frac{a}{b}P$	$0 \leqq x \leqq a$; $M = -Px$ $a \leqq x \leqq l$; $M = -\frac{Pa(l-x)}{l}$ $x = a$; $M_{max} = -Pa$	$0 \leqq x \leqq a$; $y = \frac{Pa^3}{3EI}\left\{\frac{l}{a} - \left(\frac{3}{2} + \frac{b}{a}\right)\right.$ $\left.\cdot \frac{x}{a} + \frac{x^3}{2a^3}\right\}$ $x = 0$; $y_{max} = \frac{Pa^2 l}{3EI}$ $y_{x=a} = 0$ $y_{x=l-\frac{b}{2}} = -\frac{Pab^2}{16EI}$	$0 \leqq x \leqq a$; $\theta = -\frac{Pa^2}{2EI}\left(1 + \frac{2}{3}\frac{b}{a} - \frac{x^2}{a^2}\right)$ $x = 0$; $\theta_{max} = -\frac{Pa^2}{2EI}\left(1 + \frac{2}{3}\frac{b}{a}\right)$ $\theta_{x=a} = -\frac{Pab}{3EI}$
14	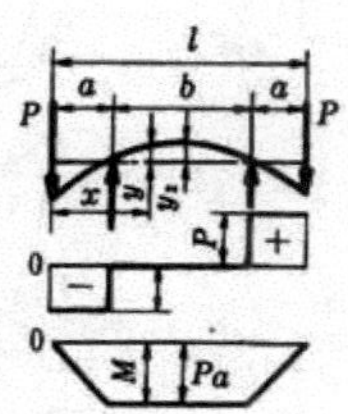	$R_1 = R_2 = P$ $0 < x < a$; $F = -P$ $a < x < (a+b)$ $F = 0$ $(a+b) < x < l$; $F = P$	$0 \leqq x \leqq a$; $M = -Px$ $a \leqq x \leqq (a+b)$; $M = -Pa$ $(a+b) \leqq x \leqq l$; $M = -P(l-x)$ $x = a-(a+b)$; $M_{max} = -Pa$	$0 \leqq x \leqq a$; $y = \frac{Pa^3}{6EI}\left\{2 + \frac{3b}{a}\right.$ $\left.- \frac{3(a+b)}{a^2}10x + \frac{x^3}{a^3}\right\}$ $a \leqq x \leqq (a+b)$; $y = \frac{Pa^3}{6EI}\left\{2 + \frac{3b}{a} - \frac{3(a+b)}{a^2}x\right.$ $\left.+ \frac{x^3}{a^3}\right\} - \frac{P(x-a)^3}{6EI}$ $y_1 = \frac{Pa^3}{3EI}\left(1 + \frac{3}{2} + \frac{b}{a}\right)$ $y_2 = -\frac{Pab^2}{8EI}$	$0 \leqq x \leqq a$; $\theta = -\frac{Pa^2}{2EI}\left(1 + \frac{b}{a} - \frac{x^2}{a^2}\right)$ $a \leqq x \leqq (a+b)$ $\theta = -\frac{Pa^2}{2EI}\left(1 + \frac{b}{a}\right.$ $\left.- \frac{x^2}{a^2}\right) - \frac{P(x-a)^2}{2EI}$ $\theta_{x=0} = \frac{Pa(a+b)}{2EI}$ $\theta_{x=a} = \frac{Pab}{2EI}$

15	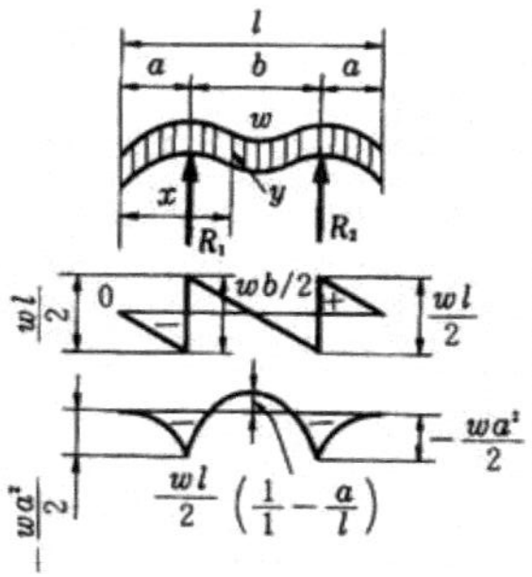	$R_1 = R_2 = \frac{wl}{2}$ $0 < x < a$; $F = -wx$ $a < x < (a+b)$; $F = w\left(\frac{l}{2} - x\right)$	$0 \leqq x \leqq a$; $M = -\frac{wx^2}{2}$ $a \leqq x \leqq (a+b)$; $M = -\frac{w}{2}\{x(x-l)+la\}$ $M_1 = M_{x=a} = \frac{wa^2}{2}$ $M_2 = M_{x=\frac{l}{2}} = \frac{wl^2}{2} \cdot \left(\frac{1}{4} - \frac{a}{l}\right)$ $a > \frac{2}{\sqrt{2}} - \frac{1}{2}l$; M_1이 최대, 반대이면 M_2가 최대	$0 \leqq x \leqq a$; $y = \frac{wl^4}{24EI}\left\{\frac{x^4}{l^4} + \left(\frac{6a^2}{l^3} - \frac{6l}{l^2} + \frac{1}{l}\right)x - \left(\frac{a^4}{l^4} + \frac{6a^3}{l^3} - \frac{6a^2}{l^2} + \frac{a}{l}\right)\right\}$ $a \leqq x \leqq (a+b)$; $y = \frac{wl^4}{24EI}\left\{\frac{x^4}{l^4} - \frac{2x^3}{l^3} + \frac{6ax^2}{l^3} + \left(1 - \frac{6a}{l}\right)\frac{x}{l} - \left(\frac{a^4}{l^4} + \frac{4a^3}{l^3} - \frac{6a^3}{l^2} + \frac{a}{l}\right)\right\}$ $x = 0$; $y_1 = \frac{wa}{24EI}(3a^2 + 6a^2b - b^3)$, $x = \frac{l}{2}$ $y_2 = \frac{wb^2}{384EI}(5b^2 - 24a^2)$	$0 \leqq x \leqq a$; $\theta = \frac{wl^3}{EI}\left\{\frac{2x^3}{3l^3} + \left(\frac{a^2}{l^2} - \frac{a}{l} + \frac{1}{6}\right)\right\}$ $a \leqq x \leqq (a+b)$; $\theta = \frac{wl^3}{4EI}\left\{\frac{2}{3}\frac{x^3}{l^3} - \frac{x^2}{l^2} + \frac{2ax}{l^2} + \left(\frac{1}{6} - \frac{a}{l}\right)\right\}$ $\theta_{x=0} = \frac{wl^3}{4EI}\left(\frac{a^2}{b} - \frac{a}{l} + \frac{1}{6}\right)$ $\theta_{x=a} = \frac{wl^3}{4EI}\left(\frac{2}{3}\frac{a^3}{l^3} + \frac{a^2}{l^2} - \frac{a}{l} + \frac{1}{6}\right)$
16	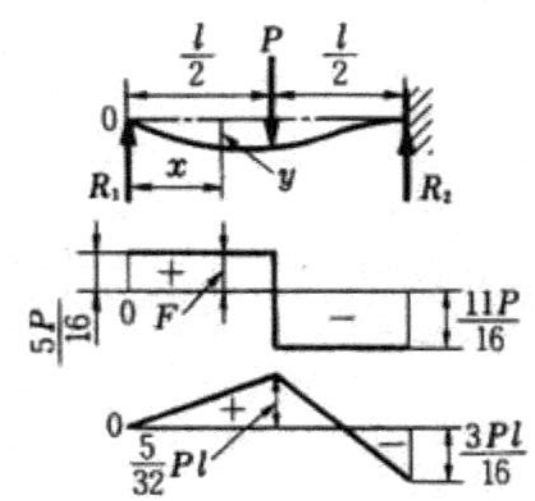	$R_1 = \frac{5}{16}P$ $R_2 = \frac{11}{16}P$ $0 < x < \frac{l}{2}$; $F = \frac{5}{16}P$ $\frac{l}{2} < x < l$; $F = \frac{11}{16}P$	$0 \leqq x \leqq \frac{l}{2}$; $M = \frac{5}{16}Px$ $\frac{l}{2} \leqq x \leqq l$; $M = Pl\left(\frac{1}{2} - \frac{11}{16}\frac{x}{l}\right)$ $M_{x=\frac{l}{2}} = \frac{5}{32}Pl$ $x = l$; $M_{max} = -\frac{3}{16}Pl$	$0 \leqq x \leqq \frac{l}{2}$; $y = \frac{Pl^3}{32EI}\left(\frac{x}{l} - \frac{5x^3}{3l^3}\right)$ $\frac{l}{2} \leqq x \leqq l$; $y = \frac{Pl^3}{32EI}\left(-\frac{2}{3} + \frac{5x}{l} - \frac{8x^2}{l^2} + \frac{11x^3}{3l^3}\right)$ $y_{x=\frac{l}{2}} = \frac{7Pl^3}{768EI}$ $x = l/\sqrt{5} = 0.4475l$; $y_{max} = \frac{Pl^3}{48\sqrt{5}EI}$	$0 \leqq x \leqq \frac{l}{2}$; $\theta = \frac{Pl^2}{32EI}\left(1 - \frac{5x^2}{l^2}\right)$ $\frac{l}{2} \leqq x \leqq l$; $\theta = \frac{Pl^2}{32EI}\left(5 - \frac{16x}{l} + \frac{11x^2}{l^2}\right)$ $x = 0$; $\theta_{max} = \frac{Pl^2}{32EI}$

17	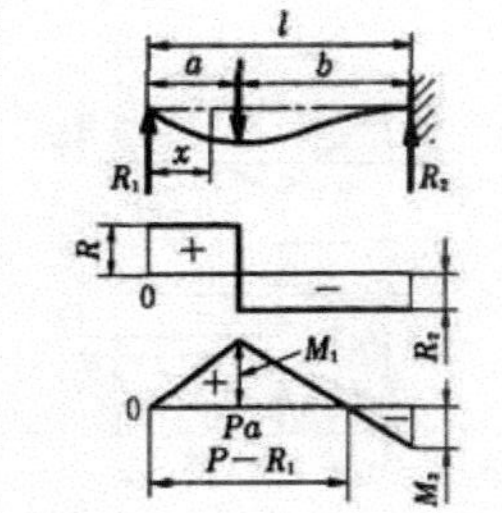	$R_1 = \frac{Pb^2(3l-b)}{2l^3}$ $R_2 = \frac{Pa(3l^2-a^2)}{2l^3}$ $0 < x < a$; $F = R_1$ $a < x < l$; $F = -R_2$	$0 \leqq x \leqq a$; $M = \frac{Pb^2(2l+a)}{2l^3}x$ $a \leqq x \leqq l$; $M = \frac{Pb^2(2l+a)}{2l^3}x$ $-P(x-a)$ $M_2 = -\frac{Pa(l^2-a^2)}{2l^2}$ $M_1 = \frac{Pal^2(2l+a)}{2l^3}$	$0 \leqq x \leqq a$; $y = \frac{Pb^2}{12EI}\left\{\frac{3ax}{l}\right.$ $\left.-\frac{(2l+a)x^3}{l^3}\right\}$ $a \leqq x \leqq l$; $y = \frac{Pb^2}{12EI}\left\{\frac{3ax}{l}\right.$ $\left.-\frac{(2l+a)x^3}{l^3}\right\}$ $+\frac{P(x-a)^3}{6EI}$ $y_{x=a} = \frac{Pa^2b^3(3l+a)}{12EIl^3}$	$0 \leqq x \leqq a$; $\theta = \frac{Pb^2}{4EI}\left\{\frac{a}{l}\right.$ $\left.-\frac{(2l+a)}{l^3}x^2\right\}$ $a \leqq x \leqq l$; $\theta = \frac{Pb^2}{4EI}\left\{\frac{a}{l}\right.$ $\left.-\frac{(2l+a)x^2}{l^3}\right\}$ $+\frac{P(x-a)^2}{2EI}$, $x=0$; $\theta_{max} = \frac{Pab^2}{4lEI}$
18	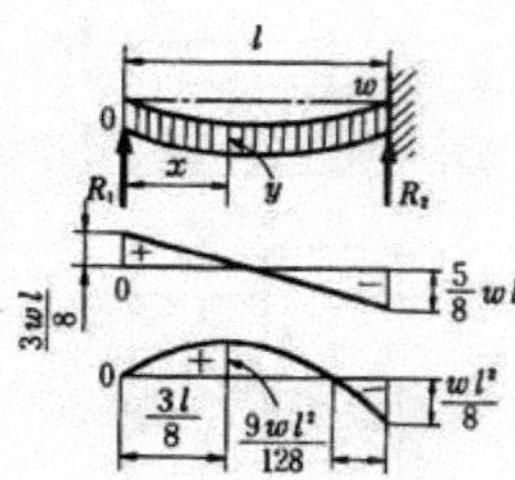	$R_1 = \frac{3}{8}wl$ $R_2 = \frac{5}{8}wl$ $F = w\left(\frac{3}{8}l - x\right)$ $x = l$; $F_{max} = -\frac{5}{8}wl$	$M = \frac{wlx}{2}\cdot\left(\frac{3}{4}-\frac{x}{l}\right)$ $x = l$; $M_{max} = -\frac{wl^2}{8}$ $M_{x=\frac{3}{8}l} = \frac{9}{128}wl^2$	$y = \frac{wl^4}{48EI}\left(\frac{x}{l}-\frac{3x^3}{l^4}\right.$ $\left.+\frac{2x^4}{l^4}\right)$ $y_{x=\frac{l}{2}} = \frac{wl^4}{192EI}$ $y_{x=\frac{3}{8}l} = \frac{wl^4}{187.2EI}$ $x = \frac{1+\sqrt{33}}{16}l = 0.4215l$; $y_{max} = \frac{wl^4}{184.6EI}$	$\theta = \frac{wl^2}{48EI}\cdot$ $\left(1-\frac{9x^2}{l^2}+\frac{8x^3}{l^3}\right)$ $x = 0$; $\theta_{max} = \frac{wl^3}{48EI}$
19	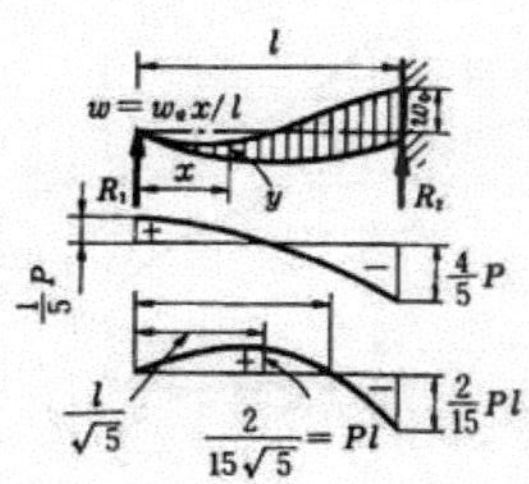	$R_1 = \frac{w_0l}{10} = \frac{1}{5}P$ $R_2 = \frac{2w_0l}{5} = \frac{4}{5}P$ $F = P\left(\frac{1}{5}-\frac{x^2}{l^2}\right)$ $x = l$; $F_{max} = -\frac{4}{5}P$	$M = Px\left(\frac{1}{5}-\frac{x^2}{3l^2}\right)$ $x = l$; $M_{max} = -\frac{2}{15}Pl$ $M_{x=\frac{l}{\sqrt{5}}} = \frac{2Pl}{15\sqrt{5}}$	$y = \frac{Pl^3}{60EI}\left(\frac{x}{l}-\frac{2x^3}{l^3}\right.$ $\left.+\frac{x^5}{l^5}\right)$ $x = \frac{l}{\sqrt{5}}$; $y_{max} = \frac{4Pl^3}{375\sqrt{5}EI}$ $= \frac{Pl^3}{209.6EI}$	$\theta = \frac{Pl^2}{60EI}\cdot$ $\left(1-\frac{6x^2}{l^2}+\frac{5x^4}{l^4}\right)$ $x = 0$; $\theta_{max} = \frac{Pl^2}{60EI}$

20	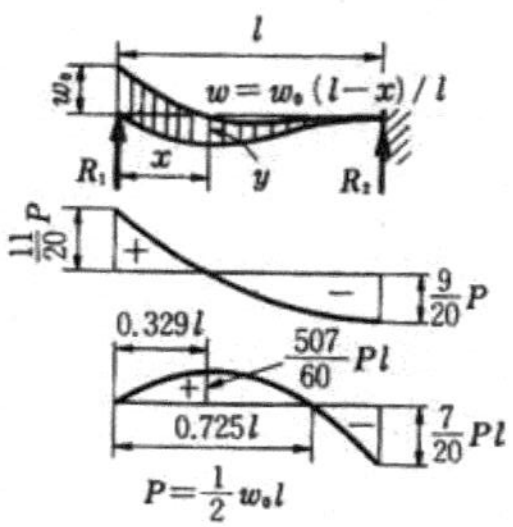	$R_1 = \frac{11w_0l}{40} = \frac{11}{20}P$ $R_2 = \frac{9w_0l}{40} = \frac{9}{20}P$ $F = \frac{P}{20}\left(11 - \frac{40}{l}\cdot x + \frac{20x^2}{l^2}\right)$ $x = 0$; $F_{max} = \frac{11}{20}P$	$M = \frac{Px}{60}\left(33 - \frac{60}{l}x + \frac{20x^2}{l^2}\right)$ $x = l$; $M_{max} = -\frac{7Pl}{60}$ $M_{x=0.329l} = \frac{5.07}{60}Pl$	$y = \frac{Pl^2x}{120EI}\left(-3 + \frac{11x^2}{l^2} - \frac{10x^3}{l^3} + \frac{2x^4}{l^4}\right)$ $x = 0.403l$; $y_{max} = \frac{Pl^3}{164.4EI}$	$\theta = \frac{Pl^2}{120EI}\left(-3 + \frac{33x^2}{l^2} - \frac{40x^3}{l^3} + \frac{10x^4}{l^4}\right)$ $x = 0$; $\theta_{max} = \frac{Pl^2}{40EI}$
21	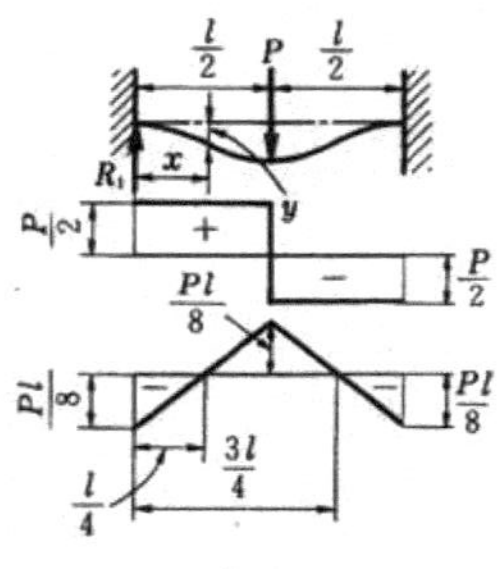	$R_1 = R_2 = \frac{P}{2}$ $0 < x < \frac{l}{2}$; $F = -\frac{P}{2}$ $\frac{l}{2} < x < l$; $F = \frac{P}{2}$	$0 \leqq x \leqq \frac{l}{2}$; $M = \frac{Pl}{3}\left(\frac{x}{l} - \frac{1}{4}\right)$ $\frac{l}{2} \leqq x \leqq l$; $M = \frac{Pl}{2}\left(\frac{3}{4} - \frac{x}{l}\right)$ $\left.\begin{matrix} x = 0 \\ x = \frac{l}{2} \end{matrix}\right\}$; $M_{max} = \pm\frac{Pl}{8}$	$0 \leqq x \leqq \frac{l}{2}$; $y = \frac{Pl^3}{16EI}\left(\frac{x^2}{l^2} - \frac{4x^3}{3l^3}\right)$ $x = \frac{l}{2}$; $y_{max} = \frac{Pl^3}{192EI}$	$0 \leqq x \leqq \frac{l}{2}$; $\theta = \frac{Pl^2}{8EI}\left(\frac{x}{l} - \frac{2x^2}{l^2}\right)$ $x = \frac{l}{4}$; $\theta_{max} = \frac{Pl^2}{64EI}$
22	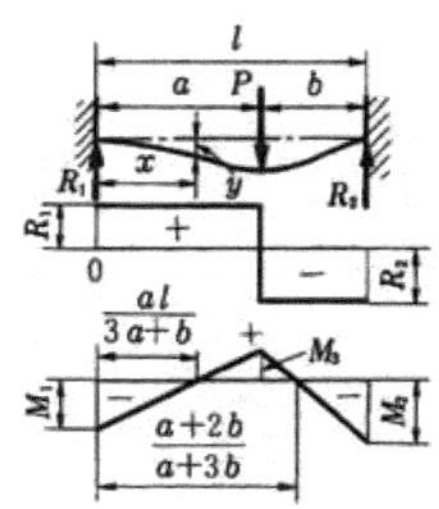	$R_1 = \frac{Pb^2(3a+b)}{l^3}$ $R_2 = \frac{Pa^2(a+3b)}{l^3}$ $0 < x < a$; $F = \frac{Pb^2(3a+b)}{l^3}$ $a < x < l$; $F = \frac{-Pa^2(a+3b)}{l^3}$	$0 \leqq x \leqq a$; $M = \frac{Pb^2}{l^2}\cdot\left\{\frac{(3a+b)x}{l} - a\right\}$ $a \leqq x \leqq l$; $M = \frac{Pa^2}{l^2}\left\{(a+2b) - \frac{(a+3b)}{l}x\right\}$	$0 \leqq x \leqq a$; $y = \frac{Pb^2x^2}{6lEI}\cdot\left\{\frac{3a}{l} - \frac{(3a+b)}{l^2}x\right\}$ $a \leqq x \leqq l$; $y = \frac{Pb^2x^2}{6lEI}\left\{\frac{3a}{l} - \frac{(3a+b)}{l^2}x\right\} + \frac{P(x-a)^3}{6EI}$	$0 \leqq x \leqq a$; $\theta = \frac{Pb^2x}{2lEI}\left\{\frac{2a}{l} - \frac{(3a+b)}{l^2}x\right\}$ $a \leqq x \leqq l$; $\theta = \frac{Pb^2x}{2lEI}\left\{\frac{2a}{l} - \frac{(3a+b)}{l^2}x\right\}$

			$x=0$; $M_1=-\frac{Pab^2}{l^2}$ $x=l$; $M_2=-\frac{Pa^2b}{l^2}$ $x=a$; $M_3=\frac{2Pa^2b^2}{l^3}$	$x=a$; $y_1=\frac{Pa^3b^3}{3l^3EI}$, $a>b$일 때 $x=\frac{2al}{3a+b}$; $y_{max}=\frac{2Pa^3b^2}{3EI(3a+b)^2}$ $y_{x=\frac{l}{2}}=\frac{Pb^2(3a-b)}{48EI}$	$+\frac{P(x-a)^2}{2EI}$ $\theta_{x=-a}=-\frac{Pa^2b^2(a-b)}{2l^3EI}$
23	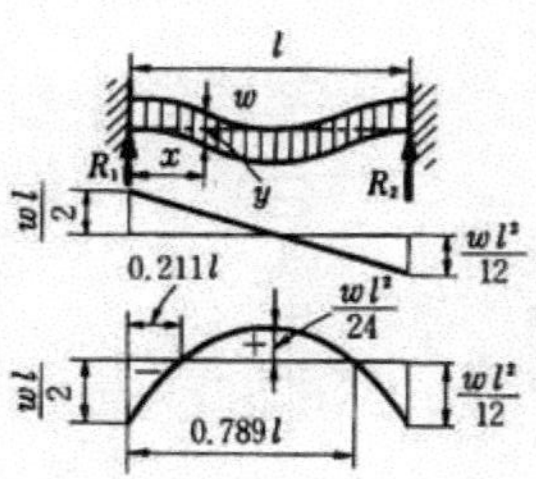	$R_1=R_2=\frac{wl}{2}$ $F=w\left(\frac{l}{2}-x\right)$ $\left.\begin{matrix}x=0\\x=l\end{matrix}\right\}$; $F_{max}=\pm\frac{wl}{2}$	$M=-\frac{wl^2}{12}$, $\left(1-6\frac{x}{l}+6\frac{x^2}{l^2}\right)$ $\left.\begin{matrix}x=0\\x=1\end{matrix}\right\}$; $M_{max}=-\frac{wl^2}{12}$ $M_{x=\frac{l}{2}}=\frac{wl^2}{24}$	$y=\frac{wl^2x^2}{24EI}\left(1-\frac{x}{l}\right)^2$ $x=\frac{l}{2}$; $y_{max}=\frac{wl^4}{384EI}$	$\theta=\frac{wl^2x}{12EI}\left(1-\frac{x}{l}\right)\cdot$ $\left(1-\frac{2x}{l}\right)$

10 재료역학에 이용되는 수학 공식

(1) 2차 방정식의 근과 계수와의 관계

① $ax^2+bx=c=0$ 　　　　　　　　　　 $ax^2+2b'x+c=0$

$$x=\frac{-b\pm\sqrt{b^2-4ac}}{2a} \quad \text{또는} \quad x=\frac{-b'\pm\sqrt{b'^2-ac}}{a}$$

② $\alpha+\beta=-\dfrac{b}{a}$ 　　　　　　　　　　 $\alpha\beta=\dfrac{c}{a}$

(2) 인수분해

① $(a\pm b)^2=a^2\pm 2ab+b^2$

② $(a+b)(x-b)=a^2-b^2$

③ $(x+a)(x+b)=x^2+(a+b)x+ab$

④ $(ax+b)(cx+d)=acx^2+(bc+ad)x+bd$

⑤ $(a+b+c)^2=a^2+b^2+c^2+2ab+2bc+2ca$

⑥ $(a\pm b)^3=a^3\pm 3a^2b+3ab^2\pm b^3$

⑦ $(a\pm b)(a^2\mp ab+b^2)=a^3\pm b^3$

⑧ $(a+b+c)(a^2+b^2+c^2-ab-bc-ca)=a^3+b^3+c^3-3abc$

(3) 지수

① $a^m\times a^n=a^{m+n}$ 　　　　　　　　　　 ② $a^m\div a^n=a^{m-n}$

③ $(a^m)^n=a^{mn}$ 　　　　　　　　　　 ④ $(a\cdot b)^m=a^m b^m$

⑤ $\left(\dfrac{b}{a}\right)^m=\dfrac{b^m}{a^m}\ (a\neq 0)$ 　　　　　　　　　　 ⑥ $a^0=1\ (a\neq 0)$

⑦ $a^{-m}=\dfrac{1}{a^n}$ 　　　　　　　　　　 ⑧ $a^{\frac{1}{n}}=\sqrt[n]{a}$

(4) 대수

① $y=\log_a x(x=a^y)$

② $y=\log_e x(x=e^y)$

③ $\log_e x=2 \cdot 3\log_{10} x$

④ $\log_{10} x=0.4343 \log_e x$

⑤ $(1+x)^x{}_{x\to\infty}=e$

⑥ $\log_a 1=0$

⑦ $\log_a{}^a=1$

⑧ $\log_a xy=\log_a x+\log_a y$

⑨ $\log_a \frac{x}{y}=\log_a x-\log_a y$

⑩ $\log_a x^n=n\log_a x$

⑪ $\log_a x=\frac{\log_b x}{\log_b a}$

(5) 삼각함수

① 고도(radian)

$1\text{rad}=57^\circ\ 17'45''$

$\pi\,\text{rad}=180^\circ \qquad y(\text{red})=\frac{\pi}{180}x(^\circ)$

② 부채꼴의 길이 (l)와 면적 (S)

$l=r\phi$

$S=\frac{1}{2}r^2\phi=\frac{l}{2}rl$ (단, ϕ의 단위는 rad)

③ 삼각비

$\sin\phi=\frac{a}{c}$ $\cos\phi=\frac{b}{c}$ $\tan\phi=\frac{a}{b}$

$\text{cosec}\,\phi=\frac{c}{a}$ $\sec\phi=\frac{c}{b}$ $\cot\phi=\frac{b}{a}$

④ 삼각함수의 상호관계

$\sin\phi=\frac{1}{\text{cosec}\,\phi}$ $\cos\phi=\frac{1}{\sec\phi}$ $\tan\phi=\frac{1}{\cot\phi}$

$\frac{\sin\phi}{\cos\phi}=\tan\phi$ $\frac{\cos\phi}{\sin\phi}=\cot\phi$

$\sin^2\phi+\cos^2\phi=1$ $1+\tan^2\phi=\sec^2\phi$ $1+\cot^2\phi=\text{cosec}^2\phi$

⑤ sin 및 cosine의 법칙

$$\frac{a}{\sin A}=\frac{b}{\sin B}=\frac{c}{\sin C}=2R$$

(단, R는 외접단의 반지름)

$$\begin{cases} a=b\cos c+c\cos B \\ b=c\cos A+a\cos C \\ c=a\cos B+b\cos A \end{cases}$$

$$\begin{cases} a^2=b^2+c^2-2bc\cos A \\ b^2=a^2+c^2-2ac\cos B \\ c^2=a^2+b^2-2ab\cos C \end{cases}$$

⑥ 삼각형의 면적

$$S=\frac{1}{2}ab\sin C=\frac{1}{2}bc\sin A=\frac{1}{2}ca\sin B$$

⑦ 삼각함수의 가감

$$\sin(\alpha\pm\beta)=\sin\alpha\cos\beta\pm\cos\alpha\sin\beta$$

$$\cos(\alpha\pm\beta)=\cos\alpha\cos\beta\mp\sin\alpha\sin\beta$$

$$\tan(\alpha\pm\beta)=\frac{\tan\alpha\pm\tan\beta}{1\pm\tan\alpha\tan\beta}$$

⑧ 배각 및 반각

$$\begin{cases} \sin 2\phi=2\sin\phi\cos\phi \\ \cos 2\phi=\cos^2\phi-\sin^2\phi \\ \quad\quad\ =2\cos^2\phi-1 \\ \quad\quad\ =1-2\sin^2 \\ \tan 2\phi=\dfrac{2\tan\phi}{1-\tan^2\phi} \end{cases}$$

$$\begin{cases} \sin 3\phi=3\sin\phi-4\sin^3\phi \\ \cos^3\phi=4\cos^3\phi-3\cos\phi \end{cases}$$

$$\begin{cases} \sin^2\dfrac{\phi}{2}=\dfrac{1-\cos\phi}{2} \\ \cos^2\dfrac{\phi}{2}=\dfrac{1+\cos\phi}{2} \\ \tan^2\dfrac{\phi}{2}=\dfrac{1-\cos\phi}{1+\cos\phi} \end{cases}$$

(6) 미분

$y=x^n$	$y'=nx^{n-1}$	$y=u+v$
$y'=u'+v'$	$y=uv$	$y'=uv'+u'v$
$y=\dfrac{u}{v}$	$y'=\dfrac{u'v-uv'}{v^2}$	$y=\sin x$
$y'=\cos x$	$y=\cos x$	$y'=-\sin x$
$y=\tan x$	$y'=\sec^2 x$	

(7) 적분

$$\int x^m dx = \frac{x^{m+1}}{m+1}$$

$$\int \frac{dx}{x} = \log x$$

$$\int \sin x\,dx = -\cos x$$

$$\int \cos x\,dx = \sin x$$

(8) 미분방정식

$$\frac{dy}{dx} = a \qquad y = \int a\,dx + c = ac + c$$

$$\frac{dy}{dx} = ax \qquad y = \int ax\,dx + c = \frac{a}{2}x^2 + c$$

$$\frac{d^2y}{dx^2} = a \qquad y = \frac{1}{2}ax^2 + c_1 x + c_2$$

$$\frac{dy}{dx} = ay \qquad y = ke^{ax}$$

$$\frac{d^2y}{dx^2} = -n^2 y \qquad y = A\sin nx + B\cos nx$$

찾 아 보 기

(ㅂ)

(ㅅ)

(ㅇ)

(ㅈ)

(ㅊ)

(ㅋ)

(ㅌ)

재료역학 (SI단위적용)

2023년 10월 10일 인쇄
2023년 10월 20일 발행

저 자	김봉각.정영만
발행인	황영하
발행처	도서출판 명진
주 소	서울시 노원구 월계동 926
전 화	462-3257
팩 스	462-9428
등 록	2006년11월22일 제25100-2012-51호
E-mail	mjbooks1@naver.com
ISBN	978-89-6651-092-4

※ 파본은 교환해 드립니다. 정가 27,000원